与"一带一路"欧洲 650 年名校匈牙利（国立）佩奇大学共同探索教授治学

Exploring the Education Teaching with the European 650-Year-old University of Pecs of Hungary (National) Under the One Belt and One Road

同步探索
MUTUAL DISCOVERY

2019 创基金·四校四导师·实验教学课题
2019 C Foundation · 4&4 Workshop · Experiment Project
中外 17 所知名院校建筑与环境设计专业实践教学作品

第十一届中国建筑装饰卓越人才计划奖
The 11th China Building Decoration Outstanding Telented Award

主　编	Chief Editor
王　铁	Wang Tie
副主编	Associate Editor
张　月	Zhang Yue
彭　军	Peng Jun
巴林特	Balint Bachmann
高　比	Gabriella Medvegy
金　鑫	Jin Xin
段邦毅	Duan Bangyi
郑革委	Zheng Gewei
韩　军	Han Jun
贺德坤	He Dekun
刘　岩	Liu Yan
江　波	Jiang Bo
赵　宇	Zhao Yu
钱晓宏	Qian Xiaohong
焦　健	Jiao Jian
赵大鹏	Zhao Dapeng
孟繁星	Meng Fanxing

中国建筑工业出版社

图书在版编目（CIP）数据

同步探索：2019创基金·四校四导师·实验教学
课题中外17所知名院校建筑与环境设计专业实践教
学作品 / 王铁主编. —北京：中国建筑工业出版社，
2020.7

ISBN 978-7-112-25237-4

Ⅰ. ①同… Ⅱ. ①王… Ⅲ. ①建筑设计−作品集−中
国−现代②环境设计−作品集−中国−现代 Ⅳ. ①TU206
②TU-856

中国版本图书馆CIP数据核字（2020）第097640号

本书是2019第十一届"四校四导师"环境艺术专业毕业设计实验教学的成果总结，含括17所中外高等院校环境设计带头人学术论文，以及学生获奖作品设计的全过程，从构思立意到修改完善，再到最终成图，对环境艺术等相关专业的学生和教师来说具有较强的可参考性和实用性，适于高等院校环境艺术设计专业学生、教师参考阅读。

责任编辑：杨　晓　唐　旭
责任校对：焦　乐

同步探索　2019创基金·四校四导师·实验教学课题
中外17所知名院校建筑与环境设计专业实践教学作品
第十一届中国建筑装饰卓越人才计划奖
主　编　王　铁
副主编　张　月　彭　军　巴林特　高　比　金　鑫
　　　　段邦毅　郑革委　韩　军　贺德坤　刘　岩
　　　　江　波　赵　宇　钱晓宏　焦　健　赵大鹏
　　　　孟繁星
排　版　金　鑫　赵雪岑　高智勇
　　　　＊
中国建筑工业出版社出版、发行（北京海淀三里河路9号）
各地新华书店、建筑书店经销
北京锋尚制版有限公司制版
北京富诚彩色印刷有限公司印刷
　　　　＊
开本：880×1230毫米　1/16　印张：23　字数：811千字
2020年9月第一版　　2020年9月第一次印刷
定价：368.00元
ISBN 978-7-112-25237-4
　　　（36008）

感谢深圳市创想公益基金会
对 2019 创基金·四校四导师·实验教学课题的公益支持

创想公益基金会，简称"创基金"，是中国设计界第一家自发性公益基金会（慈善组织），于2014年在中国深圳注册成立。由邱德光、林学明、梁景华、梁志天、梁建国、陈耀光、姜峰、戴昆、孙建华、琚宾十位来自中国内地、香港、台湾的设计师共同创立。随着创基金公益事业的不断推进和发展，先后新增张清平、陈德坚、吴滨、童岚四位理事，与创基金携手共进，助力中国设计行业发展，让设计创造更大的社会价值。

创基金以"设计向善，共创未来"为使命，秉承"资助设计教育，推动学术研究；帮扶设计人才，激励创新拓展；支持业界交流，传承中华文化"的宗旨，帮扶、推动设计领域的众多优秀项目及公益活动落地生长，得到了设计行业和社会各界的高度认可与好评。

课题院校学术委员会
4&4 Workshop Project Committee

中央美术学院 建筑设计研究院
王铁 教授 院长
Architectural Design and Research Institute, Central Academy of Fine Arts
Prof. Wang Tie , Dean

清华大学 美术学院
张月 教授
Academy of Arts & Design, Tsinghua University
Prof. Zhang Yue

匈牙利布达佩斯城市大学
巴林特 教授 校长
Budapest Metropolitan University
Prof. Balint Bachmann, Rector

佩奇大学工程与信息学院
高比 教授 院长
Faculty of Engineer and Information Technology, University of Pecs
Prof. Gabriella Medvegy, Dean

湖北工业大学 艺术设计学院
郑革委 教授
Academy of Arts & Design, Hubei Industry University
Prof. Zheng Gewei

华南理工大学 艺术设计学院
张珂 教授 院长
School of Art and Design, South China University of Technology
Prof. Zhang Ke , Dean

四川美术学院 设计艺术学院
赵宇 副教授
Academy of Arts & Design, Sichuan Fine Arts Institute
A/Prof. Zhao Yu

佩奇大学工程与信息学院，湖北工业大学
阿高什 教授
Faculty of Engineer and Information Technology, University of Pecs; Hubei Industry University
Prof. Akos Hutter

海南大学 环艺设计系
谭晓东 教授 系主任
Department of Environmental Design, Hainan University
Prof. Tan Xiaodong, Department Head

山东师范大学 美术学院
李荣智 副教授
School of Fine Arts, Shandong Normal University
A/Prof. Li Rongzhi

内蒙古科技大学 建筑学院
韩军 教授
School of Architecture, Inner Mongolia University of Science and Technology
Prof. Han Jun

青岛理工大学 艺术与设计学院
贺德坤 副教授
School of Art and Design, Qingdao university of science and technology
A/Prof. He Dekun

佩奇大学工程与信息学院
金鑫 助理教授
Faculty of Engineer and Information Technology, University of Pecs
A/Prof. Jin Xin

吉林艺术学院 设计学院
刘岩 副教授
Academy of Design, Jilin Arts University
A/Prof. Liu Yan

齐齐哈尔大学 美术与艺术设计学院
焦健 副教授
Academy of Fine Arts and Art Design, Qiqihar University
A/Prof. Jiao Jian

天津美术学院 环境与建筑设计学院
彭军 教授
School of Environment and Architectural Design, Tianjin Academy of Fine Arts
Prof. Peng Jun

广西艺术学院 建筑艺术学院
江波 教授
Academy of Arts & Architecture, Guangxi Arts University
Prof. Jiang Bo

苏州大学 金螳螂建筑学院
钱晓宏 讲师
Golden Mantis School of Architecture, Soochow University
Lecturer. Qian Xiaohong

北京林业大学 艺术设计学院
赵大鹏 讲师
School of Art and Design, Beijing Forestry University
Lecturer Dr. Zhao Dapeng

中央美术学院 建筑学院
孟繁星 博士
School of Architecture, Central Academy of Fine Arts
Dr. Meng Fanxing

佩奇大学工程与信息学院
University of Pecs
Faculty of Engineering and Information Technology

　　"四校四导师"毕业设计实验课题已经纳入佩奇大学建筑教学体系，并正式地成为教学日程中的重要部分。课题中获得优秀成绩的同学获得许可进入佩奇大学工程与信息学院攻读硕士学位。

　　The 4&4 workshop program is a highlighted event in our educational calendar. Outstanding students get the admission to study for master degree in University of Pecs, Faculty of Engineering and Information Technology.

佩奇大学工程与信息学院简介

佩奇大学是匈牙利国立高等教育机构之一，在校生约26000名。早在1367年，匈牙利国王路易斯创建了匈牙利的第一大学——佩奇大学。佩奇大学设有十个学院，在匈牙利高等教育领域起着重要的作用。大学提供多种国际认可的学位教育和科研项目。目前，每年接收来自60多个国家的近2000名国际学生。30多年来，一直为国际学生提供完整的本科、硕士、博士学位的英语教学课程。

佩奇大学的工程与信息学院是匈牙利最大、最活跃的科技高等教育机构，拥有成千上万的学生和40多年的教学经验。此外，我们作为国家科技工程领域的技术堡垒，是匈牙利南部地区最具影响力的教育和科研中心。我们的培养目标是：使我们的毕业生始终处于他们职业领域的领先地位。学院提供与行业接轨的各类课程，并努力让我们的学生掌握将来参加工作所必备的各项技能。在校期间，学生们参与大量的实践活动。我们旨在培养具有综合能力的复合型专业人才，他们充分了解自己的长处和弱点，并能够行之有效地表达自己。通过在校的学习，学生们更加具有批判性思维能力、广阔的视野，并且宽容和善解人意，在他们的职业领域内担当重任并不断创新。

作为匈牙利最大、最活跃的科技领域的高等教育机构之一，我们始终使用得到国际普遍认可的当代教育方式。我们的目标是提供一个灵活的、高质量的专家教育体系结构，从而可以很好地满足学生在技术、文化、艺术方面的要求，同时也顺应了自21世纪以来社会发生巨大转型的欧洲社会。我们理解当代建筑；我们知道过去的建筑教育架构；我们和未来的建筑工程师们一起学习和工作；我们坚持可持续发展；我们重视自然环境；我们专长于建筑教育！我们的教授普遍拥有国际教育或国际工作经验；我们提供语言课程；我们提供国内和国际认可的学位。我们的课程与国际建筑协会有密切的联系与合作，目的是为学生提供灵活且高质量的研究环境。我们与国际多个合作院校彼此提供交换生项目或留学计划，并定期参加国际研讨会和展览。我们大学的硬件设施达到欧洲高校的普遍标准。我们通过实际项目一步一步地引导学生。我们鼓励学生发展个性化的、创造性的技能。

博士院的首要任务是：为已经拥有建筑专业硕士学位的人才和建筑师提供与博洛尼亚相一致的高标准培养项目。博士院是最重要的综合学科研究中心，同时也是研究生的科研研究机构，提供各级学位课程的高等教育。学生通过参加脱产或在职学习形式的博士课程项目达到要求后可拿到建筑博士学位。学院的核心理论方向是经过精心挑选的，并能够体现当代问题的体系结构。我们学院最近的一个项目就是为佩奇市的地标性建筑——古基督教墓群进行遗产保护，并负责再设计（包括施工实施）。该建筑被联合国教科文组织列为世界遗产，博士院为此做出了杰出的贡献并起到关键性的作用。参与该项目的学生们根据自己在此项目中参与的不同工作，将博士论文分别选择了不同的研究方向：古建筑的开发和保护领域、环保、城市发展和建筑设计等。学生的论文取得了有价值的研究成果，学院鼓励学生们参与研讨会、申请国际奖学金并发展自己的项目。

我们是遗产保护的研究小组。在过去的近四十年里，佩奇的历史为我们的研究提供了大量的课题。在过去的三十年里，这些研究取得巨大成功。2010年，佩奇市被授予"欧洲文化之都"的称号。与此同时，早期基督教墓地及其复杂的修复和新馆的建设工作也完成了。我们是空间制造者。第13届威尼斯建筑双年展，匈牙利馆于2012年由我们的博士生设计完成。此事所取得的成功轰动全国，展览期间，我们近500名学生展示了他们的作品模型。我们是国际创新型科研小组。我们为学生们提供接触行业内活跃的领军人物的机会，从而提高他们的实践能力，同时也为行业不断增加具有创新能力的新生代。除此之外，我们还是创造国际最先进的研究成果的主力军，我们将不断更新、发展我们的教育。专业分类：建筑工程设计系、建筑施工系、建筑设计系、城市规划设计系、室内与环境设计系、建筑和视觉研究系。

2015年3月11日，佩奇大学工程与信息学院与中国高校联盟签署了长期合作协议，匈牙利和中国的学生每年春季学期参加"创基金·四校四导师·实验教学课题"学术活动。作为2019年四校课题的最后阶段，佩奇大学工程与信息学院主办终期答辩和课题展览。

　　展望4×4实验教学课题下一个五年的合作计划，全体课题组导师认为双赢是走向深入合作的基础。人类的科普时代已经结束，2019年是迈入人工智能时代的元年，有信心相信课题走向深度合作是匈牙利高等学校与中国高等学校合作教学研究的新起点，目标是培养更多的符合时代需求的优秀学生，架起两国教师间无障碍国际交流的平台。

佩奇大学工程与信息学院

院长　高比

University of Pecs

Faculty of Engineering and Information Technology

Prof. Gabriella Medvegy, Dean

匈牙利布达佩斯城市大学

巴林特　教授　校长

Budapest Metropolitan University

Prof. Balint Bachmann, Rector

23th October 2019

布达佩斯城市大学
Budapest Metropolitan university

布达佩斯城市大学简介

布达佩斯城市大学是匈牙利和中欧地区具有规模的私立大学之一，下设3个学院和校区，学历被匈牙利和欧盟认可，同时得到中国教育部的认可（学校原名是BKF，在中国教育部教育涉外监管网排名第六位），该校成立于2001年。在校学生人约8000人，其中有国际学生500名左右，分别来自6个大洲70多个国家，大学下辖5个学院，采用ECTS学分制教学。英语授课项目主要集中在主教学楼授课，环境优美，并伴有现代化建筑。由欧盟共同投资的新落成的多功能教学楼是第一座投资近10亿福林的教学楼，学生们可以使用覆盖整个大学的WiFi网络及电脑室。

艺术学院坐落在市中心7区Rózsa大街上，该校区在2014年进行过维修和重建。学院提供艺术课程所需的工作室与教室，包括摄影工作室和实验室、摄影师工作室、（电影）剪接室、动漫教室等。大学同时还是世界上极少数具有Leonar3 Do实验室及交互3D软件的大学之一，给予学生在真实的时间与空间中学习的机会。

2016年开始，布达佩斯城市大学开始和中国国际教育研究院（CIIE）沟通，积极来华访问，并在2017年在CIIE的协助下，和中国国内多所大学开展了合作。

2017年2月27日，第89届奥斯卡金像奖颁奖礼在美国举行，该校教授Kristóf Deák指导的《校合唱团的秘密》获得奥斯卡最佳真人短片奖。

前言
Preface

　　回顾走过11年的4×4实验教学公益之路，只有两个字——"坚持"。当初发起以公益为主导的实验教学课题主旨在于强调从跨地域合作到走出国门与国际名校交流，意在打破参加课题的高等院校之间的围墙壁垒，立项为中国建筑装饰协会卓越人才计划项目，架起行业协会、高等院校、知名企业和公益基金会合作联动桥梁，深圳市创想公益基金会5年来对课题捐助和支持，确保了课题架构和相关院校学科带头人高质量的学术水平，为探索中外设计教育遇到的共同问题开辟了先河。在过去的11年公益课题成长中，来自不同院校的教授尽心尽力无私奉献出无数个节假日和个人休息时间，这是正能量的释放，也是课题能够坚持走完第一个10年的动力源，相信课题成果能够为中外高等院校设计教育提供借鉴。

　　中国实验教学课题能够坚持走下去的并不多，特别是坚持高质量严要求的4×4实验教学课题。自我剖析一下，中国高等院校设计教育是特殊群体，有艺术和工学的DNA先天成分和左右摇摆的特征，评价体系建立在情感基础上，对于数学敬而远之。看看我们的教师团队，再看看我们的学苗（特长生），都是成长在以速度为关键词单一学科中的特殊群体，面对新时代高等教育艺术学科也无法躲开的科技含量，作为教师内心有一面镜子，不用发声大家都懂的。2020年疫情促使世界正在发生改变，可以推断疫情前和疫情后划分出两大板块，疫情前已完成时代的转换成为过去，疫情后人类毫无悬念进入科技时代，将逐步转向一切向科学致敬的新理念。伴随新评价体系，科学化无障碍地成为人类的共识，不言而喻地将走到一个主线面前——"生命安全"。面对变化中的设计教育专业如何在新形势下求存在感成为业界亟待思考的问题。当然了，疫情前的设计教育不可能在瞬间消失。危机感告诉高等教育设计学科不能坐等时代淘汰，应积极融入时代潮流，主动是唯一的道路。坚持实验教学课题，与遇到相同问题的院校放大合作交流路径，共同探索、适应变化是共赢理念。

　　回忆走过的11年里，参加课题的每一位教师和学生心中都留下无数感人肺腑的场面和故事，凭对公益活动的奉献，4×4实验教学课题将深深地埋入参加课题的师生心里，成为人生最珍贵的回忆录。

　　中国恢复高考制度后，艺术院校设计教育招生是一个特殊群体，与姐妹学科有着完全不同的高考和录取方式，普通高校是一考定乾坤，而艺术学科需要经过三次考试，比普通高考多了两次考试，这就是形成人们统称"特长生"群体的源头。由于其特殊性，在改革开放初期和中期发挥了价值作用，对此国人一般认为不如普通考生的考生就是艺考生，单一学科教育模式为学生在研究层面进行探索研究埋下了量级的缺陷，随着高等教育培养人才向科技靠拢，人们已意识到了特长生的问题摆在面前。

　　现行国内艺术院校设计学科架构是，不到三分之一工科薄基础，加上三分之二的一般性艺术基础，毕业颁发的是文学学位，左右不搭的特长摆在通往未来的路上，与匈牙利佩奇大学建筑学专业进行合作是课题组的正确选择，互补是相互之间的共赢点。人们知晓精准万物互联靠数学，有发问者指出没有数学能力的群体在科技时代进行研究能靠谱吗？从遇到和发生在眼前的一幕一幕教学场面，硕士研究生、博士研究生在研究中暴露的现实问题惊醒导师，凸显的学理基础问题如何补强？矛盾中的教师能够做什么？成长遭遇到的知识短板和瓶颈锁住了大部分学生的喉，更重要的是国家对于硕士和博士论文评审加强了管理，多数在读学生以放慢进度、拖延成果为缓兵之计，可是学业管理是有期限的，让后者不能拖延。这就是4×4课题的价值，不仅需要同仁共同努力，融入新学科发展，打造联合舰队的起步使命落到传统设计专业的教师头上，能否冲破设计专业的天花板，科学地调整和挑战比困难更困难的任务，课题组是无法躲过去的。疫情后世界会认知生命安全与高质量发展的硬道理，我们深知前方的挑战是残酷的。

　　展望2020年的4×4实验教学即将进入12年（其中包括创基金捐助的6年）。发挥教授的集体智慧是第一位，选择优秀学苗进一步架通与"一带一路"的交流，推荐优秀学生到匈牙利佩奇大学留学，课题组用高质量的成果回报深圳市创想公益基金会、中国建筑装饰协会，展望2020创基金4×4实验教学课题，在特殊之年依然挺立，用共度共赢成果回报爱护课题的人们是课题组不忘的初心。

王铁 教授

2020年4月28日写于北京

目 录
Contents

2019创基金（四校四导师）4×4实验教学课题
"中国园林景观与传统建筑宜居大宅设计研究"主题设计教案

课题性质：公益自发、中外高校联合、中国建筑装饰协会牵头

实践平台：中国建筑装饰协会、高等院校设计联盟

课题经费：深圳市创想公益基金会、鲁班学院、企业捐赠

教学管理：4×4（四校四导师）课题组

教学监管：创想公益基金会、中国建筑装饰协会

导师资格：具有相关学科副教授以上职称、讲师不能作为责任导师

学生条件：硕士研究生二年级学生、部分硕士研究生一年级学生

指导方式：打通指导、学生不分学校界限、共享师资

选题方式：统一课题、按教学大纲要求、在责任导师指导下分段进行

调研方式：集体调研、导师指导与集体指导、邀请项目规划负责人讲解和互动

教案编制：王铁教授

课题组长：王铁教授、巴林教授（匈牙利）

副组长：张月教授、彭军教授、高比教授（匈牙利）、江波教授

实践导师：陈飞杰

课题顾问：米姝玮

创想公益基金会秘书长：刘晓丹

创想公益基金会副秘书长：冯苏

教学计划制定：王铁教授

行业协会督导：刘原

媒体顾问：赵虎

助理协调：刘晓东

教学秘书：贺德坤

国内学生活动：

1．山东省日照市场地调研

2．湖北省武汉市湖北工业大学第二阶段中期答辩

3．山东省青岛市第三阶段中期答辩

东欧洲学术交流活动（在匈牙利佩奇大学工程与信息学院共同举办中国设计学术活动周）内容如下：

1．第十一届2019创基金4×4验教学课题终期答辩

2．获奖师生颁奖典礼

3．2019创基金4×4实验教学课题成果学生作品展剪彩

4．中国高等院校教师20人作品展剪彩

特邀导师（共计15人）：

刘原（中国建筑装饰协会秘书长）、李飒（清华大学美术学院副教授）、唐晔（吉林艺术学院副教授）、曹莉梅（黑龙江建筑职业技术学院副教授）、扬晗（昆明知名设计师）、高颖（天津美术学院教授）、裴文杰（青岛德才建筑装饰设计研究院院长）、石赟（金螳螂建筑装饰设计院院长）、陈华新（山东建筑大学艺术学院教授）、段邦毅（山东师范大学美术学院教授）、韩军（内蒙古理工大学艺术学院副教授）、朱力（中南大学教授）、赵宇（四川美术学院教授）、谭大珂（青岛理工大学艺术与设计学院教授）、齐伟民（吉林建筑大学教授）

| 课题院校导师学生 | 中国园林景观与传统建筑宜居大宅设计研究
课题计划2019年3月开始，2019年9月结束。

课题说明
1. 申请参加终期境外答辩、展览的人，拿到邀请函后方可到匈牙利大使馆申请签证，境外预定住宿、飞机票需要各学校导师组织。
2. 课题计划内师生采取以往要求，在课题结束后按要求提交成果，在课题组通知的时间内报销，过期视为放弃。
3. 佩奇大学教学活动内容：（1）终期答辩，（2）颁奖典礼，（3）成果展览，（4）参加佩奇大学组织的相关活动
4. 关于课题调研和中期答辩详见后文规定。参加课题的人员必须保证三次国内出席。
5. 特邀导师可根据自己的实际情况自愿选择不少于一场出席答辩，否则无法了解课题的信息。
6. 全体课题师生最好在4月中旬确认自己的护照，没有护照的学生请到相关机构及时办理。
7. 请查看当地是否有匈牙利签证处，收到邀请函后尽快办理。签证时间：
2019年07月20日申请，预计07月31日可取得签证。
课题规划流程（国内为三次答辩，国外为一次集中活动）
8. 第一段课题调研2019年03月23日～25日
    地点：山东省日照市龙门崮
    承担：详细见流程
9. 第二段课题答辩2019年05月13日～15日
    地点：湖北省武汉市湖北工业大学
    承担：详细见流程
10. 第三段课题答辩2019年06月28日～30日
    地点：山东省青岛市
    承担：详细见流程
11. 终期课题答辩2019年09月02日
    地点：匈牙利佩奇市
    承担：课题组
    出发时间：2019年08月28日
    返回时间：2019年09月05日出发，09月06日到北京（详细见流程）

课题组架构
执行主任：
王铁教授，中央美术学院教授博士生导师、建筑设计研究院院长、中国建筑装饰协会设计委员会主任、匈牙利（国立）佩奇大学工程与信息学院博士生导师
副主任：
张月教授，清华大学美术学院环境艺术设计系、匈牙利（国立）佩奇大学工程与信息学院客座教授
巴林特教授，匈牙利布达佩斯城市大学执行校长、匈牙利（国立）佩奇大学工程与信息学院博士院长 | 责任导师 | 王铁、张月、巴林特、高比、郑革委、张珂、赵宇、阿高什、谭晓东、李荣智、韩军、彭军、贺德坤、金鑫、刘岩、江波、焦健、梁冰、钱晓宏 |
| | 高比教授，匈牙利（国立）佩奇大学工程与信息学院院长
课题督导：
彭军教授，天津美术学院、匈牙利（国立）佩奇大学工程与信息学院客座教授 | 实践导师 | |

| 课题院校
导师学生 | 责任学术委员：
郑革委教授，湖北工业大学艺术设计学院、匈牙利布达佩斯城市大学客座教授
张珂教授，华南理工大学艺术设计学院院长
赵宇副教授，四川美术学院设计艺术学院
阿高什教授，匈牙利（国立）佩奇大学工程信息学院、湖北工业大学教授
谭晓东教授，海南大学环艺设计系主任
李荣智副教授，山东师范大学美术学院环境艺术设计系主任
韩军教授，内蒙古科技大学建筑学院
贺德坤副教授，青岛理工大学艺术与设计学院
金鑫助理教授，匈牙利（国立）佩奇大学工程与信息学院
刘岩副教授，吉林艺术学院设计学院环境设计系副主任
焦健副教授，齐齐哈尔大学艺术设计学院
梁冰副教授，曲阜师范大学美术学院
课题秘书：
贺德坤副教授，青岛理工大学艺术与设计学院
葛丹博士，匈牙利（国立）佩奇大学工程与信息学院
课题助教：
赵大鹏博士，中央美术学院王铁教授助教
刘博博士，广西艺术学院建筑艺术学院
王云童，中央美术学院王铁工作室教授助教
刘晓东，中央美术学院王铁工作室教授助教
课题学术顾问：
潘召南教授，四川美术学院设计艺术学院
江波教授，广西艺术学院建筑艺术学院、匈牙利布达佩斯城市大学客座教授
陈华新教授，山东建筑大学艺术学院
段邦毅教授，山东师范大学美术学院环境艺术设计系
郑念军教授，广州美术学院
陈建国副教授，广西艺术学院建筑艺术学院
王小保副总建筑师，湖南省建筑设计研究院、湖南师范大学美术学院特聘教授
翁世军总建筑师，浙江富华建筑装饰有限公司董事长
曹莉梅副教授，黑龙江建筑职业技术学院环艺学院
特约顾问：
余静赣院士，联合国生命科学院 | 实践导师 | |
| | 课题院校学生配比名单（请各校导师认真核实填写学生信息）
1. 山东师范大学
　责任导师：李荣智
　旁听老师：葛丹　女（自费）
　学生姓名：付子强　性别：男　学号：2017021039
2. 苏州大学
　责任导师：钱晓宏
　旁听老师：徐莹　女（自费）
　学生姓名：张梦莹　性别：女　学号：20175241015
3. 海南大学
　责任导师：谭晓东
　学生姓名：陶渊如　性别：女　学号：17135108210012 | 相关行业 | |

课题院校导师学生		相关行业	

学生姓名：吴霞飞　性别：女　学号：17135108210016

4. 吉林艺术学院

责任导师：刘岩

学生姓名：朱文婷　性别：女　学号：170307123

学生姓名：梁怡　性别：女　学号：170306106

5. 广西艺术学院

责任导师：江波、刘博

学生姓名：黄开鸿　性别：男　学号：20171413387

6. 青岛理工大学

责任导师：贺德坤

学生姓名：姚莉莎　性别：女　学号：1721130500576

学生姓名：王莹　性别：女　学号：1721130500572

7. 湖北工业大学

责任导师：郑革委、阿高什

旁听老师：安琪　女（自费）

学生姓名：文婧洋　性别：女　学号：101700848

学生姓名：田昊　性别：男　学号：101710900

8. 清华美院

责任导师：张月

学生姓名：张新悦　性别：女　学号：2017213611

9. 布达佩斯城市大学

责任导师：Dr. BACHMANN Bálint、PINTÉR Márton

学生姓名：FETH Szandra Bianka　性别：女

学生姓名：ANDRÓCZI Alexandra　性别：女

10. 佩奇大学

责任导师：Miklós HALADA、Gábor VERES、金鑫

学生姓名：Viktor KARÁCSONYI　性别：男

学生姓名：Zsolt HOMOLYA　性别：男

11. 华南理工大学

责任导师：张珂

学生姓名：韩宁馨　性别：女　学号：201720151090

12. 中央美术学院

责任导师：王铁

学生姓名：赵雪岑　性别：女

课题人员总数架构

导师总数41人

学生总数18人

总计：59人

特别提醒：

1. 以上为本年度参加课题人员，请各位责任人确认学校名、导师与学生姓名，2019年3月27日为止不再增加人员，未确认的学校视为放弃。

2. 课题成果必须在2019年09月30日前提交，否则出版社无法按时完成出版计划，影响基金会12月年终总结，造成捐助资金无法到位。

课程类别	高等学校硕士研究生教学实践课题	课题程序（分四次）	调研开题：山东省日照市 中一期答辩：湖北省武汉市 中二期答辩：山东省青岛市 终期答辩：匈牙利佩奇市	结题境外	1. 颁奖典礼（国外） 2. 按计划提交课题 3. 推荐留学（博士）

教学目标	1. 课题目标 　　课题设定：风景园林设计方向教师组、景观设计方向教师组的导师共同交叉分段指导，学生在导师的指导下独立完成课题。引导学生解决乡村的环境保护，研究宜居设计存在的问题，培养学生从理论文字出发，建立方案设计的逻辑和梳理能力，提高学生的整合分析能力，把握理论应用在实践上的指导意义。 　　研究要建立在调研与分析的基础上，从数据统计到价值体系立体思考，构建设计场域的生态安全识别理念，挖掘可行性实施价值，研究风景园林与建筑空间设计反推相关原理，提供有价值理论及可实施设计方案。 2. 技能目标 　　掌握风景园林与建筑空间设计相关原理与建筑场地设计、景观设计的综合原理和表现。学习景观建筑建造的基本原理、规范、标准、法律等常识，培养场地分析、数据统计、调查研究能力，掌握研究的学理思想意识。 3. 能力目标 　　注重培养学生思考的综合应用能力、团队的协调工作能力、独立的工作能力，同时还要培养学生在工作过程中的执行能力及知识的获取能力。建立在立体思考的理论框架下，鼓励学生拓展思维，学会对项目进行研究与实践，用数据说话，用图文说话，重视用理论指导解决相关问题，培养学生的研究能力和立体思考思维意识。

教学方法	1. 设计实践 　　指导教师把控课题的研究过程，指导学生细化研究课题计划，展开实验与研究，要针对学生的研究方向提供参考书目，引导和鼓励学生基于项目基础开展研究模式，重视培养学生对前期调研资料梳理、场地数据的分析能力。 2. 教学方法 　　研究课题围绕共同的主题项目进行展开。过程包括：解读任务书、调研咨询、计划、实施、检查与评价等环节，强调项目开展的前期调研及数据分析，详细计划是开题过程中的重中之重，是研究方法与设计实施的可行性基础，是问题的解决方式的验证与改进条件，是评价研究课题成果的重要标准，同时也是评价课题的可持续发展性、可实施性、生态发展性的原则，提出价值问题和未来深化研究方向。 　　每位学生在开题前要完成综合梳理，向责任导师汇报调研计划，获得认可后才能参加每一阶段课题汇报。

教学内容	课题教学要求（四阶段） 　　第一阶段：实地调研。出发前学生在导师的指导下阅读课题的相关资料，解读分段，制作图表，进行数据采集、文字框架定位。按课题要求，导师带领学生到指定地点集合，进行集体实地踏勘。确认用地范围，了解当地的气候环境、人文历史，围绕课题任务书进行探讨，指导学生课题研究，从理论支撑及其解决问题的方法入手，指导学生分析构建研究框架，本着服务学生的理念，培养学术研究能力和对问题的解决能力。 　　第二阶段：指导学生进行项目前期的各项准备，培养学生的数据统计能力，认识地理数据收集的重要性，做到表格与图片准确性，整理场地的客观环境，准确分析数据，从可持续发展的方向考虑问题，建立生态安全空间识别系统，有条理地进行对项目范围内的水文、绿地、土壤、植被、地震、生态敏感度等客观环境的分析，图文并茂地提出成果。 　　开题答辩用ppt制作，内容包括对文献、数据资料的整理，结合实际调研资料编写《开题报告》，字数不得少于5千字（含图表），为进一步深入研究打下可靠基础，得到责任导师的认可后，学生可以参加开题答辩。 　　第三阶段：依据前期答辩的基础，明确研究语境设计主题思想，做到论文框架和设计构思过程草图相对应，指导教师在这一阶段里，要指导学生完成可研究性论证和设计方案工作，要针对学生的项目完成能力给予多方面的指导，培养学生学术理论的应用设计能力，指导学生对于景观建筑设计实施过程中，如何建立法律和法规的应用，培养学生论文写作能力和方案设计能力的基本方法。 　　中期答辩用ppt制作，内容包括对开题答辩主要内容的有序深化、数据资料与论文章节的进一步深化，结合相关资料丰富论文内容和设计内容，各章节内容及字数不得少于3千字（含图表），为中期研究建立与设计方案的对接，在责任导师的认可后，学生可以参加中期答辩。

教学内容	第四阶段：培养学生理论与设计相结合的分析能力，强调建构意识，强调分析与功能布局，强调深入的方案能力。提高文字写作能力，完成设计方案流程、区域划分，强调功能与特色，分析各功能空间之间的关系，注重形态及设计艺术审美品位，严格把控论文逻辑、方案设计表达、制图标准与立体空间表现对实施的指导意义，掌握论文写作与设计方案表达的多重关系，有效优质地达到课题质量要求。 终期答辩用ppt制作（20分钟演示文件），2万字论文，完整的设计概念方案。 在责任导师的认可后参加课题终期答辩。
项目成果	1. 完整论文电子版不少于2万字。每位参与课题的学生在最终提交论文成果时，应论文框架逻辑清晰，主题观点鲜明，论文研究与设计方案一致，数据与图表完整。 2. 设计方案完整电子版。设计内容完整，提出问题和可行性解决方案，设计要能够反映思路及其过程，论证分析演变规律，综合反映对技术与艺术能力的应用，设计深度为概念表达阶段，要求掌握具有立体思维的研究能力。
参考书目	1. （日）进士五十八，（日）铃木诚，（日）一场博幸. 乡土景观设计手法[M]. 李树华，杨秀娟，董建军译. 北京：中国林业出版社，2008. 2. 彭一刚. 传统村镇聚落景观分析[M]. 北京：中国建筑工业出版社，1992. 3. 陈威. 景观新农村[M]. 北京：中国电力出版社，2007. 4. 王铁等. 踏实积累——中国高等院校学科带头人设计教育学术论文[M]. 北京：中国建筑工业出版社，2016. 5. 芦原义信著. 外部空间设计[M]. 尹培桐译. 北京：中国建筑工业出版社，1985. 6. 孙筱祥. 园林设计和园林艺术[M]. 北京：中国建筑工业出版社，2011. 7. （美国）克莱尔·库珀·马库斯，（美国）卡罗琳·弗朗西斯. 人性场所：城市开放空间设计导则[M]. 俞孔坚译. 北京：中国建筑工业出版社，2001. 8. 周维权. 中国古典园林史[M]. 北京：清华大学出版社，2008.
备注	1. 课题导师选择高等学校相关学科带头人，具备副教授以上职称（课题组特聘除外），具有指导硕士研究生三年以上的教学经历。学生标注学号，限定研二第二学期学生。 2. 研究课题统一题目"人居环境与乡建研究"。3月调研，4月下旬开题，5月中期，9月5日完成研究课题。 3. 境外国立高等院校建筑学专业硕士按本教学大纲要求执行，在课题规定时间内同步进行，集体在指定地点报道。 4. 课题奖项：一等奖3名，二等奖3名，三等奖6名。 　获奖同学在2019年12月中旬报名参加推免考试，通过后按相关要求办理2019年秋季入学手续，进入匈牙利佩奇大学工程与信息学院攻读博士学位。 5. 参加课题院校责任导师要认真阅读本课题的要求，承诺遵守课题管理，确认遵守教学大纲后将被视为不能缺席的成员参加教学。按规定完成研究课题四个阶段的教学要求，严格指导监督自己学校学生的汇报质量。 6. 课题组强调责任导师必须严格管理，确认本学校学生名单，不能中途换人，课题前期发生的课题费用先由导师垫付，课题结束达到标准方能报销，违反协议的院校，一切费用需由责任导师承担。 　注：本课题2018年底在深圳创想公益基金会年会已通过审核，资金不足部分正在筹集中。相关课题报表正在填写中。为此除特邀导师以外，四次课题费用先由责任导师垫付（发票抬头统一为：维尔创（北京）建筑设计研究有限公司）。 　望责任导师必须严格按教学大纲（即协议）执行报销范围，交通费用即高铁二等座价位为上限，不得突破，公交车、住宿费用每人限定240元（天），佩奇大学期间的交通费及住宿按统一标准执行。其他与计划之外的事宜不在范围内的请自行决定。 　2019年10月07日为结题时间，请将票据按人名统计清晰，确认是否提交完整的课题最终排版论文电子文件一份、答辩用ppt电子文件一份，设计作品标明"课题名"、学校、姓名、指导教师，确认后发送到wtgzs@sina.com，过期视为放弃。 重点强调： 1. 导师在课题期间必须注意课题组的信息平台的信息。 2. 相关院校如有其他研究生参加均为自费生，不再说明。

备注	3. 接到教学大纲的导师一周内确认人选。 4. 参加佩奇大学活动人员请发护照的第一页图片到课题组邮箱办理邀请函：sixiaosidaoshi@163.com。 课题秘书：贺德坤，电话：18561587107。 最终报销日期定在2019年12月20日截止。 如有信息不准确的部分请修改。各位责任导师收到请发OK！

2019创基金·四校四导师·实验教学课题 设计研究任务书

一、设计研究目的

2019年是中国实现2035年国策的开局之年，深刻理解文化自信是与"一带一路"沿线国家在高等教育相关领域开展深入课题合作的契机，拓展以教授治学理念为核心价值，共同探索培养全学科优秀高端知识型人才，服务于"一带一路"沿线国家。在中国建筑装饰协会设计委员会成立"一带一路"宜居文化城乡大宅建筑设计研究院，探索人民对美好生活需求是课题价值的奋斗目标理念，实现中国建筑装饰卓越人才计划奖近、中、远期健康有序发展。

二、整体设计研究要求——山东省日照市龙门崮田园综合体建设试点项目

研究主题：中国园林景观与传统建筑宜居大宅设计研究

课题提示

（1）要求对场地现状进行系统的分析评价与规划，提出可行的设计原则：

对场地及其周边地区的自然、社会、经济、历史文化等要素进行综合分析与评价，针对现状存在的问题、挑战和机遇，提出解决问题的原则与战略。对场地现状要素进行分析与评价，以及地方性设计条件的把握和理解。完成前期调研分析报告。

（2）整体考虑总体布局与空间联系：

依据活动功能或景观类型划分空间区域，要求布局合理，结构关系明确，空间组织清晰，尺度把握得当，整体关系协调完整。功能选择可包括会议接待、度假休闲、宜居大宅、会所、风情街、民俗博物馆、民俗街、独栋会所等（自由选择）。

（3）要求进行生态、乡土文化和可持续性方面的考虑：

方案体现对地方及周边环境的非物质遗产的保护、展示，以及对全球性、区域性和局地性生态、环境和资源问题的关注，对场地生态、文化价值的考虑和表现，关爱自然和环境，大胆采用生态设计和生态技术手段，以及生态工程方法。

（4）方案（解决问题）创新：

针对问题和机遇，解决问题方案具有合理性和创新性，对传统古宅进行现代化设计，并且利用现代设计手法加以创新。

（5）绘图表现技能与图面艺术效果：

内容表述清楚、逻辑、规范，一目了然；标题、关键字、说明文字明确简练，图文比例得当，色彩搭配协调优美，图面富有艺术感染力。

（6）完整论文电子版不少于2万字数。每位参与课题的学生在最终提交论文成果时，应论文框架逻辑清晰，主题观点鲜明，论文研究与设计方案一致，数据与图表完整。

（7）用地指标：符合田园综合体的设计要求。

2019创基金 · 四校四导师 · 实验教学课题
2019 C Foundation · 4&4 Workshop · Experiment Project

责任导师组

中央美术学院
王铁 教授

清华大学美术学院
张月 教授

佩奇大学
巴林特 教授

佩奇大学
高比 教授

湖北工业大学
郑革委 教授

华南理工大学
张珂 教授

四川美术学院
赵宇 副教授

佩奇大学
阿高什 教授

海南大学
谭晓东 教授

山东师范大学
李荣智 教授

内蒙古科技大学
韩军 副教授

天津美术学院
彭军 教授

青岛理工大学
贺德坤 副教授

佩奇大学
金鑫 助理教授

吉林艺术学院
刘岩 教授

广西艺术学院
江波 教授

齐齐哈尔大学
焦健 副教授

苏州大学
钱晓宏 讲师

2019创基金·四校四导师·实验教学课题
2019 C Foundation · 4&4 Workshop · Experiment Project

课题督导

刘原

课题助教组

葛丹

赵大鹏

刘博

王云童

孟繁星

南振宇

中国建筑装饰协会合作项目·中国高等学校环境设计教育联盟·中国建筑装饰卓越人才计划奖
题目：中国园林景观与传统建筑宜居大宅设计研究
日照城乡建筑与人居环境设计论坛

地　　点：山东省日照市
时　　间：2019年03月22日（周五）至2019年3月25（周一）
课题性质：公益自发、中外高校联合、中国建筑装饰协会牵头
资金来源：创想公益基金会、企业赞助
实践平台：中国建筑装饰协会、高等院校设计联盟、中国建筑科学研究院建研科技股份有限公司
教学管理：4×4（四校四导师）课题组
主办单位：中国建筑装饰协会、中国高等学校环境设计教育联盟、中国建筑科学研究院、深圳市创想公益基金会
承办单位：日照市东港区人民政府
协办单位：山东慧通集团
教学监管：创想公益基金会、中国建筑装饰协会
指导方式：打通指导、学生不分学校界限、共享师资
选题方式：统一课题、按教学大纲要求、在课题组及责任导师指导下分段进行
调研方式：集体调研，邀请设计研究的项目规划负责人讲解和互动
课题规划：调研地点日照，开题答辩在武汉、中期答辩在青岛、终期答辩在匈牙利佩奇大学举行
出版机构：中国建筑工业出版社
教案编制：王铁教授
英文翻译：金鑫助教授、葛丹博士、赵大鹏博士
相关媒体：中装新网、新浪家居
课题管理：中国建筑装饰协会、中国高等学校环境设计教育联盟
课题督导：
刘晓一，中国建筑装饰协会秘书长
刘原，中国建筑装饰协会设计委员会秘书长
课题学术委员会
执行主任：
王铁教授，中央美术学院教授博士生导师、建筑设计研究院院长、中国建筑装饰协会设计委员会主任、匈牙利（国立）佩奇大学工程与信息学院博士生导师
副主任：
张月教授，清华大学美术学院环境艺术设计系、匈牙利（国立）佩奇大学工程与信息学院客座教授
巴林特教授，匈牙利布达佩斯城市大学执行校长、匈牙利佩奇大学工程与信息学院博士院长
高比副教授，匈牙利（国立）佩奇大学工程与信息学院院长
课题督导：
彭军教授，天津美术学院、匈牙利（国立）佩奇大学工程与信息学院客座教授
责任学术委员：
郑革委教授，湖北工业大学艺术设计学院、匈牙利布达佩斯城市大学客座教授
张珂教授，华南理工大学艺术设计学院院长

赵宇副教授，四川美术学院设计艺术学院

阿高什教授，匈牙利（国立）佩奇大学工程与信息学院，湖北工业大学教授

谭晓东教授，海南大学环艺设计系主任

李荣智副教授，山东师范大学美术学院环境艺术设计系主任

韩军教授，内蒙古科技大学建筑学院

金鑫助理教授，匈牙利（国立）佩奇大学工程与信息学院

刘岩副教授，吉林艺术学院设计学院环境设计系副主任

焦健副教授，齐齐哈尔大学艺术设计学院

梁冰副教授，曲阜师范大学美术学院

课题秘书：

贺德坤副教授，青岛理工大学艺术与设计学院

葛丹博士，匈牙利（国立）佩奇大学工程与信息学院

课题助教：

赵大鹏博士，中央美术学院王铁教授助教

刘博博士，广西艺术学院建筑艺术学院

王云童，中央美术学院王铁工作室教授助教

刘晓东，中央美术学院王铁工作室教授助教

课题学术顾问：

潘召南教授，四川美术学院设计艺术学院

江波教授，广西艺术学院建筑艺术学院、匈牙利布达佩斯城市大学客座教授

陈华新教授，山东建筑大学艺术学院

段邦毅教授，山东师范大学美术学院环境艺术设计系

郑念军教授，广州美术学院

陈建国副教授，广西艺术学院建筑艺术学院

王小保副总建筑师，湖南省建筑设计研究院、湖南师范大学美术学院特聘教授

翁世军总建筑师，浙江富华建筑装饰有限公司董事长

曹莉梅副教授，黑龙江建筑职业技术学院环艺学院

特约顾问：

余静赣院士，联合国生命科学院

			2019年3月22日，星期五		
时间	项目	地点	备注详情	负责人	人员
全天	全体师生报到	入住日照东港区龙门崮风景区华美达安可酒店 电话： 0633-3311288	课题组声明如下：由于本次课题为公益活动，实行各院校责任导师负责制，各院校责任导师为各院校参加课题学生安全直接负责，需对所负责学生进行全过程安全监督，确保课题顺利完成，参加课题的师生遵守课题组统一要求。 22日下午全体师生青岛火车北站集合，下午19：00统一去往日照；请日照机场到达的师生自行去酒店报到。 入住：21：30（大家在途中解决晚餐，酒店不提供晚餐）	1．主要负责联系人： 贺德坤18561587107 2．翻译负责人： 金鑫助理教授 葛丹博士 赵大鹏博士 3．接待志愿者： 姚莉莎15621479396 王莹15318868405 陈晓艺17806278719 才俊杰17853245890 陈丽如	全体师生

2019创基金中外高等学校第五届"一带一路"

4×4实验教学课题

日照开题 新闻发布会

时间	项目	地点	详情	备注	参加人员
7：30—8：00	早餐	酒店	工作餐	课题组统一办理入住	相关师生
9：00—10：30	发布会	日照东港区龙门崮风景区华美达安可酒店电话：0633-3311288	志愿者引导签到、入场 （贺德坤 负责沟通） 媒体：中装新网、新浪家居 主持人：金鑫 1. 23日上午会场介绍4×4课题由来及成果（播放动画视频后由课题组长王铁介绍课题概况）； 2. 主持人介绍参与嘉宾（政府负责人、慧通集团负责人等）； 3. 政府负责人祝词； 4. 高校教授代表祝词（张月、Hutter Akos）； 5. 学生代表发言（国内学生一名、国外学生一名）； 6. 新闻发布（王铁院长与汇通集团董事长刘亮先生签订课题捐助协议）； 7. 剪彩仪式； 8. 全体导师上台，依次介绍参与导师专家（领导专家合照）	出席人员： 日照市东港区区政府相关人员 日照慧通集团相关人员 参加课题导师团： 王铁、张月、彭军、江波、韩军、郑革委、谭晓东、赵宇、刘岩、李荣智、贺德坤、钱晓宏、梁冰、葛丹、金鑫、刘博、张茜、李洁玫、徐莹、Hutter Akos、PINTÉR Márton、Miklós HALADA、Gá bor VERES 参加课题研究生： 赵雪岑、张新悦、陶渊如、吴霞飞、朱文婷、梁怡、黄开鸿、付子强、文婧洋、田昊、姚莉莎、王莹、韩宁馨、张梦莹、FETH Szandra Bianka、ANDRÓCZI Alexandra、Viktor KARÁCSONYI 参加课题社会、企业专家： 胡晓枫、王云童 参加课题博士： 赵大鹏、孟繁星、南振宇 拍摄团队：第七影像 志愿者： 陈晓艺、才俊杰、陈丽如 （嘉宾及师生以最终实到人数为准）	
11：00—12：00	集体合影	龙门崮风景区	具体合影地点待定	全体参会人员	
12：00—13：30	午餐	酒店餐厅	工作餐	全体参会人员	

时间	项目	地点	详情	备注	参加人员
13：30—18：00	中国园林景观与传统建筑现代营造研究课题调研	调研现场及勘踏实地，讲解用地持有者需求	1：30，顺旅游路、山海路、204国道、驻地道路到凤凰措考察（行程35分钟，汇报考察30分钟；南湖镇负责同志提前在现场等候并汇报有关情况）。 2：35，顺旅游路、山海路、204国道、驻地道路到诗茶小镇考察（行程35分钟，汇报考察30分钟；河山镇负责同志提前在现场等候并汇报有关情况）。 3：40，顺驻地道路、北京北路、山海路、太公一路、碧海路到东夷小镇考察（行程35分钟，汇报考察30分钟；秦楼街道负责同志提前在现场等候并汇报有关情况）。 1. 区委办负责整个接待活动的衔接安排，通知区领导等。 2. 秦楼街道、河山镇、南湖镇负责相关考察点的接待安排、情况汇报、沿途环境卫生综合整治、社会治安 宣布地块及讲解规划相关事宜，详情由承、协办方确认	全体师生及相关人员	
18：30	答谢晚宴	酒店（暂定）	详情由承、协办方确认	全体师生	

2019年3月24日，星期日

时间	项目	地点	详情	备注
上午	日照城乡建筑与人居环境设计论坛	酒店	1. 日照相关部门介绍目前乡村振兴发展现状，确定专家讨论主题 2. 项目论证会 3. 王铁教授讲座（暂定15分钟） 张月教授讲座（暂定15分钟）	全体人员 翻译：金鑫助教授 葛丹博士
下午	自由活动			

2019年3月25日，星期一

时间	项目	地点	详情	备注
全天	退房	乘大巴从酒店出发去青岛火车北站	早晨8点集体送往青岛火车北站（路程约2~3小时，请各院校计划返程时间）	住宿免费，由承办方承担。

2019创基金4×4实践教学课题新闻发布会剪彩仪式

王铁教授与山东慧通集团董事长刘亮先生签署合作课题协议

2019创基金4×4实验教学课题日照开题新闻发布会集体合影

与会师生在日照会场前留念

中央美术学院在读博士孟繁星、南振宇
与校友内蒙古科技大学韩军教授合影

佩奇大学赵大鹏博士、中央美术学院在读
博士孟繁星与王铁导师留念

课题支持单位、责任导师在发布会现场

王铁教授、王文中副书记、阿高什教授

王铁教授与王文中副书记交流相关事宜

参会教师

谭晓东教授、王铁教授与四位博士合影

韩军教授为课题建议献策

葛丹博士在发布会留言板签字

金鑫博士在发布会留言板签字

专题讨论会现场

布达佩斯城市大学教师认真听取专题发言

课题组师生在调研现场

课题组师生在调研现场与当地居民合影

2019创基金·四校四导师·实验教学课题

2019 C Foundation · 4&4 Workshop · Experiment Project

武汉开题答辩

中国建筑装饰协会合作项目·中国高等学校环境设计教育联盟·中国建筑装饰卓越人才计划奖
2019创基金中外高等学校第五届"一带一路"
4×4实验教学课题
武汉开题答辩活动流程

地　　点：湖北省武汉市
时　　间：2019年5月24日（周五）至2019年5月26日（周日）
课题性质：公益自发、中外高校联合、中国建筑装饰协会牵头
资金来源：创想公益基金会、企业赞助
实践平台：中国建筑装饰协会、高等院校设计联盟、中国建筑科学研究院建研科技股份有限公司
教学管理：4×4（四校四导师）课题组
承办单位：湖北工业大学艺术设计学院

加本次武汉开题活动人员：
课题组长：
王铁教授，中央美术学院教授博士生导师、建筑设计研究院院长
中国建筑装饰协会设计委员会主任、匈牙利（国立）佩奇大学工程与信息学院博士生导师
课题副组长：
张月教授，清华大学美术学院环境艺术设计系、匈牙利（国立）佩奇大学工程与信息学院客座教授
高比副教授，匈牙利（国立）佩奇大学工程信息学院院长
课题督导：
彭军教授，天津美术学院、匈牙利（国立）佩奇大学工程与信息学院客座教授
责任导师：
江波教授，广西艺术学院建筑艺术学院、匈牙利布达佩斯城市大学客座教授
张珂教授，华南理工大学艺术设计学院院长
赵宇副教授，四川美术学院设计艺术学院
阿高什教授，匈牙利（国立）佩奇大学工程与信息学院、湖北工业大学教授
谭晓东教授，海南大学环艺设计系主任
李荣智副教授，山东师范大学美术学院环境艺术设计系主任
刘岩副教授，吉林艺术学院设计学院环境设计系副主任
钱晓宏副教授，苏州大学金螳螂设计学院
贺德坤副教授，青岛理工大学艺术与设计学院
刘博博士，广西艺术学院建筑艺术学院
郑革委教授，湖北工业大学艺术设计学院、匈牙利布达佩斯城市大学客座教授
课题秘书：
葛丹博士，匈牙利（国立）佩奇大学工程与信息学院
观摩导师：
范铁明教授，齐齐哈尔大学美术与艺术设计学院副院长
焦健副教授，齐齐哈尔大学美术与艺术设计学院

徐莹副教授，苏州大学金螳螂设计学院
刘岳讲师，大连艺术学院

2019年5月24日，星期五

时间	项目	地点	备注详情	负责人	人员
全天	全体师生报到	入住湖北工业大学国培中心	课题组声明如下：由于本次课题为公益活动，实行各院校责任导师负责制，各院校责任导师为各院校参加课题学生安全直接负责，需对所负责学生进行全过程安全监督，确保课题顺利完成，参加课题的师生遵守课题组统一要求	1. 主要负责联系人：郑革委18963959720 2. 翻译负责人：葛丹博士 3. 联系人：文婧洋18271887903	全体师生

2019年5月25日，星期六

2019创基金中外高等学校第五届"一带一路"
4×4实验教学课题
武汉开题

时间	项目	地点	详情	备注	参加人员
7：30—8：00	早餐	学校食堂	自理		
9：00—10：30	发布会	行政楼1号会议室	志愿者引导签到、入场 1. 主持人（艺术设计学院院长汪涛）介绍与会专家教授及嘉宾 2. 湖北工业大学副校长龚发云致欢迎辞； 3. 创基金代表致辞； 4. 课题组组长王铁教授致辞； 5. 全体师生合影（行政楼楼前）		全体师生
18：00	答谢晚宴	楚风苑餐厅	详情由承办方确认		全体师生

2019年5月26日，星期日

时间	项目	地点	详情	备注
12：00前	退房		各自返程	全体师生及相关人员

1. 到达武汉后一切按课题组要求，学生外出活动必须2人以上并告知责任导师。

2. 参加师生出席发布会、课题调研必须着正装。

3. 基金会要求12月份由王铁教授交出课题出版成果，请谅解排版设计出版审校需要时间，全体课题人员必须在9月30日前提交（排版模板9月12日前发给大家），10月10日前送出版社，请各位责任导师必须遵守教学要求。

4. 责任导师必须为自己的学生做最终成果把关，达到高质量学术品位，为骄傲的十年公益教学课题画上完美的句号，迎接第十一届课题。

5. 重点强调：责任导师必须按时完成关于4×4教学课题研究论文（内容不少于5000字，按论文格式、内容必须是本次教学内容）

6. 重点提醒：最终课题报销与提交成果相关，不达标者视为自动退出课题，一切费用自己承担。

注：未尽事宜请全体责任导师增加填补。

2019创基金4×4实践教学课题武汉答辩集体合影

湖北工业大学校长助理（党委常委）鄢烈洲、课题组长王铁教授、
副组长张月教授分别致辞

2019创基金4×4课题在湖北工业大学进行开题答辩

校长助理鄢烈洲代表学校致辞

2019创基金4×4课题在湖北工业大学进行开题答辩

湖北工业大学艺术设计学院院长汪涛教授致辞

创基金秘书长致辞

课题组长王铁教授指导答辩

张月教授指导答辩

华南理工大学张珂教授指导学生

阿高什教授指导学生

谭晓东教授指导答辩

李荣智副教授倾听学生陈述

焦健副教授指导学生

刘岩副教授

答辩现场

学生进行开题答辩

中国建筑装饰协会合作项目·中国高等学校环境设计教育联盟·中国建筑装饰卓越人才计划奖
2019创基金中外高等学校第五届"一带一路"
4×4实验教学课题
青岛中期答辩活动流程

地　　点：山东省青岛市
时　　间：2019年6月30日（周日）至2019年7月2日（周二）
课题性质：公益自发、中外高校联合、中国建筑装饰协会牵头
资金来源：创想公益基金会、企业赞助
实践平台：中国建筑装饰协会、高等院校设计联盟、中国建筑科学研究院建研科技股份有限公司
教学管理：4×4（四校四导师）课题组
承办单位：青岛市美术家协会设计艺委会
参加本次青岛中期答辩活动人员：
课题组长：
王铁教授，中央美术学院教授博士生导师、建筑设计研究院院长、中国建筑装饰协会设计委员会主任、匈牙利（国立）佩奇大学工程与信息学院博士生导师
课题副组长：
张月教授，清华大学美术学院环境艺术设计系、匈牙利（国立）佩奇大学工程与信息学院客座教授
高比副教授，匈牙利（国立）佩奇大学工程与信息学院院长
课题督导：
彭军教授，天津美术学院、匈牙利（国立）佩奇大学工程与信息学院客座教授
责任导师：
江波教授，广西艺术学院建筑艺术学院院长、匈牙利布达佩斯城市大学客座教授
张珂教授，华南理工大学艺术设计学院院长
赵宇副教授，四川美术学院设计艺术学院
阿高什教授，匈牙利（国立）佩奇大学工程与信息学院、湖北工业大学教授
谭晓东教授，海南大学环艺设计系主任
李荣智副教授，山东师范大学美术学院环境艺术设计系主任
刘岩副教授，吉林艺术学院设计学院环境设计系副主任
钱晓宏副教授，苏州大学金螳螂设计学院
贺德坤副教授，青岛理工大学艺术与设计学院
刘博博士，广西艺术学院建筑艺术学院
郑革委教授，湖北工业大学艺术设计学院、匈牙利布达佩斯城市大学客座教授
课题秘书：
葛丹博士，匈牙利（国立）佩奇大学工程与信息学院
观摩导师：
范铁明教授，齐齐哈尔大学美术与艺术设计学院副院长
焦健副教授，齐齐哈尔大学美术与艺术设计学院
徐莹副教授，苏州大学金螳螂设计学院
刘岳讲师，大连艺术学院

2019年6月30日，星期日

时间	项目	地点	备注详情	负责人	人员
全天	全体师生报到	中国气象局青岛度假村	课题组声明如下：由于本次课题为公益活动，实行各院校责任导师负责制，各院校责任导师为各院校参加课题学生安全直接负责，需对所负责学生进行全过程安全监督，确保课题顺利完成，参加课题的师生遵守课题组统一要求	1. 主要负责联系人： 贺德坤18561587107 2. 翻译负责人： 葛丹博士 3. 志愿者： 王莹15318868405 姚莉莎15621479396 陈晓艺17806278719 陈丽如	全体师生

2019年7月1日，星期一

2019创基金中外高等学校第五届"一带一路"
4×4实验教学课题
中期答辩

时间	项目	地点	详情	备注	参加人员
7：30—8：30	早餐	中国气象局青岛度假村			
9：00—9：30	开场活动	青岛规划展览馆	志愿者引导签到、入场 1. 课题组组长王铁教授致辞； 2. 颁发指导教师聘书； 3. 全体师生合影	全体师生 开场主持人：金鑫	
9：40—11：40	开题答辩	青岛规划展览馆	每位同学答辩陈述10分钟，导师点评5分钟	答辩主持人：贺德坤 学生：1. 王莹 青岛理工大学 　　　2. 文婧洋 湖北工业大学 　　　3. 朱文婷 吉林艺术学院 　　　4. 吴霞飞 海南大学 　　　5. ANDRÓCZIAlexandra 　　　6. ZsoltHOMOLYA 　　　7. ViktorKARÁCSONYI	

时间	项目	地点	详情	备注	参加人员
12：00—13：00	午餐	中国气象局青岛度假村餐厅	工作餐	全体师生	
13：30—16：00	开题答辩	青岛规划展览馆	每位同学答辩陈述10分钟，导师点评5分钟	答辩主持人：郑革委 学生：1. 张新悦 清华美院 　　　2. 张梦莹 苏州大学 　　　3. 梁怡 吉林艺术学院 　　　4. 姚丽莎 青岛理工大学 　　　5. 田昊 湖北工业大学 　　　6. 黄开鸿 广西艺术学院 　　　7. 陶渊如 海南大学 　　　8. 付子强 山东师范大学 　　　9. 韩宁馨 华南理工大学	
16：00—18：00	自由活动		详细安排待定		
18：00	答谢晚宴	中国气象局青岛度假村	详情由承办方确认	全体师生	

2019年7月2日，星期二

时间	项目	地点	详情	备注
12：00前	退房	中国气象局青岛度假村	各自返程	全体师生及相关人员

全体师生合影

聘书颁发仪式

佩奇大学导师听取汇报

郑革委教授指导学生

匈牙利导师答辩现场听取学生汇报

贺德坤老师听取学生汇报

答辩现场学生认真听取汇报

学生汇报课题

学生汇报课题

导师合影

王铁教授与巴林特教授交流

2019创基金·四校四导师·实验教学课题
2019 C Foundation · 4&4 Workshop · Experiment Project
佩奇大学终期答辩

中国建筑装饰协会合作项目·中国高等学校环境设计教育联盟·中国建筑装饰卓越人才计划奖
2019创基金中外高等学校第五届"一带一路"
4×4实验教学课题
佩奇大学终期答辩
题目：旅游风景区人居环境与乡建研究

地　　点：佩奇大学
时　　间：2019年8月29日（周四）至9月7日（周六）
课题性质：公益自发、中外高校联合、中国建筑装饰协会牵头
资金来源：创想公益基金会（部分费用需自筹）
实践平台：中国建筑装饰协会、高等院校设计联盟
教学管理：4×4（四校四导师）课题组
教学监管：创想公益基金会、中国建筑装饰协会
导师资格：具有相关学科副教授以上职称，讲师不能作为责任导师
学生条件：硕士研究生二年级学生
指导方式：打通指导、学生不分学校界限、共享师资
选题方式：统一课题、按教学大纲要求，在责任导师指导下分段进行
调研方式：集体调研，邀请项目规划负责人讲解和互动
课题规划：调研地点湖南，开题答辩在青岛、中期答辩在武汉、终期答辩在匈牙利佩奇大学举行
参加本次开题的活动人员
课题组长：
王铁教授，中央美术学院教授博士生导师、建筑设计研究院院长、中国建筑装饰协会设计委员会主任、匈牙利（国立）佩奇大学工程与信息学院博士生导师
课题副组长：
张月教授，清华大学美术学院环境艺术设计系、匈牙利（国立）佩奇大学工程与信息学院客座教授
高比副教授，匈牙利（国立）佩奇大学工程与信息学院院长
课题管理：
刘原先生，中国建筑装饰协会设计委员会秘书长
课题督导：
彭军教授，天津美术学院、匈牙利（国立）佩奇大学工程与信息学院客座教授
责任导师：
江波教授，广西艺术学院建筑艺术学院、匈牙利布达佩斯城市大学客座教授
张珂教授，华南理工大学艺术设计学院院长
赵宇副教授，四川美术学院设计艺术学院
阿高什教授，匈牙利（国立）佩奇大学工程与信息学院、湖北工业大学教授
金鑫助教授，匈牙利佩奇大学工程与信息学院
谭晓东教授，海南大学环艺设计系主任
李荣智副教授，山东师范大学美术学院环境艺术设计系主任
刘岩副教授，吉林艺术学院设计学院环境设计系副主任

钱晓宏副教授，苏州大学金螳螂设计学院

贺德坤副教授，青岛理工大学艺术与设计学院

郑革委教授，湖北工业大学艺术设计学院、匈牙利布达佩斯城市大学客座教授

韩军副教授，内蒙古科技大学建筑学院

课题秘书：

葛丹博士，匈牙利（国立）佩奇大学工程与信息学院

观摩导师：

范铁明教授，齐齐哈尔大学美术与艺术设计学院副院长

焦健副教授，齐齐哈尔大学美术与艺术设计学院

徐莹副教授，苏州大学金螳螂设计学院

刘岳讲师，大连艺术学院

2019年8月28日北京出发，29日到达布达佩斯（星期四）					
时间	项目	地点	备注详情	负责人	人员
全天	全体师生报到	北京机场出发（尽量时间相同），到布达佩斯集体乘大巴	课题组声明如下：由于本次课题为公益活动，实行各院校责任导师负责制，各院校责任导师为各院校参加课题学生安全直接负责人，为确保匈牙利课题顺利完成。计划活动必须遵守统一管理	负责联系人：贺德坤老师（建议采用微信方式联系）	学生： 1. 赵雪岑 中央美院 2. 王莹 青岛理工大学 3. 文婧洋 湖北工业大学 4. 朱文婷 吉林艺术学院 5. 吴霞飞 海南大学 6. 张新悦 清华美院 7. 张梦莹 苏州大学 8. 梁怡 吉林艺术学院 9. 田昊 湖北工业大学 10. 黄开鸿 广西艺术学院 11. 陶渊如 海南大学 12. 付子强 山东师范大学 13. 韩宁馨 华南理工大学

2019年8月30日（星期五）					
佩奇大学工程信息学院师生作品布展					
时间	项目	地点	详情	备注	参加人员
9：00—16：00	布展	佩奇大学工程与信息学院	全体师生统一到场，准备好答辩文件	负责联系人：贺德坤老师	全体师生

2019年8月31日（星期六）					
时间	项目	地点	详情	备注	参加人员
全天	全体布展	佩奇大学工程与信息学院	2019创基金4×4学生设计作品展"一带一路"中国教师设计作品展	集体行动	全体师生

2019年9月1日（星期日）

调研佩奇大学建筑学院、艺术学院

时间	项目	地点	详情	参加人员
9：30—11：30	佩奇大学调研活动	佩奇大学	调研佩奇大学建筑学院、艺术学院	全体师生

2019年9月2日（星期一）

旅游风景区传统建筑与人居环境研究课题终期答辩活动

时间	项目	地点	详情	参加人员
全天	终期答辩	佩奇大学工程与信息学院	签到、入场 全体师生准时到场 全体学生课题答辩	嘉宾及全体师生

2019年9月3日（星期二）

旅游风景区传统建筑与人居环境研究课题师生作品展示与交流互动

时间	项目	地点	详情	参加人员
8：00—11：00	开学典礼	佩奇大学	佩奇大学开学典礼	全体师生
14：00—16：30	颁奖典礼作品展开幕活动	佩奇大学	2019创基金4×4课题颁奖典礼 "一带一路"学生设计作品展 中国教师设计作品展开幕活动	全体师生

2019年9月5日（星期四）

时间	项目	地点	详情	参加人员
9：30—11：30	参观布达佩斯城市大学作品展	布达佩斯城市大学	布达佩斯城市大学举办学生优先作品展 师生进行交流活动	全体师生

2019年9月6日（星期五）

时间	项目	地点	详情	备注
全天	返校	布达佩斯	各校自行安排	课题组声明如下：由于本次课题为公益活动，实行各院校责任导师负责制，各院校责任导师为各院校参加课题学生安全直接负责，需对所负责学生进行全过程安全监督，确保匈牙利课题顺利完成

课题终期答辩

学生答辩

佩奇大学工程与信息学院2019年9月2日开学典礼

课题导师在匈牙利佩奇大学工程与信息学院大厅

课题组导师在师生作品展开幕式

责任导师在展览厅

责任导师在展览厅

责任导师交流学生答辩中的问题

责任导师交流学生答辩中的问题

金鑫博士、刘博博士、阿高什教授在答辩茶歇大厅探讨教学

王铁教授在匈牙利佩奇大学开学典礼

王铁教授向佩奇大学工程与信息学院高比院长赠送课题成果

中央美术学院王铁教授与佩奇大学关系与战略事务副校长
尤泽夫·贝特汉姆博士

课题组导师拜访匈牙利中国大使馆文化教育负责人吴华先生

课题组导师在布达佩斯城市大学校门

责任导师在佩奇市中心广场

同步探索
Synchronous Exploration

中央美术学院 / 王铁 教授

Central Academy of Fine Arts, Professor Wang Tie

摘要：5G时代开启，世界步入转型，走向科技时代，一条清晰的界线标出人类告别科普时代。疫情蔓延全球，人工智能和5G通信技术无障碍地融入抗疫，成为人类治理病毒的新利器和新伙伴。团结一致才能解决人类当前的困难，同步探索尤为重要，为此科学交流和客观公正是唯一途径，时下人类命运共同体理念驱动着人类抗击疫情，地球人谁也不可能置身事外。同时国际高等教育交流合作在疫情中又开启了新的思考，服务于学子对美好未来的向往，是高质量的高等教育4×4实验教学始终的追求。2019年中国已经迈入5G网络科技新时代，影响世界是不言而喻的，面对机遇和挑战，让人自豪的是中国从多角度展现出东方大国的精气神。在面对全球疫情时彰显出制度优势，尽可能地帮助其他国家，不惜一切代价挽救生命是中国文化的品德，得到世界广泛的赞扬，同时也面临来自世界各方面的挑战与压力。国际大型公共卫生事件对于高等教育的影响是空前的，如何应对？如何培养时代所需要的人才？这对于11年来一直在探索的中国建筑装饰卓越人才计划是机遇，与"一带一路"国家匈牙利佩奇大学合作5年的4×4实验教学课题又有了新内容，始终坚持科学优先，提出同步探索、多轨进发是新4×4实验教学课题的时代价值，为此高等教育不可能停留在过时的思维上而止步不前。

关键词：实验教学；人类命运共同体；线性思维；高等教育；合作探索

Abstract: With the advent of 5G, the world has entered a transition period and entered the era of science and technology. A clear boundary line marks the end of the era of popular science. As the epidemic spreads around the world, artificial intelligence and 5G networks have joined the fight against the epidemic and become new tools and partners for mankind to cure diseases. Human beings should unite to solve the current predicament. Simultaneous exploration is the only way for scientific exchanges and objective justice. The vision of a community with a shared future for mankind is driving the fight against the epidemic, and no one on earth can be immune from it. At the same time, international exchanges and cooperation in higher education have opened up new thinking in the epidemic. Serving students and helping them to have a bright future, which is always the pursuit of 4×4 experimental teaching project. In 2019, China has entered the new era of 5G network technology. It is self-evident that China has exerted great influence on the world. In the face of the opportunities and challenges, China is particularly proud that it has demonstrated the vigor and vitality of a great power in the east from multiple perspectives. In the face of the global epidemic, China has demonstrated its institutional advantages, tried our best to help other countries, and saved lives at all costs. This is the moral character of Chinese culture, which has been widely praised in the world. At the same time, China also faces challenges and pressures from all aspects of the world. The impact of international public health events on higher education is unprecedented. How to deal with it? How to cultivate the talents that needed by the times? This is an opportunity for our group. Over the past 11 years, we have been seeking to cultivate outstanding talents in China architecture and decoration field. The 4×4 team worked with University of Pecs which in One Belt and One Road friendly country—Hungary for five years. Now, the subject has a new content, we always adhere to the priority of science, put forward synchronous exploration, multi-track. The new 4×4 experimental teaching topic has the value of the times, so higher education cannot rest on outdated thinking.

Keywords: Experimental teaching; Community with a shared future for mankind; Linear thinking; Higher education; Cooperative exploration

一、教育强调大国精气神

中国高等教育先天就具备大国精神底蕴，40年改革开放的包容更显博大精深，向优秀国际高等教育学习是对外理念，共赢交流是始终如一的。走过11年的4×4实验教学课题面对世界进入科技为主导的新时代，全学科理念教学和培养目标逐渐展开，引导学生进入新科技时代学习智慧城市和与之相关的知识。教学要求教师能够区分结构性管理和实验教学的内核关系，为高等院校探索校外合作实验教学赋能。大国教师要具有对时代发展的敏感性和判断力，广义融合是今天教与学的前瞻性。现实证明疫情前是科普时代顶峰，疫情后将分步完成进入科技时代的有序阶段，人类命运共同体价值观在疫情中逐渐被人们接受，科学将引导人类未来发展，伴随人工智能普遍应用和5G通信技术快速融入万物互联，改变传统认知，为发展植入新能量，探索发现研究摆在高等教育面前，现实教育提醒教师教什么？怎么教？教给谁？是否具有科技含量？这些具有挑战的问题已经进入高等院校教师的思考中。

未来的高等院校设计教学探索没有参照物，从教学到实践也将遇到很多新问题，不争的事实是教育理念已跨入新的时代，精准到位是其价值底线，为此提出艺术院校设计专业教学目标，如何体现国际交流健康发展价值，对于4×4实验教学课题既是挑战也是机遇。

高等教育设计专业即将告别线性人才培养体系，走向立体人才培养机制，新科技时代具有强大的吸引力，即人类命运共同体价值观，服务于人的生命健康。在当下中国设计教育生态环境里，依然存在大量以情感判断事物的群体，融入改变是踏入科技时代的入场券。伴随时代主流发展，设计教育全面提升已成为必然，在探索未来的同时进入了科技时代。4×4实验教学课题在发展变化中不断丰富内涵，提高和拓展已经成为公益项目发展的关键。

2019创基金4×4实验教学课题院校名录　　　　　　　　　　表1

序号	参加课题院校	所属	教师背景	学生背景
1	中央美术学院建筑学院	国立学校	工学、文学、艺术学	工学科学位
2	清华大学美术学院	国立学校	文学、工学、多学科	文学科学位
3	天津美术学院环境与建筑设计学院	市立学校	文学	文学科学位
4	苏州大学金螳螂建筑与城市环境学院	省立学校	文学、综合学科	文学科学位
5	匈牙利佩奇大学建筑信息工程学院	国立学校	工学、文学、多学科	工学科学位
6	湖北工业大学艺术设计学院	省立学校	文学、工学	文学科学位
7	四川美术学院	市立学校	文学	文学科学位
8	华南理工大学艺术设计学院	国立学校	文学、工学	文学科学位
9	山东师范大学美术学院	省立学校	文学	文学科学位
10	内蒙古科技大学建筑学院	省立学校	文学、工学、多学科	文学科学位
11	吉林艺术学院设计学院	省立学校	文学	文学科学位
12	青岛理工大学艺术学院	市立学校	文学、工学、多学科	文学科学位
13	匈牙利布达佩斯城市大学	民办学校	文学	文学科学位
14	广西艺术学院艺术设计学院	省立学校	文学	文学科学位
15	海南大学艺术设计学院	省立学校	工学、文学、多学科	文学科学位
16	齐齐哈尔大学美术学院	省立学校	文学、多学科	文学科学位
17	大连艺术学院	民办学校	文学	文学科学位

注：课题组院校排列不分先后。

发展中变与不变是主动和被动的关系。当3G网络发展到高峰的时候出现了4G网络，3G网络也只能跟着跑一段路而融入4G网络主网。4G网络还没有达到顶峰又诞生出5G网络，4G网络消失在5G网络中已成为必然，新成果就是后者淘汰前者的历史规律，为此每一个时代都有优秀的痕迹影响未来，国家发展和规划总是要从宏观和微观进行划分，文化与时代的关系是隐性和显性的组合，没有隐性基础就不可能有显性发展，显性成果伴随发展逐渐变成隐性，往复前进就是一浪高过一浪，后浪消失在沙滩上的规律。所以努力学习不断丰富自己是融入发展的条件，只有不断更新自己的知识，掌握、梳理、归纳、排序才能获得对未来的掌控，做任何事情都需要有成本的付出，合理的成本付出是细致规划的成果，科学可控是智慧的人类在每一段发展进步当中的理性验证，付出合理的成本是达到目标的保证。

4×4实验教学课题在探索过程中是有付出有收获的，教师开阔了视野、学生增长了知识，为今后探索研究奠定基础，今天科技已成为人类进步发展探索的新工具，为高等教育随之而来高质量教学管理助力伴行，每一段所取得的成就中都有历史的DNA，优秀成果将融入华夏文明数据库中成为核心价值，有理由相信探索与思考是5G时代对4×4实验教学发出的委任状和导航仪。观览中国现当下高等教育生态，艺术院校教师教育背景和成长过程来源复杂，师资结构缺乏梯队规划，人才特色和知识储备不合理，相同类型的教师在以系为单位的教研室里扎堆，挑不出拔尖人才，在探索教学方面相互观望不主动，对外交流也是静止状态。4×4实验教学的建立打破了现况，课题为教学大纲增添新内容的同时调动了青年教师的积极性，跨院校指导学生教学与国外高等院校合作交流激活了职业责任感，补强了自己的知识结构，为提高专业水平扫除障碍，不同院校教师为共同的题目展开研究并得到收获。实践中发挥正能量，提高素质，在实践中不断丰富自己向高维度攀登，不被淘汰是每一位参加课题教师的信心，课题组一致认为与匈牙利佩奇大学交流获得了知识更新，这对于教师至关重要，用成果证明了自己是新时代教师。

如今中国科技世界点赞，疫情可控、人民健康是因为拥有无数爱这片土地的学者，在40年的改革开放中有无数优秀个人和企业成长为国际一流，助力发展，华为科技只是中国众多科技品牌中的一个代表。在全方位升级的世界上探索高等教育，开启打破校园壁垒的学术交流活动已经常态化。自发公益课题4×4实验教学成长离不开在11年里的磨炼和成长，课题至今为止依然是中国高等院校设计教育优秀的可鉴成果，课题融合大国精神自信发展证明其底蕴价值。与"一带一路"沿线国家高等院校合作教学已成为建立师生友谊的桥梁，共同面对探索中遇到的实际问题并合作解决成为两国教师的钥匙，互信合作、共享成果、开放共赢平台，将成为国际高等院校设计教育探索交流道路上的绿色信号灯，一路无阻。

二、脱离线性思维

实验教学课题不是近些年才有的，在高等院校教学大纲上清晰地划分出必修课和选修课，与之相伴的是常态教学管理，实验教学是高等院校教学不可或缺的重要部分，近些年因为管理困难多数院校处于停滞不前的状态。以往实验教学课题多数是从开始3～5年基本上就自然消失了，究其原因就是"坚持"出了问题。4×4实验教学课题能够走到今天与坚持和信心是脱离不开的，不懈地坚持让课题获得了成功，在脱离线性思维、拓宽大视野、探索高维度中，4×4实验教学课题发挥出吸引力和魅力。中国高等教育设计学科是一个特殊群体，从高考流程看需要经过三阶段合格考试才能进入报考的大学校园。第一阶段是考生在各自地方进行省级考试，第二段是在报考院校进行专业考试，第三段是每年一度的国家统一高考，在三段考试中都能够通过才能被正式录取并发放录取通知书。相比普通高考生这部分经过三段考试的特殊学生被国人称为特长生，也叫艺考生。艺考生虽然在一定的阶段为国家解决了人才问题，但是单一的学科教育一直都在引起各方不同角度的评价，特别是艺术生判断事物习惯以情感优先，一切靠感觉。很多教师是艺术考生出身，在课堂上讲课时经常使用自己习惯的口头语进行教学，典型常用语就是"我感觉"等，作为教师按学校教学大纲规范的要求上课，使用专业语言在课堂上讲课是教学质量的保证，部分教师在课堂上一句一个我感觉说明了什么？教师不能把感觉作为知识传授给学生，规范专业教学语言是高质量办学的规范保证，国家在高等院校评估中特别强调教师在课堂上要规范教学语言，可是至今在很多高校教师在课堂上依然不规范，究其原因是艺考生遗留下的后遗症。

国家恢复高考以来，艺术生本科教育平稳有序地发展，单一学科学生到了硕士研究教育层面开始暴露出现生源问题，多数学生逻辑思维能力限定了论文选题和写作，取得优秀毕业论文和设计作品的比例并不理想。从设计作品中看到教与学都有一定问题，如设计建筑和景观不知道首先要解读任务书，不知道退红线，没有限高度意识，不知道建筑面积和建筑占地面积的区别，法规意识基本没有，设计作品表现是看到的部分都"自由放飞"，看不到的地方基本无知，既不像工科又不像艺术学科，具备两个学科的缺点。在过去的社会实践中还可以勉强被动地进行工作，可是在今天的科技主导时代是不可行的。

回忆过去有些大学师资严重不足也要强开新专业，到处聘借组合"杂牌军"强行开课扩大招生规模，很多院系级单位师资结构和梯队更是无序，由于结构不合理带来常年出现解决不了的评职称问题，滞后了学科发展，遗留了问题。记得几年前我被邀请作为专家到某大学参加校级评估，我选择了水彩表现技法课程，上课时间一到，讲课教师按时开始授课，可是讲课教师一开口便让我吃惊不已。换句话讲，如果闭上眼睛听，根本就无法理解这是什么课程？静静的教室里只听到任课教师讲"这么整、这么整、这么整，就是怎么整"，这就是一位大学副教授在给学生讲课？不仅专业教学语言不规范，还凸显出典型的线性思维艺考生单一学科教育下成长为教师所出现的问题，其后果是不规范教学将伴随他的职业生涯，可以说这在中国高等院校艺术设计师资中不是少见的现象。

面对工科不到位、艺术不到位的设计教育群体，反思艺术院校设计专业的教学现实，问题并不是孤立存在的，为改变现实，邀请各地区学校相关专业学科带头人组建实验教学公益平台是当务之急，4×4实验教学课题恰逢其时，从一开始的4所高等院校，发展到17所中外高等院校，从取得的阶段成果判定教学可以防止上述问题发散，规范不严谨的专业教学管理，走向规范化教学管理成为可能。

在11年探索实验教学课题中，成果验证了课题的综合价值，先后完成18本课题成果，均由中国建筑工业出版社出版发行，通过实验教学课题选送到匈牙利佩奇大学留学攻读硕士、博士学生已经有30多名，课题组先后推送的博士研究生已有5人取得学位，回国后工作在国内高等院校。阶段成果证明交流使中国和匈牙利教师相互成为朋友，合作完成了4×4实验教学课题的第一个十年规划，展望下一个十年，两国教师充满信心，为探索脱离线性思维单一学科转化教育，两国教师在今后将寻求更广泛的合作交流与突破。

疫情后万物互联5G时代，人工智能工具融入空间设计教育将成为标配，建筑设计迈向智能化、产品化是实验教学下一个研究方向，大数据与建构科技对接新设计教学理念是科学发展的安全阀。发展变化中的高等教育设计专业，人才培养锁定目标也将发生观念转化，提出多维立体理念对接全学科人才培养模式，将成为推动4×4实验教学课题向更广的研究方向发展，培养具有全球视野的特色综合人才，探索中国教育特色艺考生如何融入全球科技时代，激发学生综合能力，填补学科短板，弥补研究能力上暴露出的不足，有步骤地脱离线性思维单一学科问题，向多维研究领域探索。

三、国际高校学术研究走向深度合作

回顾2015年开始与匈牙利佩奇大学信息工程学院进行实验教学课题合作交流，五年里从共赢开始让两国教师逐步走向全方位合作，共同努力是两国教师的一致愿望。2020年3月我作为课题代头人申请中国国家社科基金课题，邀请巴林特教授作为课题成员，他高兴地接受了。选题定位在"一带一路"上的历史城市研究，题目是中国泉州市商业西街与匈牙利佩奇市中心商业街的比较研究。本课题研究在国内外本学科研究现状中评述资料很少，其价值是两国两市同处在"一带一路"上，国家发展与城市建设如何面对今后共同的问题，合作研究是中国和匈牙利高等院校教师的使命，为此合作意义重大。

研究范围、基本思路和方法，以及重点难点、主要观点和创新之处都是课题的内容。我作为泉州信息工程学院特聘教授，近年来重点放在专业教学和学科建设上，帮助培养青年教师也是己任。几年来我作为课题组长带领中外教师团队开展的"一带一路"4×4实验教学公益课题取得了可喜的成果。课题每年3月的开题及中期答辩在中国，10月的终期结题答辩在匈牙利，高质量成果就是对深圳创想公益基金会的回报，更是对关心课题成长的企业和个人的回报。课题先后推荐免试到匈牙利佩奇大学留学攻读硕士学位、博士学位已达30多人，中国和匈牙利高等院校教师在相互交流中建立了深厚的友谊，课题已成为匈牙利佩奇大学的例行学术活动，得到了欧盟教育机构的认可。实验教学课题中匈两国教授寻找新的共同研究课题也成为加深合作的基础，经多次探讨研究，确定内容定位。

基本思路和方法是泉州市和佩奇市同处在"一带一路"主线上，两座城市各有辉煌。中国福建省泉州市地处泉州湾，气候宜人，有着1300多年的历史，是中国古代华夏经济和文化中心，隋唐以后开始的衣冠南渡和对外开放，可以说泉州是闽南地区城市代表。拥有悠久历史的泉州西街是最古老的名胜古迹，游走在西街上能够让人感受到其不愧为中国城市街道的"长者"。西街在唐代就"列屋成街"，宋代海上丝绸之路往来繁忙，成为城市中心商圈，闽南特色建筑大部分是一到两层，部分位置有骑楼，现在的西街风貌在20世纪二三十年代就已经定型了，时代发展、城市变化更加丰富了其文化底蕴。

匈牙利佩奇市坐落在匈牙利西南部城市，为巴兰尼州首府。2000年前，罗马人在潘诺尼亚省兴建了一座重要城市，取名绍比纳，就是今天的佩奇大学城（Pécs），在迈切克山南麓。人口17.3万（1983年）。始建于古罗马时代，是铁路枢纽旅游城市。历史上的采煤区中心，有焦化、农业机械、瓷器、皮革、啤酒、烟草、家具等工业，还有炼油厂。今天，佩奇市是一座大学城、旅游城，佩奇大学（1367年创办）医学院和法律学院享誉欧洲，城市中有11世纪大教堂、16世纪伊斯兰教寺院，中心商业街是500年的建筑古迹。

泉州市有古老商业西街和400多年月记窑制瓷历史，佩奇市有500年城市中心商业街和zsolnay陶瓷，两座城市的共同点是课题研究的基础，"一带一路"人类命运共同体价值观是两国学者的共同点。课题难点是目前没有更多的成果，收集资料需要花费大量的时间和精力。

主要观点及创新之处：同在"一带一路"，跨越欧亚大陆，共同研究两国历史名城，振兴多元文化，有利于两国高等院校走进深度合作，对于历史悠久的两国城市从科学性到智慧城市理念学术研究出发，相信全方位深度探讨必将取得高质量成果。

以上是中匈两国多年合作生产的共鸣，更是同步探索的高起点，伴随着中国和匈牙利两国教师不断地合作，4×4实验教学课题将会扩展到两国高等教育和实践教学的更大范围，受益的是两国青年教师和学生。

四、实验教学研究思考

设计专业实验教学研究是世界高等教育新时期的重要组成，面对科技时代半工学科和半艺术学科如何发展？培养什么样的师资和什么样的学生？这是一个要立体思考的学术问题。理性评价中国艺术类院校设计专业现有的教学大纲、必修课与选修课的比例，重构教师架构，融入数据内容，增减教学大纲内容，重新进行科学排序，强调设计逻辑学，4×4实验教学经过11年的探索（包括与匈牙利佩奇大学信息工程学院合作）取得了阶段性成果。不断增减的教师框架满足了研究质量需求，提高了参加课题教师的综合能力，使学生能够掌握综合知识，为大胆思考、开辟新主题设计创作打下基础。教学研究始终强调学生的独立思考，强调在理解任务书的基础上，学会梳理分类，掌握相关设计法规，面对人与建筑环境的关系提出可行性方案设计，构建人与自然空间和建造体的多维分析，培养学生从设计规划到实施过程的学理框架，搭建可控的知识转化能力和多角度表现力转换，做到课题延展可控，运用技术与艺术融于科技，创作出优秀作品。

五年来两国教师在教学合作过程中进一步认识到，要想培养出优秀的学生首先需要先磨炼导师自己意志和耐心。设计教育已成为综合性学科，掌握与其相关的专业知识，在多维思考的基础上融入数字化，法规与规范是艺术院校设计教育的弱项，加强协调均衡，建立教学大纲才能达到质量要求。理解建筑设计与环境设计的相互关系，渗透积累工学课程，优化靠拢综合教学研究，建构实体型态，姿态与势态完美表达，打通专业壁垒，为新空间设计教育赋能。引导学生掌握从小环境到大环境联动可控，在可能条件下融入型与形的功能空间探索，从结构形式出发研究内外空间，巧借良好的建筑形体和构造语言进行形态表现，做到把良好的外部环境引入室内空间，使青山绿水城市景观尽收眼底，立体思考才能够体现设计作品的综合实力，科学灵动的创造力才能释放出高度审美能力。

4×4教学研究定位于广义无界限理念，立体思考，延展发散思维，将规范关口前移，目的在于创新，新学理观念是空间设计不可缺少的重要组成部分，展望2029年4×4实验教学课题，提倡以科学生态低碳智能化设计为前提，融合5G发展万物互联数字观念，把打通院校间壁垒进行交流互动，丰富高等教育作为出发点，知识交叉联动高效高质是促使实验教学课题升级的保证，中外高等院校师生互补开展研究将进一步加深学术化，使课题具有深远影响力。

高等教育加速国际化，留学交流进入常态，合作能够将遇到的相同问题拿到课题中互补解决，疫情后深度开放交流是高等教育势不可挡的潮流，共赢的理念是各国高等院校释放的大智慧，以阳光开放的心态看待国际优秀设计教育是认同的进一步升级，吸取先进教育营养，为各自优秀的文化教育增添能量是实验教学课题的追求，今天的进步来自于40年前的对外开放，成果验证了尊重、融合与包容。

2020年的世界性公共卫生事件让中国和匈牙利两国教学研究走进深度合作，如何培养优秀的学生适应科技时代需要，人类命运共同体价值观已经为其定位，在探索设计教育高品质的道路上攀登，规划下一个十年的4×4实验教学课题是两国教师的目标，掌握设计教育发展机遇，研究实验教学课题新内容，客观面对两国教师和学生的实际情况，带着两国民族优秀的文化精髓投入实验教学课题研究，国际交流是大舞台，有足够的空间，探索适合高等院校设计教育的健康之路还很漫长，拓展研究实验教学成果的推动力是可持续性的，相信建立在4×4实验教学国际公益理念上的新探索，将服务于人类命运共同体价值观，拓宽问路需要团结合作和信心，才能在设计教育国际视野中发挥能量作用，向创新发展的未来设计教育进发，用爱心珍惜中国和佩奇大学课题合作美好的明天。

回忆2019年在佩奇大学结题表彰大会上，校长尤泽夫教授鼓励中匈两国课题组师生，探索更深度合作并真诚期待互信合作，走向美好未来。

结语

每年一度的课题结尾工作对于未来一年的课题发展至关重要，在连续11届的中国建筑装饰卓越人才计划项目中，作为课题组长能够多做一些力所能及的事情是荣誉，优势互补是4×4教师的职业底线。我等经历了中国开放40年的每一步，国人努力奋斗的一幕一幕常在头脑里过电影一般回放：从农民告别故土外出打工为城市建设和自己过上好日子，义乌小商品从一分一分钱积累到完全向世界开放，求学青年国内外苦读，心中始终装着远大志向，学成归来报效国家，勤奋坚持努力奋斗取得了让傲慢与偏见的发达国家点赞的成果，赢得了中国尊严。各种制度各有其优缺点，从当前世界新冠状病毒看，回顾历史，人类一次次遭遇瘟疫爆发，流行病无情而过，可是人类依然留存在地球上，说明人类文明靠智慧生命和科学研究创造了奇迹，今后人类与病毒将不断"你来我往"，有理由相信疫情过后世界将发生新的改变，人类命运共同体价值观将成为新取向。

课题组将努力探索发现，服务于广义高等教育设计教学，服务于命运共同体价值实践，规划更加符合时代要求的新4×4实验教学课题是全体教师的追求，从4×4实验教学课题开始继续加速同步探索的步伐，相信优秀的4×4实验教学课题能够在"一带一路"沿线国家健康成长。

对乡镇环境设计问题的思考
Thoughts on the Design of Township Environment

清华大学美术学院 / 张月 教授
Academy of Fine Arts, Tsinghua University
Prof. Zang Yue

摘要：农村是中国社会的根基，在社会发展与变革的大背景下，乡村环境的改变是无法回避的。原有的常规的城镇化模式、旅游开发模式有其好的一面，也有局限性。重要的是没有资源的村镇的发展模式的创新。从社会运作的复杂体系来厘清社会生活的运作模式，并据以创造与之吻合的村镇空间环境，而不是一味地创造设计师自娱自乐的虚假形式。乡村的乡野环境相对于当下也是稀缺环境，不应该被城镇化的手段来迭代，而是与城市并置的对等存在。

关键词：生活模式；更新的标准；乡野的价值

Abstract: The countryside is the foundation of Chinese society. Under the background of social development and reform, the change of rural environment can not be avoided. The original conventional urbanization model and tourism development model have their own advantages and limitations. What is important is the innovation of the development model of villages and towns without resources. From the complex system of social operations to clarify the mode of operation of social life, to create a harmonious urban and rural space environment, rather than blindly creating a false form of designer self-entertainment. The rural rural environment is also a scarce environment compared to the present, and should not be iterated by the means of urbanization, but the coexistence with the city.

Keywords: Life mode; Updated standards; Rural value

回顾中国的历史，在每一个重大的历史变革时期，农村都是最重要的变革领域。远的不说，最近的近三十年的改革开放其开端也是从农村开始。尽管中间因为种种原因而显得稍有沉寂或者说离开了人们视线的焦点，但时隔三十年中国的农村又一次热闹起来，成为国家乃至全球关注的焦点。所以，农村是中国社会的根基。

近几年通过不断地对乡村的各类课题的研究和探究，我们发现，在社会发展与变革的大背景下，乡村环境的改变是无法回避的。不论是着眼于文化遗产的保护，抑或是对自然乡野的留恋，都不可能阻止乡村环境的变化，我们唯一能做的是通过自己的努力使它从社会生活到村镇环境都变得更和谐美好。

我们需要正确地认识到，乡村之所以发展滞后的基本动因是我们前些年的力量都主要集中在城市与工商业，对于农业我们在产业结构和运行机制上没有太多的投入，绝大多数农村还是传统的生存模式。很多农民脱离农业转到城里，以工辅农的模式，淡化了农村发展滞后的问题。并且多年来，我们农村的发展模式，基本上就呈现两种模式，一是城镇化模式，二是旅游开发模式。

如果按照城镇化的模式改造农村，则绝大多数乡村在生活模式、经济发展水平和建造方式三个方面都难以满足高水平的要求，其结果是城市建设和管理模式的低水平简化版。这也是绝大多数乡村不够"美丽"的症结所在。

走旅游开发的模式。强调农村原有的自然生态环境与传统文化的遗存保护。这一方式虽然对历史文化的保留有意义，但是对原有村镇基本不动或以保护性修缮为主。使村镇环境成了活古董，无"新"可言。为了获利而保持原有的村镇风貌，这种模式使生活变成了"表演"，虽有获利，但村镇社会生活无法发展进步。而且适合这样以旅游为发展模式的村镇基于各类原因也是非常有限的，并不适合所有的广大地域。由此可以发现我们乡村发展滞后的重要原因就是自身发展的内在动力匮乏。很多乡村存在的最大问题：一是没有特色，没有长期发展的特色产业，没有资源突出的旅游产业。二是交通不便，虽然我们的政府正在不断修路改造，但是我们很多的村子还是会面临道路难走的问题。三是经济凋敝，内在产业没有新生动力，以致经济没有发展潜力。

同时我们国家不同区域经济情况的发展也是有巨大差异的，东部沿海区域快速发展很快，很多乡村的城镇化程度甚至超越了部分城市，但很多中西部的城市发展却是艰难和缓慢的，所以我们现在面临的最迫切的问题并不是那些进入城市体系的工商业、旅游业发达的乡村，而是那些没有内生动力缺乏各类资源的乡村。所以，我们不应该是以单一的常规模式对待所有的区域，对于不同的区域我们应该有不同的应对模式。

一、乡村环境背后的复杂性

中国农村的问题确实是很复杂，新农村建设中的各种利益和力量的博弈，千奇百怪。很多的时候，核心的问题反倒不是环境的品质改善。很多情况下，参与者一上来就直奔结果——乡村环境的美化，却忘了环境的优美与品质其实是社会生活状态的结果与反映，乡村的风貌只是乡村社会与经济发展的结果，我们首先应该做的是促进乡村社会与经济的发展，至于风貌如何应该是待乡村社会发展过后的水到渠成。

农村人居环境的发展和改变，其背后的影响因素错综复杂，表面看是生活环境的改善问题，实则是一个社会发展问题。解决这个问题是一个复杂的系统工程。如果过于鲁莽、简单或操之过急，可能会对乡村社会生活造成事与愿违的影响。人类文明历史的经验告诉我们，人类聚居环境的规划中最重要的并非是空间形式的塑造，关键是塑造一种生活方式，且是公众愿意接受的方式。如果说社会生活是"躯体"，建筑与空间环境就是包裹承载这躯体的"衣服"。这可以理解为"建筑是生活的外化"。以这样的关系来说，建筑与空间环境的形制——"衣衫"应该是遵从于"躯体"——社会生活的需求，而不是相反用建筑任意切割修改社会生活。但现在的空间环境学科，发展了一套复杂的学科体系后，就以为它可以随意主宰"社会生活"的"躯体"。就好像是工业革命后妄自尊大的人类，自以为可以依托自己掌握的科技主宰自然。结果证明自然体系的背后之错综复杂远超人类的认知，人类的认知还不足以涵盖全部的规律。同理，支配空间环境背后的动因也是一套复杂的社会体系，并非是简单的线性关系，所以空间环境的规划不应仅仅有建筑师、设计师等做空间形态的相对单一的专业人员来控制，还应该有与社会生活息息相关的经济、管理类等社会学科的专业人员参与，从社会运作的复杂体系来厘清社会生活的运作模式。并据以创造与之吻合的空间环境。否则，脱离生活模式的空间设定很有可能就是一个虚假形式。

二、对乡村环境更新的标准

随着对乡村问题的思考而来的第一个问题是：农村更新和振兴的标准是什么？每个村子都要振兴吗？如果其自我生活需求并没有太多的问题，只是与城市的环境与资源、生存方式不同，生活的品质与幸福感并没有巨大的差异，又有什么必要改造呢？很多时候管理者和设计师成了不管"牙"坏没坏都要给人拔牙的"牙医"，表现为另一种形式的绝对平均主义和"一刀切"。这令乡村振兴这样一个严肃而重大的举措又成了"分肉"，很多地方有没有需要都要分一杯羹，分了羹就必然要做个样子，其结果是无病呻吟，没有问题、需求和资源也要改造，否则管理者从政绩考核角度就显得没作为了。

而设计界也存在着类似的问题，设计师一味地追求设计的趣味，反而对乡村振兴问题核心要义——"生活"缺少思考和对策，为了做景观而做。不分地域特色，不分资源状况地套搬模式，做了很多不适宜本地的、复制城市模式的或者说没有必要的乡村环境景观。这使很多的农村振兴建设成了一场管理者主导的、设计师执笔的、由城市资本做后盾的、以城市视角为评价标准的大型乌托邦（伪装的乡村）模仿秀。这里很多的东西都与乡村人没啥关系。充满了刻意与城市或其他地域有区别、伪装出来的特色，就像打了膨大剂的西瓜般不真实。

在乡村振兴这件事上设计师应该慎行，或至少在目前阶段设计师不应是主要和主导的力量，首先传统乡村环境的建构模式就与现代设计与工业体系存在差异。所以不应把设计师自己幻想出来的所谓模式真当作什么范式。现代设计所依托的不论是技术还是审美趣味与多数乡村的自然生存状态都有着巨大的落差，指望着用现代艺术去给乡村"裱糊"和"粉刷"出一个美好的景象是虚幻的、不可持续的无源之水，现在都在谈艺术生活化、生活艺术化，但不能指望艺术给生活"镶金边"，生活的美源自生活自身，乡村环境的美好首先应该是乡村生活过程自身美好。

三、乡村环境存在的意义

对待乡村振兴的方式应该采取多元化的态度，现代的更多元化的社会生活反映到人居环境的形态也是多元化，那种认为只有唯一正确的设计解决之道，其实是过往的集权意识在设计观念上的反映。在现代社会的背景下要求绝对一致是不现实的。所以大一统的环境艺术设计一体化的思想其实是不符合客观规律的。

从历史角度来看，人居环境的存在形态与技术的发展有相当的关联。手工业时代，人力所能控制的资源范畴有限，因此自然经济时代世界呈现的是分散分布式的。而工业革命之后的工业化带来了巨大的资源控制力，反映到人居环境的变化就是巨大的集约的集中式体量。即现代都市所呈现的高度复杂集中的形态，它不是自然分布的状态，因此需要很多的人工设施与能源去维持，我们因为有了机器而变成今天这样，也因为这样而需要更多的机器来维持。鸡生蛋、蛋生鸡？某种程度上城市是"被迫"的。而现代高科技的发展带来了新的可能，比如信息化和数字制造带来的一个可能的变化是：我们没必要把所有的资源都集中在一起，因此我们的生存空间与环境也可能会逐渐转化成为分布式的。重回田园牧歌似的与自然和谐共处的状态。所以到底用城镇化的方式来改造乡村，还是都市生活回归田野？这还是个未知数，也是值得思考与探究的问题。

国家是以自然为基础的，而不是以人工物为基础。有专家做过研究统计，所有人构筑的景观和建筑总和只占国土总面积的0.3%。所以自然的乡野才是国家的基础。乡野是一种与城市并存的自然存在，我们不应过度地把它们都人工化。城市让人离自然越来越远，与自然的接触感受因此变得越来越重要。乡野也就越来越重要。

乡村与城市不应是迭代的问题，也不是发展与进化的问题，而是二元化的人类社会生态类型。对城市的理解应该有新的定义，城市只不过是人们谋取利益不得已而委身的环境类型，它更讲求效率。但从生活品质和与自然的和谐来说城市并不是最好的环境，而乡村才是。

因此应该这样理解城市与乡村的关系，城市只是人们谋求利益与寻求刺激的机器，而乡村才是追求生活品质的环境，从这个意义上来说不应该把乡村这种稀有资源城镇化，恰恰应该努力地保护。而城市与乡村民众的差异化需求应该通过资产置换而活化，解决新的"围城"。

四、主体意愿和资源合理利用

其实在美丽乡村这个运动的背后，各种力量的角力和诉求的不同是一个重要的问题。城里人、设计师、资本、管理者和村人，对同一件事情的理解和诉求都不一样。现状更多的是城里人与村人相互需求的认同结果，这种结果从设计专业或历史文化的角度也许不能得到专业的认同，但这个世界有它自己的规则，经济发展与生存的需求也许是很多事物的最终归宿。但也有例外的是管理者多数情况下在这里是不确定的因素，它所做的经常是除了博眼球意外，与经济和生存都没有关系。缺少民意的合理回馈渠道潜在影响着发展路径的走向失衡，很多阶段性、地域性的奇葩问题与现象皆因于此。世界各国也都有乡村现代化的过程，但因为有属地居民的意愿的制衡，并没有出现类似的情况，缺少沟通与钳制机制，属地居民的意愿被忽视，资本的没有归属感与责任感的滥用和对资源的掠夺性使用是破坏环境的元凶。

从这个意义上来说问题的核心并非是设计问题，而是建构环境业态与利益关系的问题。现有的很多环境业态如果从他们自身来评价都做得不错，也拓展了城里人的经济类型和市场。不管是情怀还是获利也都可以找到合理的平衡点。问题是这些发展都是借助乡镇的资源，却常常对乡镇自身的社会进步贡献有限。乡镇自身的社会发展依然是靠政府的投入，虽然这也可以用其他的利益链条来闭合——城市经济所获得的好处，以政府税收的方式，经过向乡村的财政倾斜回报农村，但这种输血似的机制，无法活化乡村自身的社会发展内生动力。所以无法持久性地改善乡村社会集体。肌体不能新生，环境如何能获得内生动力。

目前的乡村状态有点像曾经的中国移动和中国电信，手握着大把的基础资源，却让腾讯和阿里挣了大钱，自身被管道化和边缘化。实则就是没有建立良好的利益分配机制！但这也不全是外来者的问题，本地乡村人的目光短浅，只关注眼前利益的做法也是这一问题的症结所在。不想动脑，只想简单获得，也造就了如此的现状，但从历史的经验来说，没有白来的收获，多付出一分就会多有所获。但农民的观念现代化也是迫切面临的问题。乡村人口观念意识落伍，他们没有紧跟时代的步伐进化。观念的落伍反映了乡村社会发展的巨大落差。

乡村发展的更大问题不是简单的环境改善可以解决的问题，其实是乡村社会的发展，包括人的发展，而且这不仅仅是靠简单的经济发展可以解决的问题，他们应该能参与到进步的进程，让他们随着社会的进步而逐渐进化为与城市同步的"公民"。

结语

　　用城市化的眼光去看待乡村发展是错误的。城市与乡村是两个不同的存在，各自有自己的评价体系与努力的方向。我们的新农村建设应该是符合当地的生活模式、符合当地的建造模式、符合当地的经济模式的。"新生活"才是"新农村"的发展核心。城市和乡村在社会构成中是拥有平等地位的，同时设计思考也应该以平等视角去直面城市与乡村。

　　应该这样理解城市与乡村的关系：城市只是个人们谋求利益与寻求刺激的机器，而乡村才是追求生活品质的环境。从这个意义上来说不应该把乡村这种稀有资源弱化，恰恰应该努力地保护。而城市与乡村民众的差异化需求应该通过"置换"而解决新的"围城"。我们现在应该做的是找到这两种生态系统的结合点，而不是用城市生态去改造乡村生态，我们的未来应该不是只有城镇一种存在，而是城市和乡村共同向着美好的方向去发展。

艺术设计专业毕业设计教学改革的探索

Exploration on Teaching Reform of Graduation Design of Art Design Major

湖北工业大学 艺术设计学院 / 郑革委 教授
Academy of Arts & Design, Hubei University of Technology
Prof. Zheng Gewei

摘要：毕业设计是培养学生综合运用所学知识、分析并解决理论和实际问题能力的重要实践教学环节，是学生走上工作岗位前的一次综合训练和考核，对学生适应社会发展需要的能力起着十分重要的作用。

艺术设计的职业特点决定了艺术设计院校应该培养设计综合型、应用型人才，即有较强实际操作能力和动手能力，知识面较宽，有广阔的发展空间，实践能力强，这样才能够满足适应社会需求、适应企业的应用设计人才。因此，艺术设计专业的毕业设计教学也应具有独特的思维和开创的意识。创新意味着敢于探索与实践，强调创新性与实践性，对学生的培养要因材施教，有深度、有广度，注重学生的个性发展。实现教学、科研、实践一体化的教学模式。以此形成艺术设计院校自己的设计教育特色。

关键词：教学目的；常规模式；设计流程；综合能力；交流与协作

Abstract: Graduation design is an important practical teaching link to train students' ability to comprehensively apply the knowledge they have learned, analyze and solve theoretical and practical problems. It is a comprehensive training and assessment before students go to work, and plays a very important role in students' ability to adapt to the needs of social development.

The professional characteristics of art design determine that art design colleges and universities should cultivate design comprehensive and applied talents, that is, they should have strong practical operation ability and operational ability, a wide range of knowledge, broad development space and strong practical ability, so as to meet the needs of the society and adapt to the enterprises. Therefore, the graduation design teaching of art design major should also have unique thinking and innovative consciousness. Innovation means daring to explore and practice, emphasizing innovation and practice, teaching students according to their aptitude, with depth and breadth, and paying attention to the development of students' personality. The teaching mode of integrating teaching, scientific research and practice should be realized to form the art design colleges and universities' own design education characteristics.

Keywords: Teaching objectives; Regular pattern; Design process; Comprehensive ability; Communication and collaboration

一、毕业设计是提高学生综合素质的重要手段

毕业设计是学生在校期间最后一个重要的综合性学习环节，但其意义却不仅仅是毕业设计教学内容本身，而是一套教学计划的应用实施、考核体系的完善程度反映，是实现培养目标、培养学生专业工作能力、提高学生综合素质的重要手段。同时，毕业设计的质量，是学生毕业及学位资格认定的重要依据，是专业教学质量评价的重要内容，也反映学校培养人才的质量水平。因此，毕业设计教学环节进行得好坏，影响着一个专业的教学实力和成果体现。

对艺术设计院校来讲，一般对基础知识、专业理论和设计相关知识的培养还是很重视的，但对实践能力和综合素质的教育则重视不够。重视艺术表现，轻视技能操作和专业实践，缺少实际的项目课程。因此，我们应该对

毕业设计的目的和能力培养提出全面要求和规定。培养什么样的设计人才能够适应社会的发展，应是亟待解决和重新思考的问题。

由于多年形成的教学模式，在各类层次的高校教学环节中"毕业设计"已经不是新的概念，并且，已经形成了一套固有的教学章法。设计专业的毕业设计也都大同小异，基本上也沿用了这套教学模式。但这套模式基本上都是千篇一律的：命题、调研、创作、制作、论文、答辩和展示的一个流程，这样的一个流程能否适应艺术设计专业学院教育的特点，能否完全地展现学生的能力，能否达到艺术设计专业毕业设计原有的教学目的，以及能否对应届毕业生就业有实际的帮助，等等。因此，对于探索毕业设计的方法、模式和内容改革是极其重要的。而旧的墨守成规的毕业设计教学环节，在今天变化莫测的市场经济和人才需求中，我们必须对它重新审视并加以改良。尤其是在当下这种以就业为前提的目标的影响下，协调和解决好毕业设计环节就显得格外重要了，部分毕业生把毕业设计当作作秀，他们无法从毕业设计的学习过程中更深刻地体悟市场和行业规则，更无法体悟设计在实际工作中的应用性。并且我们旧的毕业设计教学模式也从整体上误导学生以为毕业设计就是版面的展示秀，在好多院校的毕业设计展览中我们可以看到，设计专业学生的毕业作品以展板表现居多，而且学生对此也乐此不疲，我们认为这种现象是一种与企业人才需求不对接的现象。而且这种版面的展示秀也从某一方面掩盖毕业生的实际动手能力和限制了学生的设计能力。

一味地注重设计的结果，而不是设计的过程。设计是做出来的而不是画出来的。这种设计结果对应的仅仅是毕业设计本身的效果，期待的是表面的浮华成就。所以，设计专业的毕业设计最重要的流程是做的过程。

如今，大学生普遍缺乏社会实践的应用能力，很多公司都不愿意聘用应届大学生就是因为这一点，认为他们没有实际的动手能力。因此，培养实际项目的动手能力和专业素养同样是学院教育中很重要的环节。毕业设计不是大学毕业的"完事大吉"，毕业设计引导学生利用毕业设计的内容和在实施过程中问题，提高毕业生处理问题和解决的综合能力，但绝不是简单地利用毕业设计进行最后一次的弥补，这是一次综合性的学习过程。

二、毕业设计更需要从实际出发"协作完成"

由此我们了解到，在毕业设计教学模式的改革中，如何把校园里的毕业设计做到企业中去，如何把作品选题更真实地当成实际项目来设计规划，如何让学生更务实、更快捷地体会到企业的需要、毕业设计创作与企业项目设计开发的融合，这是最大的问题。这些问题处理得好，不仅能够把学院教育的教学特点表现得淋漓尽致，也能充分体现出毕业设计的实用性。同时，一切从实际出发，以市场需求人才类型为切入点完善毕业设计的教学模式和内容。根据实际情况，把毕业设计与综合实训和就业指导结合起来，这样，使毕业生较早地进入角色，同时，让学生意识到即将走向社会的紧迫感，锻炼创业意志。

从总体而言，毕业设计与毕业实训环节的结合，有利于整体让学生进入岗位就业前期的综合技术、能力和素质的培养，以往毕业设计临时抱佛脚的模式不适应学院教育的特色。这个应用性不单纯表现在内容的设计上，还体现在过程的协作方面。毕业设计常规大纲中要求"独立完成"，而实际更需要"协作完成"。从设计概念随市场的进步而快速转化的今天来看，个人的独立的设计方式已经滞后，也不适应目前普遍的企业设计规则，而培养全局整合系列的每个设计环节方式就需要关键的协作，这种协作不是一个设计环节上的协作，而是从市场调研到设计和最终完成作品。因此，把握"独立和协作"完成是当今毕业设计改革的一个课题。

三、毕业设计的方法、模式和内容（打破常规模式、诱导学生思维）

因此，将毕业设计的常规考核模式打破，我们认为：可以由学校选题，选题可以是真实项目，也可以是虚拟方案，但是必须要符合一个要求，就是选题必须涉及每个设计专业，这样做是为了培养学生的团队合作能力，打破原有各个设计专业的界限，从每个专业中各挑出部分学生加以组队（指导老师也同样是从各个专业挑选并重新组队），形成一个能够全方位独立完成设计项目的设计小组，学生也可以通过这样的学习模式，了解到其他专业的相关设计知识。例如选定的毕业设计题目是设计一个酒店，平面广告设计专业的学生可以负责广告、标识、视觉传达系统等；环境展

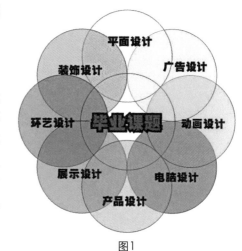

图1

示艺术设计专业可以处理室内设计方面和室外的景观环境、家具设计、公共空间设计等；工业设计专业的学生可以设计室内外如灯具、坐具、人机工程系统、旅游产品开发等相关的酒店用品；电脑动画专业的学生可以设计网页等。总之每个人各负责自己相关专业的内容，但又需要彼此配合，相互融合形成一整套完整的设计方案。这样可以使学生更深入和真实地了解项目解决问题的过程，更重要的环节是加强学生的团队协作能力培养。可以从意识上引导设计专业的毕业生在毕业设计时实战实作，从基本做起，打破"从纸上来到纸上去"的理想化思考方式和不切实际的唯美"设计"模式。

值得一提的是，这种同组但不同专业的成员之间的交流与协作，有利于跨越专业与学科界限相互启发，相互协作，能博采众长，相互提高；同时也有利于同学们拓宽知识面，摆正自身在宏观上的位置，有利于提高与非同行的协作协调能力；有利于同学们走上工作岗位，更快地融入社会。

在毕业设计中，老师的指导也是尤为重要的，因为对于学生来说，能够较为深入地接触实际设计项目的机会实在太少，工作实习的经验又很少，要在有限的时间内较好地完成一整套具有实际可操作的设计方案并解决近四年累计下来的许多工程实践问题是不容易的。设计看似简单，但自己"搞"不出来。所以指导教师必须安排非常具体的任务，如收集哪些资料、解决哪些问题等。只有这样才能有所收获，毕业设计的问题和障碍才会逐步减少。面对具体的项目问题，指导教师应尽可能解答到位，同学们才能游刃有余地解决，为同学们今后的学习和工作打下坚实的基础。例如在毕业设计中，老师和毕业生尽量做到"日答周会"的日常指导，即：每天与同学们找机会见面——解答同学们在毕业设计过程中遇到的问题，不耽搁毕业设计进程；每周开一次研讨会，要求每位同学汇报一周工作，提出下周工作计划，大家共同讨论，指导教师一方面对前一周工作进行总评，另一方面制定工作计划、设计方案等。

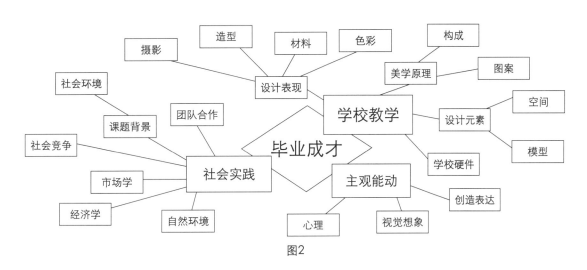

图2

同时，要求同学们做好笔记。每次汇报需有书面提纲，与老师之间的技术交流均有笔记，最后累积起来，用以作为编写毕业设计说明书的重要依据。这样不仅提高了同学们书面技术交流的能力，并且建议毕业生把自己的设计为基础写出相关的毕业论文，这样有利于我们的毕业设计文件内容不再空洞，或是有抄袭之嫌，也有利于以后的学习和工作，起借鉴和指导的作用。老师指导过程中最好针对不同的同学提出一些有技术含量、有理论深度的问题诱发他们思考。一方面刺激大家的学习欲望，激发大家的学习积极性，避免被动式教学；另一方面让大家摆正心态，充分认识自己水平与社会实际需要之间的差距，避免盲目自大。所提的问题可以分为应用型、探索型等，有难有易，难易搭配，引发大家思考，提高大家的自主创新能力。

在毕业设计指导过程中，有许多毕业设计本科生由于时间较短，加上学生们要找工作等其他原因，毕业设计有效时间不多，这在一定程度上影响了完成毕业设计的质量。我们应该在教学任务允许的前提下，让学生提前介入毕业设计。应针对所设计的每一项内容、每一个项目的每一细小环节进行指导说明，这样有利于毕业生更快更好地进入社会，走上工作岗位。

艺术设计专业的毕业设计应尽可能与时俱进，推陈出新，多以实际性课题作为毕业选题的主流。考虑市场行情或社会需要以本专业为核心，辐射相近或相关的专业方向，增强学生的学习兴趣和动手能力。同时，毕业设计的水平高低表现在校内、在眼前，而实质的功夫在校外、在于长期的积累。只有长期坚持不懈地积累理论知识、实践知识并加以融会贯通，加上老师的指导，这样毕业设计的过程才能顺利，才能游刃有余，师生校共赢的局面才能最终形成！

结语

回顾过去，展望未来，艺术设计任重道远，对设计教育发展的深层思考，就是为了探讨与解决设计教育及设计教学体系在发展中存在的问题，提高在面对这些问题时我们如何解决问题的能力。毕竟我们与国外设计还存在着一定的距离。如何通过我们的教育缩短这个距离，就需要我们的艺术设计教育更加开拓思路，加强创新，多多引进一些新的教学技术和手段来深化和完善设计的教学与实践。同时还应该尊重和培养学生的个性发展，遵循市场商业化和工业技术的要求和规律，将设计教学与市场相结合，以实践促教学，最终推动艺术设计教学的健康发展。

参考文献

[1] 沈法，张福昌．工科院校工业设计教育特色论［J］．无锡轻工大学学报，2001（3）．
[2] 孙湘明．普通高校艺术设计教学改革的思考［J］．装饰，2002（6）．
[3] 唐永杰，聂先桥．改革毕业设计的实践与思考［J］．实验室研究与探索，2001（8）．

环境设计专业应用型人才培养机制化建设

The Construction of Institutional Training of Applied Talents in Environmental Design Specialty

吉林艺术学院 设计学院 / 刘岩 副教授

Academy of Design, Jilin Arts University

A/Prof. Liu Yan

摘要：创基金"4×4"实践教学课题已经成功举办十一届，建立高质量的院校之间、院校与企业之间的教学联盟体系，探讨知识型与应用型人才的环境艺术设计教育形式和未来发展之路，贯彻落实教育部培养卓越人才的教学方式，成为环境艺术设计教育领域及引领环境艺术设计教育走向世界的灯塔。高校环境设计专业"4×4"实践教学课题平台的建设与改革，培养学生具有艺术设计与创作方面的专业知识和专业技能的创新思维，具有创新能力和设计实践能力。十年磨一剑，高校环境设计专业"4×4"实践教学课题已经成为环境艺术设计教育战线的一个品牌。分析研究创基金"4×4"实践教学课题成功的经验与体会有助于今后在环境艺术设计教育领域寻求更好的发展方向。

关键词：人才；文化；教育模式

Abstract: Foundation "4×4" practice teaching project has been successfully held the 11th, establishs high quality alliance system between colleges, universities and enterprises, explores the education form of knowledge and applied talents of environmental art design and the path of future development, implements teaching methods of the ministry of education to train develop excellence talents, has been a beacon in the field of environmental art design education and leads environmental art design education towards the world. The construction and reform of "4×4" practical teaching platform for environmental design major in colleges and universities can cultivate students' innovative thinking with professional knowledge and skills in art design and creation, as well as their ability of innovation and design practice. After ten years of practice, the "4×4" practical teaching project of environmental design major in colleges and universities has become a brand in the field of environmental art design education. The analysis of this will help to seek better development.

Keywords: Talents; Culture; Educational pattern

一、创基金"4×4"实践教学课题成功创建环境艺术设计教育品牌

1. 环境艺术设计教育时代背景

当前我们正处于时代的大发展、大变革、世界多元化、经济全球化的深入发展时期。科技进步日新月异，文化发展方兴未艾，人才成为国家核心竞争力的时代。对艺术教育如何实施战略调整，人才培养模式的创新、学科以及师资队伍的建设、艺术教育资源的开发与配置、艺术教育领域的拓展、战略思维的提高、师资队伍的整体水平都有待研究。文化软实力在当今时代尤为重要，重视文化创意是重中之重。国家与国家、民族与民族、地区与地区相互竞争的就是文化。文化建设包括艺术建设、艺术教育。环境艺术设计教育的质量标准与人才的培养更要引领艺术思潮。

2. 创基金"4×4"实践教学课题引领高等艺术院校的环境艺术设计创新教育方向

艺术院校特色建设和创新教育，对艺术教育和艺术类院校是生存攸关的两大现实课题，集中优势教育资源，打造优势部位，产出优势教育成果，形成优势的社会影响力。不能说特色就是优势，但具有优势才有特色。"创新教育"是培养创新人才的教育，创新人才是关键。世界的竞争说到底是创新人才的竞争，谁有创新人才，谁就占

领了当今社会发展的制高点。艺术是继承性和时代性、民族性和世界性、俗性与高雅性、享有性与教育性的高度统一。发展是艺术的脉搏，创新是艺术的生命。艺术教育的本质是创新教育，只有坚持创新教育，才能培养出创新型艺术人才。两大课题具有前沿性、发展性和挑战性，也是当今高等教育领域研究的热点和难点问题。本课题诸多教育专家和诸多艺术教育的领军人物，共析艺术教育的昨天、今天和明天，令人耳目一新的新经验、新见解和新思想是在理论研究和应用研究上的重大突破。课题所产生的创造性研究成果，有创见的高质量的学术会议，会产生重大的教育效益和社会效益，也是本课题所致力追求的目标。十多年来，坚持以社会和区域经济发展需要为导向，以培养高素质应用型艺术人才为目标，全面推进素质教育，实现了跨越式发展，赢得了发展的优势；坚持以学生为主体，以教师为主导，深化教学改革，突出实践教学，把学生参加的展示、演练、竞赛等各种文化艺术活动，作为培养应用型艺术人才的根本环节。

二、创基金"4×4"实践教学课题环境艺术设计教育团队特色

1. 国内外高等院校艺术教育领军人物

以中央美术学院、清华大学、天津美术学院为核心院校，以及国内外二十多家环境艺术设计相关高等院校高校教育联盟体系经过历年的发展演变得到相关业界的广泛认可和高度评价。导师团队专家和名师视野开阔、学术严谨，培养应用型创新人才。历届课题的成功举办都给各个院校的老师和学生带来丰厚的收获和美好的回忆。

2. 国内外著名艺术大师和设计团体

聘请国内外院校的教授专家参与课题实践指导，在环境设计教学中整合工科院校与艺术院校的知识点。聘请国内环境设计院工程师及设计师进行教学互动学习，在教学中以专业设计院的实际完成项目案例为教学案例，充分将专业理论知识融入其中，使学生更加明了每次课题设计的必要性及在项目实施过程中的作用。带领学生进行现场调研，了解相关设计院、设计公司及企业的工作业态，切身感受未来所从事的行业工作环境。为学生提供最优质的环境艺术设计教育，让学院的优秀教师和学生到国外举办画展，在吸纳国内外艺术发展成果和艺术教育成果的过程中，大力提升学院的艺术教育质量。

三、创基金"4×4"实践教学课题研究与实践

1. 创基金"4×4"实践教学课题研究的主要内容

本课题以环境设计专业为研究点进行深入研究，使学生充分了解环境设计行业的发展动态，通过系统的课题教学实践，使学生明确在大学期间必须掌握的专业知识及技能，了解未来工作环境模式、工作岗位职责要求、合格的环境设计师所必备的设计师职业道德标准要求。通过院校与院校之间的互动交流及学习，学生可以合理规划

图1　匈牙利大使馆教育部合影

未来学习生活计划，消除学生在大学生活中所产生的环境设计教育盲区，明确一名合格的环境设计师所必备的专业基础知识及专业表达技能，除了必须熟练应用具备专业设计表达的基本能力，设计制图标准、设计规范及流程，更要明白培养出具有独立研究能力的学生的重要性，开发学生创新、独立思考的思维模式。

2. 创基金"4×4"实践教学课题实践研究方法

（1）从宏观的方向去考虑研究环境设计教学，在教学中除注重表象的表现技法、设计理论等，还需增加个人修养、学习环境设计师的职业道德标准等来提升学生的个人素质。培养具有文化修养的环境艺术设计创新人才，不断加强中西方艺术的交融会通。文化作为人类社会历史发展过程中所创造的物质与精神财富的总和，表现出无比深厚的内涵，不同地域的文化呈现出完全不同的底蕴，文化积淀反映出的文化理念以及物化的风格体现，都成为设计者取之不尽用之不竭的创作源泉。学生文化素质的提升是现代设计教育者应该深入研究、永远不变的课题。

（2）从中观的方向在教学实践课题过程中引导学生寻找适合自己所选专业大的方向和道路。增加学生的自信心，规划出未来学习的个人计划。引导学生根据专业的具体情况，进行职业分析，确定其具体的知识、能力结构和职业素质要求，将专业培养目标进一步具体化、个性化，使专业与社会职业群的内在联系及教育过程与职业活

图2　中央美术学院王铁教授、匈牙利佩奇大学建筑学院巴林特教授合影

动过程的内在联系显现出来，以增强其适应性和针对性。在完成普遍的教学目标的前提下通过深造、再教育等途径进行个性化培养。

（3）从微观的方向安排工作、学习实践课程，引导学生抓住学习、实践的机会，通过校企合作的项目促使学生将专业理论知识运用于社会实践项目中。设计需遵循若干原则才能塑造出系统性的解决方案，驾驭社会、交互、环境和政治等诸多因素，依据设计原则、规范，对人、空间和各种动因进行恰当组合。包括科学技术支持、服务等要素，社会人文以及声、光等环境元素。设计师、学生需要介入项目的调查阶段，从而能够在设计的过程中理解参与方的切实体验，在保留原有设计概念的前提下将这些需求转化为解决方案，为设计做指导。

图3 吉林艺术学院刘岩副教授在课题展览现场　　　图4 吉林艺术学院师生在匈牙利佩奇大学建筑学院合影

四、创基金"4×4"实践教学课题教学与交流

创基金"4×4"实践教学课题以定向研究生课题教学指导，通过分析参与课题的过程来发掘研究生教学问题、理解问题现象的本质的课题研究策略为内驱，研究出了一套环境设计专业知识与实践并存型人才培养教学的创新模式，并以这样的设计思维和技巧来定义和执行课题研究过程。创新范围涵盖从研一到研三的所有可能对象。教学制定实践课题项目从前期开发和商业策略制定到后期设计成品和品牌传播，无论是短期还是长期战略活动，都可灵活运用这一创新理念。

（1）创基金"4×4"实践教学课题研究生论文、课题设计作品成果体现

艺术创作本身就是学术，包括学术论文与艺术创作。学生做研究生学术论文并不能只是依赖语言表述，更要以实际艺术创作说话，二者相依。把设计的思想、观念、情感借助诸如图像、影像、姿态、声音、语言等手段具体表现出来，而非抽象的思维。将观念转化为可视、可闻的具体而生动的表现就是艺术创作。

（2）创基金"4×4"实践教学课题教学模式

研究生学位攻读不仅需要理论知识更需要学术思考和研究能力，还应培养学生将理论创造性地转化为实际研究成果的专业技能。环境艺术设计是一门集创作与研究为一体的学科，其研究对象比研究本身更重要。当今世界竞争的实力主要体现在文化，我国的经济得到了史无前例的突飞猛进，目前所面临的最大问题不是经济问题而是文化问题。借鉴发达国家的经验，只有把环境艺术设计视为与哲学、数学、物理一样的重要学科，在人生实践时才能具备无穷的创新能力。环境艺术设计教育要把观念和思维植入到学生的骨子里和血液里，才能充分培养学生的创新理想和手段。课题指导教师的意识领域高度起到决定性作用。

（3）创基金"4×4"实践教学课题中外交流

创基金"4×4"实践教学课题作为中国当代成功环境艺术设计教育模式典范，把中国环境艺术设计教育置身于全球化的格局中来审视艺术与政治、文化的关系和意义，从而建立一种新的环境艺术设计教育方式和格局。有效地吸收外来文化和优点，转化为自己的力量。将中外环境艺术设计教育文化有效地结合为一体。挖掘民族传统的同时，我们也要吸取国外的先进经验。人类文明的一切进步成果都是值得我们借鉴和学习的好经验，开阔视野、放怀胸襟学习外国经验，创作出具有划时代意义的经典作品，立足于当代环境艺术设计之林。

结语

促进环境艺术设计教育的反思和批判，启动教学对话，建立沟通的渠道。科学的教学方法是达到教学目标的手段，只有学生相互间能够充分交流，产生不同视界的交融，形成新的共识，教与学之间沟通与理解才是可能的。使学生探索自己的意义，而不是被动接受，重视学生自我意义的建构。使学生具有批判地提出问题的能力，期待在今后教学上印证。人文精神统领环境艺术设计教育是大趋势，不断激活审美情感的主动精神，实现开放式教学模式、教学系统，实现学、研、产相结合的教学系统工程。总之，中国环境艺术设计遭遇新背景，专业大开放、精英教育大提速、艺术素养大普及，促使我们思考环境艺术设计教育的诸多发展问题，找出符合当下的环境艺术设计教育模式。

4×4环境设计实验教学中的 "1+N" 模式
"1+N" Mode in 4×4 Environmental Design Experiment Teaching

青岛理工大学 艺术与设计学院 / 贺德坤 副教授
School of Art and Design, Qingdao University of Technology
A/Prof. He Dekun

摘要：课堂作为教学的主要环境只是给教师提供了舞台，使得课堂教学过于封闭单一，缺乏第二课堂甚至是多种隐性课堂；高中低年级、不同相关专业间也基本是封闭式教学，缺乏交流；课程也相对独立，因此出现了课程重复，缺乏整合性、针对性及应用性的现象，使得教学、科研、社会服务生态链缺失。在这种环境下，4×4环境设计实验教学打破各院校间壁垒，通过十一年的探索成长，采用"走出去"、"多环节"、"多场地"、"多层次"、"多交叉"的 "1+N" 专业交流学习模式，适用新时代环境设计实验教学的新生态。

关键词：4×4环境设计实验教学；1+N；新工科

Abstract: As the main environment of teaching, the classroom only provides a stage for teachers, which makes the classroom teaching too closed and single, lacking the second classroom or even a variety of recessive classroom; high and low grades, different related majors are basically closed teaching, lack of communication; curriculum is relatively independent, so there is a phenomenon of curriculum repetition, lack of integration, pertinence and application. It makes the ecological chain of teaching, scientific research and social service missing. In this environment, 4×4 environmental design experiment teaching project breaks the barriers of various colleges and universities. Through 11 years of exploration and growth, it adopts the "1+N" professional exchange learning mode of "going out", "multiple links", "multiple venues", "multiple levels" and "multiple intersections", which is applicable to the new ecology of environmental design experiment teaching in the new era.

Keywords: 4×4 Environmental design experiment teaching; 1+N; New engineering

一、环境设计专业教学的现状和问题

目前环境设计专业大多数专业课程以传统课堂讲授为主，出现一种"纸上谈兵"的专业教学现象，难以适应新时代特色人才培养需求。出现这种现象主要有以下几个方面的原因：

（1）自高校扩招以来，环境艺术设计专业报考人数居高不下，师生比例严重失衡，出现了老师不能全面地顾及每一位同学的尴尬现象。

（2）教师队伍缺乏梯队式建设。中层骨干教师较为稀缺；年轻教师又缺乏实践经验。由于接触社会实际应用项目学习的机会也相对较少，致使环境设计专业缺乏实践型的梯队设计。

（3）外聘企业专家导师和与外部高校建立联系等方面还处于探索阶段，需要新的实践教学模式探索。

（4）教学组织模式依然为传统的师生课堂讲授模式，班级和专业过于独立。教师是教学活动的主体，而学生只是知识的接受者，这种被动式学习的模式过于传统呆板，缺乏灵活性；并且由于工作室、导师组和实验室等实践教学单元的缺乏，使我院难以适应应用型实践教学的需求。

（5）在教学环境方面：课堂作为教学的主要环境只是给教师提供了舞台，使得课堂教学过于封闭单一，缺乏第二课堂甚至是多种隐性课堂；高中低年级、不同相关专业间也基本是封闭式教学，缺乏交流；课程也相对独立，因此出现了课程重复，缺乏整合性、针对性及应用性的现象，使得教学、科研、社会服务生态链缺失。在这种环境下，亟需各院校打破壁垒走出去，进行多环节、多场地、多层次的专业交流学习。

二、"1+N"实践教学模式的概念定义与意义

"1+N"的新教学模式，即一个课堂教学和多个第二课堂教学的多维教学模式。第二课堂是与学校传统的课堂教学不同的一种以课外实践活动为主的教育方式，是课堂教学活动的继续和延伸。课堂教学是以教师引导学生系统地掌握科学文化知识为主，而第二课堂则是提供了更加多元的渠道，是一种更多体现学生自我、重视学以致用的一种多元教学活动，拓展了课堂教学内容的广度和深度，促进学生综合素质全面提升。"1+N"教学模式实际上就是以学生课堂教学为主线，通过多渠道、多层次、多平台的N个第二课堂体系，以促进学生素质全面提升的一种多元非线性教学模式。深入开展社会实践对促进学生了解社会、增长才干、奉献社会、培养品格和增强社会责任感具有不可替代的作用，环境设计专业传统教学在很大层面上存在重理论轻实践、重当前轻长远的现象，"1+N"模式下的多元第二课堂实践教学有助于促进学生完成"理论——实践——理论"的认识过程，对培养环境设计专业高素质人才具有直接意义：

（1）"1+N"的新教学模式给学生提供了全面发展的实践平台，不仅满足了学生的需要，同时提供了有效解决严峻的就业问题的方法和途径。

（2）"1+N"的新教学模式给授课群体提供了互通有无的有效手段，有效地建立了高校学术导师、社会实践导师、行业协会以及企业群体等之间的教学合作桥梁和平台。

（3）"1+N"的新教学模式有利于培养环境设计专业学生的学习兴趣。通过丰富多彩的第二课堂教学活动，让学生全面正确认识专业，提高专业认同感，从而打破"枯燥无味"的理论知识的束缚，提高他们的学习兴趣。

（4）"1+N"的新教学模式有利于培养环境设计专业学生的思维能力、动手能力和创造能力。环境设计作为一项设计管理和设计实践活动，对学生的综合素质具有较高的要求。通过第二课堂培养学生的思维能力、动手能力和创造能力，效果显著。

（5）"1+N"的新教学模式有利于环境设计专业学生加深和拓宽专业知识。第二课堂是课堂教学的延伸和辅助。课堂教学一般侧重于讲解设计的基本知识、基本理论和基本技能。通过第二课堂，可以使学生将第一课堂中学到的知识加以应用，从而加深对专业知识的理解和掌握。

三、正确处理"1"（第一课堂）与"N"（第二课堂）的关系

首先，"1"（第一课堂）是基础保障。第二课堂的教学活动必须在第一课堂教学活动的指导下，有目的、有组织、有计划、有步骤地进行，不能盲目行事。第二课堂必须是在第一课堂之后，如果没有具备第一课堂所学的基础知识就进行第二课堂的实践活动，将很难达到预期效果。

其次，"N"（第二课堂）是目的。第二课堂的目的是为了把知识转化为能力，第二课堂必须注重专业知识的运用，以提高学生的动手能力和分析、解决问题的能力。第二课堂的教学活动可以采取定期与不定期、定点与不定点等多种形式进行，要力求解决一些实际问题，紧密配合第一课堂的教学。

四、4×4环境设计实验教学

"4×4环境设计实验教学课题"是2008年底由中央美术学院王铁教授主持，联合清华大学美术学院张月教授和天津美术学院彭军教授创立的"3+1"名校教授实验教学模式发展而来。目前4×4实验教学建立以中央美术学院建筑设计研究院为企业主体，各院校为科研机构，社会企业和运营服务机构为技术和管理平台，政府、基金会、媒体等为保障系统的多元化运作机制。根据不同类型课题项目和要求，邀请行业专家组成实践导师，并与各高校责任导师组成"双导师制"教学共同体，学生在导师组共同指导下完成毕业设计作品。课题组鼓励参加课题院校共同拟题、选题，自由组合，建立无界限交叉指导学生完成设计实践项目；探索从知识型人才入手，紧密与社会实践相结合的多维教学模式。经过11年的实践探索，"4×4环境设计实验教学课题"这种多校联合、校企联合、跨地域学术交流平台所倡导的教学方法和教学模式，为探究基于校际联动实验教学导向的环境设计"1+N"教学模式机制提供活体案例支撑。

五、4×4实验教学中的环境设计"1+N"教学模式

1. 各院校自身内部建设"1+N"实践教学

（1）完善平台师资队伍建设

"变传统学科性教育为实践应用型教育理念"定期对教师开展讲座，并进行培训；在校内开展"传帮带"活动，

请有经验的老师帮助刚上岗的年轻教师；鼓励教师在完成教学的同时，多参加实践项目活动，积累更多经验。

（2）项目驱动教学

将实际项目导入课题设计当中，开展有效的实践考察与设计参与，按照实际工作的要求进行项目制实践教学活动，培养社会意识和合作精神，提高学生的综合素质和科学的价值观。形成强大的科研、开发、生产一体化的先进系统，创建以"以产养研，以研促产"的良性循环。从而达到理论与实践互相渗透与补充，把以课堂传授知识为主的学校教育与直接获取实际经验、实践能力为主的生产科研有机结合。

（3）导师制

校内导师：本专业的学生在完成学科基础课程之后，进入专业课程学习之前，按照各自兴趣爱好选择专业方向以及各专业方向导师。引入导师制后，导师可根据自己的研究方向，分类梳理实际项目库，结合项目运行规律，调整课程教学体系和教学形式，将学生的实践环节进行一个整体规划，在实践中传授知识，让学生能够将理论与实践很好地结合。

外聘导师：邀请一些相关专业方面的优秀人才或专家，以讲座、交流会等形式，让我院同学参与其中，以此来获取设计经验，为设计创作取得新的信息和宝贵经验。

与国际接轨：将精英设计师和其他的师资队伍国际混合，加强国际交流，学习先进的国内外技术，做到中西合璧。

（4）采用工作室、实验室教学

环境设计作为一门实践性极强的学科，采用工作室教学、实验室教学等具有针对性的教学形式，有助于帮助师生共同学习与实践。学校为师生提供相关设施及场地，承接一些实际的设计项目，并让师生积极参加相关设计竞赛。通过工作室模式，调整学生和职业设计师之间、教师与工程师之间角色互换，加强师生间交流，有助于因材施教以及培养师生间的团队意识。

（5）校内互动教学（不同年级、不同专业）

在实验教学中，导师共同交叉分段指导。以研究生的毕业论文研究课题和本科生的毕业设计课题为项目教学主线并将各年级优秀学生导入项目课题中，分阶段、分环节、分步骤地实行多极联动教学之间相互交流学习，完成课题。

（6）隐性课程体系建设（活动与实践）

丰富的课余活动：通过工作室和实验室为教研单元，组织开展各类竞赛、讲座、展览等课下教学活动，积累各类课题方向成果，把创业教育的内容和要求结合进去。一方面丰富课余时间，开阔视野；另一方面加强对专业知识的交流与巩固。营造校园创业文化氛围。在完整理解考察对象的基础上，对其设计实质、传统设计元素、文化背景及设计局限性等方面作深入思考。通过此环节，提高学生的创新意识及创造能力。

2．4×4院校与院校采用校际间联合"1+N"实践教学

校际联动：为广大师生搭建与外校的合作交流平台，加强与其他高校学校间的交流与合作，有利于人力、物力资源的进一步优化，促进均衡发展。目前院校间开展的合作往往停留在线性课题领域的"单曲循环"模式，没有形成深入持久的合作。各地方院校多为被动式接受，仅限于课题组所拟定的课题，最终导致合作选课题单一。"4×4环境设计实验教学"课题由于面向本科毕业设计教学，仅为三四个月，周期较短，来去匆匆，课题脱离实际项目轨道，教学成果仅停留于纸面，不具备可持续性的产、学、研协同创新价值。因此建立4×4校际合作的"1+N"实践教学势在必行。

校际合作的"1+N"实践教学发展对于提高我国高校的整体水平具有重大作用，为了在探索校际合作模式的道路上避免或少走弯路，必须学习国外的先进的学习办学思路、办学理念、办学模式以及管理体制，善于吸收国外校际合作中好的管理制度和方法，总结成功的办学经验，为我所用，把学习外国和自己的独创结合起来，获得更大的启发。

校际合作的内容主要包括学生互换，教师互聘，联合科研，图书馆、实验仪器设备、教学科研场所和体育场馆共用，信息共享等，要使这些合作真正落到实处，需要进一步探讨各项合作的方式和具体内容。但是目前许多高校在这些方面开展的合作往往停留在表面上，很少有形成深入持久的合作。如在联合科研方面只是注重了共同申报项目和对项目成果进行组合验收，缺少在项目开展过程中的科研平台共享、共同研究和相应的学术交流。另外许多高校在选定合作项目时也往往避重就轻，只注重一些容易实现的、外围性的项目合作，对于真正促进互相

融合、互通有无的合作则畏难而止，最终导致总体合作缺乏实质性。因此需要高校明确合作目标，经过仔细谨慎的研究，确定合作的对象和合作内容，使合作内容具有深度和战略意义，并加强院系间深层次的合作与交流，促进校际合作有序发展。

校际合作"1+N"实践教学要避免"求大求全"思想，如果目标定位不当，为了面面俱到，使目标过于分散，将会对校际合作工作造成很大的困难，结果将与合作的初衷相悖。例如合作高校将目标定得很高，盲目实施高标准、高难度、高水平的合作项目，导致校际合作无法发挥出对高校整体水平提高的优势。在合作之初，要深入分析本校的现状，明确优势与弱势，经过科学、严谨的分析和评估后，选择合适的合作伙伴，共同协调商讨合作项目，找准切入点，突出合作项目，制定可行、有效的方案，保障高校进行有意义的合作，切忌制定过高、分散的目标。

（1）设置高校内部专门"1+N"实践教学机构

高校校际合作工作涉及高校的很多方面，为了保证校际合作的有效组织协调和有效推动，需要设立相应机构或明确专人负责合作的实际运作和管理监督，即校际合作办公室，其主要职能是执行合作高校通过协商做出的决策，与合作伙伴的相应机构、与本校教务处等部门和各院系保持内外协调和紧密联系，将合作项目落到实处，做到层层有人抓，事事有人管，积极处理在校际合作过程中出现的问题，负责学校内部上下沟通协调、校内外的里外沟通协调、各项合作事宜的总体沟通协调，使校际合作工作规范化，确保校际合作的有效运行，最大限度地发挥校际联动的优势。在专职人员的选择方面，需要高素质、高效率、专业化、具有良好的团队精神和沟通协调能力的人员。

（2）定期举行非正式会议

在进行校际合作目标和政策的决策时，需要校际合作组织定期召开合作会议，主要工作是对校际合作做出宏观规划，商讨校际合作事宜，包括制定计划、汇报项目开展情况、校际合作工作总结、需要解决的问题以及应当吸取的经验教训等，通过交流促进共识，提出建议和意见并共同解决存在的问题。通过会议加强经常性联系，建立商讨实质事宜的联系纽带，建立推动合作不断发展的活动平台。

（3）成立合作联合"1+N"实践教学机构

科学合理的联合机构，是推动校际合作健康发展的着力点，校际合作组织成立校际合作委员会，由各校领导、与合作项目相关的主要负责人和各合作高校校际合作办公室的负责人组成。通过举行定期或不定期的会议，决定校际合作的短期目标和长期目标，制定有效的校际合作政策，审批校际合作办公室制定的计划并解决各合作高校校际合作办公室无法解决的重大问题，保证校际合作工作高效率、高质量运转。高校联合宜采用"高层松散，基层紧密"的合作模式，即高层决策宏观务虚，宏观控制，工作机构紧密合作，层层落实。这样才能够保证合作项目的每一环节论证充分、操作到位，才能取得预期的效果，也才能保证联合体的可持续发展。大学联合体、学院群、大学战略联盟则是校际合作的具体模式。大学联合体、学院群主要是指美国高校之间合作关系的一种形式，大学联合体主要强调高校之间建立的合作关系，联合体成员在课程选修、图书等资源利用、科研合作等方面相互协作，以达到教学、科研和其他与学校发展有关的目的。学院群更强调在地缘上邻近的互相独立的学院组织起来的学院集团。大学战略联盟是从管理学的观念对高校间合作的界定，强调的是高校在战略发展上的策略和合作目标的前瞻性。三者都与上文中的高校校际合作属同一范畴，均是指高校与高校之间在保持各自独立性的条件下建立的合作关系，其区别主要是具体操作范围与深度上有所差异。

3．4×4院校与企业采用校企间联合"1+N"实践教学

校企联动：利用学校和企业两种不同的教育环境和教育资源，采取课堂教学与学生参加实践工作有机结合。既能充分有效地利用高等学校的教育资源，又能为企业做好职工的继续教育工作，为企业获得更大的发展打下坚实的人才基础。4×4校企联动实验教学的院校组织单位可考虑艺术类院校、综合类院校（含国外院校）、专业类院校（理工类、建筑类、农林类）为组织框架，鼓励院校发展各自的特色，实施"差异性"校际合作，发挥各院校特色的"1+N"实践教学。

首先，各院校要确定合作目标，明晰自身状况，包括管理现状和发展前景，确定互补型合作伙伴关系。其次，需要校企合作的双方或多方进行多次协商和讨论，争取达成多方面共识，积极、主动地参与合作，实现双赢。最后，各院校针对所在区域经济发展状况开展带动经济发展的校际联动项目，赢得政府或企业的大力支持。在地方政府或企业配套经费的保障下，实现资源共享，优势互补，体现高等教育的社会服务职能。优先选择经

济发展水平比较高的具有学科优势的院校区域为主要教学基地，赢得国家或政府对高校校际联动中重点课题的投入，进而带动环境设计专业的发展，从而影响校际联动项目开展的深度和广度。

4. 学理化背景下的"1+N"的新工科多平台交互联合教学

"环境设计+新工科"模式，采用多学科交叉，聘请具有工学背景的实践导师参与平台实践教学，同时鼓励平台师生接触实际工程，培养环境设计学术学理化思维，扩大环境设计专业的深度和广度。当今社会，教育已不再是为培养学生胜任某一特定的专业工作以满足社会人力需求的"终结性教育"，而是一种终身学习与终身教育。因此，其课题目标更应该注重个体能力的培养，包括方法能力、专业能力及社会能力等，培养学习者可持续发展的实践能力。不单是传递知识，还要重视知识的处理和转换，以工作任务为中心，注重解决问题的能力培养，强调学习者的创新能力、专业素养、服务意识与道德素质等。传统学科化课题的教学目标是向学生传授基础文化知识与专业知识，强调学科知识的科学性与系统性，强调知识本位与识记，而忽视了对学习者的创造性与能力的培养。其思想根源在于，认为实践是理论的应用与延伸，是理论的附属品，是将其线性演绎的结果，不利于国家创新应用型技术技能型人才的培养，未能贯彻终身学习的理念，难以适应社会的发展需要。

（1）新工科理念下的应用型教学为主线的教学目的

指导教师把控课题的研究过程，引领学生细化研究课题计划，展开实验与研究，针对学生的研究方向提供参考书目，引导和鼓励学生基于项目基础开展研究模式，重视培养学生对前期调研资料梳理、场地数据的分析及获取能力，以及学生思考的综合应用能力、团队的协调工作能力。建立在立体理论框架下，鼓励学生拓展思维，学会项目研究与实践，重视用理论指导解决相关问题，培养学生立体思考的思维意识。

（2）"新工科+"下的"1+N"实验与实践教学

探索与研究"1+N"的新教学模式，即一个课堂教学和多个第二课堂教学的多维教学模式。以创新实践课程教学为主体（"一体"），传授创业的理论知识，激发学生的创业意识和创业精神；以实施"创新实践活动"和"创新实践教学环境平台"为支撑（"两翼"），广泛发动学生，通过课外活动直接参与创新实践，进行创业初步训练，储备创新创业型的人才。

（3）意义

环境设计专业作为重要的设计学科，为学科群中不可缺少的设计艺术学科类别，新工科理念下的"1+N"实验教学课题的创新，有利于完善学科群建设。

结语

4×4院校"1+N"的艺术特色教学模式，通过教学内容和教学环节的不断改革与创新，提高了学生的专业技能和实践能力。在推动学科建设的同时，拓宽了本科生和研究生深造学习的渠道，也为青年教师访学交流搭建了平台，让师生可以尽量全方位、多角度地学习与提升。"中国4×4环境设计实验教学"取得丰硕成果为艺术学院的人才培养、学科建设与教育教学改革提供了新的思路与发展方向。"1+N"的艺术特色教学模式，通过教学内容和教学环节的不断改革与创新，提高学生的专业技能和实践能力。此次活动，不仅加强了与其他设计高校之间、知名设计企业之间的交流，形成了课内外、校内外结合的开放式教学方式，将教学、科研、实践相结合，提高了人才培养质量，拓展了青年教师的教学与科研思路；而且，通过实地调研的方式，使学生深入到现实乡村环境中去体验，获取了更加实际的教学体验，丰富了学生的实践能力。

4×4实验教学课题对于佩奇大学的课题价值

The Value of 4×4 Experimental Teaching Project for the University of Pecs

佩奇大学 工程与信息学院 / 金鑫 助理教授
Faculty of Engineer and Information Technology, University of Pecs
A./Prof. Jin Xin
佩奇大学 工程与信息学院 / 高比 教授
Faculty of Engineer and Information Technology, University of Pecs
Prof. Gabriella Medvegy

　　摘要：自2014年佩奇大学信息与工程技术学院参加4×4实验教学课题至今，已是第六个年头了，作为佩奇大学的博士毕业生和教师，我见证了这六年来学生的成长、各校年轻教师的成长和课题组的不断壮大。回顾佩奇大学参加4×4课题所取得的丰硕成果，无论是在建筑的学术和教学领域，还是在中匈的教育合作方面，都取得令人满意的成果。在中国政府提出"一带一路"政策的指引下，由中国建筑装饰协会、中国创基金和中国知名企业的支持与赞助下，课题组组长王铁教授带领中国十几所院校的师生走出国门、引进欧洲优质教学资源，与匈牙利佩奇大学深度合作，共同探讨、不断探索，为中匈两国的建筑与环境设计专业的学生创造出了一个引领教育界的实验教学模式，打造出一个国际化交流与合作的教育平台，为两国的学生深造创造了一条绿色通道，也为中国的高校引进了欧洲的教学资源和教授团队。多年来，参与课题的十几所中外院校的本科生、硕士研究生得到课题组资深教授、知名企业的实践导师的悉心指导，为中国学生出国深造和进入工作岗位打下了坚实的专业技能基础，同时也开拓了学生们的国际视野。在这六年的课题实践与交流中，佩奇大学自身的教育教学得到了显著的提高，这样的成果是参与课题组的每一位佩奇大学的师生和领导为之感到骄傲的。

　　关键词：国际交流；4×4课题；思想碰撞；开阔视野

Abstract: Since 2014, the Faculty of Engineering and Information Technology of Pecs University has participated in the 4×4 experimental teaching project, and this year is the sixth year. From a doctoral student became to a teacher of Pecs University, over the past six years, I have witnessed the growth of students, the growth of young teachers in various universities, and the continuous growth of the 4×4 teaching group. Looking back at the fruitful results of Pecs University's participation in the 4×4 project, both in the academic and teaching fields of architecture and in the educational cooperation between China and Hungary, satisfactory results have been achieved. Under the guidance of the "One Belt, One Road" policy proposed by the Chinese government, supported and sponsored by China Building Decoration Association, China C Foundation and China's well-known enterprises. Professor Wang Tie, the leader of the 4×4 team, led the Chinese teachers and students of more than a dozen universities to go abroad and introduced European high-quality teaching resources. They cooperated deeply with the University Pecs of in Hungary, explored and created an experimental teaching model for the Chinese and Hungarian students of architecture and environmental design field together, created an educational platform for international exchanges and cooperation, which has created a green channel for students from both countries to study, and also introduced European teaching resources and teaching teams for Chinese universities. Over these years, undergraduate and postgraduate students from more than a dozen Chinese and Hungarian universities who participated in the project have received careful guidance from senior professors of the 4×4 teaching group and practical tutors from well-known enterprises, laying a solid professional and technical foundation for the students to go abroad for further study and enter the companies. At the same time, it also opened up the international perspective of students. In the six years of practice and communication of the subject, Pecs University's own education and teaching have been significantly improved. Every teacher, student and leader of the Pecs University who participated in the 4×4 project is proud of the great result.

Keywords: International exchange; 4×4 Experimental teaching project; Thought collision; Open vision

一、教学价值

中国社会主义现代化的发展使匈牙利师生感受到中国城市的魅力，首次踏入中国大地的那一刻，一切都是那么的新鲜。他们赞叹于故宫长城这样具有辉煌历史的伟大古建筑，同时又惊叹于中国的城市化进程发展得如此之快，城市建设的规模之大、铁路交通的发达、商业区的繁华、中国高等院校各具风格的校园，无一不让他们流连忘返。尤其是中央美术学院和其他艺术院校的毕业展，让匈牙利的老师和学生们感到巨大的震撼。他们在来中国之前无法想象到起源于欧洲的当代设计教育在中国会得到这么大的发展并取得如此丰硕的成果。在匈牙利，几乎没有大学会如此大规模地举办学生的毕业展，这对佩奇大学来说，是非常值得学习、思考和借鉴的。

1. Teaching value

The development of Chinese socialist modernization has made Hungarian teachers and students feel the charm of Chinese cities. The moment they first entered the Chinese territory everything was so fresh. They admired the great ancient architectures with such a glorious history like the Great Wall and the Forbidden City. At the same time, they marvel at the rapid development of China's urbanization process, the scale of urban construction, the development of high speed railway transportation, the prosperity of commercial districts, and sundry campus of Chinese universities, all of these issues let them linger. In particular, the graduation exhibitions of the Central Academy of Fine Arts and other art academies have made the Hungarin teachers and students feel tremendously shocked. Before they came to China, they could not imagine that contemporary design education that originated in Europe would have achieved such great development in China and achieved such fruitful results. In Hungary, there are few universities can hold graduation exhibitions for students on such a large scale. For Pecs University, this is very worth for learning and thinking.

2019年课题组做出了一个新的尝试，首次要求匈牙利学生和中国学生完成同一个设计项目：同样的项目任务书，同一个时间去现场调研，同样的时间段内按课题组要求完成每个阶段的任务。而且，这个项目是在中国的山东日照市，一个对于匈牙利学生遥远又神秘的东方小城。这对佩奇大学的两个不满20岁，没有出过欧洲的年轻学生来说，无疑是一个巨大的挑战。但在我看来，今年是真正意义上的"打破壁垒"，这次打破的不仅仅是院校间的壁垒，更加是国家、民族与文化的"壁垒"。

In 2019, the research team made a new attempt: For the first time, Hungarian students and Chinese students are required to complete the same design project: the same project task book, the same time to go to the site to investigate, in the same period of time to complete the phased tasks as required by the 4×4 teaching group. Moreover, this project is located in Rizhao, Shandong Province, China, a mysterious oriental town for Hungarian students. This is a undoubtedly huge challenge for our young students of Pecs University who are under 20 years old and never have been out of Europe. In my opinion, it is a real "breaking barrier". It is not only to break the "barriers" between institutions, but also the "barriers" of the countries, the nations and cultures.

2019年3月，4×4课题开题活动就来到了山东省日照市，课题组全体师生在日照进行实地调研，并考察了当地非常具有特色的民居。课题组还专门安排去当地村庄参观了几个各具特色的旅游民宿项目，这对学生们有重要的启发意义。而本次的课题目标场地和项目要求也是十分具有挑战的：要求将具有典型北方特色的山地地形和自然环境与徽派预制建筑有机地结合并再设计，这需要学生们认真思考，并进行详细的调研，才可能做出合理又有价值的方案。对于匈牙利学生来说，去了解徽派建筑和中国文化以及了解日照当地的风土人情是很困难的，所幸，之前参加过四校课题的博士留学生在佩奇给予了匈牙利学生很大的帮助和支持。

In March 2019, the 4×4 project team went to Rizhao City, Shandong Province. All the teachers and students of the 4×4 teaching group conducted field research in Rizhao and inspected the local unique residences. The team also visited several local tourism villages there, which inspired to the students. The target site and project requirements of this project are also big challenge: it is required to organically combine the mountainous terrain and natural environment with typical northern features and Huizhou prefabricated buildings, which requires students to seriously consider and conduct detailed research. In this way, we made a reasonable and valuable plan. For Hungarian students, it is very difficult to understand the Huizhou architecture, the Chinese culture and the local customs of Rizhao in a short period of time. Fortunately, the PhD students who were sent by our 4×4 teaching group in Pecs gave the Hungarian students a lot Help and support.

在课题的每一次汇报和答辩过程中，学生们得到了中国教授们中肯的建议并得到有效的解决方案。除此之外，我们也看到中国学生们精彩的设计方案，并认真听取了各位教授对他们的指导建议，这对佩奇大学的学生和教师都有着重要的学习意义。课题组在课题过程中，对于学生的设计方案建立了一致的标准，这个标准不是中国的也不是匈牙利的，而是一个公平的国际标准。这样的标准对于各个高校的教学是非常重要的，因为将来我们的学生离开校园，无论他们到中国还是其他国家的设计机构工作，面对的项目也都是国际化的。

During the process of the report and defense about their projects, the Hungarian students received the advice from Chinese professors and came up with effective solutions. In addition, we also saw the wonderful design schemes of Chinese students and carefully listened to the guidance and suggestions of professors. This arrangement has important learning significance for students and teachers of University of Pecs. In the 4×4 workshop, the research team established a consistent standard for students' design. This standard is neither Chinese nor Hungarian, but a fair international standard. Such standards are very important for the teaching of various universities, because in the future, students will leave the campus, and whether they work in China or global design institutes, the projects that they face will be international.

二、交流价值

在佩奇大学参与4×4课题的这六年里佩奇大学聘请了王铁、张月、彭军三位教授作为佩奇大学的客座教授，聘请课题组组长王铁教授成为佩奇大学的荣誉博士和博士生导师，为佩奇大学的教学增加了坚实的力量，也为我校学生提供了更加宽广的平台，很多学生都在中央美术学院王铁教授工作室完成了真实的乡村改造的实习项目，而这样的大型实际项目对于学生来说是具有非常难得的学术和实践价值的。此外，我们还通过课题组的甄选和推

图1　佩奇大学的匈牙利学生在中国参加课题汇报　　　　图2　课题汇报期间金鑫老师和学生在探讨设计方案

图3　4×4课题组在佩奇市的课题成果展览开幕式

荐，录取了多名硕士和博士留学生，其中很多博士生是来自中国各个高校的年轻教师，他们在佩奇大学学习的同时也参与到本科生的教学工作当中，与匈牙利的老师互相交流教学经验，共同指导国际留学生，得到学生和学校的双重认可。

2. Exchange value

During the six years of Pecs University's participation in the 4×4 project, we hired three professors who are Wang Tie, Zhang Yue and Peng Jun, as visiting professors of Pecs University. We invited Professor Wang Tie to become an honorary doctor at Pecs University, and hired him became our doctoral supervisor. These great professors' participation has added a solid strength to the education of the University of Pecs, and also provided a broader platform for the students. Many students participated in the real rural transformation internship project in the studio of Professor Wang Tie in the Central Academy of Fine Arts. This large-scale practical project has a very rarely academic and practical value for students. In addition, we have also obtained a big number of master and doctoral students through the selection and recommendation of the 4×4 teaching team. Many of them are young teachers from various universities in China. They also participate in the teaching of undergraduates while studying at Pecs University. They and Hungarian teachers exchange their teaching experience, jointly guide international students, and receive double recognition from students and universities.

2013~2019年四校课题在佩奇大学的留学生

International students of the 4×4 teaching groups at Pecs University from 2013 to 2019

序号	姓名 Name	入学时间 Admission year	前置学历 Pre-school degree	毕业院校 Graduated school	佩奇大学学位 Study project in MIK PTE	现状 Current situation
1	金鑫 JIN Xin	2013	硕士研究生 Master	中央美术学院 Central Academy of Fine Arts	博士 DLA	佩奇大学，助理教授 Assistant professor of MIK PTE

序号	姓名 Name	入学时间 Admission year	前置学历 Pre-school degree	毕业院校 Graduated school	佩奇大学学位 Study project in MIK PTE	现状 Current situation
2	王洁 WANG Jie	2015	硕士研究生 Master	南京林业大学	博士 DLA	南京工程大学，教师 Lecturer of Nanjing Tech University
3	赵大鹏 ZHAO Dapeng	2015	硕士研究生 Master	中央美术学院 Central Academy of Fine Arts	博士 DLA	北京林业大学，教师 Lecturer of Beijing Forestry University
4	刘博 LIU Bo	2015	硕士研究生 Master	山东建筑大学 Shandong Jianzhu University	博士 DLA	湖北工业大学，教师 Lecturer of Hubei University of Technology
5	王广瑞 WANG Guangrui	2015	本科 Bachelor	山东建筑大学 Shandong Jianzhu University	硕士 MSc	佩奇大学，在读硕士研究生 Master student at MIK PTE
6	曾浩恒 ZENG Haoheng	2015	本科 Bachelor	吉林建筑大学 Jilin Jianzhu University	硕士 MSc	布达佩斯经济技术大学，硕士在读； Master student at Budapest University of Techolgy and Economics 德国柏林GMP建筑事务所，实习建筑师 Assitant architect at GMP
7	姚国佩 YAO Guopei	2015	本科 Bachelor	吉林建筑大学 Jilin Jianzhu University	硕士 MSc	深圳张建蘅建筑设计咨询有限公司，助理建筑师 Assitant architect JS
8	亓文瑜 QI Wenyu	2015	本科 Bachelor	山东师范大学 Shandong Normal University	硕士 MSc	葡萄牙里斯本大学，在读博士 Doctoral student at University of Lisbon
9	赵磊 ZHAO Lei	2015	本科 Bachelor	中央美术学院 Central Academy of Fine Arts	硕士 MSc	中国建筑设计研究院，助理建筑师 Assitant architect at China Architecture Design & Research Group
10	葛丹 GEDan	2016	硕士研究生 Master	上海同济大学 Tongji University	博士 DLA	山东师范大学，教师 Lecturer of Shandong Normal University
11	蔡国柱 CAI Guozhu	2016	本科 Bachelor	广西艺术学院 Guangxi Arts Institute	硕士 MSc	华阳国际设计集团，建筑师 Architect at CAPOL
12	刘莎莎 LIU Shasha	2016	本科 Bachelor	青岛理工大学 Qingdao University of Technology	硕士 MSc	佩奇大学，在读博士 Doctoral student at MIK PTE
13	胡天宇 HU Tianyu	2016	本科 Bachelor	中央美术学院 Central Academy of Fine Arts	硕士 MSc	中央美术学院 在读博士 Doctoral student at CAFA
14	石彤 SHI Tong	2016	本科 Bachelor	中央美术学院 Central Academy of Fine Arts	硕士 MSc	陶磊（北京）建筑设计有限公司 助理建筑师 Assitant architect at TAOA
15	张秋语 ZHANG Qiuyu	2016	本科 Bachelor	中央美术学院 Central Academy of Fine Arts	硕士 MSc	致舍（北京）景观规划设计有限公司 设计师 Designer at Z'scape Studio
16	李艳 LI Yan	2016	本科 Bachelor	四川美术学院 Sichuan Fine Arts Institute	硕士 MSc	北京集美组建筑设计有限公司 陈设设计师 Designer at Beijing Newsdays Architectural Design Co., Let
17	黄振凯 HUANG Zhenkai	2018	硕士研究生 Master	湖北工业大学 Hubei University of Technology	博士 DLA	佩奇大学 在读博士 Doctoral student at MIK PTE
18	石永婷 SHI Yongting	2018	硕士研究生 Master	四川美术学院 Sichuan Fine Arts Institute	博士 DLA	佩奇大学 在读博士 Doctoral student at MIK PTE 重庆师范大学 教师

序号	姓名 Name	入学时间 Admission year	前置学历 Pre-school degree	毕业院校 Graduated school	佩奇大学学位 Study project in MIK PTE	现状 Current situation
19	曹辉 CAO Hui	2018	硕士研究生 Master	山西大学 Shanxi University	博士 DLA	佩奇大学 在读博士 Doctoral student at MIK PTE 山西晋中学院 教研室主任 Head of Department of Jinzhong University
20	任超 REN Chao	2018	硕士研究生 Master	中央美术学院 Central Academy of Fine Arts	博士 DLA	佩奇大学，在读硕士研究生 Master student at MIK PTE
21	赵亮宇 ZHAO Liangyu	2018	硕士研究生 Master	东北师范大学 Northeast Normal University	博士 DLA	佩奇大学，在读硕士研究生 Master student at MIK PTE
22	康雪 KANG Xue	2018	硕士研究生 Master	中央美术学院 Central Academy of Fine Arts	博士 DLA	佩奇大学，在读硕士研究生 Master student at MIK PTE
23	何鸿灏 HE Honghao	2018	硕士研究生 Master	广州美术学院 Guangzhou Academy of Fine Arts	博士 DLA	佩奇大学，在读硕士研究生 Master student at MIK PTE
24	吴梦洋 WU Mengyang	2018	硕士研究生 Master	湖北工业大学 Hubei University of Technology	博士 DLA	佩奇大学 在读博士 Doctoral student at MIK PTE
25	何庆昌 HE Qingchang	2019	硕士研究生 Master	英国谢菲尔德大学 The University of Sheffield	博士 PHD	佩奇大学 在读博士 Doctoral student at MIK PTE
26	梁子鑫 LIANG Zixin	2019	硕士研究生 Master	广州大学 Guangzhou University	博士 DLA	佩奇大学 在读博士 Doctoral student at MIK PTE

图4 佩奇大学的中国留学生

图5 佩奇大学的匈牙利学生与课题组的中国学生在佩奇交流

2014~2019年佩奇大学参与中国长期交流项目学生和教授

Students and professors of MIK PTE exchange long-term program from 2014 to 2019 in China

序号	姓名 Name	所在学院和职位 University and position	职称 Title	项目 Project
1	Dr. Banchmann Balint 巴赫曼·巴林特	布达佩斯城市大学 校长 Rector of Budapest Metroplitan University 佩奇大学工程与信息学院 博士院 院长 Head of the Breuer Marcel Doctoral School of Architecture of Faculty of Engineering and Information Technology of University of Pecs	教授 Full professor	1. 中国建筑装饰协会 副会长 2. 佩奇大学与中央美术学院建筑设计研究院/王铁工作室 博士站 负责人
2	Dr. Medvegy Gabriella 迈德维奇·高比瑞拉	佩奇大学工程与信息学院 院长 Dean of Faculty of Engineering and Information Technology of University of Pecs	教授 Full professor	1. 中国建筑装饰协会 会员 2. 佩奇大学与中央美术学院建筑设计研究院/王铁工作室 博士站 负责人
3	Dr. Akos Hutter 阿高什·胡特	佩奇大学工程与信息学院 建筑系博士生导师 Professor of Department of Architecture and Urban Planning of Faculty of Engineering and Information Technology of University of Pecs	教授 Full professor	1. 湖北工业大学 外聘教授 2. 泉州信息工程学院 课程教授
4	Dr. Andras Greg 安德拉斯·葛瑞格	佩奇大学工程与信息学院 建筑系教师 Lecturer of Faculty of Engineering and Information Technology of University of Pecs	助理教授 Assistant professor	1. 北海艺术学院 课程教师 2. 泉州信息工程学院 课程教授
5	Dr. Jin Xin 金鑫	佩奇大学工程与信息学院 建筑系教师 Lecturer of Faculty of Engineering and Information Technology of University of Pecs	助理教授 Assistant professor	1. 佩奇大学与中央美术学院建筑设计研究院/王铁工作室 博士站 院长助理 2. 北海艺术学院 课程教师
6	Dr. Rév Bence 瑞文 本斯	佩奇大学工程与信息学院 硕士毕业生 MSc student of Faculty of Engineering and Information Technology of University of Pecs	建筑师 Architect	德才装饰股份有限公司设计研究院设计师

图6 王铁教授与高比院长、阿高什教授、金鑫老师在北京交流

图7 高比院长和阿高什教授在中央美术学院美术馆参观

三、学术价值

4×4课题自建立之初就在探索，将教学与社会实践相结合的多维教学模式，并着力打造三位一体的导师团队，即责任导师、实践导师、青年教师的实验教学指导团队。让艺术设计人才培养从单一的理论化专业教学转变为多元化交叉指导教学，真正实现教授主导与社会专业实践相结合的模式。佩奇大学也逐渐将这一教学理念融入相关专业的教学当中，使教师与学生可以达到思想上和学术上无限制的交流和碰撞，继而产生新的思维方式和创新模式，在师生的头脑中建立起多元化的教育模式和多元化的设计理念。通过佩奇大学历年的获奖成绩，说明4×4课题给予佩奇大学的学术价值是成功的。

3. Academic value

The 4×4 project has been exploring since its establishment. It is a multi-dimensional teaching mode that combines teaching and social practice, and strives to create an experimental tutors team, which is responsible tutors, practical tutors and young teachers. Let the training of art design talents change from a single theoretical professional teaching to a diversified cross-directed teaching, and truly realize the mode of combining professor-led and social professional practice. The University of Pecs also gradually incorporates this teaching concept into the teaching of related majors, so that teachers and students can achieve unlimited communication and collision in ideology and academics, and then generate new ways of thinking and innovative models. Diversified education models and diversified design concepts have been established in mind of the students and teachers. Through the award-winning achievements of the University of Pecs over these years, it shows that the academic value of 4×4 project to us is successful.

图8　高比院长和金鑫老师在佩奇大学开学典礼上，为4×4课题获奖的学生颁发奖牌和证书

2014～2019年匈牙利高校参与课题学生

Students from Hungarian universities participating in the 4×4 project from 2014 to 2019

序号	姓名 Name	所属学院 University	参加课题时间 Year	成果 Achievement
1	Mr. Balazs Kakas	佩奇大学工程与信息学院 Faculty of Engineering and Information Technology of University of Pecs	2014	1. 2014年中国建筑装饰卓越人才计划奖、"四校四导师"环境设计本科毕业设计实践教学课题 二等奖 2.《脚踏实地》2014年中国建筑装饰卓越人才计划奖、暨第六届"四校四导师"环境设计本科毕业设计实践教学课题 P138-154
2	Ms. Alexandra Peto	佩奇大学工程与信息学院 Faculty of Engineering and Information Technology of University of Pecs	2014	
3	Mr. Barbas Kozak	佩奇大学工程与信息学院 Faculty of Engineering and Information Technology of University of Pecs	2014	
4	Mr. Peter Zilahi	佩奇大学工程与信息学院 Faculty of Engineering and Information Technology of University of Pecs	2014	
5	Mr. Bence Rev	佩奇大学工程与信息学院 Faculty of Engineering and Information Technology of University of Pecs	2015	1. 2015创基金·第七届中国建筑装饰卓越人才计划奖,四校四导师实践教学课题 一等奖 2.《用武之地》中外13所知名学校建筑与环境设计专业实验教学作品 P33-40
6	Mr. Mark Havanecz	佩奇大学工程与信息学院 Faculty of Engineering and Information Technology of University of Pecs	2015	1. 2015创基金·第七届中国建筑装饰卓越人才计划奖,四校四导师实践教学课题 三等奖 2.《用武之地》中外13所知名学校建筑与环境设计专业实验教学作品 P138-148
7	Ms. Rensta Borbas	佩奇大学工程与信息学院 Faculty of Engineering and Information Technology of University of Pecs	2015	1. 2015创基金·第七届中国建筑装饰卓越人才计划奖,四校四导师实践教学课题 二等奖 2.《用武之地》中外13所知名学校建筑与环境设计专业实验教学作品 P68-76
8	Ms. Sebestyen Petra	佩奇大学工程与信息学院 Faculty of Engineering and Information Technology of University of Pecs	2015	1. 2015创基金·第七届中国建筑装饰卓越人才计划奖,四校四导师实践教学课题 三等奖 2.《用武之地》中外13所知名学校建筑与环境设计专业实验教学作品 P132-137
9	Ms. Lila Kasztner	佩奇大学工程与信息学院 Faculty of Engineering and Information Technology of University of Pecs	2016	1. 2016创基金·第八届中国建筑装饰卓越人才计划奖,四校四导师实践教学课题 一等奖 2.《正能态度》中外16所知名学校建筑与环境设计专业实验教学作品 P22-28
10	Ms. Sinkovics Brigitta Idiko	佩奇大学工程与信息学院 Faculty of Engineering and Information Technology of University of Pecs	2016	1. 2016创基金·第八届中国建筑装饰卓越人才计划奖,四校四导师实践教学课题 三等奖 2.《正能态度》中外16所知名学校建筑与环境设计专业实验教学作品 P135-144
11	Mr. Nagy Andras	佩奇大学工程与信息学院 Faculty of Engineering and Information Technology of University of Pecs	2016	1. 2016创基金·第八届中国建筑装饰卓越人才计划奖,四校四导师实践教学课题 二等奖 2.《正能态度》中外16所知名学校建筑与环境设计专业实验教学作品P73-81
12	Mr. Torma Patrik	佩奇大学工程与信息学院 Faculty of Engineering and Information Technology of University of Pecs	2017	1. 2017创基金·第九届中国建筑装饰卓越人才计划奖,四校四导师实践教学课题 一等奖 2.《价值九载》中外16所知名学校建筑与环境设计专业实验教学作品 P51-60
13	Ms. Fruzsina Czibulyas	佩奇大学工程与信息学院 Faculty of Engineering and Information Technology of University of Pecs	2017	1. 2017创基金·第九届中国建筑装饰卓越人才计划奖,四校四导师实践教学课题 佳作奖 2.《价值九载》中外16所知名学校建筑与环境设计专业实验教学作品 P363-373
14	Ms. Hajnalka Juhasz	佩奇大学工程与信息学院 Faculty of Engineering and Information Technology of University of Pecs	2017	1. 2017创基金·第九届中国建筑装饰卓越人才计划奖,四校四导师实践教学课题 佳作奖 2.《价值九载》中外16所知名学校建筑与环境设计专业实验教学作品 P433-448

序号	姓名 Name	所属学院 University	参加课题时间 Year	成果 Achievement
15	Ms. Gabriella Bocz	佩奇大学工程与信息学院 Faculty of Engineering and Information Technology of University of Pecs	2018	1. 2018创基金·第十届中国建筑装饰卓越人才计划奖，四校四导师实践教学课题 一等奖 2.《十年拾得》中外16所知名学校建筑与环境设计专业实验教学作品P38-44
16	Ms. Kata Varju	佩奇大学工程与信息学院 Faculty of Engineering and Information Technology of University of Pecs	2018	1. 2018创基金·第十届中国建筑装饰卓越人才计划奖，四校四导师实践教学课题 三等奖 2.《十年拾得》中外16所知名学校建筑与环境设计专业实验教学作品P137-145
17	Ms. Durgo Athena	布达佩斯城市大学 Budapest Metroplitan University	2018	1. 2018创基金·第十届中国建筑装饰卓越人才计划奖，四校四导师实践教学课题 佳作奖 2.《十年拾得》中外16所知名学校建筑与环境设计专业实验教学作品P164-171
18	Ms. Mezei Flora	布达佩斯城市大学 Budapest Metroplitan University	2018	1. 2018创基金·第十届中国建筑装饰卓越人才计划奖，四校四导师实践教学课题 佳作奖 2.《十年拾得》中外16所知名学校建筑与环境设计专业实验教学作品 P172-181
19	Mr. Karacsonyi Viktor	佩奇大学工程与信息学院 Faculty of Engineering and Information Technology of University of Pecs	2019	1. 2019创基金·第十届中国建筑装饰卓越人才计划奖，四校四导师实践教学课题 一等奖 2. 课题成果作品集
20	Mr. Homolya Zsolt	佩奇大学工程与信息学院 Faculty of Engineering and Information Technology of University of Pecs	2019	
21	Ms. Feth Szandra Bianka	布达佩斯城市大学 Budapest Metroplitan University	2019	1. 2019创基金·第十届中国建筑装饰卓越人才计划奖，四校四导师实践教学课题 二等奖 2. 课题成果作品集
22	Ms. Androczi Alexandra	布达佩斯城市大学 Budapest Metroplitan University	2019	

图9 佩奇大学的师生在中国高校做课题汇报

图10 佩奇大学和中国高校的教授和老师共同探讨课题计划   图11 佩奇市媒体对4×4课题组展览进行采访

四、未来规划

第一个五年合作在课题组的所有教授、教师和学生的共同努力下，取得了丰硕的成果，完成了中匈建筑设计领域教育合作的第一步。在接下来的合作中，两国高等院校应进行更加深入、更具价值的合作。这也是佩奇大学在未来五年的教学重点项目之一。2019年8月，Gabriella院长在金鑫助教的协助下与课题组组长王铁教授就合作事宜展开讨论，并一致决定签署新的五年合作协议，为未来五年的深入合作做好整体方向性规划。

佩奇大学工程与信息学院与4×4课题组与2019年10月签署新的五年合同要点：

1. 双方共同协商、共同决策本协议并开展合作。

双方将在建筑、结构工程、室内设计等专业领域共同进行科研、教育的深度合作；

双方应鼓励和支持教师的交流活动；

双方应鼓励和支持学生的交流活动；

双方将共同协作开展课题和学术活动；

双方应共享教学方法和科研成果。

2. 4×4课题组每年应推荐优质中国生源到佩奇大学深造学习，学习项目为建筑学专业硕士、博士和室内设计专业硕士，成绩优秀者学院将协助申请国家奖学金。

3. 佩奇大学工程与信息学院每年为4×4课题组的院校教师提供一位免学费访问学者的名额，学制为一至两个学期。

4. 佩奇大学工程与信息学院每年为4×4课题组的院校学生提供交换生的机会，学制为一至两个学期。为成绩最优秀的一名学生提供全额奖学金。

5. 4×4课题组每年为佩奇大学的一名教授和两名学生提供到中国参加课题活动的往返机票和住宿费用。

教育模式需要不断地探索和总结，才能更好地服务于学生。2020年是中国和匈牙利建交70周年，在中国政府"一带一路"倡议和中国—中东欧"17+1"合作的指导和推动下，中匈关系进入了历史上最好的时期，两国交往日益深入，特别是文化教育方面愈加密切。我作为中匈高校之间链接的纽带，必定不忘初心、牢记使命，继续推进中匈高校间的教育合作和教学模式的创新，为两国的学生提供更好的教育平台。

4. Future plans

In the first five years of cooperation, with the joint efforts of all the professors, teachers and students of the research group, fruitful results were achieved, and the first step of educational cooperation in the field of architectural design between China and Hungary was completed. In the next step cooperation, higher educational institutions of the two countries should conduct more in-depth and more valuable cooperation. This is also one of the key teaching projects of the University of Pecs in the next five years. In August 2019, Dean Gabriella, with the assistance of Jin Xin, started discussions with the team leader Professor Wang Tie on cooperation issues and unanimously decided to sign a new five-year cooperation agreement to provide overall direction for in-depth cooperation in the next five years.

The key points of the new five-year agreement signed by the Faculty of Engineering and Information Technology of the University of Pecs and the 4×4 research group in October 2019:

(1) The two parties negotiate, decide and cooperate on this agreement:

The two sides will carry out in-depth cooperation in scientific research and education in professional fields such as architecture, Structural engineering and interior design;

Both parties should encourage and support teacher exchange activities;

Both parties should encourage and support student exchange activities;

Both parties will work together to develop topics and academic activities;

Both parties should share teaching methods and scientific research results.

(2) 4×4 project team should recommend high-quality Chinese students go abord to the University of Pecs for study every year. The study project is for doctorates and masters in architecture and masters in interior design. The Faculty of Engineering and Information Technology of the University of Pecss should help the outstanding students apply for national scholarships.

(3) The Faculty of Engineering and Information Technology of Pecs University accepts a tuition-free visiting scholar for the teachers of the 4×4 project group each year, and the academic period is one to two semesters.

(4) The Faculty of Engineering and Information Technology of Pecs University provides an opportunity for exchange students for the 4×4 project group's college students each year, and the academic period is one to two semesters. Full scholarship is for the best students.

(5) 4×4 research team provides a round trip airfare and accommodation costs for a professor and two students from University of Pecs to China to participate in the project activities.

Educational models need to be constantly explored and summarized, so that it can give the better servics for students. 2020 is the 70th anniversary of the establishment of diplomatic relations between China and Hungary. Under the guidance and promotion of the "Belt and Road" initiative of the Chinese government and the "17 + 1" cooperation between China and Central and Eastern Europe, The relations of China and Hungary have entered the best period in history. It is getting deeper and deeper, especially in culture and education. As a link between Chinese and Hungarian universities, I will remain my original aspiration and keep my mission firmly in mind, continue to promote educational cooperation and innovation in teaching models between Chinese and Hungarian universities, and provide a better educational platform for students from both countries.

设计教学中的设计切入点研究
Research on Design Entry Point in Design Teaching

苏州大学 金螳螂建筑学院 / 钱晓宏 讲师
Golden Mantis School of Architecture, Soochow University
Lecturer. Qian Xiaohong

摘要：通过2019年4×4实验教学项目，分析教学过程中龙门崮设计项目的实际问题。提出学生在进入项目设计前期调研与准备时首先需具备整体的环境观，需要从不同维度调研项目现状。其次，在设计项目的切入点上应注意政策、市场、文化对于项目的影响。

关键词：实验教学；整体环境观；设计切入点

Abstract: Through the 4×4 experimental teaching project from 2019, this paper analyzes the practical problems of Longmengu design project in the teaching process. First of all, students need to have an overall view of environment when they enter the preliminary research and preparation of project design, and need to investigate the current situation of the project from different dimensions. Secondly, they should pay attention to the influence of policy, market and culture on the design project.

Keywords: Experimental teaching; Overall environmental view; Design entry point

4×4实验教学已成功走过十届，历史建筑实考课题已成功完成三届，成果已由中国建筑工业出版社出版。两项学术课题的成功证明中国建筑装饰协会平台价值，特别是中外高等院校战略合作平台选择具有时代价值，课题得到了国内外高等院校和广大的设计研究机构、企业同仁的广泛认可和高度评价，规划课题下一个十年是我们的奋斗目标。

2019年是中国实现2035年国策的开局之年，深刻理解文化自信是与"一带一路"沿线国家在高等教育相关领域开展深入课题合作的契机，拓展以教授治学理念为核心价值，共同探索培养全学科优秀高端知识型人才服务于"一带一路"沿线国家将成为4×4实验教学课题后10年的课题。

2019年的4×4实验教学课题为山东日照龙门崮田园综合体设计，将十余栋传统安徽民居安置在龙门崮风景区，赋予其新的功能与生命。这是一个非常具有挑战性的课题。

1. 结合"美丽乡村"，如何定位建筑群的功能。
2. 南方的徽派建筑如何避免水土不服的尴尬场面。
3. 原有乡村肌理如何得以保留与延续。

山东省目前规模化开展乡村旅游的村庄约3332个，乡村旅游经营户约7.8万，中国乡村旅游模范村的数量居全国第一。勘测场地，发现其具有优越的地理位置，一小时行车圈基本包括了整个日照市，具有良好的整体区位优势，交通十分便利。内部主要道路呈西南至东北走向，依次经过5个主要的村落。除此之外，连通风景区的主要道路大部分沿河布置，具有提升道路景观的潜力。在交通区位区别不大的上卜落崮、下卜落崮、吉洼和山东头村之间，乡村的空心化程度与乡村经济呈反比。

场地面积约16公顷，位于龙门崮田园综合体的北部，具有良好的山水资源，其北倚梯田，南部由综合体内主干道穿过，距龙门崮风景区较近，西接花垛子水库，具有良好的自然和交通优势。

场地位于田园综合体内的耕读研学功能区内，凭借交通的优势，在空间上跟上、下崮后乡村度假区、田园康养创新区，以及综合服务区有着较直接的联系。

通过实际调研发现，日照地区响应"美丽乡村"运动做了大量的改造项目，以极为现代的设计手法和材质打造的凤凰措民宿村和以十二星座为主题打造的民宿聚集地尤为亮眼。作为民宿项目，凤凰措的设计手法符合建筑美学的规律，村落整体空间感强烈，建筑体量大小和形式呼应建筑所处环境，材质选择上有传统材质也有现代材质，体现出设计师深厚的设计功底。十二星座民宿村坐落在一个大型的坡地上，造型现代，配有独立泳池。室内材质和洁具的选择以及布草都非常高级。但是，当地政府投入巨资打造的这两个非常有代表性的村落却门可罗雀。究其原因，有以下几点：

1. 两个民宿村远离人口密集区域。选址距离日照市1.5小时车程。

2. 周边缺少旅游配套。周边缺少自然旅游项目，游客逗留无趣味点。

3. 当地气候四季分明，冬季植被枯竭、水位下降，无自然观赏景观。归根结底，乡村建设与发展不能盲目跟随潮流，市场与经济是风向标，自身的优势是发展的基础。

那么，学生在进行该项目的规划与设计时，我们对其的要求有两点：

1. 需要着眼于环境的整体、文化特征以及建筑功能特点等多方面考虑。

2. 结合着眼点，提出合理的切入点。

美国著名科学哲学家托马斯·库恩（Thomas Kuhn）曾说"科学家与艺术家的产品，这些产品所有取得的那些活动，最后是公众对他们的产品的反应。"由此可见，任何产品或建设需要被社会、被公众所认可和接受，社会价值与经济价值应摆在首位。

因此，为项目的设计发展前期调研与准备需具备整体的环境观。

1. 宏观环境：自然环境，太空，大气；气候地理特征，自然景色，当地材料；政治环境，响应的政策与发展方向；社会经济环境。

2. 中观环境：城镇及乡村环境；社区街坊建筑物及环境；历史文脉，民俗风情；建筑功能特点，形体，风格。

3. 微观环境：当地建筑形态特征，构建方式。

综合评价此次项目基地状况：

1. 自然资源匮乏，缺少作为旅游发展项目的基础自然条件。

2. 缺少必要的旅游消费群体。

3. 当前景观效果不佳，尤其表现在除农作物外植物种类单一，滨水环境较差。

4. 随着场地内唯一居住组团的拆除，造成了场地文化标志的缺失、文化主体的流失。

5. 徽派建筑文化的介入，对于地域性、特色性薄弱的场地来说，既是机遇，也是挑战。

在固有条件下，此次设计的切入点有两个：

1. 政策的导向

1999年中共中央国务院颁布了《关于深化教育改革全面推进素质教育的决定》提出教育要以培养学生的创新精神和实践能力为重点，造就有理想、有道德、有文化、有纪律的德、智、体、美等全面发展的社会主义事业建设者和接班人。

2013年2月，教育部首次提出"研学旅行"，经过5年的发展，研学旅行从小范围的试点到今天的各省市积极开展，并将研学旅行纳入中小学课程体系。教育部教育发展研究中心研学旅行研究所所长王晓燕："研学旅行就像一座桥梁，一头连着学生的学校与课堂，另一头连接着广阔的自然与社会。"

2014年8月21日《关于促进旅游业改革发展的若干意见》中首次明确了"研学旅行"要纳入中小学生日常教育范畴。积极开展研学旅行。按照全面实施素质教育的要求，将研学旅行、夏令营、冬令营等作为青少年爱国主义和革命传统教育、国情教育的重要载体，纳入中小学生日常德育、美育、体育教育范畴，增进学生对自然和社会的认识，培养其社会责任感和实践能力。按照教育为本、安全第一的原则，建立小学阶段以乡土乡情研学为主、初中阶段以县情市情研学为主、高中阶段以省情国情研学为主的研学旅行体系。

2. 市场的差异

随着城镇化的不断发展，近郊型乡村大力发展旅游业。在此过程中，一些村落为了追求经济利益，而在发展过程中只关注有形资源的经济价值，片面注重村落聚落、建筑等实体风貌而忽略了乡村历史文化的传承价值，最终导致物质文化资源和非物质文化资源开发脱节，严重破坏村落的文化生态结构，导致村落有形却无神。

远郊型乡村由于地理空间的限制，不易受到外界的干扰。但随着交通的发展，现有的乡村生活逐渐对村民失去吸引力，在追求社会经济发展和生活水平改善的过程中，村民更倾向于放弃原生的乡村生活环境而去追求现代化的城市生活，从而导致了远郊型村落空心化的现象日益明显。村落的空心化直接加速了传统文化失传断代的危机。

一味发展无旅游支撑的民宿也是中国农村发展的病态现象。反观中国民宿发展重要地区，如浙江湖州莫干山和云南大理地区都拥有着得天独厚的自然条件和地理位置。民宿发展依靠旅游业的崛起，同时也推动旅游业的发展。

龙门崮地区没有重要的条件，我们的定位是将其差异化地发展为游学旅游基地。目前日照市研学和素质拓展的实建基地较少，一些乡村旅游中虽涉及乡村文化的体验，但将文化应用到研学和素质拓展的较少，日照1971研学营地便是其中一例。我们希望这个项目用其自身基地作为旅游的吸引点，并以此带动周边旅游大发展。

3．文化的嫁接

在植物学领域，嫁接是植物的人工繁殖方法之一。即把一种植物的枝或芽，嫁接到另一种植物的茎或根上，使接在一起的两个部分长成一个完整的植株，从而实现两个植物融为一体，产生新的物种。结合产生的物种通常具有双重特性，但有偏重一方性质的特征。

文化嫁接是指不同文化融合的一种形式，此处的"嫁接"可以理解为不同文化，或文化与不同因素的契入、交汇、融合的过程。文化嫁接是要经过一个充满选择、控制的历程，其结果则是升华，优化旧有的文化结构或文化发展模式。

在城乡一体化、文化多元化的时代背景下，从景观的角度，针对不同文化嫁接基础上的乡村文化发展和传承进行研究。

对日照市龙门崮田园综合体内的乡村文化，尤其是非物质文化在徽派建筑文化嫁接机遇下的传承和创新进行了研究，探寻出一条乡村文化在新时代的更新和传承中应遵循"保护主体文化，优化附属文化，发展衍生文化"的发展道路，对我国乡村文化的传承具有理论指导意义。

在设计教学的过程中，大致分为三个阶段：设计概念的确立、设计形态的产生以及设计最终的表现。对于形态与表现是大家非常关心与重视的部分，因为这是最考验设计能力与最具表现力的阶段。但这样的设计结果往往只能停留在象牙塔内，经不起市场的考验。我们强调在设计前期加入政策、市场、文化作为切入点的做法是希望培养具备策划、设计及积极思考的复合型设计人才。

参考文献
[1] 刘沛林．新型城镇化建设中"留住乡愁"的理论与实践探索[J]．地理研究，2015，34（07）：1205-1212.
[2] 张艳，张勇．乡村文化与乡村旅游开发[J]．经济地理，2007（3）．
[3] 韦浩明．乡村文化传承：歇后语和民谣——以广西贺州市壮族枫木村为考察对象[J]．贺州学院学报，2007（12）．
[4] 邓亚平．苏州杨湾古村民俗文化旅游开发规划研究[D]．苏州科技学院，2015.
[5] 孙茹雁．环境、情感、文化"嫁接"与建筑创作[J]．长安大学学报（建筑与环境科学版），1991（Z1）：8-17.
[6] 胡鸿燕．乡土建筑改造的"地域性"设计策略研究[D]．杭州师范大学，2018.
[7] 王轶茗．乡村旅游背景下的乡土建筑改造设计研究[D]．河北工程大学，2018.

关于升级版的实践教学思考
Deliberations on the Upgraded Version of Practical Teaching

内蒙古科技大学 建筑学院 / 韩军 教授
Institute of Architecture, Inner Mongolia University of Science&Technology
Prof. Han Jun

摘要：实践教学作为教学活动的一种，它以教学目标为导向，且始终围绕实现教学目标而进行，是课程教学的补充与辅助，既是对知识与能力的实操培养，又是对知识与能力掌握情况的真实考量及对教学计划合理性的反向验证，有很好的补充、修正、主动、深化、提高的作用。国际化的教学培养是时代和社会的需求与发展方向，通过升级版实践教学过程中出现的问题，对位课程教学计划引发关于教学培养目标层面的思考。

关键词：升级版；实践教学；教学目标；教学计划；对位性

Abstract: As a type of teaching activity, practical teaching is guided by the teaching goals and always carries out for the aim of achieving the teaching objectives, which is also the supplement and auxiliary of the course teaching. It is not only the practical training of both knowledge and ability, but also the authentic evaluation of the mastery of those two, as well as the reverse validation of the teaching plan's rationality, which is also conductive to the complement, correction, initiative, deepening and improvement. Nationalized teaching and training meets the demand and trend of this age and the society, here are the deliberations raised by the problems that occurred in the upgraded version of practical teaching and the corresponding course plan about the training objectives in teaching.

Keywords: Upgraded version; practical teaching; Teaching objectives; course plan; Correspondence

一、升级版的实践教学活动

何谓升级版的实践教学？4×4（四校四导师）环境设计专业实践教学活动暨中国建筑装饰协会"卓越人才计划奖"课题经历了从针对本科生实践教学培养，提升为针对硕士研究生的实践教学培养的过程，课题组对其称之为：升级版的实践教学活动。

这个实践教学活动其核心价值在于打破院校间的壁垒，让学生共享多方院校导师（责任导师）和社会一流设计师（实践导师）的辅导资源，同时各院校学生之间（包括国外院校）差异化的学习促进，再加上行业协会及名优企业的大力支持与辅助，取得了很好的教学效果与社会效益，实现教学、就业双丰收，让这个实践教学活动的平台也日趋壮大。随着院校数量的不断增加（参加活动中外院校十几家、师生队伍超过百人），形成的规模与影响力大幅提升，但也为这个本科环境设计专业的实践教学活动增添了多方面的压力与不便，主要体现在三方面：一是教学经费的保障问题，这个实践教学课题是教授治学的公益活动，活动经费是靠课题组组长王铁教授四处"化缘"来保证每届课题的顺利完成，经费来源与人员数量和广众的公益性之间的矛盾性日益凸显；二是教学质量的保障问题，这个教学活动的优势在于拥有来自多家院校的学科带头人、学科骨干的责任导师和行业精英实践导师，然而庞大的队伍造成课题汇报时间紧张、强度过大，如加大分组量又会造成汇报场地资源的压力，出现师资共享不均衡、师生配比不均衡，不利于教学质量的问题；三是教学活动的特点问题，这个教学活动的魅力在于打破院校间的壁垒，让师生们走进不同的院校，深层次感受差异性教学体验；本教学活动的初心是不占用正常课堂教学安排，利用周末休息时间开展的教学活动，队伍的庞大造成交通组织上的不便、吃住安排上的不便，安全管理、调研考察等多方面因素造成时间、地域、人员间的冲突；除此之外还有一方面是教学国际化的高度性，2015年随着欧洲650年的历史名校，匈牙利佩奇大学工程与信息学院的加入，教学及地域上的差异性为课题组带来了新的目标与思考：题目的深度与广度、学生的知识与能力等方面存在着不同和差距；基于多方面原因考虑，为了将教学活动更有价值地进行下去，从2016年第七届开始实践教学课题活动的培养对象由本科生转为研究生，院校的数量及学生参加人数均作了缩减，我们称之为：升级版的4×4（四校四导师）实践教学课题。

二、实践教学与教学目标

国际化的教学培养是时代和社会的需求与发展方向，当然也需要国际化的教学认证，综合类大学往往执行的是工程教育认证体系（OBE），也就是依据《华盛顿协议》的要求来指定各自院校、各专业的培养目标和毕业素质要求（12条），建筑学专业往往执行的是《堪培拉协议》的要求，目前我国高校在教学目标与学生毕业素质要求的矩阵关系上，很多都参照美国著名的教育心理学家布卢姆等的教育目标分类理论：把教育目标分为认知、情感和动作技能三个目标领域；同时结合我国的教育教学实际，将教学目标分为知识与技能、过程与方法、情感态度价值观三个维度。这个三维教学目标不是三个目标，而是一个问题的三个方面。它集中体现了当下教学的基本理念，集中体现了素质教育在学科课程中培养的基本途径，集中体现了学生全面和谐发展、个性发展和终身发展的客观要求。

针对认证体系关于毕业素质12条要求而言，课程计划中都对应设置了支撑实现的课程种类，集中体现在对理论知识的掌握、分析问题、解决问题能力的掌握、技术能力的掌握、综合素质与修养的掌握和对专业认识的运用与研究能力的掌握，三维教学目标就是这些能力点的导向，在教学过程中，教学目标起着十分重要的作用。对于建筑学、艺术设计专业学生而言，培养目标主要定在根据各院校的实际情况、地域特点，在毕业三到五年的时间内，通过专业部门的实践锻炼，可从事建筑学相关领域的设计、教育、科研和管理工作的高素质有用人才。

实践教学作为教学活动的一种，它以教学目标为导向，且始终围绕实现教学目标而进行，是课程教学的补充与辅助，既是对知识与能力的实操培养，又是对知识与能力掌握情况的现实考量及对教学计划合理性的反向考量，有很好的补充、修正、主动、深化、提高的作用。4×4实践教学活动是对毕业设计和论文答辩的一次预演测试，也是对学生将来走出校门、面对社会服务的一次实操训练，具有很实际的价值意义。它与三维教学目标的对应性如下：

1. 对位第一维目标：知识与能力目标。知识主要包括学生在本专业所不可或缺的核心知识和学科基本知识；基本能力包括获取、收集、处理、运用信息的能力；运用专业技术的能力；创新意识和分析、解决问题的能力；培养兴趣、终身学习的愿望和能力。4×4实践教学课题是对应真实的设计项目，真题真做。先是发布每届课题具体项目的设计任务书，然后是对项目基地的实地调研，责任导师针对任务书的要求结和场地进行细化讲解，学生开始资料收集、分析场地、提取概念进入开题汇报、中期阶段汇报和最后的结题汇报全过程，内容包括设计和论文两部分。它是对学生对所学专业知识掌握程度的甄别，了解学生对知识点的认识与记忆的掌握程度，涉及对具体知识与抽象知识的辨认，解释对事物的领会与识别，考查对所学习的概念、法则、原理在实际项目中的运用情况，测评学生的分析能力，通过把相关材料分解成它的组成要素部分的组织与比较，锻炼是否明确各概念间的相互关系，材料的组织结构是否清晰，能否详细地阐明基础理论和基本原理及其运用。在此基础上，引导性地培养学生的综合能力，是否能按要求把已分解的各要素重新地组合成整体进行加工，是否综合地创造性地解决问题，是否具有特色的表达，制定合理的计划和可实施的步骤，最终是否达到任务书的要求，成果的呈现过程也是对专业技术的掌握能力的直接体现；在论文编写与汇报当中是否将整个过程的逻辑性表述合理、清晰，是否根据基本材料推出某种规律认识等，当然对于强调特性与首创性，属高层次的要求。

2. 对位第二维目标：过程与方法目标。主要指教学培养中所不可或缺的过程与方法。过程是指应答性学习环境和交往、体验。方法是指包括基本的学习方式（自主学习、合作学习、探究学习）和具体的学习方式（发现式学习、小组式学习、交往式学习等）。4×4实践教学课题在教学培养中正是暗合第二维目标对过程和方法目标的要求：丰富的责任导师与实践导师的资源完全满足应答性学习环境的要求，配有多层次的调研体验、讲解体验，多资源、多角度的导师交流互动及参考借鉴等，堪称目前最"豪华"的专业辅导学习；再谈学习方法，基本的学习方式体现在——课题的前期调研及资料收集、整理和对设计任务书的解读融合了自主学习、团队合作学习及师生间、同学间的探讨式学习，通过各种学习整理后形成研究框架及开题报告；具体的学习方式是导师们通过开题汇报马上就能发现每个学生的特点和问题所在，引导启发式的给予点评，学生根据辅导老师的意见做出选择性的调整，因为各个导师所站的角度不同，汇报的学生要有选择性地判断，进行自认为正确、合理的修改，再给自己的责任导师汇报沟通，这样发现式教学的过程往往要经历好多次，另外，再汇报和之后的修改过程中同学间的互动借鉴、相互竞争、相互沟通都是很好的学习方法，这些都是这个实践教学活动独有的特点与优势。

3．对位第三维目标：情感态度与价值观目标。具体来讲，情感不仅指学习兴趣、学习责任，更重要的是乐观的生活态度、求实的科学态度、宽容的人生态度。价值观不仅强调个人的价值，更强调个人价值和社会价值的统一；不仅强调科学的价值，更强调科学的价值和人文价值的统一；不仅强调人类价值，更强调人类价值和自然价值的统一，从而使学生内心确立起对真善美的价值追求以及人与自然和谐可持续发展的理念。这一目标正是4×4实践教学课题的内核体现，该课题已走过了十年，完成了十届实践教学任务，由中国建筑工业出版社出版了16本教学成果集，走国际化教学培养方向，将实践教学与"一带一路"建设紧密结合，让课题组走进欧洲具有650年历史的名校：匈牙利佩奇大学工程与信息学院，中外师生共同分享教育资源，在中国高等学校中开创了设计教育实践教学历程的奇迹，今年正在完成第十一届的成果整理工作……这些能得以实现，靠的是课题组创始人的不懈努力与坚持，靠的是全体课题组导师们无私的奉献；用导师组组长王铁教授的话讲：靠的是大家的公益心支撑！是大家在相互感动、自我感动中走过来的！因为有这样的爱心、责任心做基础，自然传递的是乐观的生活态度、求实的科学态度、宽容的人生态度；实践教学的模式本身就带着体验性、社会性，对学生而言充满挑战与兴趣，然而当面对社会的真实项目时反思自己专业知识点的不足，不免有许多的不自信，但导师们科学严谨而又不失关爱的治学态度，让学生们感受到学习专业的苦中有乐；潜移默化的教学渗透中，导师们将个人价值、社会价值、科学的价值、人文价值、人类价值、自然价值的相互统一理念传递给学生们，希望通过榜样的力量和正确价值观的引导，使学生们树立真善美的价值追求和人与自然和谐统一、绿色生态可持续发展的理念。这些年来，参与过的学生几百人，通过反馈的信息来看，成效还是显著的。

图1　师生现场调研

图2　成果汇报展览1（匈牙利佩奇大学）

三、教学目标的对位性

目前OBE体系下的教学培养要求是以学生为中心，目标为导向，循序渐进。那么，针对不同阶段的学生一定有不同的教育目标、教学目标与之相对应，具体来讲，本科教育的培养目标是较好地掌握本专业的基本理论、专业知识和基本技能，具有从事本专业工作的能力和初步的科学研究能力；对硕士研究生的要求是掌握本专业坚实的理论基础和系统的专门知识，具有从事科学研究和独立负责专门技术工作的能力，关于对博士生阶段创造性成果的要求这里不做表述。

对于升级版的4×4实践教学课题而言，培养对象已由本科生转为硕士研究生，那么，因为知识结构的提升，自然需要综合能力的提升。在研究生阶段对专业知识的掌握是具有坚实的理论基础和系统的专门知识，应该是具备一定的评价、判预测等的研究能力，它是认知领域里教育目标的最高层次。这个层次的要求不是凭借直观的感受或观察的现象做出评判，而是理性地深刻地对事物本质的价值做出有说服力的判断，它综合内在与外在的资料、信息，做出符合客观事实的推断，所以在实践课题成果的要求上，除了完成设计任务书所要求的设计成果的呈现之外，同时还增加了与设计题目相对应的带有一定研究性论文的汇报；培养锻炼学生具有专业研究和综合分析问题、解决问题的技术表达能力、综合素质能力。

四、升级版的实践教学中的思考

1. 教学目标需要进一步明确化、具体化

升级版的4×4实践教学活动从2015年开始已经开展了四届，每次均有新要求、新提升，整体收效是好的，教学相长；但是回顾教学过程来看，仍存在一定的问题。每届课题活动开始前课题组就把课题背景资料、设计任务书及论文要求、日程安排、进度节点等具体事项发到每个师生手中，并开预前会议布置讨论，从课题程序上讲已是比较完整合理的。课题开始后，学生在前期汇报阶段（提出问题、分析问题阶段）显现的问题还不明显，到了中期以后（解决问题阶段）各种问题就凸显出来：逻辑性、技术表达性、综合素质性等，当然这部分本身就是教学的重点、难点部分；日常课堂教学针对这部分的内容往往是理论加案例辅助，希望能让学生理想地掌握，理论讲授显得过于概念、抽象，案例的图片化虽然具象，但又缺少空间体验，如果再没有合适的调研课配合支撑，就会出现对这部分知识的掌握显得薄弱的现象。

论文与设计的关系实际就是理论与实践的关系，是同时并行的，理论是理性地、深刻地对设计目标的价值做出有说服力的判断，综合设计对象内在与外在的资料、信息，做出符合客观事实的推断，针对整个构思体系得出设计原则或方法并完成实践，反过来实践支撑验证整个设计构思的合理性；同学们在处理这个关系时往往缺少对应性和设计研究的逻辑性、深度性，也就是说达标性不足，这是对普遍性而言，其中存在着差异性，有的学生在解决问题的逻辑转换上尤为突出，另外在制图技术表达的质量、深度和图面、图底表达的效果上都表现出优秀的一面。国际化的教学培养要求具备高质量的教学目标，对于升级版的4×4实践教学课题来说，提高课题质量，进一步明确化、具体化教学目标对活动的可持续性发展十分重要。

2. 实践教学反映出课程教学中的不足

实践教学是课程教学的补充与辅助，既是对知识与能力的实操培养，又是对知识与能力掌握情况的现实考量及对教学计划合理性的反向考量，有很好的补充、修正、深化、提高的作用。各个院校针对自身资源情况和地方需求制定了自身特点的教学培养目标，希望学生毕业后可以成为从事建筑学相关领域的设计、教育、科研和管理工作的高素质创意型、应用型、复合型等专业人才。不难看出各个院校都有其独有的培养特点，正所谓强项目标、各取所长，这是符合办学要求的；通过4×4实践教学活动发现结果并非如此：本应体现应用型强项的，在基础知识、技能表达、材料运用等方面同样问题很多，没有将优势发挥出来；强调创意型的，在概念构思、建筑造型、空间形态等方面缺少精彩亮点；基于这些现象反思课程培养目标与教学计划，经过对课题组参与院校的培养目标和教学计划了解，发现虽然各院校的培养目标不一致，但课程安排计划却基本一致，这与各校间的攀比、借鉴分不开，都向着龙头专业院校的课程培养看齐，当然也与专业教学评估考核有着直接的关联。对于应用型的院校，拿基础课"专业制图"来讲，只在大一阶段设置了40课时的安排，学生在大一阶段还未接触到专业设计，甚至在专业常识都很少的情况下，去学习和掌握制图真是勉为其难，在以后的专业设计课中专业课老师提升、改进效果可想而知，这种现象比较普遍；对于建筑学的院校制作建筑模型对认识建筑与空间形态有很好的帮助，但对于艺术类院校建筑模型制作相对很少，基于课时少，又无贯穿安排，加之相关基础课程缺失的情况，在教学中大量地出现制图不规范、场地意识薄弱、结构意识模糊的情况，甚至起码的平、立、剖图都画不准，可以想象硕士生阶段能改变多少？应用型人才能画施工图吗？如果完全靠毕业后的图集自学来实现，我们的教学培养是否满足OBE的12条毕业素质要求呢？

图3　成果汇报展览2（匈牙利佩奇大学）

图4　成果汇报展览3（匈牙利佩奇大学）

通过4×4实践教学课题活动，在培养学生接触真实项目、研究完成设计实践的同时，对学生在汇报过程中表现出的问题而引发思考，总结为：教学目标要对应时代脉搏；教学目标要与教学计划科学地对位；教学目标要与教学资源真实地对位；加强基础课程建设；加强实验、实践教学的建设；专业教学目标要具体化、明确化、市场化；杜绝"虚、大、空"的教学模式。以上关于教学培养方面的想法思路，是对日常的课堂教学和实践教学活动提高、改进的建议，谨供参考、借鉴。

4×4实验教学课题对当代设计教育的启示

The Enlightenment of 4 × 4 Experimental Teaching Project to Contemporary Design

海南大学 环艺设计系 / 谭晓东 教授
Department of Environmental Design, Hainan University
Prof. Tan Xiaodong

摘要：中国设计教育在社会经济高速发展与转型的历史背景下发展起来，随着中国经济发展的需要，当代中国设计教育规模迅速壮大，每年培养众多的设计人才，满足社会需求。但是由于历史原因，客观条件限制，各高校设计学科侧重理论和方法教学，缺乏实践环节，培养的学生和社会需求的设计人才有一定差距，学生掌握项目实际操作能力较弱，实践教学急需加强。2019创基金4×4实验教学课题，以中国园林景观与传统建筑宜居大宅设计研究为主题，在山东省日照市龙门崮乡村区域采用徽派民居结合文旅业态异地重建开展实践教学。课题在国内外16所院校的导师和研究生中开展，通过导师组的精心指导和同学们的共同努力，课题组圆满完成项目设计和学术论文，取得优异的实验实践教学效果，并在"一带一路"明珠国家具有650年校史的欧洲名校匈牙利（国立）佩奇大学举办4×4学术研讨会和课题成果展，共同探索教授治学，这给当代设计教育带来很多启示。

关键词：4×4实验教学；课题；当代设计教育；启示

Abstract: China's design education has developed under the historical background of the rapid development and transformation of social economy. With the needs of China's economic development, the scale of contemporary design education in China has grown rapidly. Many design talents are trained every year to meet the needs of society. However, due to historical reasons and limitations of objective conditions, design disciplines in colleges and universities focus on theory and method teaching, lack of practical links, there is a certain gap between the students and the design talents needed by the society, students'ability to grasp the actual operation of the project is weak, and practical teaching needs to be strengthened urgently. 2019 4×4 experimental teaching project focused on the design and research of Chinese landscape architecture and traditional architecture livable mansion. The practice teaching was carried out in the rural area of Longmengu, Rizhao City, Shandong Province, using Hui-style residential buildings combined with the reconstruction of cultural and tourism industry in different places. The project was carried out among tutors and postgraduates of 16 universities at home and abroad. Through the careful guidance of the tutor group and the joint efforts of the students, the project group successfully completed the project design and academic papers, and achieved excellent experimental and practical teaching results. A 4×4 academic seminar and project results were held at Pecs University, Hungary, a famous European university with 650 years of school history. Exhibition and joint exploration of professors'academic pursuit have brought a lot of inspiration to contemporary design education.

Keywords: 4×4 Experimental Teaching; Topic; Contemporary design education; Enlightenment

4×4实验教学课题起源于2008年底，由中央美术学院王铁教授与清华大学美术学院张月教授发起，邀请天津美术学院彭军教授共同研究中国高等教育建筑与人居环境设计，旨在打破院校间壁垒，坚持实验教学方针，落实培养人才的落地计划，改变单一的教学模式，迈向知识与实践并存型的人才培养战略。课题组集中高等院校建筑设计专业与环境设计学科带头人、知名设计企业高管、名师、名人、国内优秀专家学者、国外知名院校，共同探讨"无障碍"模式下的实验教学理念，建立校企合作共赢平台，为用人单位培养大批高质量合格设计人才。目前课题已举办十一届，11年里培养了32所高校500多名学生，输送14名硕士、17名博士留学佩奇大学攻读学位，由中国建筑工业出版社出版18本课题成果专著。

2019创基金中外高等学校第五届"一带一路"4×4实验教学课题题目是中国园林景观与传统建筑宜居大宅设计研究，项目地点在山东省日照市，课题内容是将徽派民居结合文旅业态，在山东省日照市龙门崮乡村区域异地重建。2019年3月课题组全体师生在山东日照市龙门崮开题，同期举办"日照城乡建筑与人居环境设计论坛"、4×4实验教学课题新闻发布会。2019年5月在武汉进行4×4实验教学课题开题答辩会。2019年6月在青岛进行4×4实验教学课题中期答辩。2019年9月在匈牙利佩奇大学进行4×4实验教学课题终期答辩，圆满完成课题任务。

海南大学设计学科受邀参加课题，同中央美术学院（一流设计学科高校）、清华大学美术学院（一流设计学科高校）、天津美术学院（一流美术学科高校）、佩奇大学（欧洲著名学府）等高校同台竞技。海南大学师生积极融入课题团队，克服多种困难，圆满完成课题研究任务。通过实验教学课题活动，进一步加强海南大学和国内外著名大学的交流与合作，推动海南大学设计学科的建设和发展，提升海南大学在国内外的影响力和知名度，产生积极的推进作用。

4×4实验教学课题得到了国内外广大的设计研究机构、企业、设计类高校、深圳市创想基金会等行业同仁的广泛认可和高度评价，课题为进一步促进设计行业的良性发展发挥了桥梁的作用，验证了行业协会牵头、名校与名企合作的可行性，打破了院校间壁垒，为企业培养了大批合格人才。4×4实验教学课题对当代设计教育的改革带来很多启示。

图1 4×4实验教学课题佩奇大学课题答辩现场

图2 谭晓东教授与研究生吴霞飞、陶渊如

一、以课题为契机，推进教学改革

课题组秉承"一带一路"国家战略与新时代的教育蓝图，落实课题规划纲要，启动了"4×4实验教学课题暨中国建筑装饰卓越人才计划"。根据本次课题要求和专业特点，中外17所高等院校建筑设计专业与环境设计学科带头人、师生参加本次活动。

课题组面临参与的学校多，教师背景不同、成长经历和环境也不相同等问题，首先扎实做好第一阶段、第二阶段、第三阶段教学管理，相互理解推进课题进度，建立责任导师间共识是课题关键，共同努力将实验教学成果创新达到高质量，相互鼓励帮助是互信基础，自觉遵守教学大纲是完成课题的高质量保证。课题导师组教授团队以其深厚的专业功底和多年的教学经验，向观摩教师和学生展示了环境设计实践教学的特色性、专业性，以及针对不同学生的教学差异性。实验教学主线清晰，构架合理，效果明显。

课题汇集中外高等学校环境设计专业学科带头人，他们在国内外高校建筑环境设计专业从教多年，深知院校间壁垒，单一的教学模式，实践脱节的弊端……4×4实践教学课题在深刻理解文化自信的基础上，打破高等院校间的壁垒式教育体系，建立实践教学课题组，由引领设计教育变革的学科带头人，组成高等教育设计专业的联合舰队，向未来的科技智能时代进发。利用"4×4实验教学课题"成功的契机，推动推进设计学科教学改革，坚持实验教学方针、落实培养人才的落地计划，改进教学方法，迈向知识与实践并存型人才培养战略，是当代设计教育之急。

二、坚持教学为本，立德树人为本

人才培养是大学的本质职能，研究生教育是高等教育这个皇冠上的明珠。4×4实验教学课题坚持"以教学为本"，把研究生教育放在人才培养的核心地位、教育教学的重要地位、新时代教育发展的前沿地位，具体如下：一是坚持学院派设计学科的教育模式，坚持以学科带头人负责制的教授治学原则，打破院校间壁垒，成为课题组成员坚持十年的动力。二是突出国际化的办学特色，即把国内外最先进的教学理念逐步纳入人才培养、科学研究和学科建设中。引入国际知名大学参加教学，借鉴佩奇大学的长处完成实验教学课题。三是拓展设计实践的课题职能，积极开展环境设计实践服务，履行繁荣中国环境设计发展的责任担当，服务国家"一带一路"战略和中国设计学科建设，从而引领中国设计教育教学的发展。

课题经过11年的办学积淀，在借鉴、学习名校人才培养的优点、经验的同时，以国务院学位委员会、教育部发布的"一级学科博士、硕士学位基本要求"为主导，以学校培养总目标为导向。课题指导方式采用打通指导、学生不分学校界限、共享师资。选题方式采用统一课题，按教学大纲要求，在课题组及责任导师指导下分段进行。调研方式采用集体调研，邀请设计研究的项目规划负责人讲解和互动。课题不断调整、优化培养标准，形成特有的培养理念，结合设计教育发展的方向，根据国家的发展战略和课题的办学特色，立足于中国独特的民族文化资源，坚持"教学、科研、学科三位一体"的内涵发展模式，把提高人才培养质量作为根本任务，进一步构建创新性人才培养体制，优化学科专业结构，全面提升人才培养质量。实施有温度的教育，遵循教育规律，坚持立德树人为本，努力培养德艺双馨和引领未来的设计人才。

图3　佩奇大学工程与信息学院Gabriella Medvegy院长给　　　　　图4　中外师生交流酒会
　　　谭晓东教授颁发课题证书

三、弘扬民族文化，创新教学模式

本次课题以中国园林景观与传统建筑宜居大宅设计研究为主题，将徽派民居结合文旅业态，在山东日照市龙门崮乡村区域异地重建。按教学大纲要求，在课题组及责任导师指导下分段进行，完成2万字的学术论文和全套设计方案。

2019年3月，课题组师生对龙门崮乡村现场进行了详细的考察，集体调研，邀请设计研究的项目规划负责人讲解和互动，课题组成员深入到龙门崮·田园综合体、凤凰措、诗茶小镇、东夷小镇进行实地考察、田野调查，随后举办课题开题新闻发布会、日照市东港区人民政府承办"日照城乡建筑与人居环境设计论坛"。在当地政府和企业的支持下，共同建立挖掘传统乡建文化与现代乡镇宜居文化平台，开展广义探索性研究，课题组专家教授对龙门崮地域特征进行了深入的研讨及论证，希望有更多的乡镇、企业和团体融入中国宜居乡镇设计研究中来。

徽派民居是中国传统建筑的一个重要流派，又称徽州建筑。徽派建筑作为徽文化的重要组成部分，历来为中外建筑大师所推崇。古代徽州建筑在成型的过程中，受到独特的地理环境和人文观念的影响，显示出较鲜明的区域特色，在造型、功能、装饰等诸多方面自成一格。中外师生对徽派民居进行了深入了解和研究，并提取徽派元素用于项目设计中，取得了良好的效果。由于文化背景不同，中外师生对中国文化和项目理解不同，完成的作品也迥然不同：中国师生方案侧重徽派民居建筑和当代中式建筑融合，体现"施法自然，天人合一"中式理念。欧洲师生方案侧重当代西方现代简约建筑和徽派民居建筑融合，体现现代简约风格。

在课题组组长王铁教授的引领下，师生们充分发挥4×4实验教学课题在文化传承、设计创新方面的优势，积极传播中国民族文化，大力提高了中国大学的国际影响力，获得中外学术界和设计界好评。

四、实例项目课题，构建实践平台

实践是检验教学成果的唯一标准，4×4实验教学课题全部以实际项目为研究对象，导师组由国内优秀专家学者、国外知名院校、知名设计企业高管、设计名师组成，突出项目实际操作性，构建4×4实验教学实践平台。课题分为项目现场调研、开题答辩、中期答辩、终期答辩、展览、出版等环节。课题组注重教学实践和实践基地建设，努力搭建学生设计实践平台，导师在实践中教学，学生在实践成长，为设计界培养理论和实践并重的合格人才。

2019课题以中国园林景观与传统建筑宜居大宅设计研究为主题，在山东日照市龙门崮乡村区域将徽派民居结合文旅业态异地重建开展的实践教学。要求同学们完成项目设计分析、场地规划、建筑设计、景观设计、学术论文等众多设计内容和学术成果，课题具有挑战性，完成难度大。

在课题进行中，同学们不断遇到各种问题和难点，摆在面前的困难是学习建筑设计、景观设计、室内设计的学生，在各自学校基础教学中获得的知识点不同步，如何克服重重困难成为难点，这些是在学校教学中没有办法解决的。对于课题过程中出现一些当前无法解决的现实问题，以原则为主线，发挥教师的知识结构优势互补优势，聘请一线设计研究机构专家共同研究，坚持知识与实践教学理念。课题组经验丰富、实力强大的导师团队是保证，在导师组精心指导和精神鼓励下，同学们坚定信心，不断克服困难，取得课题进展，锻炼了实践设计水平，在理论和专业技法上获得较大进步，实践教学获得成功。

五、国际合作教学，打造教育名片

4×4实验教学课题由中外导师共同指导中外学生，中外师生互相学习、取长补短、共同进步、共享成果为团队精神原则。课题组积极开展对外学术交流，每年定期邀请国外知名专家、学者来华参加课题及讲学。同时，派出教师前往匈牙利多所大学进行学术交流，以及欧盟多个国家进行文化艺术考察。学生积极参加中外高校学术交流、课题展览等活动，课题组组长王铁教授与匈牙利（国立）佩奇大学工程与信息学院签署合作教学协议，并担任匈牙利（国立）佩奇大学工程与信息学院博士生导师，"4×4实验教学课题"已经纳入佩奇大学建筑教学体系，并正式成为教学日程的重要部分。为今后更多的国际项目合作、联合培养和师生交流奠定基础。

4×4实验教学课题立足于"一带一路"国际文化交流和中国设计学科建设，在课题组办学定位的布局下，紧紧围绕实验教学的根本任务，以学科建设为统领，以提升学生社会竞争力和教师社会影响力为主线，今后将进一步大力提升教学质量、学术水平和课题效益。以社会需要为导向，优化课题结构，加强研究生教育教学和人才队伍建设，加快提升人才培养、科学研究、社会服务、文化传承创新的能力和水平，不断扩大对中国设计教育发展的引领示范作用，为新时代设计学科建设贡献力量。

六、中欧师生交流，搭建文化桥梁

匈牙利佩奇大学和中国相隔万里，相差6个时区。民族风情、地域文化迥然不同。通过4×4实验教学课题纽带，匈牙利佩奇大学师生走进中国，中国师生走进欧洲，中欧师生融为一个团队，共同完成课题，促进文化交流。

2019年3月匈牙利佩奇大学师生从欧洲赴中国山东省日照市和中国课题组师生汇合，参加龙门崮乡村区域调研，勘查项目现场，深入到龙门崮·田园综合体、凤凰措、诗茶小镇、东夷小镇进行实地考察、田野调查，参加开题新闻发布会、日照城乡建筑与人居环境设计论坛。中欧师生在课题中相互积极交流，建立了深厚的友谊，传播中欧文化。

2019年5月匈牙利佩奇大学师生赴中国武汉和中国课题组全体师生汇合，参加开题答辩。中外责任导师共同指导中外同学，互相帮助，教学效果提升明显。2019年7月匈牙利佩奇大学师生赴青岛和中国课题组全体师生汇合，参加中期答辩。随后参观青岛规划展馆、青岛八大关、青岛上合峰会会址、青岛奥运基地，参加中外师生交流酒会等系列活动，通过课题活动展现了当代中国的宏伟形象和新时代精神。

佩奇大学是匈牙利第一个实行学分制的大学，这使得学生可以直接进入欧洲高等教育系统，因为佩奇大学学分在欧洲所有大学都被认可，这也成为佩奇大学吸引外国学生的主要原因。佩奇大学位居世界大学500强，是欧洲第七所最古老大学（1367年成立），佩奇大学毕业的学生广泛被欧盟国家承认。

2019年9月课题组全体师生在匈牙利佩奇大学进行4×4实验教学课题终期答辩、4×4实验教学研讨会、4×4实验教学成果展、教授作品展。并参加佩奇大学开学典礼、中外师生交流酒会、匈牙利布达佩斯城市大学访问等系列国际交流活动，中欧师生在课题进行中从熟悉到默契，不断增进友谊，加深对双方文化的了解，为中欧师生搭建交流的"一带一路"文化桥梁。

佩奇市位于匈牙利西南部边境，是一座具有2000年历史的古老城市，也是匈牙利西南部最大的城市，距离首都布达佩斯200多公里，佩奇以拥有高低错落、南欧风格建筑著称，有大学城美誉，被评选为2010年"欧洲文化之都"。课题组中国师生深入考查佩奇城市文化建筑、布达佩斯英雄广场、布达佩斯王宫、国会大厦、渔人堡、国立美术馆等，对匈牙利民族文化有了深入的了解和切身感受，人口仅一千多万的国家，自1900年以来，已有14位匈牙利人获得诺贝尔奖，其中有10位在生化、物理和医学类获奖，这是世界独一无二的，令人佩服。

结语

当代中国已由过去的科普时代进入科技的人工智能、5G时代，中国未来是一个科技中国和智慧中国，传统的设计行业面临重大变革，中国设计学科教育面临改革。中国大学肩负建设"世界一流大学和一流学科"的时代重任，提升中国高等教育综合实力和国际竞争力，为实现"两个一百年"奋斗目标和中华民族伟大复兴的中国梦提供有力支撑。设计学科如何建设一流学科，设计学科教育未来如何发展、如何改革是每一个设计学科带头人在思考的问题。4×4实验教学课题扎根在实践项目中，在时代呼唤下，破茧而出，经过11年茁壮成长，结出丰硕的成果，社会影响力广泛，通过实验教学践行教育，培养大批高质量合格设计人才，为当代设计教育树立榜样。

人居环境设计教育中传统文化缺失的解决路径
The Solution to the Lack of Traditional Culture in the Education of Human Settlements Design

山东师范大学 美术学院 / 李荣智 副教授
School of Fine Arts, Shandong Normal University
A/Prof. Li Rongzhi

引言

人居环境是从本土生长出来的，是民族文化和地域文化的结晶和载体。然而在近二三十年，随着国际主义风格的流入，各种奇形怪状的所谓现代建筑在中国拔地而起，中国传统文化符号在国内的环境设计作品中正在渐渐减少和消失，再加上国外设计师的一些完全无视中国文化脉络和人文环境的作品大量涌现，这引起社会各界的争议，认为这些作品并不能反映中国特色，呼吁为中国而设计，期待出现根植于中华民族传统文化土壤的优秀作品。

对中国传统文化的传承与发扬要求我们在设计教学过程中要重视传统文化的教育，而不是在中西方文化差异中游移不定，找不到自己的文化定位。如何解决这些已暴露的问题？很显然，这需要我们静下心来挖掘那些能体现我国特色的传统文化。

现代环境设计教学是一个润物无声的过程，在教学过程中加强对传统文化教育的重视能潜移默化地加强学生对中国传统美的感受和理解。山东师范大学美术学院地处齐鲁文化大省山东济南，对中国传统文化的重要组成部分——齐鲁文化研究有着得天独厚的地域优势。山东师范大学美术学院在环境设计专业教学过程中，尝试着在传播传统文化及理念的基础上进行环境艺术设计教学，尝试着用"传输"、"引导"和"理论＋实践"的理念指导当代人居环境艺术的教学和创作。

一、现状分析

在进行具体的课题创作时，一涉及传统文化，有一小部分学生可以较好地了解设计的要点，积极地进行市场调研，查阅相关的传统文化资料和信息并进行创造性设计，另外还有一部分学生对中国传统文化和传统文化符号缺乏深入的认识，从而造成设计出来的作品缺乏内涵、缺乏主题。从教育领域看造成这些问题的原因主要有以下两点：

1. 传统文脉的中断

杨裕富先生在《设计的文化基础：设计、符号、沟通》一书中这样说道："自从八国联军进北京的那一刻开始，西方的强势文化所形成的西学成了发展中国家的学术标准。"当下很多80后、90后、00后由于受到美国大众文化，韩国、日本等外来文化的深刻影响，开始热衷于追逐国外的流行风格，而对中国传统文化的理解越来越单薄，这是当前年轻学生对传统文化认知不足的原因之一。

2. 对学生自我拓展知识（包括我国传统文化知识）能力培养的缺失

我们一直在强调知识（包括传统文化知识）的单一传授和设计基础的训练，却忽视了对学生自我拓展知识能力的培养。另外，在现代社会里，各种已有的元素和资源无比丰富，有时候我们的设计工作需要我们在已有的纷繁复杂的资源中判断，选择出可以利用的元素并加以组合整理，而大学期间对于学生判断力的培养又恰恰是当下传统基础教学所缺失的。

二、解决路径

1. 改进设计基础教育体系

"当前国内流行的设计基础教育体系仍然是三大构成，虽然其有着规范成熟的优势，而且也发挥着重要作用。但这种教育体系的最大问题在于过度集中于造型审美方面。"而不是设计观念的培养，过于强调天马行空的"创意"，而不注重解决矛盾和问题。设计本身就是一个解决问题的学科，因此设计的关键不是技巧，而是观念。一套成熟的教学体系的确有着重要的参考价值，但是各地各校的情况千差万别，完全套用既成体系并不一定适应"水土"，也不利于教学新模式的探索与研究。因此当下的基础教育体系，仍然有很大的改进余地。

2．加强对学生自我拓展知识能力及解决问题能力的培养

在大学有限的学时内，老师教授的课程内容不可能面面俱到，所有知识点都传授到显然是不可能的。中国的传统文化博大精深，有很多能够激发设计灵感的元素或许就隐藏在生活中，需要我们实地考察、调研才能发现，提取并应用于作品之中。"授之以鱼，不如授之以渔"，对中国传统文化的重视与教授，不能单纯依靠知识的灌输，还要引导学生培养自我拓展知识的能力，尝试着在图书馆、古籍、街巷、角落中去学习和挖掘传统文化宝库。

另外，专业教师可以在设计课题内容时侧重某一项内容进行设定，例如可以限定以儒家文化为主题，提炼文化元素和符号贯穿到设计作品，并对这个主题进行灵活的创造性应用，使主题以不同的艺术形式在相应的设计项目中体现出来；也可以限定以中国特色的传统"吉祥纹样"作为设计元素创作作品，并引导学生将这些传统的图形简化成富有现代感的基本符号，创作出既具有传统文化特色，又能符合当代人的审美情趣和功能需求的优秀作品。当学生通过相关的课题设计自觉地深入收集、了解、分析与主题相关的传统文化资料，他们便能够自觉地探寻中国文化的根源和了解文化的发展，这对学生提高中国传统文化艺术修养和知识的积累是有利的。

3．多方面拓展知识面，提高学生实践能力

著名教育家陶行知先生曾说："解放学生的头脑，使他们思想；解放学生的双手，使他们能干；解放学生的空间，使他们能到大自然大社会里扩大知识和眼界，获得丰富的学问；解放学生的时间，使他们有时间学一点他们渴望要学的知识，干一点他们高兴干的事情。"我们要多拓宽传统文化知识的途径，通过邀请著名传统文化学者做讲座、举行专题讨论等方式，使学生更好地了解中国每个不同时期的文化背景，加深对传统文化以及传统文化符号的认识。当然仅仅有了对理论知识的储备是不够的，还应当走入社会实践中，在实践中得到提高，即所谓的"理论与实践结合"，鼓励学生在有所积累的前提下到实践中去锻炼提高是非常必要的，这也是了解中国传统文化艺术如何应用到实际当中的途径。

结语

综上所述，提高当代人居环境设计教育的中国传统文化比重应当从上述多方面入手，在改进现有教育体系和课程优化的基础上，培养学生的传统文化修养、判断力、传统与现代相融合的能力以及功能与审美高度结合的实践能力。从而使学生能够切实体会到认识、传承传统文化、传统艺术的重要性，设计出具有中华文化特征的优秀人居环境设计作品。

乡村建设中文化传承的形式与品位
Form and Taste of Cultural Inheritance in Rural Construction

天津美术学院 环境与建筑艺术学院 / 彭军 教授
School of Environmental and Architecture Art, Tianjin Academy of Fine Arts
Prof. Peng Jun

摘要：在建设"美丽乡村"的进程中，要关注对传统村落的保护，重视传统文化的传承；从专业的角度要科学地在文化传承方面规划"美丽乡村"的人居环境；在策划"美丽乡村"的旅游开发过程中对乡村文化资源要有效地传承与保护；在利用、开发"美丽乡村"遗存的乡村资源过程中要把握具有美学品位的设计创新。

关键词：美丽乡村；文化传承；美学品位

Abstract: In the process of building a "beautiful village", we should pay attention to the protection of traditional villages and attach importance to the inheritance of traditional culture; from a professional perspective, we must scientifically plan the living environment of "beautiful villages" in terms of cultural inheritance; In the process of planning the development of "beautiful villages", we must effectively inherit and protect the rural cultural resources; in the process of utilizing and developing the rural resources of the "beautiful villages", we must grasp the design innovation with aesthetic taste.

Keywords: Beautiful country; Cultural heritage; Aesthetic taste

引言

四校四导师实验教学活动自发起至今，在教学选题方面，关注社会热点，在教学过程中，着重培养学生利用所学的专业知识解决实际问题的能力方面有了长足进步。尤其是近些年，在课题组长王铁教授的策划、带领下，组织中、外高校的导师和研究生们，选择乡村建设的真实项目展开教学，开拓了专业视野，提升了设计实践的能力，为艺术设计与社会实践紧密结合的教学改革做出了典范。

近年来，在政府实施农村人居环境整治三年行动计划、建设"美丽乡村"等一系列部署的推动下，"美丽乡村"一词越来越广泛地进入我们的视野，整合各种资源，强化各种举措，稳步有序对农村人居环境突出问题进行治理，着力改善村容村貌。面对乡村的巨大建设发展潜能，作为建设先行的规划设计界，从专业的角度如何科学地描绘未来宏伟的蓝图？在文化传承方面规划"美丽乡村"的人居环境建设遵循怎样的设计原则？建设"美丽乡村"的设计服务主体是谁？在策划"美丽乡村"的旅游开发过程中对乡村文化资源如何有效地传承与保护？在利用、开发"美丽乡村"遗存的乡村资源过程中如何把握具有美学品位的设计创新度？

共同探讨并完善地解决"美丽乡村"建设的一系列根源性问题，才能使中国的乡村更为美丽的愿景科学地实现。

一、规划"美丽乡村"与保护乡村风貌特征

有着几千年农耕文明历史的中国，我们祖先的文化瑰宝可以说都遗存在了曾经繁多的古村落中。随着时代的更迭、城镇化的加速建设，古村落在逐渐泯灭，虽然这是社会现代化、居住环境不断改善所不可避免的历史进程，但是有价值的古村落以及孕育其中的文化遗产如何得到保护、传承，确实是当下在规划"美丽乡村"时无法回避的课题。

2012年，王铁老师组织对湘南民居进行实地考察时，对永兴县板梁古村的真实记录，可以说是传统古村落现实状况窥斑见豹的写照。

板梁村历史久远，初建于宋末元初，强盛于明清时代，距今有600多年历史，是原金陵县的重要集镇，也是桂阳、耒阳、常宁往返的商埠之地。2010年12月13日，国家文物局、住房和城乡建设部授牌其"中国历史文化名镇

图1

名村"称号（图1）。

　　老年间的前辈好似景观大师似的，将板梁营造得移步一景、风韵醇厚。今天至此由始至深，循序渐进：村头的板梁大礼堂分明是"大跃进"时期的产物，可算得上是当代建筑的缩影（图2），50年代的热烈、60年代的荒芜、70年代的"疯狂"一下子如回映的影像再现，时光如梭，不由得让人感慨不已……可踱步在进村的接龙石桥上，仰望高坡上的望夫楼，却已然令人不知不觉地置身在百年间的村俗民风中了（图3）。

图2

图3

　　掩映在青山绿水间的板梁古村全村同姓同宗，世代传承，是典型的湘南宗族聚落，占地约3平方公里。现有人口2000余人的古村落背靠象岭，树木葱郁，满眼苍翠，生机勃勃，是生息停留之处，板梁古村也因此人丁兴旺。

　　板梁面临溪水，其村落布局充分体现了中国传统风水崇尚自然、奉行天人合一的自然格局。至今仍保留着连绵成片的湘南明清古民居建筑360多栋，青墙黛瓦马头墙，雕梁画栋，飞檐翘角，颇有徽派建筑的风韵，但又自成欲柔还硬的湘民风骨（图4、图5）。村落布局分上中下三个房系，浑然一体，三大古祠于村前排列，青石板路连通大街小巷延绵千米，古民居、古祠堂、清泉、半月塘、晒谷坪、古驿道、自然田园等有机排序，系统构建出"人

图4　　　　　　　　　　　　　　　　　　　　　图5

与人"、"人与自然"、"人与社会"和谐共生的乡村聚落环境特色。

可叹的是祖辈的定制大宅在现代化的今天却威严不在，先辈的子民们毫无顾忌地在老宅间隙楔插进2、3层的高楼，遮住了村庄的主要宗祠建筑，破坏了古村原有的村落天际线。新建的独楼设计得丑陋不说，居然仅前脸光鲜、三面赤裸，尽显俗媚，真是令相邻的祖屋羞愧不已，不但影响了古村整体风貌，还使板梁神韵黯然（图6）。

图6

沿着板溪步回村头，回首望去，接龙桥对岸的村落和比邻板梁大礼堂的新建筑，构成了板梁村的现代、当代、远代的建筑序列，分明显露了传统的断代，内含着的却是更令人思虑的板梁祖先的精神失传，令人嘘唏（图7）。

图7

与板梁古村咫尺之遥的武广高铁时不时传来的轰烈噪声，仿佛在展现着当今社会飞速发展的进程，可却无暇顾及像板梁这类急需保护的历史遗存和为之再兴而应尽的责任。

今年的4×4课题是山东日照热心教育的企业家提供的旧房迁建的规划设计项目。令人尊敬的企业家在安徽买来的几栋徽派老屋异地移至日照家乡落地在茶园垄间，颇具规模。安徽乡间所在地或许此类老屋过多？或许无力留存？偏爱传统徽派建筑的企业家斥资收藏、异地恢复其建制也可算是一种保护与传承（图8）。据说现在算是违规建设，要令其拆除，恢复农田原貌，以此迁移再建为设计题目，使学生在课题设计的同时又加深了对文化遗产的保护性开发的研究，无疑是很有意义的。只是现实中要研究的传承对象被粗放地拆除，老屋尽毁（图9）。

图8

图9

乡村建设确实要跟上时代的步伐，城市与乡村的差距必须要缩小，最终先进的程度达到同步，但是，这种同步不是"砸烂一个旧世界，建立一个新世界"那么简单、粗暴。在美丽乡村建设中，我们应该强调蕴藏在原生态村落中的地域特征传承，科学地、系统地构建出"人与人"、"人与文化"、"人与自然"、"人与社会"和谐的、共生的、有底蕴的乡村聚落环境特征。

二、建设"美丽乡村"与传承乡村文化资源

如同人的生长，一个乡村的形成与成长同样也有其特定的生命周期与发展规律。不同的发展时期，村庄的使

命有所不同，有的随着朝代的更迭而消亡，有的则有其顽强的生命力。改革开放后村庄的使命是为城镇化提供人口红利、劳动力红利、资源开发红利和智力资源红利，才使中国在过去四十年逐步完成了城镇工业化。国家发展到今天，应该有责任反哺乡村，提升乡村的生存质量，建设"美丽乡村"的战略举措，就是具体的体现。

中国的乡村生生不息到今天，一个很重要的基础是蕴藏其中的乡村文化，因此决定了有底蕴和内涵的乡村是生长出来的而不是凭空创造的，如果在当今建设"美丽乡村"的热潮中将这条主力线切断的话，将是非常令人堪忧的，当今快速建设的一些所谓的仿古村镇的快速衰败就是令人要汲取的教训。2018年3月，国家有关部门对全国共499个特色小镇进行严格测评，发现竟然有大部分面临被淘汰的危机！被淘汰的所谓现代古村镇大都有一个特点：人为的强制干预村镇规划、迎合当时社会热点，结果是建得快，衰得也快。

仅举一例，例如在2013年4月建成的成都龙潭水乡，开街运营时热闹非凡，各种促销活动，加上尝鲜效应，开业头三天保守估计约13万游人（图10）。如今，繁华景象只是昙花一现，运营的商铺只存几家，多是普通小吃，大部分店铺关门歇业，而曾经风光的乌篷船，从水里来到旱地，可谓极大的讽刺（图11）。

图10图11

三、通过环境设计提升"美丽乡村"的人文品位

环境设计是为人们的常态化生活而进行的创造性活动，因此要尊重人类生活状态时的审美意趣，要具有艺术创意的美学品位。

虽然现代设计理念从改革开放引入中国逾四十年，但是还有一些从事专业设计工作的专业人员对何为设计懵懂不清，往往将表面的美化、装饰和设计等同起来。

何为设计？简明扼要地说就是具有创新属性的、具有内涵的创造性活动。高水平的设计应该具有美学内涵与人文品位。何为装饰？其显著的特征是表面层次的美化。人们的生活需要一般意义的美化，但是要从实质上提升生活质量与美誉度，必须是系统化地、由表及里地进行设计。

在"美丽乡村"的建设中，如果单纯地弄一些老民居、建寺庙，没有地域文化根基的模板式的粉饰，或增加所谓的旅游噱头，或附庸一下当代人已遥不可及的古人风雅，或徒增一个没有灵魂的所谓"传统村落"的皮囊，这些无根之木绝对抵挡不住城市现代化的冲击，传统村落的文化遗存或早或晚会被改造得面目全非，如果以这种所谓的理念去适应"现代化"的生活，传统文化所滋养的乡村就会失去其本来面目。

山西的李家大院环境景观的建设，就充分说明了设计要有人文、美学品位的重要性。

坐落在山西万荣县闫景村的李家大院是清至民国时期晋南首富李子用的家宅，始建于清道光年间。整体建筑吸纳了徽式建筑风格，浓缩着汉族传统文化的深厚底蕴，有着极高的文化价值、艺术价值（图12）。

李家大院建筑面积10万平方米，融合了中国南北两大建筑特色。古院落群布列有序，层次分明；其规模宏大，古朴典雅，构思巧妙，散发出汉民族传统文化的精神、气质、神韵。其精湛的雕刻技艺和不朽的艺术价值，充分体现了古代汉族劳动人民的卓越才能和艺术创造力（图13、图14）。

李家大院建筑装饰艺术直接或间接取材于自然界和平民生活中常见的动植物、器皿、用具等。通过能工巧匠的创作，把晋南的汉族民俗、民风和文化心理渗透其中（图15、图16）。

李家大院内的建筑、景观风格统一，可以感受到几代人的审美水平与文化层次，令人叹服。而入口广场以及

图12

对面新建的万荣笑话博览园则大煞风景，恶俗的装饰性建筑真是令人为之汗颜（图17）。

从对传统文化意象的传承、演绎的设计应用中，如何将现代的创意设计与中国现实情况和中国本土文化相结合起来，是设计、建设具有美学品位与内涵的未来乡村不断探索与思考的，而提高专业设计人员的人文修养在当下比提高专业技能似乎显得更为紧迫与重要。

环境艺术设计不是独立于社会和市场而存在的纯艺术品，它必须具备科学的功能性、特定的文化内涵，才可能肩负起提升社会的人文品位的重任。

结语

中国幅员辽阔，资源条件不同，建设"美丽乡村"切忌千篇一律，应该尊重当地的地域文化与自然条件。

在设计理念上：以文化建设和文化底蕴为依托，注重弘扬传统文化，让设计回归自然、融入自然。

在设计创意上：挖掘创意概念本身的艺术价值，体现具有文化品位的多元观念的设计。

在设计追求上：研究设计的真谛，摒弃表面的无谓修饰。

建设"美丽乡村"，设计师们首先应该了解乡村，深入研究乡村设计的文化传承。不能自以为是地为自鸣得意的"理想"而设计，而应该为生于斯、长于斯的农民，为融于自然的生态环境而设计；应该充分尊重乡村历史文化，使乡民从心灵上认同是他们的美好家园。

现代设计思潮的涌入，无论是对建筑还是景观都开拓了设计的新思维，虽然在前期发展中更多的是"拿来主义"和照搬模式，走了一些曲折的路程。当我们意识到了这样的不足，就应该将新思维设计理念融入并结合中国优秀的文化传承，创造出具有"中国品位"的"美丽乡村"。

图13

图14

图15

图16

图17

103

文心释传承，雕龙筑乡建
Wenxin Interpret Inheritance, Carved Dragon Construct Township Construction

广西艺术学院 建筑艺术学院/ 江波 教授
Academy of Arts & Architecture, Guangxi Arts University
Prof. Jiang Bo

摘要：本文是关于日照市龙门崓传统建筑宜居大宅设计项目的乡建与传承的研究。日照市有着丰富的历史文化及乡土民俗艺术，本项目要把二十栋徽派民居建筑在龙门崓进行重新构建再利用，使本地传统文化及民俗艺术与徽派建筑的融合得到更好的延续传承和保护，让它们在龙门崓的乡村振兴建设中相辅相成，各显其彰，成为具有乡愁魅力的特色村落。

关键词：传统文化；乡土民俗；徽派建筑；艺术乡建；特色村落

Abstract: This research is about rizhao Longmengu traditional architecture livable building design project and Inheritance. Rizhao has a rich history and culture and local folk art, this project will move 20 hui-style residential buildings to Longmengu for re-construction and reuse, so as to solve the problem for the integration of local traditional culture and folk art with hui-style buildings of inheritance and protection. Make them complement each other in the rural revitalization construction of Longmengu function, become a characteristic village with the charm of homesickness.

Keywords: Traditional culture; Local folk; Hui style architecture; Art rural reconstruction; Characteristics of village

中国建筑装饰协会、中国高等学校环境设计教育联盟、中国建筑科学研究院、深圳市创想公益基金会联合主办的"2019创基金中外高等学校第五届'一带一路'4×4实验教学课题——中国园林景观与传统建筑宜居大宅设计研究"于2019年3月22日至25日在山东省日照市东港区龙门崓进行课题的启动及对当地建筑环境地理气候前期资料进行收集和考察调研。课题主要任务是对由山东慧通集团提供的二十栋徽派建筑进行传统建筑宜居大宅的设计。这里的课题任务并非一般性质的设计，具有几个层面因素思考：首先，它作为徽派建筑具有其形成的地域性；第二，它具有其传统习俗文化内涵；第三，它的建筑空间具有承载的功能等方面内容。基于这些原本的因素特点如何让这些建筑在齐鲁大地上安置再建，得到物尽其用且发扬光大，这就是一个不一般的课题与挑战。

一、日照项目地域考察

1. 日照市的传统民俗文化

日照市是山东半岛城市群之一，也是山东半岛蓝色经济区的主要组成区域。日照具有悠久的历史文化及丰富的传统民俗艺术，包括黑陶文化、传统纸扎、农民画、石刻和工艺刺绣等传统民间艺术。黑陶文化：日照黑陶具有悠久的历史，是龙山文化重要的组成代表。太阳节：日照太阳节是日照的天台山下老母庙庙会，每年都举行声势浩大的供奉太阳活动，太阳节的形成历史悠久影响广泛，节日当天农民将麦子做成太阳形状的饼来供奉太阳，因此有了山东煎饼来源于此节之说。农民画：日照农民画成熟于20世纪中华人民共和国成立以后的社会主义建设的大热潮时期，主要反映当时的大生产、新农村和新风尚场景，在表现内容与形式上很有鲜明的地方民间特点，与上海金山、陕西户县并称为中国"三大农民画乡"。纸扎：日照的纸扎艺术是以传统的民间绘画、民间剪纸、民艺竹扎、传统草编和传统裱糊为一体，形成的一门流行于五莲县独特的民间艺术种类。工艺刺绣：日照工艺刺绣品是流行于东港区的民间传统的妇女手工工艺绣品，其图案多为传统的福禄寿喜、龙凤呈祥的吉祥物图案，现在已经是畅销海内外的拳头产品。石刻：日照石刻在民间已经流传了几百年，古朴中显精微，拙中有巧，名扬天下，现今已经从大型经典雕刻走进了实用性的日常工艺品。绿茶：日照茶树因为其独特的地理环境即冬季较长且温差大的特点，形成了其茶汤特有的浓郁甘醇和多种对人体有益的微量元素。当然日照还有刘勰那著名的《文心雕龙》，作者刘勰的名气不是因为历史上曾经任过各种官职，而是他的著作《文心雕龙》在中国文学史上的影响力和地位奠定了他的声誉。

综观日照市的历史名胜人文景观，有著名的浮来山银杏树、山东最大的绿茶生产基地、著名的毛竹与野生杜鹃花自然生长区域。日照是山东的三大文化之一龙山文化的发祥地，其境内的陵阳河遗址出土的原始陶文据专家考证比甲骨文早了1500多年的历史。历史上日照的名人有伟大的军事家姜尚、文学评论家刘勰，日照还是诺贝尔奖获奖者丁肇中的故里。这些都是很好的设计素材，有待挖掘，进行活化传承。

2．日照市乡村改造建设现状考察

近二十年来我国都在进行"美丽乡村"的"新农村建设"，2013年11月习近平总书记做出了"实事求是、因地制宜、分类指导、精准扶贫"的重要指示，全国精准扶贫工作全面开展，在这个全民齐动员、齐上阵的热潮中，作为建筑环境、园林景观设计行业就要以本职的设计工作来参与其中，积极深入贫困地区开展"设计扶贫"工作，采取因地制宜的工作方法，根据不同地区、不同类型开展"一村一户一办法一业一品一方案"的模式，提升有效的设计帮扶服务效果。特别是采取了多样的协同创新脱贫帮扶办法，创新设计扶贫方式方法，探索多样化合作双赢路径，充分调动地方政府、科研机构、高等院校和设计企业的协同作用，建立设计援助服务平台，这些举措大大地起到了积极有效的作用。但是，也是出现一些理想化纯艺术个性或者是想当然的官僚主义现象，这就是要求我们去考量设计的重点与层面如何更切合实际和更接地气了。

在日照市我们考察了几个乡村改造建设案例，其中有些是比较好的案例，值得借鉴。如东夷小镇的多个岛屿，在乡村建设中以渔文化、民俗文化体验、异域风情文化和休闲娱乐观光等在各个岛上展开。以民俗文化体验为板块的渔文化、陶文化、酒文化加上东夷文化四个主题内容，再结合当地的书院、戏楼、龙神庙、月老祠等建筑民俗文化组成特色体验岛，并将海边渔民院落式民宿以及当地民俗美食摊点贯穿起来，其中陶文化与酒文化相互结合的案例，游客用陶碗喝完酒后可以用陶碗砸3米外的一个目标，命中即免费，这就是一种山东豪气、有趣的游客互动形式。通过各种有趣的寓游于乐的形式和丰富的渔家美食，组成了独特的海滨风情的体验小镇。东夷小镇是改造得比较有特色、值得借鉴的一个案例。但是也有些问题和不足，在改造建设的定位、理念、材料与手法的运用上均不是很合适。如凤凰措艺术乡村的改造建设案例中，有几个方面还是有问题的。一个就是在墙面上开设了许多不规则的窗孔，所谓孔就是不太大的口子。再一个就是在很小的房子空间中应用安藤忠雄的清水混凝土技术来作为民宿室内空间及家具建造，这就显得不是很合适，民宿室内空间是居住空间，北方民居建筑本来就小，如果连家具都是清水混凝土制作，就显得很是冰冷，没有温度感，很不宜人。还有就是在卧室里的天顶面开了好几个方窗，还附上了色彩鲜艳的红、黄、绿、蓝的有色玻璃，就在大床铺的天面正上方，这与卧室的功能相去甚远，卧室本来就是一个安静休息的睡眠空间，现在这个倒是有点类似于儿童乐园了。在"魔镜小院"房子的

图1　水泥构件民宿房间

图2　室内水泥家具

图3　卧室的天空布满彩色玻璃窗

一面山墙都装上了不锈钢镜面,很是恍惚和迷离,在这么一个小山村里面有如此强艺术个性的作品,与当地的村落环境可以说是不太协调的。在另一个点的诗茶小镇的茶山坡上,以12个不同颜色建造的建筑单体,营造欧洲的西洋星座文化,这完全与中国传统的茶文化之间没有什么关联。这些建筑在这满眼绿色的茶园山坡上非常唐突扎眼,甚至会有格格不入的感觉。

图4　房子外墙的镜面不锈钢

图5　色彩鲜艳的洋房

图6　考察徽派民居建筑

图7　徽派建筑梁柱构件

图8　木雕构件

最后,我们还考察了徽派建筑大宅房子以及门窗梁柱,还有雀替木雕等构件。近距离仔细地感受了徽派民居建筑精彩的构架和装饰艺术。

二、传统建筑的改造设计

通过日照几个小镇的实地案例调研考察,结合各地乡村建设的一些成功案例,在进行日照景观与传统建筑宜居大宅设计时,需要进一步思考的是"新农村建设"中对传统乡村聚落改造的成败经验:一方面维护乡村的生态肌理,使得当地村民在保持传统习俗的生活载体的惯性中有认同感和获得感;另一方面让都市人留有心中的"诗和远方",从环境、自然、人文、物质、非物质等方面全面立体地解读新乡村主义和"艺术乡建",从而认识传达"设计扶贫"、"艺术乡建"的深层含义。

1. "文心"诠释传统文化

这里的"文心"是以文化、文脉的传承，解读、诠释当地的历史文化、民间民俗，营造与当地民众配套、相互和谐的生活环境，提升精神文明，以使村民得到认同感、存在感及获得感。鉴此，针对日照龙门崮的景观与传统建筑宜居大宅设计，必须要着眼于本土的传统民俗文化进行关照，我们应该从当地最有历史地位与价值的著作《文心雕龙》的一些经典理念来引导、启发我们的设计方案，在《文心雕龙》的《隐秀》篇中提出的"辞约而旨丰，事近而喻远"，说是语言虽然简单，但是内涵却是非常的丰富，也就是"言简意赅"的意思。而"使玩之者无穷，味之者，不厌"指在艺术行为中使欣赏者、鉴赏者都处于弃之不舍、欲罢不能的境界，这是文学修养在文字语言表达上的把控性，也就是题目"隐秀"是指字面表达以外所涵盖的意思，指文字表达精彩之处，表面上看是相对的，其实它们还是相互统一的审美特征的关系。根据这个理念设置、营造传统建筑的"隐"和"秀"的内涵与外在美之文化传承延续性。

在《文心雕龙》的《情采》部分刘勰还指出"经正而后纬成，理定而后辞畅"，就是说"文章"的经线是情理而纬线是文辞，经线确定位置了，纬线跟着才能织得上去，也就是说情理正确了，文辞才好发挥。两者的关系是："情者，文之经；辞者，理之纬。经正而后纬成，理定而后辞畅。"它们相辅相成，形成情文统一的完美的艺术。这些也是非常的经典，在设计过程中对待传统建筑同样是和理、志、气相联系的"情"，营造使用徽派建筑实体的物质与其包含的内在精神的理、志、气形成一个浑然一体的"辞"，从而编织出精彩的建筑艺术。那么在《文心雕龙》的《神思》篇刘勰则通过"神思"论述了在创作过程中神与思达到浑然一体的统一境界，其作用是非常生动而思远的效果，如"文之思也，其神远矣，故寂然凝虑，思接千载；悄焉动容，视通万里。吟咏之间，吐纳珠玉之声；眉睫之前，卷舒风云之色"。刘勰认为"神居胸臆，而志气统其关键"，主动把握感性艺术形象而随心所欲地与物、象、言相结合，从而达到情感高度的体验和自由抒发，充分体现"夫神思方远。万涂竞萌，规矩虚位，刻镂无形；登山则情满于山，观海则意溢于海，我才之多少，将与风云而并驱矣"，体现出豪迈的情与理、志与气。这正是一种在物我两忘中物我浑然一体怡达物我双收的高度，即营造了物质精彩展现，精神充分升华的"场"的境界。

徽州的传统民居由于历史传统文化浸润和遵守自然生态环境的因素而形成独具一格的徽派建筑风格。粉墙、黛瓦、马头墙、砖木石雕以及层楼叠院、曲径回廊、亭台楼榭，构成了徽派建筑的特色形态。徽州人在历史繁衍过程中形成了强大的凝聚向心力，都是聚族而居，因此形成了徽州村落、建筑特有的形态和文化。每个村落整体上体现为：在整齐划一中又有协调性的错落变化，产生和谐流畅的美感。每个村落都是依山傍水，枕水而居，村庄山林繁茂、绿意盎然的自然美景中传达了独特的生态环境和人文景观。以徽派建筑为特色的村落，每一条小溪、每一处砖瓦、每一扇门窗都有着代代相传的故事与人们的心血，不仅是一个精美的形态传世，更是一种文化精神的传承，同时传达了一种美好的愿景。

2. "雕龙"筑构美丽乡村

我们的项目地点就是在日照龙门崮，日照市是刘勰的故里，更是刘勰潜心著作《文心雕龙》之地。刘勰在《文心雕龙》文中提出"善于适要，得其环中"，认为在许多不同的复杂联系的千头万绪中，必须要有一个统帅中心，也就是一条主线成为各种联系中的枢纽，才能处理好方方面面各种复杂的关系。只有抓住了问题的要害，才能够从万绪杂乱里面整理出一个清晰思路和方法来。在龙门崮乡建的设计过程中，面对千头万绪的内容应该归结于以本地村民的认可及可以吸引外来游客为根本方案。

《文心雕龙》中刘勰在关于"风骨"的论述集中体现了强调传统美学的阳刚之美，这又是另一个有重要影响的观点，这些辩证的思想也是我们在建筑环境设计实践中应充分吸取借鉴的文化精神的经典内涵。徽派古民居规模宏伟、高墙黛瓦以及石柱牌坊体现了一种威严气势，徽派的三雕技艺对门罩、窗楣、梁柱、窗扇上的砖雕、木雕、石雕上的精雕细琢产生了造型逼真、栩栩如生的雕刻作品，为徽派建筑增添了不朽的艺术价值，是穿越着千年文明积淀的一种气概和法则。

结合日照市龙门崮前期调研情况以及当地政府的想法，就是把徽派建筑放在龙门崮景区内，通过前期的考察调研还是要把两个特有的艺术相互融合，打造乡建新村综合体的理念，具体就是把日照市当地的历史文化、地方民俗艺术和土特产融入徽派建筑之中，形成乡建民俗风情特色旅游村落。设计方案定位与内容：在龙门崮景区有一水库而旁边有度假村酒店和大型游乐场，因此把水库、游乐场、民俗特色村落相互依托关联起来，形成乡村振兴综合体。在当前振兴乡村的运动中，对于自然生态环境本土民俗传统文化的保护方面，应该有只争朝夕的紧迫感。20世纪80年代日本经济腾飞带来了乡村空洞化、本土文化异化等问题，日本各级政府乃至社会力量积极开展了大规模的"造乡运动"。从20世纪60年代直至90年代，注重维护和保留广大乡村的自然生态环境和自然景观，尊重民间独特文化和风俗习惯，使得日本的乡土艺术在后工业时代的冲击下得以很好地保留、净化和延续，这些无疑是值得我们借鉴的经验举措。

3．方案设计与实施策略

徽州人居环境的形成原因除了深厚的文化内涵，还有在构建村落时最善于运用自然环境，首先是山体与溪水的运用，以山峦为水骨架，以水为村落血脉，建筑物成了依附于血脉骨架的"细胞"。徽州的村落就是依山傍水的徽派建筑，在龙门崮的水库景区安置建造徽派建筑的村落，这与徽派建筑的形成环境是可以相互吻合的。那么景区的水库环境真是天赐良机，正好就可以利用这水库的水环境来激活徽派建筑的灵魂，达到水乳相融、休戚与共的境界。

这一批徽派建筑房屋有大有小。大的那一套房屋可以放在岛上作为地方村落文化中心，其内容可以包含历史文化陈列馆，剪纸、农民画的陈列馆和学习培训基地。历史陈列馆设有《文心雕龙》内容解释的应景场景，包括当地的几位历史人物。在这里可以凭古吊今，可以欣赏、感受民俗剪纸、农民画，还可以通过徽派建筑的形态与周边的山水相互呼应，看山观水，从而得到文化精神方面的熏陶和享受，提升文化精神文明建设。其他的建筑可以沿着湖边高低错落排开：一栋是绿茶文化体验馆，一层是绿茶文化介绍和制作工艺展示陈列空间，二层是游客动手体验室以及茶道表演品尝室。另一栋是黑陶工艺美术品展馆，主要功能是展陈经典的黑陶作品和黑陶旅游工艺品，还要设置一个黑陶制作工坊，由黑陶非遗传承人指导游客动手制作陶艺体验，充分感受当地的传统黑陶工艺和民俗文化。再往里面的几栋房子是纸扎、工艺刺绣以及地方戏、赶庙会演出的环境场所。对于欣赏、感受这些日照地方民俗艺术，而且是在徽派民居建筑氛围中来获得，多种艺术形式会相互映照而相辅相成，真不失为一件快事也。

结语

四校四导师实验教学课题是教育界的一个创举，课题聚集了国内外十几所高校的教授和学生，这是很了不起的一件事情，已经形成了一个具有代表性的人才教育培养模式。课题至今已经举办了十一届，其成果以及效应已经非常明显，可谓硕果累累。今年的课题项目确实是非常难得的案例，同时也是一个挑战，对于全体师生都是一个很好的锻炼机会，尤其是得以对日照市当地的历史文化、民间艺术和民俗风情有了深刻的认识了解，在项目的实践设计中得到了很大收获，提升了师生的设计能力研究水平。今年是实验教学课题与匈牙利佩奇大学合作的第五年，两国高校师生都得到很好的学习交流和提升，相信今后在"教育丝路"的愿景上四校四导师实验教学课题的花朵将会结出更加辉煌的果实。

图9　在匈牙利佩奇大学部分课题组导师合影

徽州村落聚居环境的文化解读
Cultural Interpretation of the Settlement Environment of Huizhou Villages

山东师范大学 讲师 / 佩奇大学 博士生 / 葛丹
Shandong Normal University / University of Pécs
Lecturer. Ge Dan

摘要：徽州建筑文化是中国传统文化中重要的组成部分，其建筑色彩、村落布局和聚落环境的意境内涵等方面，都是中国建筑流派中最具有代表性的一种。其建筑风格和村落聚居环境的形成和发展有特定的自然环境和社会背景，本文意图从文化的角度解读徽州建筑和村落环境形成的原因，从而理解其形式产生的真正原因。

关键词：徽州；村落；文化

Abstract: Hui-style architectural culture is an important part of traditional Chinese culture. Its architectural colors, village layout, and artistic conception of settlement environment are all the most representative of Chinese architectural styles. The formation and development of the architectural style and the village settlement environment have specific natural and social backgrounds. This article intends to interpret the reasons for the formation of Hui-style architecture and village environment from a cultural perspective, so as to understand the true cause of the form.

Keywords: Huizhou; Village; Culture

徽州村落处于安徽省的南部，风景秀美，多是以家族为首的聚居村落。"山绕清溪水绕城，白云碧障画难成"，以黔县西递、宏村为代表的徽州古村落常处于青山绿水之间，村中民居、祠堂，园林中的青砖、黛瓦、马头墙和砖、石、木"三雕"艺术的装饰构件都具有浓厚的地方建筑特色，是徽州文化的重要载体。文化的生成与发展，深受地理环境的制约与影响，但某种文化一经形成，又作为一种"无形的物质和能量"，反过来深刻影响地理环境。徽州文化的形成与其所处的地理环境和社会历史背景有着不可分割的渊源。

（1）北方氏族的迁入和徽商品格的形成

古徽州地区位于黄山和齐云山群环绕之间，有新安江和阊江流过，是一个风景如画的"四塞之地"，《汉书·地理志》称为"南蛮夷"。"七山一水一分田，一分道路和庄园"的地理环境为农业的灌溉和排水提供了得天独厚的条件，使其成为古代中原战乱中被迫南逃的北方人理想的落脚地。根据地方志所说，在两晋、唐末和两宋之间，都有中原人口的大量迁入，这些由北迁南的移民大多举族而来，迁到徽州后依然以家族为单位聚族而居。这些氏族不断繁衍，人口不断增加，山多地少的情况下，依靠农耕无法满足生活所需，很多人选择从商，将山区所产茶、木、竹、药材、纸行销天下。到明代以后，逐渐形成了"贾者十之七，农者十之三"的局面。受朱熹"朱子之学"影响的徽商，以"邹鲁之风自待"，"以儒道经营"，讲道义、重诚

图1　祠堂内的朱子家训

信，获得了良好的市场信誉。在经商致富之后，徽商大都回到家乡买田置地，并积极地捐资修建义仓、水利、祠堂和村落。重视教育的徽商，在家乡广建书院，培养后人，逐渐培育了"贾而好儒、亦贾亦儒"的徽商品格。宗族、理学、徽商三位一体是徽州文化形成和发展的基础，也是徽派建筑和园林产生的文化背景。

（2）风水思想与村落选址

风水是中国传统的一种文化现象，是结合天地观、时空观对住宅和墓地环境进行选择的一门学问，注重人与自然环境"天人合一"的和谐。徽州尤其注重风水，村落选址之初，就希望对居住环境做出理想化的布局要求，以实现宗族长久的繁盛兴旺。徽州古村落所处的地

图2　群山环绕中的徽州村落

区为绵延数百里的丘陵山地，就山地而言，风水理论的理想意象模式所对应的理想景观为"穴场座于山脉止落之处，背依绵延山峰，附临平原（明堂），穴周清流屈曲有情，两侧护山环抱，眼前朝山、案山拱揖相迎"，"阳宅须教择地形，背山面水称人心，山有来龙昂秀发，水须围抱作环形，明堂宽大斯为福，水口收藏积万金，关煞二方无障碍，光明正大旺门庭"。因此，徽州古村落大多满足"枕山、环水、面屏"的空间模式，与外部的空间隔离，凸显围护和隐蔽，山环水绕，层层保护。从气候的角度，徽州地处亚热带湿润气候区，这种背山面水的模式有利于形成良好的生态和局部小气候，冬季寒冷的西北风可以被背后的来龙山有效遮挡，夏季的东南风吹过时，面前的水口可以有效地缓解炎热，使得居住环境更为宜人。

在风水思想中，水是财富的象征，水口作为村落水源流入和流出的关隘十分重要，尤其是出水口，关系到整个宗族的财运。"水口忌空阔直泻，泄漏堂气，喜紧狭回顾，玉辇捍门。水口两侧之关山称水口星，其中高峰绝立者为捍门星，最宜交牙紧闭，关阑水口"。水口讲究去水九曲回肠，环顾有情，因此一般选在山脉转折、两山夹持或水流蜿蜒的地带，并密植参天古树或修建风水塔、风水桥用以扼住关口，留住财气、文运。从实用功能上看，水口为村落提供了丰富的水源用以灌溉和运输，密植的树林作为天然屏障，能吸附尘埃、净化空气、涵养水源，为村民提供休息和交往的公共空间。

（3）宗族文化与村落布局

北方士族迁入徽州之后，一直聚族而居，"重宗谊，修世好，村落家构祖祠，岁时合族以祭"，有很强的宗族凝聚力。赵吉士在《寄园寄所寄》有"千年之冢，不动一杯；千丁之族，未尝散处；千载谱系，丝毫不紊"的描述。宗族内，组织严密，等级森严，宗法思想以《家礼》为依据，渗透在一切社会活动中，深刻影响了村落景观的发展模式和空间结构。

明代以后，庶民可以建造家祠祭祖，经济实力雄厚的徽商兴建了大量宗祠。祠堂是宗法制度的主要物质载体，也是宗族内部管理和举行仪式的权利场所，由全族共建共有。宗族关系决定了村落的内部结构，宗族建村先设祠堂，祠堂按等级分为宗祠、支祠和家祠。宗祠是村落中体量最大、最富丽堂皇的建筑，一般位于村口，也有

图3　宏村汪氏祠堂正堂

图4　民居室内精美的雕刻

宗祠位于村落的中心，住宅围绕宗祠建造。宗族发展分房分支后，各分支集资修建支祠，支祠围绕宗祠而建造，规模通常比宗祠小。各房又有小的分支后，在支祠周围建造家祠，家祠规模最小，家宅围绕家祠建造，形成了与宗族结构一致的多层级、团块式结构布局。

（4）儒家理学与民居厅堂的营造

徽州是朱熹的故乡，也是受理学影响最深的地区，人们日常行为完全被纳入儒教礼仪规范。以"仁""礼"为核心的儒家思想，提倡社会秩序与人伦的和谐，是徽州人的最高道德规范，也指导着徽派建筑的格局与形式。

徽州民居由中原的四合院和越人的干栏式建筑整合而成，是中国传统礼制的空间化再现。民居通常以厅堂的中线为轴对称布局，厅堂位于中轴线上，是男人日常接待客人和家庭生活的主要场所，具有强烈的实用功能，其端正、平稳的对称式布局，体现了儒家思想中的中庸之道。中轴线两侧的厢房被限定为女人活动的场所，体现了"男女有别、长幼有序"的伦理秩序。民居的围墙高高耸立，为了防盗和禁锢女性，高墙上开窗少而小，由高墙和正屋围合而成的天井，除了通风采光之用，还因能直接接收雨水，"四水归堂"而有着"聚财"的象征意义。

明代社会等级森严，有"庶民庐舍不过三间五架，不许用斗栱饰彩色"的建筑规制。徽商虽富有，但社会地位不高，不能用色彩装饰，外墙主要依靠自然材料本身的不同色彩，白粉墙、黑色的瓦片和灰色的青砖，清淡素雅。因而非常重视厅堂内部的空间装饰，房梁、门窗之上皆有雕刻，如屏门、槅扇、窗扇和窗下挂板，均有精美绝伦的木雕花纹图案，在题材上以"修身、治国、齐家"为主要内容，表现三纲五常、三从四德、光宗耀祖和吉祥如意等徽州人对子孙后代的期许，反映了儒家思想的本质特征。

（5）桃源意象与水口园林

"缘溪行，夹岸桃花，水尽山出，其上一洞穴仿佛若有光；入洞蛇形，先狭后宽，豁然开朗，其中阡陌纵横，别一世界，等再回访时，却再也无处可寻了。"陶渊明的《桃花源记》描述了一个理想化的社会模式和景观意象，成为追求自然和自由生活的历代文人墨客心向往之的理想生活方式，并逐渐成为他们进行文学、绘画、园林等艺术形式创作的重要主题。

桃花源有一个长长的溪谷走廊、一个仅容一人蛇形的豁口和一个豁然开朗的洞天景观，这与道教传说中的"壶天"仙境有同工之妙。壶天是以葫芦的内腔作比喻，壶天仙境的鲜明特点就是狭小的壶口和阔大的壶腔，突出四壁回合的围护和屏蔽特征，以及一个小得不能再小的豁口。桃源意象中人与自然和谐相处，符合古人对洞天福地仙境的想象，体现的正是道家思想中无欲无求、返璞归真的隐士情怀。

徽州古村落秀丽的山水风光、恬静的田园生活成为桃源意象在现实生活中的投射。李白有诗："黟县小桃源，烟霞百里间，地多灵草木，人尚古衣冠"，因而有考证认为桃花源的原型就在黟县，西递也被称为"桃花源里人家"。西递地势狭长，夹于两列山脉之间，与地势平坦的横岗隔山而立。入西递的古道依山傍水，蜿蜒于群山之间，两山之间的隘口是西递村的水口所在。山边溪上有环抱古桥，水口边曾建有文昌阁、魁星楼、水口亭、凝瑞堂等建筑，由水口向内再行约1公里方才到村口。在众山环抱之中，三条溪水自北而南横穿村落，在村口交汇之后向西流去。村落沿着河流的方向延伸，村落内的巷道格局与水脉相连，前边溪街和后边溪街都是邻水而铺的石板路。清代胡成俊有西递八景诗：西溪乔木、梧桥月夜、乌岭樵唱、藜馆书声、蔼峰插云、天马涌泉、槐荫夹道、前山积雪，清晰地描述了西递村落的自然和人文景观。

图5　宏村的水口景观

水口园林是在村落的水口地带建造，供同宗族的人共享、游憩的公共园林。独特的地理环境奠定了水口园林天然山水园的基础，桃源意象是水口园林的特色所在。水口园林的营建讲求"有自然之理，得自然之气"，"就景利用，因地制宜"。水口景观多巧妙借用真山水，并种植茂密的风水林，将水口处的山水、树木和建筑纳入画框，使村落隐于山林，融于自然，创造"全村同在画中居"的美好景象。曲折迂回的入村道路，使得观赏视点不断变化，造成曲径通幽、步移景异的效果和丰富的空间序列变化。

徽州建筑文化的发展和兴盛，有深厚的经济基础和悠久的文化渊源，徽州村落聚落环境则充分体现了"顺应自然、利用自然和装点自然"的设计思想，从而使山水环境和村落环境有机地融为一体，达到了"自成天然之趣，不烦人事之工"的意境。

参考文献

[1] 曹诗图. 文化与环境[J]. 人文地理，1994，9（2）：51.

[2] 俞孔坚. 理性景观探源——风水的文化意义[M]. 北京：商务印书馆，1998.

[3] 陈伟. 徽州古民居（村落）的风水观[J]. 华中建筑，2000（06）.

[4] 饶平山. 徽派西递民居建筑环境艺术中的风水理论[J]. 装饰，2004（07）.

[5] 程志永，王锦坤. 美学视阈下的皖南徽派聚落外部空间文脉保持与延续[J]. 沈阳建筑大学学报（社会科学版），2019（04）.

[6] 程相占. 审美文化视野中的徽州古民居[J]. 江海学刊，2006（01）.

[7] 周晓光. 新安理学与徽州宗族社会[J]. 安徽师范大学学报（人文社会科学版），2001（02）.

2019创基金 · 四校四导师 · 实验教学课题
2019 C Foundation · 4&4 Workshop · Experiment Project

参与课题学生

付子强

Homolya Zsolt

Karácsonyi Viktor

张新悦

黄开鸿

Alexandra Andróczi

Feth Szandra

文婧洋

姚莉莎

张梦莹

王莹

田昊

韩宁馨

朱文婷

梁怡

陶渊如

吴霞飞

获奖学生名单   The Winners

一等奖
1. 付子强
2. Homolya Zsolt；
   Karácsonyi Viktor

二等奖
1. 张新悦
2. 黄开鸿
3. Alexandra Andróczi；
   Feth Szandra

三等奖
1. 文婧洋
2. 姚莉莎
3. 张梦莹
4. 王　莹

佳作奖
1. 田　昊
2. 韩宁馨
3. 朱文婷
4. 梁　怡
5. 陶渊如
6. 吴霞飞

The Frist Prize
1. Fu Ziqiang
2. Homolya Zsolt；
   Karácsonyi Viktor

The Second Prize
1. Zhang Xinyue
2. Huang Kaihong
3. Alexandra Andróczi；
   Feth Szandra

The Third Prize
1. Wen Jingyang
2. Yao Lisha
3. Zhang Mengying
4. Wang Ying

The Fine Prize
1. Tian Hao
2. Han Ningxin
3. Zhu Wenting
4. Liang Yi
5. Tao Yuanru
6. Wu Xiafei

一等奖学生获奖作品

Works of the First Prize Winning Students

徽派建筑与园林景观在鲁南传统乡村的重生设计研究
The Rebirth of Hui-style Architecture and Landscape Architecture in the Traditional Rural Areas of South Shandong Province

日照市龙门崮宜居大宅民宿设计
Residential Design of Longmengu Livable Mansion in Rizhao

山东师范大学
付子强
Shandong Normal University
Fu Ziqiang

姓　名：付子强 硕士研究生二年级
导　师：李荣智 副教授
学　校：山东师范大学
　　　　美术学院
专　业：美术学
学　号：2017021039
备　注：1．论文　2．设计

徽派建筑与园林景观在鲁南传统乡村的重生设计研究

The Rebirth of Hui-style Architecture and Landscape Architecture in
the Traditional Rural Areas of South Shandong Province

摘要：徽派建筑是我国历史文化遗产的重要组成部分。随着现代文明的飞速发展，我国城镇化脚步不断加快，许多珍贵的徽派建筑遗产已经被日渐寻常的"平庸"的小复式给取代了。剩下的为数不多的徽派建筑也正面临着巨大的生存威胁，很多企业家、收藏家出资买下部分有价值的古徽派建筑，并将其与北方乡土建筑在环境与建筑形态上相融合。本文着眼于徽州地区景观、建筑特点与鲁南地区景观、建筑特点的结合，通过日照龙门崮宜居大宅民宿项目对二者的融合进行可行性与必要性分析，以设计要点的阐述为基础，从规划布局分析到建筑空间的要素再到景观空间的分析，完整地阐述了乡村民宿建筑从布局到形态的逻辑性与连贯性，试图整合出一套适用于龙门崮宜居大宅民宿设计的新方向、新方法，为今后类似的项目提供参考与借鉴。

关键词：乡村民宿；异地保护；景观；建筑设计

Abstract: Hui architecture is an important part of China's historical and cultural heritage. With the rapid development of modern civilization and the acceleration of urbanization in China, a lot of precious Hui-style architectural heritage has been replaced by the increasingly common "mediocre" small duplex. The remaining few Hui-style buildings are also facing a huge threat to their survival. Many entrepreneurs and collectors have invested to buy some valuable ancient Hui-style buildings and put them in the same place with the northern local buildings. Environment and architectural form are integrated. Focusing on the combination of landscape and architectural features in Huizhou area and landscape and architectural features in southern Shandong area, this paper analyses the feasibility and necessity of the integration of the two through Rizhao Longmengu Livable Residence Project. Based on the elaboration of design points, from the planning layout analysis to the elements of architectural space to the analysis of landscape space, it fully expounds the distribution of rural residential buildings. The logic and coherence of bureau-to-form try to integrate a set of new directions and new methods for the design of livable residences in Longmengu. Provide reference and reference for similar projects in the future.

Keywords: Rural homestay; Remote protection; Landscape; Architectural design

第1章　绪论

1.1　研究的背景

随着经济的发展、社会的进步，古建筑异地保护这一概念越来越普遍地出现在了人们的视野里。在实践过程中人们有了越来越多的历史建筑保护策略。无论是珍贵的文物建筑还是普通的历史建筑都在尝试多元化、多渠道、多层次的保护利用模式。有不少的原生古建筑与现代化建设产生了强烈冲突，人们对于原生建筑的保护意识薄弱，促使了旧事物快速地走向消亡，大部分原生古建筑被铲除。所以如何保护和建设原生建筑是每个人都应该思考的问题。我们目前保护原生建筑的技术手段无外乎有几种：就地保护、资料保护、平移保护、易地保护等方式。而"就地保护"和"易地保护"都是要保护其完整性，其中，易地保护是将历史文化价值较高的以及无法就地保护的建筑迁移出去，针对我国乡土原生建筑的现状，易地保护模式更加符合现有建筑情况。乡村建筑是在原有的社会背景下建立的，具有很高的研究价值，保护乡村原生建筑，让它在时代的潮流里得以保存和发扬光大，是乡村必须面对的问题。现如今，乡村建设是大势所趋，原生乡土建设保护与发展是值得大家思考的问题。

在乡土建筑保护的同时，改革开放以来，国民收入水平大幅度提升。人们消费结构的改变带动了乡村旅游的发展。乡村旅游依托乡村地区独特的自然、地理环境等资源优势，发展起了以度假、娱乐为主的乡村民宿。新兴的乡村民宿成为旅游特色区域的重要吸引点。这促进了旅游、服务行业等中高端产业的发展。消费者的眼光不断提高，审美逐渐改变，人们更加关注在消费过程中带来的体验，而民宿就是这种经济条件下的产物。目前国人消费能力提升，对出行品质的要求越来越高，对住宿的要求从标准化慢慢地向个性化、多元化转变，在这种背景下，具有个性化和一定审美的民宿发展起来，多元化民宿或将成为更多消费者的选择。

在此过程中，技术上可将原生乡土建筑完整移建，但是移建之后应该如何与当地原生建筑各自成立又相互融合，并且产生相对的经济价值，是我们需要思考的问题。本文将尝试把徽派建筑移植到鲁南地区的传统乡村中，运用国内外相关的理论知识，为这个项目提供理论依据。

1.2 研究的目的及意义

通过对徽派建筑与传统园林景观的特点以及对鲁南乡村建筑与环境进行综合分析，从而得出结论；集传统文化、历史文化、地域文化、民族文化于一身的传统徽派建筑在鲁南地区内重生是可行的，将其改造后要符合现代的生活方式，这一问题的解决不仅仅是古建筑异地保护领域的一个成功案例，也是当下民宿旅游发展的一个新方向。

1.3 研究现状及分析

1.3.1 移建的现状及分析

我国原生乡土建筑数量庞大，有部分具有历史研究价值的建筑被列入保护，但是大部分原生建筑在发展的过程中被破坏甚至消失，我国出台了各种政策来保护原生乡土建筑，主要是就地保护、易地保护、资料保护等。目前最主要采用的是就地保护和整体保护，但是随着经济发展，土地非常短缺，就地保护政策在这里逐渐失去作用，运用易地保护的手段越来越多，但是我国目前还没有一个系统的方案去研究易地保护。

近年来易地保护工程增多，比如潜口民宅博物馆，该项目采取原拆原建的措施，将散落的建筑聚集在一起，形成建筑群落。据调查，徽州目前现存的原生建筑数量较大，有些被当作景点和文物建筑被保护起来了，但是大部分原生建筑被拆除、破坏甚至推平，文明迹象的消失让人心痛。随着现代社会的发展，古建筑很多地方不再符合现代人的生活习惯，很多具有文化、科研价值的建筑，由于不适合现代生活的需求，进行部分的拆除和改造。有些古建筑位置偏远、交通不便，有的地势下沉、积水满地等，都给古建筑的保护和修复带来了困难，于是在保护的过程中，经过研究和实地考察，应该将不适宜就地保护的建筑进行异地迁移。

潜口民宅博物馆的迁建，并没有给当地带来多少实质性的经济增长，建筑外观相似、服务设施和商业配套设施不足等问题使得没有达到预期效果。根据潜口民宅带来的经验和教训，在迁移的过程中，应该分析迁建对象和迁建地的现状，进行资源整合。鲁南地区和徽派建筑的建筑风格大相径庭，但是两者之间又有异曲同工之妙，徽派建筑古典高雅，建筑特色鲜明，其外观形态、内部装饰都体现了南方建筑的特征，而鲁南建筑典雅，体现出北方建筑的大气与朴素，两者结合产生视觉冲击，在迁建的过程中，应该因地制宜，将徽派建筑与鲁南建筑巧妙结合，使之和谐，并且后续服务、交通、商业设施等建设都要同时进行，才能使迁建有价值，既保护原生建筑又能获得经济效益，一举两得。

1.3.2 民宿的研究现状及分析

近年来，随着我国经济的发展，社会主义新农村战略的建立和乡村振兴的实施，乡村建设的步伐越来越快，乡村经济也随之崛起，其中最引人注意的就是乡村旅游建设。而游览的方式也渐渐地发生转变，由标准模式的走马观花渐渐地转变为深入式体验，体验当地的传统特色，于是人们逐渐选择摒弃传统标准住宿，反而选择民宿、农家乐等新兴住宿，其中由传统民居改造而成的民宿备受青睐。民宿是"农家乐"逐渐发展过来的，更加注重个性化和审美。相对比来讲，民宿在国外和中国台湾的发展相对成熟，中国内地民宿发展飞快，但是产生了一系列的问题，比如：相对的理论知识缺失；改造千篇一律；缺少当地特色，运用大量"网红"产品等。

民宿的大规模发展，一方面满足了人们追求的"个性化"、"细节化"等比较私人的要求，另外一方面促进了当地经济的发展，通过将老建筑改造，使得老旧房子重新焕发了生机。乡村民宿的发展需要建立在控制成本、还原当地传统特色的基础上，在外观上，应根据乡村原有的村落形式和特色，尽可能地保存原有的风貌，利用当地的建材进行规划建设，在与自然环境相协调的同时，又能促进当地的经济发展以及解决经费问题。整个民宿与乡村和谐统一，共为一体，空间结构自然明确，民宿才能在时代的潮流中不被抛弃，才能更好地发展下去。当下发展中的中国民宿结合当地人文、生态、自然景观等，以家庭副业的模式经营给当下民宿的发展提供了经验，也反映出发展中出现的一些不足，应当结合经验，努力发展好本地民宿。

在民宿发展的过程中，首先，注重民宿的出现对当地居民带来的生活影响，将民宿规模和密集度控制在一定的限度里，使其既能拉动经济的发展，又不影响原有居民的生活。其次，应该注重后续基础设施建设，完善服务、交通、商业等配备设施建设，合理地把控外观改造和周围环境布景，以防对乡村造成破坏。最后，民宿宣传的是当地传统特色文化，家庭氛围的保留和传统文化的参与感可以使得游客流连忘返。

1.3.3 研究现状结论

在社会发展的进程中，新兴事物的出现对旧事物产生了巨大的冲击。虽然国家在努力地协调两者之间的关系，希望两者相互影响，相互共存，但是依然存在各种各样的问题。古建筑的物化形态可以复原、重建，但是离开了建筑原先的地理环境和文化土壤，再怎么"原汁原味"地复原，也失去了它本身蕴含的文化，因难以理解地理环境对民居建筑的作用机制，其历史文化价值也就不及以前的水平。在努力的过程中，要明确方向，将原生乡土建筑的精神和文化内涵保留，将现代化设施完美融合却又不会影响其价值，使之成为具有当地特色又被时代所接受的产物。在对民宿的调查中发现，国外的民宿发展较为成熟，我国台湾的民宿发展也成规模，他们在民宿建设过程中带来的经验和教训值得我们借鉴。

1.4 研究内容

研究内容分为四点：首先从徽派建筑的位置选址、空间布局、建筑形式、建筑装饰和建筑色彩这五方面去挖掘徽派建筑的特点，再从庭院景观的空间布局、山水营造、花木配置这三方面去分析庭院景观的特点；其次分析鲁南乡村地区的建筑与环境特点，这里从自然背景、村落格局、院落布局、建筑特征四方面去综合考虑两者的特点；再次从徽派建筑与鲁南地区乡村的相似性等方面去分析其适应性，得出徽派建筑是否能从鲁南地区重生的结论；最后将理论付诸实践，以龙门崮宜居大宅民宿的设计实践为例去验证理论的可行性。

1.5 研究方法

（1）文献研究法

在文章论述的过程中，论据争取详尽透彻，尽量获取与该研究关系密切的文献资料，园林建筑、植物文化和艺术生态方面的相关书籍，将会为本文提供丰富的理论依据。

（2）实例考查

在研究过程中，不仅参考了大量的文献，并且尽可能广泛地考察论文涉及的许多乡村民宿实例。尽可能地亲自考核和研究，从实例考察中，学习这些作品在保护以及设计乡村民宿方面的成功之处。

（3）案例分析比较法

通过国内外相近的案例的收集、阅读、分析和比较，分析其各自的优劣势和特点，从而归纳总结出对于乡村民宿的一般思路与方法。

（4）论证分析法

基于文献综合以及实例考察的基础，从风景园林的视角来看，论文分析江淮地区园林景观在鲁南地区重生的可行性。从建筑设计的方向出发，考虑将两个地区的建筑风格加以融合，形成一个适合于当地风貌的新建筑。

（5）实践结合思考

论文的目的在于探讨如何将鲁南地区的风格融入江淮地区的风格而形成新的风格，希望能够总结出可借鉴的方法和思想。在研究的过程中自然会得到一些观点和结论，并在实践中进行检验，继而得出阶段性的成果来证明阶段的结论是否正确，使所得到的理论不断得到完善。

第2章 相关概念与理论基础

2.1 徽派建筑的特点

2.1.1 位置选址

在古徽州，由于时代局限性，人类生产发展极其依赖自然气候条件，人们通过生产以及规律总结，推算出天地万物四时节气的神秘变化。因此古人对于占卜风水之术极为推崇，体现在徽州古村落建筑的各个方面。尤其是选址，受着风水学的极大影响。徽派建筑是汉族传统建筑中最重要的流派之一，流行于徽州（今黄山市、绩溪县、婺源县）及严州、金华、衢州等浙西地区。"欲识金银器，多从黄白游。一生痴绝处，无梦到徽州。"在汤显祖笔下，一幅生动的徽州画卷徐徐展开，徽州地形独特，气候温暖湿润，适宜人们居住。在自然与人类的共同"加工"下，村落逐渐形成。由居民团团环绕组合而成的村落，错落在山水之间，又相融合于山水，与山水相依。村落普遍坐落在河间或者比较平缓的坡上，随着地形方向的变化延伸而居。从整体来看，村落与山川溪流相融合，房屋与环境相协调。

2.1.2 空间布局

徽派建筑的空间布局在徽州村落形成中起到重要作用。徽州建筑多朝向东南，以利于纳阳采光，但无固定模式，主要根据具体环境灵活变通，以天井、马头墙、斗栱、三雕等部件构成有机统一的外部造型。在中国古建筑中，空间布局可分为两种，一种是四平八稳、整齐对称的中轴线设计，另一种则灵活曲折多变。而徽州因为地势问题，地形多变，依山傍水，徽派建筑讲究自然、灵气和山水合一，房屋建设注重与周围的环境相融合，依山傍水，"小桥流水人家"一般的美景，描述出了徽派建筑如诗如画的场景。徽州建筑主体平面布局多为对称式，其顺序排列大致可从庭院开始，庭院的门一般不会和大门成一条直线。进入室内左右均有偏房，一般是储存功能为主，也有很多是二楼楼梯的入口所在。然后就是房屋的中心——天井，天井功能众多，通风、采光是其最主要的功能，由于徽州建筑大多窗户很少且很小，所以内天井可以创造一个室内明亮的庭院，成为室内居家的中心位置，天井中布置盆景、片石假山、太平池（缸）则为居室增加了景致、生机与美感。

2.1.3 建筑形式

所谓建筑形式，就是反映建筑物的结构类型以及构成方式。它在总体布局上，依山就势，构思精巧，自然得体；在平面布局上规模灵活，变幻无穷；在空间结构和利用上，造型丰富，以马头墙、小青瓦最有特色；在建筑雕刻艺术的综合运用上，融石雕、砖雕为一体，显得富丽堂皇。徽派建筑的标志——马头墙的产生是建立在大环境基础上的。徽派建筑多木质结构，易遭受火灾，随着社会实践和人们的智慧，为了避免火势蔓延的马头墙便应运而生了。传统的徽派建筑都是上下两层的样式，极具地方特色。徽州地区是程朱理学的发源地，马头墙追求规整的排序组合就是受到了宗法制度的影响。古徽州人追求井然有序并富有层次感的建筑外形轮廓，认为毫无章法的排列会直接影响到宗族的兴衰。

徽派建筑的高墙通常是闭合的，和北方正常大小的窗户相反，窗体是不规则的或者小型的长方形窗口。而窗子在徽派建筑上来讲只是马头墙上的装饰和点缀，当地有种说法，"暗室生财"。窗子的设计使得阳光难以照射房间，因此，产生了天井。天井的形成是多方面的，首先是为了采光，因为高墙小窗深宅，导致了室内光线的昏暗；其次是为了通风，建筑高大、多层又无外窗，导致了空气不流通；也是因为"肥水不外流"，民间认为四面八方的雨水流入到院落中，带来的就是财运，院落中放一个水缸，就是聚财。而水缸里的水在关键时刻还可以救火，十分便捷；"民不染他姓"，徽州人同样也讲究聚族而居。因为天井的出现，国外把徽派建筑称为"会呼吸的房子"。

天井是汉族对宅院中房与房之间，或者是房与围墙之间所围成的露天空地的称谓。天井两边为厢房包围，一般面积都比较小，光线也被高屋围堵而显得较暗，且形状如深井，因此而得名。天井小小一个，却是徽州人生活中必不可少的一部分。天井不仅起到了排水的作用，而且在夏天的时候，高墙耸立，把热浪隔挡在外面，底下的空气清凉，这时候从井里提出一桶水，清凉极了。室内天井是家里的一个窗口，望向天井就像望向自然一般美好。"有堂皆井"是徽派建筑中的一大特色。这种徽式的民居天井变化多端，布口方位宽窄不一，深浅位置也可宽可窄，在正堂和门厅之间便形成了一种过渡的闲逸空间。而这精心构建的方寸天地，也给人一种"别有洞天"的奇妙感觉。"因花结屋，驻日月于壶中；临水成村，辟乾坤于洞里。"这正是徽州天井意境的真切写照。

2.1.4 建筑色彩

传统徽派建筑在外观上给人第一眼的印象就是：黛瓦、粉壁、马头墙。徽派建筑选色素朴典雅，大量运用黑和白这组极端反差色，但其间丰富的变化层次又显得包罗万象。从表现的意义上讲，白色较某一具体的颜色富有更为充实的联想价值和情感价值，是最富有表现张力的颜色。徽州民居的外部形态主要由占统治地位的大块白色墙体构成，如同一块天然的画布，在这块画布上我们能看到大自然的日光月色，以及相邻马头墙忽起忽落、变化无穷的投影。并且屋瓦的黑和粉墙的白，随着雨水日晒侵蚀，斑驳脱落产生特有的复色交替，给人类似水墨晕染的视觉感受，从远处看，便是一幅江南水墨画。

徽派建筑在外观上主要运用了黑色和白色，黑瓦白墙，色彩古典大方，在建筑内部传统徽派建筑对其他色彩使用也很考究。比如徽州木雕多以原色呈现，不饰油漆，称"清水雕"，用以彰显木材本身质地之美。这种原色暴露也体现了"道法自然"的东方美学思想。建筑中的室内陈设也多为红色、暗红色，与以黑白为基调的冷色调形成互补，给人温暖喜庆的感觉。可以看出徽州的建筑色彩，不仅代表了中国传统的建筑色彩观，又具有鲜明的地域特色。同时也是徽州人传统文化精神的直接视觉呈现。色彩所表达的不只是外在的视觉享受，更是其自身散发出的难以言表的、复杂的情感与共鸣。建筑色彩是城市建筑中的重头戏，它不仅具有本身装饰的特质，还能直观地表现出文化、信仰、习俗等各方面的差异。色彩本身具有不同的性情，不同性情的色彩在建筑中被赋予了不同的意义，形形色色的建筑经过色彩的装饰，要么与地面、天空、景观等相融合，要么就与之产生碰撞，建筑色彩是属于城市的抽象名片，给每个过路人留下深刻的印象。

2.2 庭院景观的特点

2.2.1 空间布局

庭院景观设计的空间环境布局应充分结合庭院所在地域的环境条件和特点，因地制宜地合理利用地形地势、河流小溪及植物元素，运用各种手法进行庭院景观设计的空间规划，营造出富有大自然气息的庭院景观，使庭院景观纳入大自然的风景之中，形成良好的生态环境景观。对于庭院景观的空间布局可以从点、线、面三个方向设计。

点是指庭院中相对集中的块状景观空间，如小游园、小花园等小型的庭院景观。点状的景观空间虽占据比例不大，但因其具有内聚的性质，从而可以有力地吸引人的注意力，美化庭院景观环境。将这些点状的景观空间合理地分配到庭院景观设计的各个不同的功能区中，结合庭院景观文化内涵，既可以起到分隔过渡的作用，又可以营造出富有自然特色的庭院景观设计。

庭院景观设计中的线指的是庭院道路两侧或中央、河流两岸以及围墙边界等处的带状景观空间。带状景观在庭院的环境空间中纵横交错，将整个私家庭院景观设计的点与面联系在一起，构成私家庭院景观设计的整体空间网络，创造出和谐生态的景观空间形态。

各类建筑环境空间即是庭院景观设计中的"面"，这种景观空间在庭院景观设计中分布较多，总面积也最大，是影响庭院景观设计的整体生态景观环境营造和美化的因素之一。庭院景观设计中的"面"状景观空间要充分考虑其区域内的地理因素和地域文化，合理配置其空间内的各景观要素，创造出更高质量的庭院景观设计。庭院空间布局是庭院景观设计中重要的一步棋，这些景观设计不是单独存在的，是相贯相通的，设计者规划出整体布局，将景观进行有机结合，分布合理，整体中有个性，个性中包含着整体。受自然环境的影响，徽州居民居住空间有限，庭院相对来说小而封闭。这种相对的小反而使得院落充满了温馨，充满了家的感觉。庭院的根本意义在于使具有人工性特点的建筑外部空间呈现自然化的状态，庭院的根本属性就是自然性，同时，庭院空间具有内向性，使用中具有实用性和模糊性的特点。

2.2.2 山水营造

"一砂一极乐，一方一净土。"几块拙石，点缀砂石、卵石……地方无需多大，比拟山水自然搭配，悉心地雕琢一番，便有了一隅禅意。枯山水作为微缩式的园林景观一直以来被人们所喜爱且非常适合在小的院落中进行打造，同时不需要太多的精力去打点。打破了传统的园林模式，在一个有限的空间中，运用各种普通且与园林中较多存在的元素进行重构，"以沙代水，以石代山"，营造出一种以小窥大的园林景观。这种日系的景观放置于同一纬度的中国，无论是从文化层面还是从地理纬度来看都是比较合适的，并不会显得非常唐突，而且还会有一种异国他乡的感觉。

2.2.3 花木配置

在庭院景观设计中，花木的配置占很重要的一部分因素，景观设计的完成度、欣赏效果和艺术成果的展现都需要通过花木配置去完成，并不是说花草树木找个地方栽种下即可，花木的疏密、颜色、季节变化等都需要进行搭配，使之与环境协调，与季节相符，衬托主体，从而完成作为花木的"使命"。

而在花木配置的过程中，以下几点很重要：首先，花木配备要满足庭院功能的基本要求，比如利用花木的疏密遮挡，构建一个相对私密灵活的空间，同时要满足一定程度上的遮光、采光，或者种植草木利于空气净化等。

其次，花木配置要与周围环境相协调。庭院的样式大有不同，比如在比较规则大气的庭院设计中，花木也要排列整齐，利用修剪枝叶等手段来对花木进行设计，多采用对植、行列等；或者在自然式的庭院里，花木摆放则按照自然生长的姿态出现等，要注意花草树木的疏密、远近、大小等的摆放，使得疏密相当。

同时因地制宜选择花木，庭院花木应该选择易修建、易种植、好清理、枝叶茂盛、易成活的花木，比较干旱的地方应该选择耐旱植物，如若有山石的摆放则要突出山石的厚重感。相反在水边应该选择喜湿植物，并且要与之协调。花木的密度也需合理，花木的密度对庭院的美观、功能等起着决定性的作用。树木种植需注意高度变化，间距合理，将不同生长期限的树木、常绿树与落叶树等相搭配，使庭院里高低错落有致，变化丰富。

最后，要考虑花木因为季节性变化所产生的落叶、褪色，不同季节的植物交叉种植，使得四季有景赏，不同季节不同主题，在季节交替中感受到自然的魅力。

2.3 鲁南乡村建筑与环境的特点

2.3.1 自然背景

鲁南乡村地区所处地形地貌丰富多变，既有低山、丘陵，又有河滩、平原、洼地，而以丘陵和平原占比较大。地理环境是乡村传统民居发展的物质基础，很大程度影响着传统聚落的形态，由于基地的地理环境特点，不同地理位置其民居形态都有所不同，北部山区为海拔较高的山地地区，山谷中一般会形成河谷盆地式的宽广地带，适合传统民居聚落形成组团聚落，这种聚落形态一般依山就势，与山地形态融为一体，由于山区遍布石头，房屋一般使用石头建造，而该地区独具特色的石板房建筑，其墙体、屋顶、家用器具基本都是用石板制作，是山地建筑的代表。矿产资源直接为传统民居提供了需要的建筑材料，山亭区的石板房民居利用常见的页岩、花岗岩。

2.3.2 村落格局

中国古代具有因地制宜地营造生存环境的智慧。战国时期的思想家管子说：建造都城，不是建于大山的下面，就是造在宽广的河流旁边；建于高处要考虑用水的便捷和充足，建于低洼处就可以省去排水建造沟渠的功夫。要考虑依靠天然取材，充分利用地利。所以鲁南乡村的建筑不一定中规中矩，道路也不必中正笔直。石板房村落基本符合"因天才，就地利"的选址原则。鲁南地区村落选址布局特色为背山靠水，平面功能组织以某一特定事物为中心呈网状向外扩散。

2.3.3 院落布局

南方含蓄，北方奔放。人造环境，环境也造人。差不多同样的对称式建筑，却表现出了不同风情，令人赞叹。鲁南地区石板房的院落空间形态多为北方传统合院形式。院落通常因顺村落中自然排水沟渠和道路进行设置，致使院落布局并不遵循正南正北朝向，也很少出现矩形的院落空间轮廓。因此院落大多是不规则四边形的一进合院。鲁南地区中较富裕居民的石板房，位于村落中心区域，院落空间较大，院落形式较为复杂。

由于山地地形变化较大，平坦的台地不易获得，故在院落空间中以单体建筑（正房）为主，满足使用要求。由于山区环境复杂，出门多有不便，所以大多数院落中设置厕所。值得注意的是，该院落空间西南角凸出，形态不完整，体现出山区院落因顺环境建造的特征。形制稍复杂的院落通常为较为富裕的大户所建。根据地形设置多个体量较小的厢房，形成三合院，当地人称为"簸箕院"。厢房相比于正房稍矮，与正房保持一定距离，东北角厢房用作厨房，西南角设置露天的厕所。院落内通过矮墙的分隔可设置牲畜圈，其余地段多铺上石板用以硬化院落空地或保留小块菜地。正房前正中一侧放置1米见方的石台，特别节日用作祭祀摆放贡品，平时用作就餐石桌，院内无水井，有的设有石板堆叠而成的鸡棚鸭架，西侧多为出水沟，可排出厕所污水及牲畜粪便。

第3章 徽派建筑与园林景观在鲁南传统乡村的适应性

3.1 徽派建筑与鲁南地区乡村建筑的相似性

3.1.1 平面布局的相似性

鲁南地区传统的建筑形式为合院形式，是以正方、倒座、东西厢房围绕中间庭院形成的传统意义上的住宅类似结构的一个称呼形式，它的主要特征是对称式的房子和封闭的外观，徽派建筑亦是如此。北方合院的大门多位于东南角上。其主体布局一般是"一正两厢"，讲究对称，徽派民居结构多为多进院落式（小型者多为三合院式），布局以中轴线对称分列，宽三间，中为厅堂，两边为室，厅堂前方称"天井"。徽派民居虽然建筑组合灵活多变，有横联也有纵组，但是在最基本的建筑单元上力求中轴对称。鲁南地区的建筑与徽派建筑的相似点在于都是合院一样的围合结构，即一个院子四面都建有房屋，房屋作围合状，院子在整个建筑的中心。徽派建筑与合院一样都是四面围合，但是住宅院落很小，四周房屋连成一体，南方民居多使用穿斗式结构，房屋在排布上组合更加灵活。

3.1.2 使用功能的相似性

天人合一的设计原理在任何地域的民居中都对天表现出了十分的敬重——"接天气"，鲁南地区与徽州地区的民居都以院落和天井来组织建筑布局，院落是人们可以在里面活动的"接天气"的场所，天井是人们不可以在里面活动的"接天气"的场所。通过院落和天井，人们只要在居住空间中活动，都能很好地接触到"天气"。从这一点就可以解释中国民居为什么没有巨大的室内空间，而需要通过一进进的院落来组织各种生活空间。鲁南地区的主屋（堂屋）一般为斜屋顶，功能主要为住宿，而偏房（东屋、西屋）是平顶，功能主要为厨房、仓库等其他功能，但不排除因家庭人员多也作为住宿作用，且作为粮食晾晒的地方。徽州地区降水多且雨水急，房顶都为斜屋顶，所以在屋顶这一方面南北都具有相似性。除此之外农村的生产性景观也紧跟时代潮流，将生态理念注入农村，一方面注意发掘生产性作物的生态功能，使生产性景观在提供优美风景的同时改善周围环境，另一方面不断更新生产性景观的先进理念，将太阳能、风能的利用纳入到农村环境的提升改造中，实现绿色、低碳的新时代农村生活。

3.1.3 思想理念的相似性

徽派民居在思想理念方面与鲁南地区传统民居有明显的相似性，他们在建筑选址上都是严格遵循《周易》的风水理论知识，建筑布局上按照传统的儒家学说的道德伦理，讲究长幼有序、尊卑分明、内外有别的原则。徽派建筑和鲁南地区的乡村建筑，都建立在"家"这个字眼上，庭院深远，团团绕绕，一圈又一圈，把人们的喜怒哀乐圈在了院落里，对于院落的建设与改造，看起来是对美好生活的一种寄托，实际上更多的是对家的深切情感，是难以割舍的家的情怀。

3.2 竹文化符号元素在园林景观中的应用

3.2.1 庭院景观中的竹符号元素

我国北方的竹文化源远流长，随着生活质量的提高，人们对居住环境的要求不仅仅只满足于居住这个功能，居住环境从绿化到美化逐渐地发展了起来。竹子自古以来就具有极高的观赏价值，渗透到生活文化中的方方面面，文人赋予它很高的身份，比如象征高风亮节、君子如玉等。而且竹子成本低、效果好，可常年观赏，加上具有很高的文化价值，所以逐渐成为园林庭院景观的"标配"。早在3000多年前竹子就登上了舞台，作为庭院景观中的重要元素，竹子从周代开始就应用于造园，随着进一步发展，竹子的种植、摆放、造型等越来越丰富。从观景上来讲，竹子可以与山水石头构成一景，与亭台楼阁构成一景。景观设计中竹的种植方法往往分布在弯道的道路上，或倚靠一块草坪，或藏匿在建筑和花园的角落，或创造一个纯粹、干净、优雅的气氛。簇竹常被应用在较大面积的庭院中，运用一个或多个竹种形式混合种植。孤植竹通常以一株或几株相同品种的竹单独种植，其形态独特、色彩奇异。自古以来无园不竹，竹可以与建筑构成景观、竹可以与山石构成景观、竹可以与其他植物构成景观、竹可以与水构成景观。其造景手法以竹林、丛竹、孤植竹、列植竹、地被竹等形式呈现。竹子是徽派建筑园林景观中的标志，同样也屹立在居民的心中，在闲暇时间，摆上桌椅，三三两两的人们在竹景中赏茶、聊天，岂不美哉。

3.2.2 徽派建筑与竹符号元素

在徽派建筑的周围栽种竹子，素颜白皙的徽派建筑墙面，留竹三分，犹如女士的淡妆，不显矫揉造作，又不失优雅气质，更如文人墨客一笔一画留下的青丝。徽派建筑与竹子在水墨交融里产生了默契的共鸣，禅意至极。为符合中国传统造景浑然天成的原则，常在建筑物的四周配置观赏性较强的树种。如栽植竹类，既能丰富环境色彩，也能衬托出建筑的秀丽，还可形成层次丰富、生机盎然的环境景观。竹子在中国传统文化符号中占有举足轻重的地位，与徽派建筑的历史渊源也较为深远。竹文化外在呈现着洒脱、素雅、挺拔、刚强、古朴、奇特的美感，内在呈现中空而虚、形象飘逸的特点，是营造景观隐逸情怀的特定符号。竹元素塑造的实景与虚景构建了环境景观中的主体，共同促成了现代景观环境的美感。

3.2.3 竹符号元素在山石景观中的体现

中国文化自古便有保护自然、顺应自然、模仿自然的观念。在景观环境的构建中，除了上述的元素竹与建筑之外，竹与山石同样构成最常用的景观搭配。竹子本身集天地之灵气呈现清秀柔美之势，山石沧桑古朴集岁月精华于一体，两者融合相得益彰，能够呈现层峦叠翠的自然美。也可点缀于廊隅墙角自成一景，还可缓解转角的生硬线条创造丰富的景观效果。以扬州个园为例，其值得借鉴的构思形式是以春、夏、秋、冬四季假山来呈现岁月轮回及生命周而复始。在个园中，被誉为四季的四座假山通过不同的石材、不同的植物搭配，呈现异彩纷呈、独一无二的四季景色。个园的四季假山配置了不同的竹种，例如刚竹、石笋搭配白壁粉墙，相映成趣，呈现春意盎然的景象；水竹与太湖石组合，以松树、紫薇呈现出夏季的清丽秀美；枫叶与竹的搭配，创造了一个华丽而凄凉的秋季景象；宣石叠掇搭配斑竹与蜡梅，呈现冬季悲凉荒漠疏寒之感。

3.3 街巷空间在鲁南乡村地区适应性的演变与发展

3.3.1 徽派建筑传统街巷空间的特点

在传统的南方徽派建筑为主的古镇都是以一条主街横贯上下，并以此为中心生长出次一级的街道和巷道，沿自然地形交错变化。整个结构层次清晰完善，形成从"主街—次街—主巷—支巷"的空间层次变化，在平面形态上表现为主次分明的鱼骨状分布，古镇入口多为弯曲的石板路，进入村落的中心，街巷随地势起伏变化，许多巷子垂直于等高线分布，巷道的平面形态依随地形，富于转折变化。在横向和竖向多样变化的共同作用下，造就了街巷丰富的空间变化和独特的空间魅力。从空间来看，古镇地理环境复杂，道路系统布局受地形影响较大，在长期的发展过程中，形成了蜿蜒曲折、宽窄多变的巷道空间。横向变化由于地形的复杂，加上居民生活的长期影响，直线与折线形的街巷在以南方徽派建筑为主的古镇中大量存在，空间极富活力和趣味。

直线形：紧邻的两住宅山墙间的小巷基本为直线形，是相邻住户间的日常通道。高高的山墙、紧临的屋檐将天空遮得只剩一条缝，因而巷内大多光线较暗。

折线形：建筑复杂的转折变化反映在巷中，便是巷道空间多样的折线形态。曲折蜿蜒的巷道，既是交通的动脉，又形成不断延伸的观景线。

3.3.2 鲁南地区传统乡村街巷空间的特色

鲁南地区传统乡村街巷空间的形成和发展与所处的自然环境的适应关系是最明显的，因为同属于物质层面要素，是直观可见的。不管是村落还是街巷空间，其系统运转和维持都必须依赖于自然环境的物质与能量交换，并在大自然所能提供的资源限度内提出合理需求。鲁南地区靠山的传统村落多选址于带状缓坡，道路网呈树状。主干道为一条或若干条，与所处区域的等高线平行，利于行车，并最大程度上减少施工时的土方量。两条以上的主干道多呈"之"字形，并通过台阶来处理高差。而鲁南地区究其对日照的需求，通常加大建筑之间的距离，形成尺度宽松的街道。值得说明的是，自然环境是长时段的影响因素，相比于其他存在的影响因素，自然环境的变化是微小而长远的，因此街巷的演变是缓慢的。

3.3.3 徽派建筑移植后街巷空间的再设计

在现在的徽派建筑空间设计中，万科第五园的设计简洁有力，捕捉和再现了充满生机活力和生活情趣的村落形态，灵动的格局与自然的生活相互交织，高墙窄巷井然有序，如《说文解字》中的定义：街，"四通道也"；巷，"里之道"，展现了街巷的崭新魅力。街道空间的发展过程是对地域性环境的一个适应的过程，不同外部环境下的街巷空间结构与所处环境密不可分已是普遍共识，因此街巷空间的适应性应在全面系统的人居环境视野下探讨。在其界面处理上，巷的围合元素不单是墙或建筑，竹子也加入进来；而即使是墙，也有多种虚实变化，缔造出丰富的空间层次和多样的空间体验。风格融汇古今，映衬了中国民居的历史，文脉也因此清晰地呈现。不同历史时期的街巷空间适应性状态是不同的，可以说街巷不仅是一种空间组织的形式，更是一种运用空间语言而产生的社会效果。

3.4 徽派建筑室内空间与现代生活方式的适应

3.4.1 徽派建筑室内空间光环境设计

在徽派建筑的室内设计当中，光环境的设计尤为重要。就光源设计而言，人造光源的应用占据越来越多的比重。在满足室内照明作用的同时，应增强室内空间的审美性。对于老旧的徽派建筑而言，黄色光是一种烘托气氛最适合的光源，但是在进行室内光环境设计时也应注重对自然光的有效应用，在提升室内光环境设计整体质量的同时，降低建设成本与建筑能源的消耗。对此在进行光环境设计时，对建筑物所在地的环境、自然光照规律、光影效果等进行综合分析，保证自然光线在室内空间中的有效渗透。实现建筑室内装饰要求的满足，并注重人造光源设计的科学性与合理性。在徽派建筑与鲁南建筑融合下的新建筑中，笔者考虑到了自然采光的问题，因此设计了玻璃的天窗来进行采光。在光环境设计中人造光源选用的科学性与合理性对满足室内照明效果、提升室内设计质量存在重要作用。对此在进行人造光源选择时，应保证光源材质、造型等元素与室内空间氛围与要求具有契合性与完整性。与此同时注重各种构成要素的有机结合，即在室内光环境设计中，为保证光环境整体的协调与统一，需注重各种构成要素的有机结合，包括灯具的尺寸、造型、材料、灯槽形状以及光源的色温、功率、类型、光线角度等。通过各因素的有机结合形成符合室内设计要求与整体风格的光环境，从而提升空间设计质量与水平。

3.4.2 茶元素在徽派建筑室内设计中的运用

茶文化元素倡导绿色生态理念，因此可以将整个茶元素所具有的物质特点融入徽派建筑设计之中。茶文化元素作为日照地区特色文化的基础元素，应用于室内设计的范围非常广泛。其本质特征具有其他文化元素所不具备的内涵，比如它强调深层次打造自身内涵，从而将自身的内在思想赋予到事物身上，如此一来可以有机地融合到室内设计格局当中，可以说茶文化元素作为室内设计的基本元素具有独一无二的突出优势。

室内设计需要在内在、外在两方面覆盖茶文化气息。内在上主要是将茶文化的内在思想作为室内设计风格内涵的设计基础，这种思想内涵可以表现为多方面的室内设计内容。外在上室内设计的风格可以通过运用古代茶屋的布置格局来体现。这种格局不是完全地复制，而是在深谙传统茶文化内涵的基础上进行茶文化气息多方拓展与创新，将茶文化元素形神兼备地继承下来。茶文化气息的弥漫与覆盖需要多层次、多维度地展示这种文化元素，让身处其中的人们能够得到持续的认知，让人久处不厌、时处时新。就像品茶的过程一样，如果饮茶很急就品不出茶的甘醇，只有细细品、慢慢品才能感受到茶的美感。

在徽派建筑室内设计中实用是最基本的原则。实用是一切的基础，现代人们生活水平提高对茶室、茶具的要求越来越高。新中式室内设计最好可以专门留出一个品茶空间。如果不能做到就要结合现实条件，不能为了凸显茶文化元素而顾此失彼。其次是和谐原则，体现在茶饮空间的和谐、茶饮空间同相邻空间的风格和谐。我国传统茶家具以实木明代家具为主，为了与此一致要搭配实木茶盘，素简典雅即可，对于茶元素来说最好的搭配风格就是简雅朴素的木色搭配。客厅内设置的茶饮空间，最好沙发、茶几都为实木家具。如果欧式真皮沙发摆在饮茶空间里风格会不搭配，显得突兀而破坏美感。最后是简约原则，新中式室内设计要对传统文化元素进行精简。

第4章 日照龙门崮宜居大宅民宿的设计实践

4.1 项目概况

4.1.1 空间地理位置

（1）地理区位

基地位于中国山东省日照市东港区花朵子水库下游上卜落崮村自然村王家河区域，规划区位于鲁东丘陵区，属鲁东隆起山地丘陵带，濒临黄海，位于中国大陆海岸线的中部，山东半岛南翼，规划区内的三庄河属于滨海水系，其内的山地属于桥子—平垛山。

（2）经济区位

规划区位于环渤海经济圈与长三角经济区的交叠地带，同时联结山东半岛城市群和鲁南经济带，处于两圈交会处、两带联结地，这为龙门崮·田园综合体的发展提供了较好的经济发展基础环境及广阔的客源市场条件。

（3）交通区位

三面环山、土地贫瘠、交通闭塞。目前只有一条行车主干道通往基地，地处三区县交界，是日照市地势海拔最高的村。安静、视野开阔成为这里的两大优势。公路有国道G1511、G15两条高速，其中G1511位于规划区南部，为东西走向，入口距离规划区35.5公里，行车时长约38分钟。另有省道S335、S336、S222（含山海路）、S613四条道路，其中山海路是与规划区交通关系最为紧密的道路体系，是进入规划区的必经之路。鲁南高速铁路（建设中）东起日照，与青连铁路日照西站接轨，向西经临沂、曲阜、济宁、菏泽，与郑徐客运专线兰考南站接轨。规划区距离日照山字河机场44公里，形成时间约40分钟，现山字河机场开通的航线包括至全国多个大中城市航线。

4.1.2 自然资源分析

规划区以岱崮地貌类型（中国第五大岩石造型地貌）为主的山体成群耸立，雄伟峻拔；林地覆盖率较高，适宜发展康养综合体及特定文化创意产业。规划区属暖温带湿润季风区大陆性气候，四季分明，旱涝不均。无霜213天，年均日照2428.1小时，年平均降水量878.5毫米。可按季节性景观进行规划打造。地下水补给性差，补给水源主要依靠降水，蓄水能力弱，可依托区内三庄河沿岸打造河道生态系统，以点带面逐步发展。规划区生态环境较为原始、脆弱，土壤具有多样性特点，主要为棕壤土类和棕壤性土亚类，有机质含量偏低，土质较为瘠薄，需有针对性地开发利用。生物资源丰富。

4.2 设计理念

4.2.1 岱崮地貌对地形设计的启示

经过前期对于岱崮地貌的介绍以及对当地自然环境的梳理，对这种呈现阶梯状的特色地形进行元素提取，在这里我将这种阶梯分级的排布形式提取出来植入基地的场地设计之中。场地分级为4个部分，从西南侧到东北侧，再从东北侧到西北侧为海拔高差逐渐升高的过程，高差为8米。整体俯视的高程效果为一个倾斜的"L"形。本设计除了考虑对当地地形进行整体适应以外，更多的是希望通过对于地面高差的分级来更明显地区分出该基地的建筑功能分区。

4.2.2 体量组合与形态处理

鲁南地区的传统建筑形式为围合式，围合，不仅仅指的是一般意义上的保护，而是建立人际关系纽带的东西，围合形成独立完整的局部空间使人感受到安全感与归宿感。对围合式的建筑进行元素提取，提取凹空间这一元素，凹空间之间形成大间距，既保证了生活于其中的人私密空间的距离，同时又扫除了因安全而附加的封闭感，促成空气流通，营造了良好的局部气候条件。将凹空间一分为四，使得南北东西贯通，形成了四个建筑群：西北部的建筑群体是以茶馆、接待大厅为主的功能分区；西南部分为观景长廊，这里主要是欣赏南侧的水景；东北部分为新式融合风格的建筑群，该部分主要作为民宿投入使用；东南部为徽派建筑古建筑群，同样也是用作民宿。

4.3 设计方案

此项目设计方案是将该场地通过高差分为四个功能部分。

（1）入口广场

第一高度部分为入口处的水景广场设计。基地入口的设计意图是创造与众不同的徽派风格的记忆点，体验广场入口大门作为基地的第一个展示点，是基地建筑群体空间序列的起点，赋予旅游者直观的第一印象，也能从一定程度上反映景区的文化表征和景区的美学价值观，起到"点题"的作用，让旅游者直观地感受这里的主题意境。重点赋予空间三个特点：艺术性——非传统的徽派建筑群，打造带有本地艺术性的文化空间；绿色性——倡导节能智能，塑造生态化的文化业态；参与性——注重消费体验，衍生参与式的消费模式。在设计元素上，融入成片竹林、南方水乡、徽派园林的概念，营造出南北园林风格相互融合的氛围。以"柳暗花明又一村"为设计主题，风雅的意境在这里铺张开来，营造心域怀古的情调。于山水林涧坐卧，于花香鸟语下行走，感知天人合一之意。构建古代中国神话故事里的世外桃源的故事场景，并融入长亭主题，满足不同人群的需求。在营造舒适景观环境的同时，还考虑到经营者的运营策略，以场地租赁、网红打卡、主题婚礼、生态竹林为核心景观性营利板块，通过景观形成"造血"功能。

（2）徽派建筑民宿

第二高度部分为徽派建筑古建筑群设计。这一部分的徽派建筑在使用功能上全部作为民宿进行使用，坐落于山水间的徽派建筑，是当之无愧的自然之宅。其独特之处是讲究自然情趣和山水灵气，房屋布局重视与周围环境的协调。这三栋古建筑原身为近三百年的徽派老式建筑，文化的沉淀和岁月的洗礼令建筑本身蕴含优雅风韵。斑驳的石墙，碧绿的爬山虎，稍褪色的对联，风中摇摆的竹叶，当古朴与自然相遇，完全没有突兀，鞠一捧泉水，清冽甘甜，竹绕泉生，人傍泉居，仿佛天地间原本就该是这副生机盎然的模样。三栋建筑抱团而立，两侧栽满了绿竹，此高度部分的入口处设置了一堵照壁，照壁是设在中国传统建筑房屋的门外或门内一堵独立的墙，是受风水意识影响产生的一种独具特色的建筑形式。在传统的基础上融入当代的设计思想，把建筑与景观融合在一起。

（3）新建建筑群

第三高度部分为新式融合风格的建筑群设计。在这里，享受时光最好的方式便是真正在这里生活几天，去用心融入这里。基地的民宿风格采用的是当地独具特色的石头房建造并融合了徽派建筑的马头墙、天井等特色元素。为了弥补建筑本身自然光线不足的缺陷，笔者沿着天井，在房屋的顶部上开设了可开启的窗楹，并配置了精致的木质雕刻花纹，与原本的建筑特色完美融合。驿站的总体室内色彩搭配以暖色以及简约的中性色调为主，搭配大胆而跳跃的亮色，保持古韵风华的同时，为房间注入盎然生机。怀揣对徽派建筑语言的崇敬，所有石头房都在竹林簇拥中没有丝毫的违和感，走进民宿，在保留古建筑文化精髓的基础上，恰到好处地添加现代的结构加固和功能扩展，达到原始质朴和与时俱进的完美契合。修旧如旧，浑然天成，这是修复项目的核心，也是设计师的本心。这些改造过的建筑足以将你吸引。这一部分最与众不同的建筑为玻璃体结构建筑，它连接了两个新式融合风格建筑，在功能上有连接建筑与疏通人流的作用，笔者认为更重要的是这个玻璃体建筑在这里成为连接北方建筑与南方建筑的纽带，彼此连接融合形成新的建筑风格。在这些新式融合风格的建筑中居住，伴随门前的流水静静感受时间的流淌。夜晚伴随竹声入睡，清晨醒来，冲一壶日照绿茶，听流水潺潺，读一本竹泉情缘，悟一方民俗。

（4）竹林景观

第四高度部分为竹林设计。这里有竹子有泉水，且竹子的密度非常高，走进第四高度部分就像恍惚走进一大片竹林之中，穿过丛丛竹林隐现的便是一条条曲折的人工小溪，一时间像是走进了一个竹林世外桃源。北方偏寒，适合种耐寒的竹子，佛肚竹、紫竹、凤凰竹在这里都是比较适合的，因此在基地种植的竹子笔者选择多种搭配式种植，竹子在一年四季都是绿色。春天是嫩绿色，夏天是深绿色，在不缺水和不缺养分的情况下，秋天和冬天也是深绿色。普通的落叶类树木因为叶面积较大，叶表面又没有蜡质的薄膜，容易导致水分的散失，所以在秋冬季会变黄和落叶。笔者考虑到将基地作为民宿去设计，竹子这种植物成为首选。竹林的存在使得游客远离了千篇一律的摩天大楼，听不到马路刺耳的鸣笛。泉水叮咚，翠竹成林，倾听山的声音、水的声音、树的声音。感受自然最真实而清新的呼吸。窗外的满目碧绿是竹林为每一位住客留下的巨幕美景。这就是此设计在这一部分最直观呈现给受众的印象与感受。追寻人与自然之间的极致关系，构架归零与重生的心境与情境。隐于世外，融于天地，让心灵归于纯粹，让灵魂归于零，归于无；又在无之中，寻到最本真的自我。

4.4 本章小结

本章从空间地理位置及自然资源进行综合分析，结合了岱崮地貌与鲁南地区的传统建筑形式为围合式这两点总结出设计理念进行了系统的规划设计，设计本着保护周围环境和尊重徽派古建筑完整性的原则展开，同时秉承整体性、文化性以及生态可持续性的原则，充分融合徽派建筑特点与鲁南建筑特点，选材上尽可能地利用本地资源，尊重当地自然风貌及其特点，用合理的方式去让游客感受到徽派建筑在鲁南乡村的重生。

结语

1．主要研究结论

在蓬勃发展的当今社会，越来越多压力过大来自城市的人开始向往乡村惬意的休闲时光，与大城市耸立的高楼大厦不同，民宿建筑力图回归自然。建筑元素始终从徽派建筑与鲁南乡村石板房这两者中汲取，抽象简化出特色文化内涵的建筑形式，尊重历史文脉的传承与发展，利用自然资源与建筑形态和谐统一。在更新民宿建筑的功能与运营模式上，结合当代游客的社会习性和社会需求，对民宿的改造与新建提供新的设计思路，也为以后建筑的异地融合提供借鉴与帮助。

2．未来展望

我国旅游业发展迅速，国家政策对于乡村进行旅游大力的扶持，现阶段中国已经有了很多成功的乡村旅游建设的案例，但是不少乡村旅游仍然存在很多的问题，要深化乡村特色文化旅游，依托乡村深厚的文化底蕴和丰富的民俗文化资源，将文化和旅游相融合，丰富乡村旅游内涵。在推进乡村旅游过程中，要立足全域旅游，牢固树立生态旅游意识，坚持在保护中发展，在发展中保护。围绕乡村特色资源和产业发展，扎实推进旅游开发。同时深刻认识到开发的既是乡村又是景区，虽然是村，但是它位于重点生态旅游区，其生态环境是乡村和景区得以长足发展的根本所在。希望在不久的未来，乡村旅游能够取得更长远的进步与发展。

参考文献

[1] 刘书宏．台湾民宿的特色、空间与形态[D]．厦门大学，2009.

[2] 北京大学旅游研究规划中心．乡村旅游 乡村度假[M]．北京：中国建筑工业出版社，2013.

[3] 王铁等．价值九载——中国高等院校学科带头人设计教育学术论文[M]．北京：中国建筑工业出版社，2010.

[4] 吴良镛．人居环境科学导论[M]．北京：中国建筑工业出版社，2001．

[5] 周维权．中国古典园林史[M]．北京：清华大学出版社，2010．

[6] 方兴．休闲旅游型美丽乡村开发研究[D]．福建农林大学，2009．

[7] 王祥荣．生态建设论[M]．南京：东南大学出版社，2004．

[8] 丁俊清．中国居住文化[M]．上海：同济大学出版社，2000．

[9] 陈威．景观新农村[M]．北京：中国电力出版社，2007．

[10] 刘晓东．乡建中的民宿建筑研究[D]．中央美术学院，2017．

日照市龙门崮宜居大宅民宿设计
Residential Design of Longmengu Livable Mansion in Rizhao

基地位置：花朵子水库下游上卜落崮村自然村王家河区域。

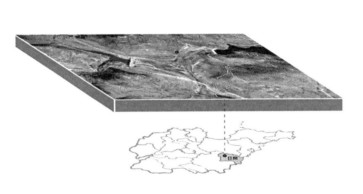

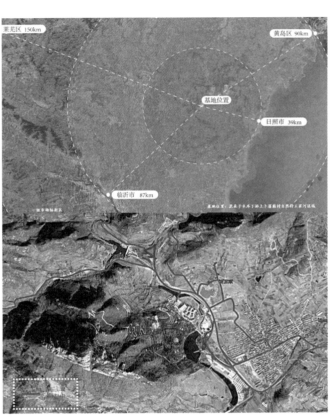

规划区属鲁东丘陵区、鲁东隆起山地丘陵带，濒临黄海，位于中国大陆海岸线的中部，山东半岛南翼，规划区内的三庄河属于滨海水系，其内的山地属于桥子—平垛山。

鲁南地区的传统建筑——石板房

徽派建筑

131

设计元素提取：

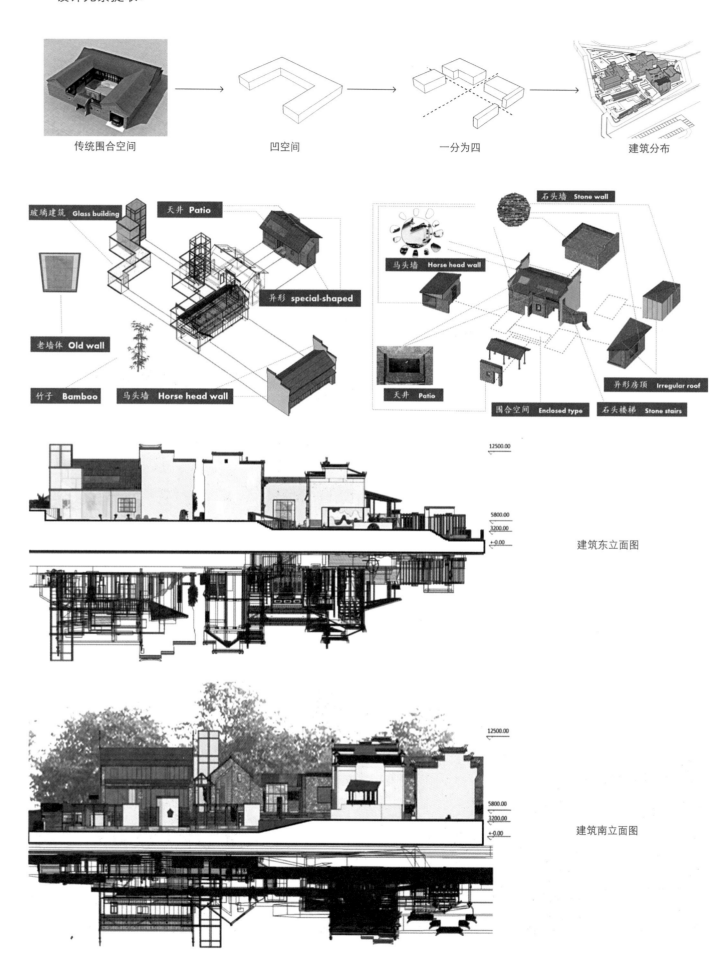

传统围合空间　　　　　凹空间　　　　　一分为四　　　　　建筑分布

玻璃建筑 Glass building　　　天井 Patio

异形 special-shaped

老墙体 Old wall

竹子 Bamboo　　马头墙 Horse head wall

石头墙 Stone wall

马头墙 Horse head wall

天井 Patio　　围合空间 Enclosed type　　石头楼梯 Stone stairs　　异形房顶 Irregular roof

12500.00

5800.00
3200.00
+-0.00

建筑东立面图

12500.00

5800.00
3200.00
+-0.00

建筑南立面图

适合龙门崮农业区地形的建筑设计研究
Architecture that Fits into the Terrain in Longmengu Agricultural Area

佩奇大学
University of Pecs

Homolya Zsolt
Karácsonyi Viktor

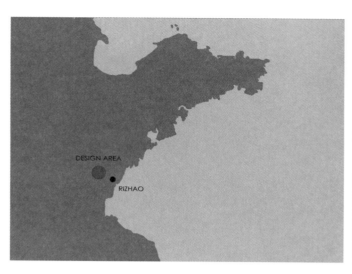 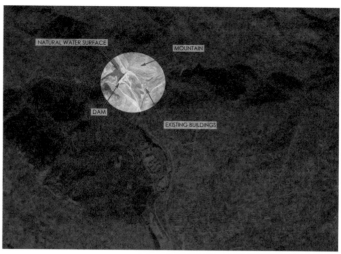

The design area is near to Rizhao, Shandong, China. It's called Longmengu Scientific Area. The territory lays over the side of a mountain. This site is an agricultural territory.

设计区域靠近中国山东省日照市。这就是龙门崮田园综合体建设实验点项目区，项目区域位于山的一侧，这个地方是农业区。

There are some significant things, that specifies this area. These are a monumental concrete dam, a unique little village and the terraces of the mountain.

一些具有显著特点的元素，赋予了此区域特殊的地域特色。在这里，有一座巨大的混凝土水坝，一个独特的小村庄和山上的露台。

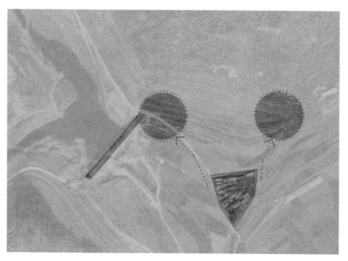 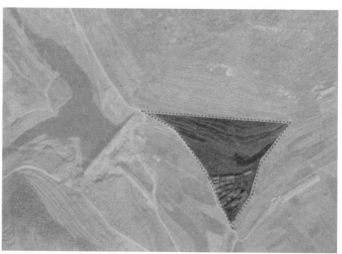

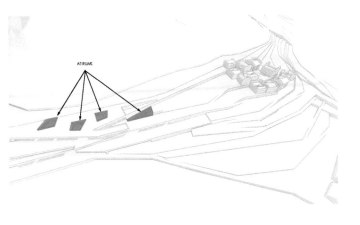

Our building fits into the terrain, so we only have one elevation. That means we had to think about how to get more natural light. We decided to create atriums, so light can get inside of the building.

为了使我们的建筑物适合地形，因此建筑是镶入地形当中的，建筑的屋顶与坡体海拔同高。这意味着我们不得不考虑如何获得更多的自然光。我们决定创建中庭，以便光线可以进入建筑物内部。

In our project, blue surfaces are very important. We created lakes in our park, and we installed them like the atriums in our building, so it says blue surfaces are as important as green ones, like light in space.

在我们的项目中，蓝色表面非常重要。我们在园区中创建了湖泊景观，建筑物的中庭也设计了水系景观，因此整个项目所呈现出的蓝色表面与绿色一样重要，就像空间中的光线一样。

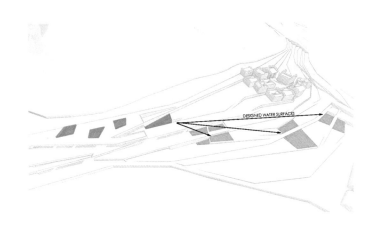

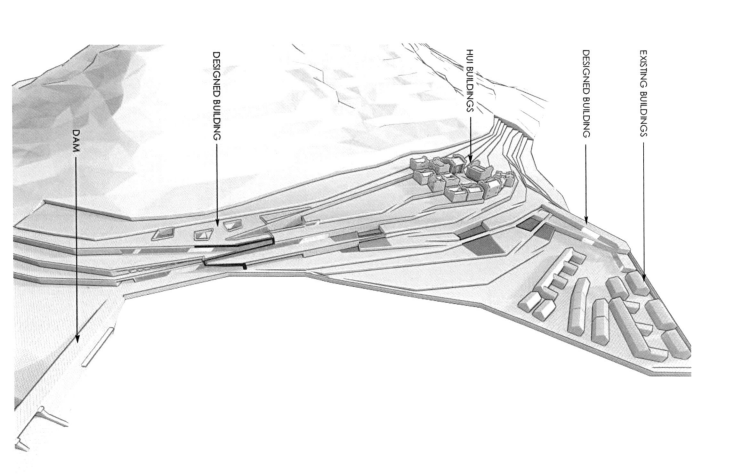

Of the Hui-style buildings, we made a little village. We installed them, so when someone is in the village, they can't perceive the size of the village.

对于那些徽派建筑群，我们为之建了一个小村庄。 我们将这些建筑置入村落当中，因此当有人在村子里时，他们无法感知村子的大小。

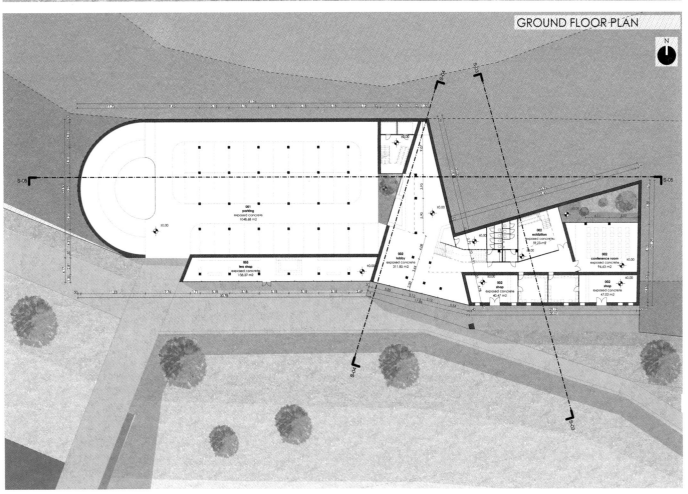

GROUND FLOOR PLAN

001
parking
exposed concrete
1048.68 m2

003
tea shop
exposed concrete
138.37 m2

002
lobby
exposed concrete
311.85 m2

002
exhibition
exposed concrete
59.23 m2

002
conference room
exposed concrete
94.63 m2

002
shop
exposed concrete
40.47 m2

002
shop
exposed concrete
47.00 m2

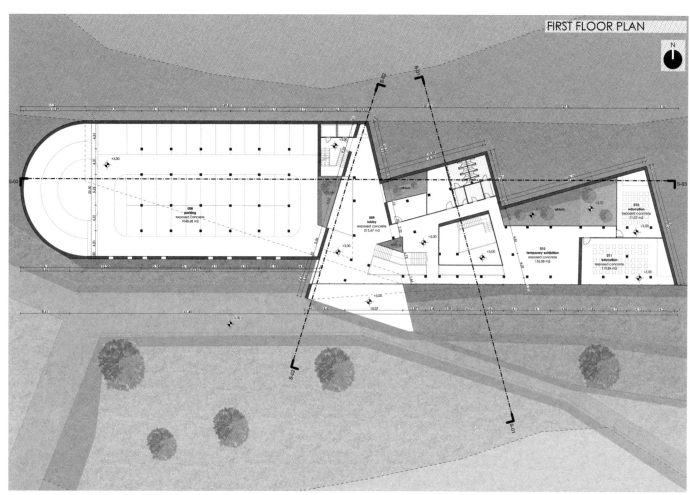

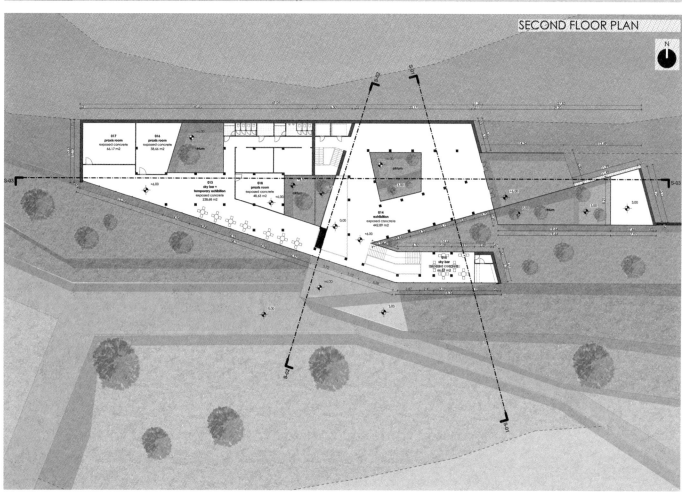

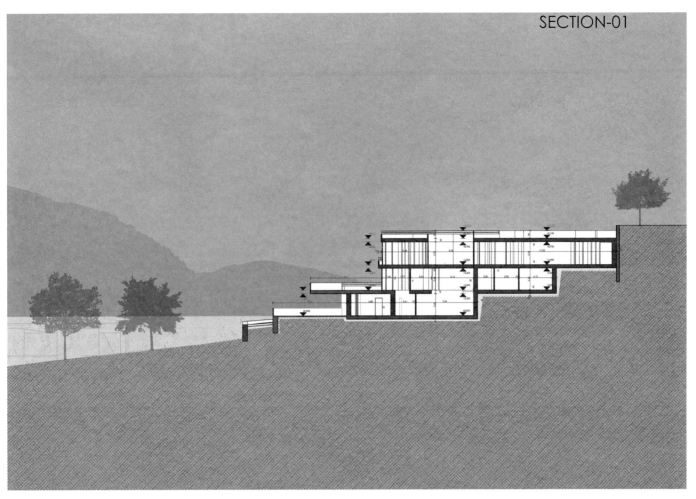

SECTION-01

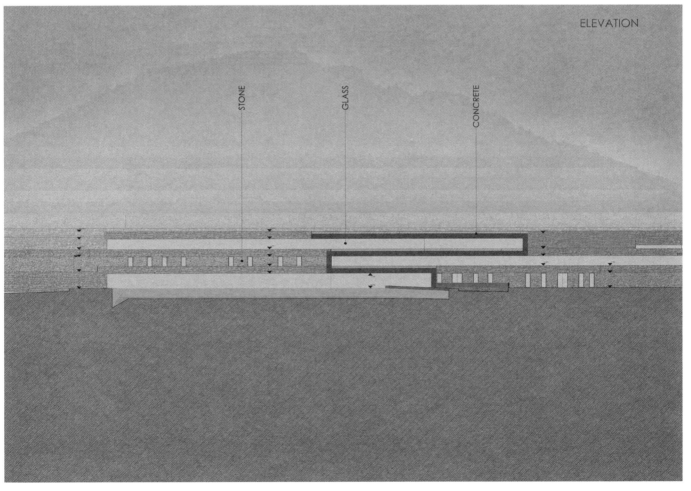

ELEVATION

STONE

GLASS

CONCRETE

One of the atriums is going through the whole height of the building. On the first two floors, there is a parking house, and this atrium is going through that. This provides natural ventillation.

其中一个中庭穿过建筑物的整个高度。在前两层，有一个停车房，这个中庭正穿过其中，这提供了自然通气。

二等奖学生获奖作品
Works of the Second Prize Winning Students

中国古典园林"时间美学"理念下的建筑景观设计研究

Research on Architectural Landscape Design under the
Concept of "Time Aesthetics" in Chinese Classical Gardens

山东省日照市龙门崮宜居大宅设计

Design of Livable Residence in Longmengu, Rizhao City,
Shandong Province

清华大学美术学院
张新悦
Academy of Fine Arts, Tsinghua University
Zhang Xinyue

姓　名：张新悦 硕士研究生二年级
导　师：张　月 教授
学　校：清华大学美术学院
专　业：科普展览与策划设计
学　号：2017213611
备　注：1. 论文　2. 设计

中国古典园林"时间美学"理念下的建筑景观设计研究
Research on Architectural Landscape Design under the Concept of "Time Aesthetics" in Chinese Classical Gardens

摘要：真正精彩又高明的环境设计，除了关注建筑景观的规划设计，还能注意到时间性设计。这样才能更好地体现建筑与环境永恒的魅力，体现对人的深切关怀，符合生态与可持续发展的要求。文章主要基于时间美学的概念，通过对园林景观审美过程中时间性要素的追溯，以另外一种角度来挖掘景观建筑设计中的美学内涵，通过整合古典园林的实践经验，总结出一套时间美学设计的方法论。并结合山东日照龙门崮徽派民居的重构设计，将时间美学理论应用于景观与建筑设计中去。

关键词：中国园林景观；时间美学；建筑设计

Abstract: The truly wonderful and smart environment design, in addition to paying attention to the planning and design of the architectural landscape, can also notice the time design. In this way, we can better reflect the eternal charm of architecture and the environment, embody the deep concern for people and meet the requirements of ecological and sustainable development. The article is mainly based on the concept of time aesthetics. Through the traceability of the temporal elements in the aesthetic process of garden landscape, the aesthetic connotation in landscape architecture design is excavated from another angle. Through the integration of the practical experience of classical gardens, a set of methodology of the time aesthetic design is summarized. Combined with the reconstruction design of the Huizhou folk house in Rizhao, Shandong, the time aesthetic theory is applied in landscape and architectural design.

Keywords: Chinese garden landscape; Time aesthetics; Architectural design

第1章 绪论

1.1 论文选题背景、目的及意义

1.1.1 选题背景

在城市问题与生态问题愈演愈烈的当代社会，对城市及乡村的建设中，可持续设计的概念被设计界常常提及。可持续设计围绕着时间展开，时间与空间构成人类生存的两个维度，景观因存在有生长性的客观因素，所以被赋予了运动的内涵。在不同的年月、季节、日期，甚至是一日中的某个时刻，景观在不同的时间节点呈现出的景观效果也不尽相同。拥有时间的景观建筑能带给人们不同的空间体验与丰富的历史记忆。

表现生命力与活力的景观，使用者在其中能感受到各要素在时间中的"成长"的态势，不仅丰富了景观效果，还体现了可持续的设计观。

随着人们生活水平与审美意识的提高，单纯的三维造型的景观与建筑已经无法满足人们的需求。社会的高度发展，商业化、大众化、信息化使人们的深层的精神审美被掩盖，常常停留在表面的愉悦，而忽略了深层的精神需求，造成景观设计逐渐形式化，变成了一种构成游戏。设计者不能只满足于过去以静态二维平面的方式来认知景观与建筑，过度追求造型的形式美，容易流于形式的变幻，虽然出彩热闹，却不知所云。

设计师在设计中常常围绕三维空间进行建构，而忽略了第四维度的"时间"因素。对设计师或是观赏者而言，也可能会陷入对环境物质空间属性的专注，而遗忘了环境作为一个涵盖了时间、空间乃至观者自身在内的复合性概念存在。如地形地貌、植被形态、材料铺装、装饰纹样等要素是环境中视觉体验常见的物质要素，这些环境要素更容易被观赏者关注。建筑的形式感能带来最为直观的感受与张力，对于时间性的设计思考却被空间设计所掩盖，缺乏关注与研究。

1.1.2 研究目的

本文通过对时间美学的叙述与剖析，研究其内涵与属性，归纳总结出时间美学的设计方法，将其应用在宜居大宅建筑景观设计中。

设计理论指导实践：试图通过对时间美学理论进行更全面充分的理解，针对龙门崴村落自然条件的调研，找到相应的理论应用于实践中。补充和拓展了当下设计中的时间美学理论，建立出四维空间的设计思维，以多种维度视角来辅佐设计。

实践验证理论：通过对古典园林的分析，以人的感官为出发点对时间美学进行分析与探讨，将时间美学的理论运用于龙门崴村落宜居大宅的建筑景观设计中，以形成更加完善的时间美学设计理论体系。

时间美学设计手法与村落宜居大宅结合，运用时间美学理论的设计手法，结合龙门崴村落场地的现有资源，对徽派建筑群落进行现代化改造。

1.1.3 研究意义

时间景观设计不仅是展现自然景观在不同时间的效果，同时也加入了人为设计的景观来带动人在景观中的参与性，符合当代人们的精神与审美需求，富有趣味性与体验乐趣，真正意义上实现景观与人的和谐共存。

认识和把握环境的时间性因素有助于提升人们对环境动态美的鉴赏以及设计者对环境综合性、变化性的研究与表达。尝试在环境的时间属性、精神文化层面进行讨论，也有助于环境设计向更具审美性、思想性的领域发展。

1.2 国内外研究现状

1.2.1 国外研究现状

国外对于第四维度的研究主要是针对建筑的时间性研究，主要关注景观自身的成长变化，例如在自然时间中景观植被的生长对于景观的变化，相对单一。

早在2006年，国际景观设计师联盟（IFLA）东区会议的主题就是"时间"，并表达了"时间是景观的精髓，时刻影响着景观项目和地域材质的变化过程，同时也塑造了景观的形态与文化内涵。"

卡罗尔·R·约翰逊（Carol R. Johnson）在《城市景观设计中的时间变化》一文中提到，一直从事景观设计最大的乐趣就是能亲眼见证项目的成长，空间随着时间的脚步不断发生变化，直到最初的景观截然不同。

景观设计师贾克·西蒙（Jacques Simon）曾近说过："其实景观设计师就像编舞者，他会遇到最大的难题，就是如何在多元维度（空间、时间）中呈现景观，让人们能够自由自在地接触自然，在空间中来去自如。"法国风景园林大师米歇尔·高哈汝（Michel Corajoud）曾经说过："因为经常要与景观打交道，所以我意识到景观是在不断演变的，而我必须融入其中。严格意义上讲，我不是进入空间，而是进入一种演变过程。"

1.2.2 国内研究现状

在2014年02期的《景观设计学》中，以"时间景观"为主要议题，不过主要陈述的基本都为国外的观点。

另有周容伊的《强调"时间"的景观设计研究》（《重庆建筑》2014），吴硕贤的《中国古典园林的时间性设计》（《南方建筑》2012），郭恒、张炜的《景观设计中时间维度的思考》（《美术大观》2007），罗枫、刘晓慧的《景观设计中时间维度的表现》（《南京林业大学学报》2012），孟可鑫的《时空交错的记忆："时间"语言的设计表现》（《艺术百家》2013），李华君、卜祥度、李险峰的《储藏风景——景观材料的时间语言》（《中国园林》2012）。

我国学者常兵等人在西方时间美学的视角下构建了以时刻、时序、时向、时域为基本维度的景观审美序列。

1.3 研究方法

一为文献研究法，是本文的主要研究方法。笔者在时间美学中的相关文献与著作中进行研读与归纳总结，例如中国古典园林景观中的时间美学设计观、景观建筑材料的时间语言等，为最终的设计实践提供理论依据与方法论指导。

二为案例分析法，为本文的另一研究方法，从现有的实践中找到理论研究的强有力的佐证。将实践与理论有效地结合起来。

三为田野调研法，为了了解现场实际情况与人在场地中的感受，笔者通过对现场的调研了解和收集了研究必要的资料。

四为归纳演绎法，整合文献与实际案例中的理论研究与设计手法，归纳总结出一套时间美学的应用方法理论，方便更好地指导设计实践。

1.4 研究技术路线

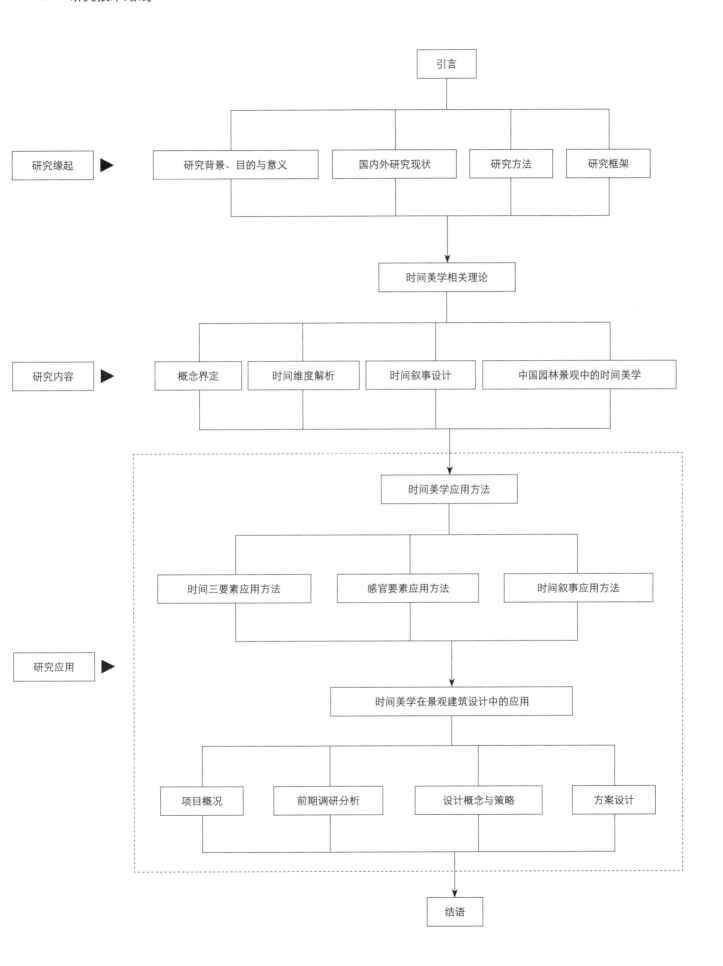

研究缘起 ▶ 研究背景、目的与意义 | 国内外研究现状 | 研究方法 | 研究框架

引言

时间美学相关理论

研究内容 ▶ 概念界定 | 时间维度解析 | 时间叙事设计 | 中国园林景观中的时间美学

时间美学应用方法

研究应用 ▶ 时间三要素应用方法 | 感官要素应用方法 | 时间叙事应用方法

时间美学在景观建筑设计中的应用

项目概况 | 前期调研分析 | 设计概念与策略 | 方案设计

结语

第2章 时间美学相关理论

2.1 概念界定

2.1.1 时间概念

时间，是客观世界的基本存在方式，也是哲学和美学研究领域的重要范畴。所谓四维时空，即为确定一个事件的位置，在三维空间外增加了一条时间轴。

海德格尔对时间进行了划分，他把"时间"分为时间和时间性。通常经验意义下的"时间"，分为过去、现在、未来。但这是人们受科学思维的影响，把时间当作了客观存在的实体或客观存在东西的秩序，只是"理性为自然立法"，从而将时间客体化，以某种"尺度"把"时间"当作"事实"或其属性、方式来划分过去、现在、将来的一种现象。海德格尔所谓的"时间性"，和平常经验中所说的"时间"不同。因为时间属于实在性的领域，与"已经在……中存在"、"寓于而存在"相关联。时间性却不然，它只属于生存性，而与"先行于自身"相联系。

2.1.2 时间美学概念

时间美学，是以包含时间维度在内的四维时空观念进行审美行为。

在爱因斯坦的"狭义相对论"以及"广义相对论"中都提过四维空间。在这个体系中，人是审美的主体，环境是审美的对象，时间维度的因素决定了何时观看以及景物以何种特殊状态呈现，其影响的是审美方法。因此时间性因素虽然难以直接改变客观环境实体，却无形地作用于人们对于特定环境的审美方式和感知体验，并使得环境、景观在特殊时间要素的作用下变得更具特色。

2.1.3 时间维度的划分与基本属性

时间维度的样式划分可参考"三分法"模式，这是一种辨证的，事物之间相互统一，并且可以相互转化的准则。这个模式下，时间维度可划分为自然、人文、心理三个层面。三者相辅相成、密不可分（表1）。

时间维度的三分法　　　　　　　　　　　　　　　　　　　　　表1

	自然时间	人文时间	心理时间
核心点	物理、形态	历史、记忆	体验、感知
联系性	基础	载体	指向

时间美学的基本属性可分为物境、情境、意境、心境、语境五种。物境是指自然之美与物理形态的直观表达，表现一种实际存在的时空之境；情境是指空间的体验过程，是时间与空间连续的过程；意境是体现情感升华，指的是功能作用；心境是心里感知体验，是对意境的体验；语境是指文化背景，也就是文脉历史。时间在这其中具有不可替代的作用，影响着"五境"的表达，营造出独特的氛围（表2）。

时间维度的基本属性　　　　　　　　　　　　　　　　　　　　　表2

物境	情境	意境	心境	语境
自然之美	空间体验	情感升华	心理感知	历史文脉

2.2 中国古典美学思想中时间性的研究

中国古代思想以重视生命为基本特点，将时间与生命联系在一起，时间被理解为变易、流动的节律，以流动的时间去统领万物，世界乃是生生不息的生命整体，朱良志先生称之为"生命时间观"。

《易经》的"天地盈虚，于时消息"，范蠡的"因天从时"，儒家夫人"时中至诚"，孙子的"任势出奇"，老子的"惟恍惟惚，其中有象"，庄子的"应于化而解于物"，韩非子的"求其势而不责于人"等，都是基于原发的时间性去思考天地变化之道的结果。研究中国科技史的著名历史学家纳森·席文（Nathan Sivin）得出结论：

中国与世界上其他地区一样，其科技思想也起源于对如下问题的探索：为什么个体事物都有一个发生、成长、衰亡的过程，而自然却亘古不变，和谐完善？在西方，这个问题的最终答案是：永恒的本质和一些基本元素构成了我们身边形态各异的万物。

但是，在早期中国及其后漫长的历史时期中，最有影响力的解释却是立足于时间。他们将短暂的事物与自然界的循环律动联系起来，以此来诠释其中的真谛。

中国古代空间意识与时间意识没有明确分化，时间与空间结合为一个连续体，或者说时间空间化，空间包容着时间，例如东、南、西、北四方与春、夏、秋、冬四季对应并结合。

2.3 中国园林景观中时间维度解析

正是因为人在环境中运动，景观中的时间性设计才被显现出来。时间的三个层级：自然、人文、心理在景观建筑中相辅相成，互相影响，共同演绎了环境与时间的和谐共生，给公众更丰富、更精彩的审美体验。

晋代诗人谢灵运《拟魏太子邺中集序》中强调"天下良辰、美景、赏心、乐事，四者难并"，讲的是"良辰"与"美景"的统一。

中国古典园林的规划设计，注重空间性与时间性的结合设计。古典园林的时间性设计，从宏观、中观及微观等不同时间尺度着眼，并注意从动植物的配置、天文、气象的变化，游览路线的安排和建筑布局等几个方面入手。

2.3.1 自然时间

自然的本性就是变化，自然时间是指自然变化在景观中所产生的季节变化、气候变化、昼夜更替、光影变化、材料变化等所体现出的时间感。

设计师可将自然现象所引起其他事物的变化应用于场地设计中，设计出在丰富的时间规划中充分调动感官的景观。合理组织与编排材料，营造出各个随季节变迁的空间表现与视觉关系。

1．季节变化

在季节的更迭中，最直观的变化就是植被，人们能从中感悟时间的流逝、自然的变迁。计成在《园冶》中谈道：园林要"轩楹高爽，窗户虚邻，纳千顷之汪洋，收四时之烂漫"，就是在强调园林中要有一年四季的烂漫景色。

李格非的《洛阳名园记》谈及宋代湖园的设计时，高度赞赏其"虽四时不同，而景物皆好"。

唐代诗人白居易曾在庐山构筑别墅景堂，他在描述庐山的美景时写道："庐山，春有锦绣谷花，夏有石门润云，秋有虎溪月，冬有炉峰雪，阴晴显晦，昏且含吐，千变万化，不可殚记。"

清嘉庆年间的扬州个园用竹子中的石笋效仿春天破土而出的春笋来象征春景，用形态各异的太湖石和大小不一的水洞来象征夏景，用饱经风雨的黄石和颜色稳重的枫叶来象征秋景，用冰雪覆盖的白宣石和各种寒风孔来象征冬景，整体构成"四时运迈"的意义，表现《画论》中所概括的"春山淡冶而如笑，夏山苍翠而如滴，秋山明净而如妆，冬山惨淡而如睡"的意境（图1）。

图1　春山、夏山、秋山、冬山

为了达到"四时不同，而景物皆好"的目的，首先要从动植物的配置上加以考虑，即要掌握动植物的色彩、形体和习性的变化。

就嗅觉而言，还要关注植物在不同季节所产生香味的变化等。例如，春桃、夏荷、秋桂、冬梅（图2），代表了

图2　春桃、夏荷、秋桂、冬梅

四季不同的观赏植物的典型。在园林中杂植桃李、荷蕖、丹桂、蜡梅等植物，或者分区种植这些植物，则可形成四季不同的观赏景点。这是古典园林常用的手法。宋朝湖园，就设有"桂堂"、"梅台"等景点，张衡的《东京赋》写道："春风桃李花开日，秋雨梧桐落叶时"，描述当时的东京由于分别种植桃李和桐，故能在春秋都欣赏到不同的景观。

图3　白鹤南迁

图4　白露鹿鸣

图5　网师园的月到风来亭

图6　南山积雪

图7　梨花伴月

动物的生长也有其规律性。如白鹤往往在秋季南迁，形成特殊景观（图3）。因此北宋在营建艮岳时就注意构筑秋季观赏白鹤南迁的景点，曹祖在《艮岳百咏诗》中就生动地描述此类景观："白鹤来时清露下，月明天籁满秋风"。

就听觉而言，还要注意不同动物在不同季节发声的特性，以及不同时刻在不同气象条件下植物所发出的不同声响。如鹿在每年白露节令后，特别喜欢发声，从而形成鹿鸣的声景观（图4），因此清康熙年间在营建木兰围场时，就形成"每岁白露后，鹿始出声而鸣。效其声呼之可至，谓之哨鹿"的声景观。

2. 气候变化

气候直接影响了我们对于气温、日照、明暗等的判断和置身其中的心情变化，昼夜温差和风向的变化影响植物生长，形成地域性的景观等都是气候作用的结果。还要关注日月循环、斗转星移、潮涨汐落、云蒸霞蔚、风霜雨雪等天文和气象变化因素，掌握其规律，并在建筑环境设计中采取相应的措施，使之产生富有变化的景观效果和宜居的建筑环境。

网师园的月到风来亭（图5），其最有情趣之处在于临风赏月。从水面吹来的风，有水的温柔；从云岗山坡上吹来的风，有山的宁静；从竹林吹来的风，有竹的清逸；从松间吹来的风，有松的宽厚。临风赏月的最佳时节自是金秋，此时风爽于别日，月明于往昔。天上明月高挂，池中皓月相映，金桂盛放，甜香满园，兼夜鱼得水，碎银一池。此时，虽是身在繁华闹市之中，而魂魄已仿佛游于世外桃源。

宋朝"湖园"，就有迎晖亭、翠樾亭等景点，分别供人欣赏日出和夏天浓密的林荫景观。康熙所题的避暑山庄三十六景中，就有"云帆月舫"、"四岭晨霞"、"锤峰落照"、"南山积雪"（图6）、"梨花伴月"（图7）等景点，分别观赏云、月、霞、雪与落照等景象，并考虑建筑的防晒与消暑功能。

扬州个园充分考虑天文和气象的因素。在夏山的经营中，用太湖石堆叠成6米高的假山，山下构筑洞屋，引入流水，洞口上部山石外挑以遮阳。假山正面向阳，皴皱凹凸起伏，在日光照射下形成变化丰富的日影，望之有如夏天的行云。在冬山的经营中，在"透风漏月"厅前设计一个半封闭的小庭院。为了象征雪景把雪石假山叠筑在南墙背阴处。营造师用雪石上的白色象征积雪未消，更在南墙上开一系列小圆孔，利用风吹的气流发出如冬季北风呼啸一般的声响，着力渲染隆冬的意境。

白居易曾在庐山构筑别墅景堂时，也注意到要"洞北户，来阴风，防徂暑也；敞南甍，纳阳日，虞祁寒也……堂东有瀑布，水悬三尺，泻阶隅，落石渠，昏晓如练色，夜中如环佩琴筑声。"他关注到景堂的时间性设计，使得景堂冬温而夏清，有良好的建筑物理环境，早晚均可观赏到瀑布如练挂崖的美景，夜间还可形成如环佩琴

图8 网师园的"月到风来亭"夜景

筑的声景。

当前某些北方地区的景观设计中一味盲目引进常绿树种,殊不知这样的做法并不符合当地情况:北方气候变化明显,烈日下需要茂密绿荫为人们遮挡骄阳,而冬季落叶则方便暖阳照射到大地,落叶树的功能和景观效果都是常绿树无法替代的。

3. 昼夜更替

白天与黑夜,光与影以动态表达一日时光的流逝,呈现出时间性的表达。前文提到的网师园的月到风来亭(图8),在游览开放时间上也分为白天与夜晚,夜晚园林中亭台游廊被线型灯光勾勒,空间结构显得更加明晰,池映夜空,赏月听曲,氛围格外宁静悠远,夜游网师园已成为当下游览苏州园林的独特体验方式。

日本景观大师佐佐木叶二(Sasaki)设计的众议院议员议长官邸庭园,巧妙利用了天光变幻对景观的塑造效果。白天,"白沙青松"的月形沙洲与青青的草坪以柔和的"绿色海岸线"相接,一棵枫树在白沙上投下斑驳的圆形影子,随着日光逐渐暗淡,宫殿式建筑窗内的灯光便慢慢明亮起来,在黑暗中,原本默默无闻的场景被灯光变换成充满生机的世界。而在庭园内却没有人工照明以尽显自然本色,"月形沙洲"借助从建筑物泄漏出来的柔和光线微微地浮出水面,描绘着美丽海岸线的细沙和石子,将庭园变成一片大海,日夜交替使庭园的景观效果生动丰富且意蕴悠长。

4. 光影变化

光影的变化是时间在空间上的映射,体现了时间在空间中的变化。光线通过交错的次序、明暗、强弱等影响空间的张弛感,丰富空间节奏与感官体验。

杭州西湖的平湖秋月(图9),一组典型的以赏月为目的的主题化园林。这种主题化同样可以被暗藏于围墙边上的桂花丛植所印证。丹桂飘香、平湖望月这样的主题性是充满诗意的。清人所制造的空间也绝不再是"壶中天地"甚至"芥子纳须弥",而恰恰是更为广阔的湖光山色。

苏州拙政园的倒影楼(图9),楼临水而居,不用抬头便可观赏白云流水,夜晚明月倒映水中,坐卧床边欣赏湖中若隐若现的景色。

5. 材料变化

场地中的所有东西都会留下时间的印迹,体现着场地的文脉与变化。使用者可以通过材料的改变感知场地的时间维度。

设计师通过对材料的剖析与应用,才能营造出丰富多变的时间景观,不仅能够抓住瞬息变化的美景,也能营造历久弥新的景致。这里所说的景观材料是指植被、水体、石材、木材、钢材等一系列材料。景观材料的变化原因主要是自然变化生长或外力作用。

景观材料的时间性可以体现历史感、瞬时感与历程感。材料可分为硬质与软质两种类型。软质主要包括植被、水体、土壤等,硬质主要包括石材、木材、金属、玻璃、砖瓦等。砖瓦石材表现着时间的积淀(图10);木材展示着自然的亲和;金

图9 杭州西湖的平湖秋月、苏州拙政园的倒影楼

属呈现着庄严；玻璃映射着时光；水静态展现着时间的永恒与凝结，动态展现着时间的流逝，激流代表着速度。材料通过时间的演进可划分为季节性的、周期性的、时间演进性的三种（表3）。

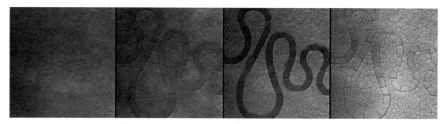

图10　Andy Goldsworthy的作品《Time》

材料分类　　　　　　　　　　　　　　　　　　　　　　　　　　　　　　　　表3

分类	特征	具体表现	材料种类
季节性	四季变换	软质景观包括水体、植物、土壤等在四级的变化	软质材料
周期性	生长周期	植物在不同生长周期的不同形态	植物
时间演进	时间积累	硬质材料随时间的演进呈现不同的时间特性	硬质材料

景观中材料变化的原因大致有四种：人对材料的使用活动、气候与老化的作用、生物的自然生长作用、不可预知的外力作用。

变化是时间的副产品，每一个景观作品从开始就在不断地变化与演绎，都需要时间的洗礼才会具有历史意义与价值。作为中国大地艺术的代表，云南的元阳梯田（图11）是哈尼族人1300多年来生生不息地"雕刻"的山水田园风光画。哈尼族开垦的梯田随山势地形变化，坡缓地大则开垦大田，坡陡地小则开垦小田，甚至沟边坎下的石隙也开

图11　云南的元阳梯田

田。1995年，法国人类学家欧也纳博士也来到元阳观览老虎嘴梯田，面对脚下万亩梯田，欧也纳博士激动不已，久久不肯离去，他称赞："哈尼族的梯田是真正的大地艺术，是真正的大地雕塑，而哈尼族就是真正的大地艺术家！"一座座的"田山"，仿佛就是一部非文字的巨型史书，直观地展示了哈尼先民在自然与社会双重压力下顽强抗争、繁衍生息的漫长历史。

2.3.2　人文时间

人文时间是指作为景观主体的人在其景观设计场所中对其历史文脉与记忆而引发的时间体验。景观是一个不断生长与变化的过程，也被历史压缩在一个特定空间里，景观自身承载着人们对于时间的回忆。

场地见证着时间与历史，是过去文化的再现。将景观营造作为改造、恢复记忆、场所和富有潜力的未来实践。场地遗留下来的事物展现了不同的起源、力量、活动、事件和人物所引发变迁的动态。例如中国的万里长城，是中国古文明的象征，承载着中华儿女和劳动人民的历史记忆。

徽派建筑作为我国传统居民建筑中典型的建筑流派，为我国带来了很大的精神财富，徽派建筑不仅仅是人们居住生活的地方，还是一种文化的传承，是人们心灵的归属。徽派建筑是中国传统文化——儒家文化的代表体现，徽商以"贾而好儒"著称，即重视教育，尊重儒家思想文化，拥有追崇读书的民风。

延续时间的景观设计手法，有"时间差"景观，将历史与当下、新与旧并置。例如位于纽约曼哈顿的高线公园，公园保留了一部分铁道的铁轨、枕木及碎石路基，提醒着场所独有的历史记忆。保护原有场地的景观历史元素、文化底蕴，以唤起观者对过往的记忆与怀想，成为可持续发展的景观。

风景园林大师亨利·阿诺德曾表明："历史延续性可以通过新旧的对比，而不是通过模仿过去的风格更好地实现。"

2.3.3　心理时间

法国哲学家亨利·柏格森首次将空间与时间问题加以区分并提出"心理时间"的概念，在他看来，时间并非

空间的概念化，而是具有独立存在价值的生命延续。

心理时间是指人们在其自然时间与人文时间的感受基础上，加之个人感受而产生心理时间的体验，又被称为主观时间。人们对某处场所产生体验感知；通过时间的流动性，感知到时间逝去与人事变迁，形成回忆体验；人们关注到现在与过去的时候，自然而然会对未来产生预期。过去、现在、未来互相影响与渗透（表4）。

时间维度的三个层面		表4
自然时间	人文时间	心理时间
自然成长、自然现象	人文事件、记忆活动	记忆时间、体验内心

通过体验也可以感受到时间感，情绪主观影响着人们对时间的感知。通常人们处于正面情绪时，会错觉时间流逝得飞快；处于负面情绪时，会感觉时间度日如年。也正因为这种错觉的产生，时空的界限变得模糊。

行进式景观设计，通过主体在景观中的活动获得对时间感的体验，旨在创造一种独特的体验与感知的过程，所谓步移景异，耐人寻味。在景观中，空间景象环环相扣，人们感受的时间也就越长。

中国传统园林有着多种造景手法，例如框景、障景、抑景、对景、借景等，若要充分领略这些丰富的景观，就需要观者在行进中慢下脚步，找到合适的观看角度，驻足观赏，细细品读这些景观要素给园林所带来的意犹未尽的"藏"的韵味。在这过程中，无形当中拉长了行走时间，在空间中产生时间错觉，在感官上扩大了空间的尺度（图12）。

建筑环境的时间性设计，还应与建筑的空间布局紧密结合，了解人们在游览过程中的行为和心理规律，从而使人们在动态游览的行进过程中，随时拥有可行、可望、可居、可游的体验。

《红楼梦》在描写大观园的规划设计时，就体现了这种空间性规划与时间性设计的联系与统一。《红楼梦》十七回细致描述了贾政等人入园观赏的时空序列：大观园中并非一进园门就看到大观园的主景，而是先出现一道翠嶂，由曲径假山景观的插叙才到达沁芳桥，再由沁芳桥到潇湘馆，再过去，是"稻香村"。此后，"转过山坡，穿花度柳，抚石依泉，过了荼蘼架，入木香棚，越牡丹亭，度芍药圃，到蔷薇院，傍芭蕉坞里盘旋曲折"，才到"蓼汀花溆"。再过去，方是"蘅芜院"及"怡红院"，其他景点的匾额上，题有"梨花春雨"、"桐剪秋风"及"荻芦夜雪"等。在"蓼汀花溆"景点中，还考虑到吾春花落的特征，注意在花园附近设置溪流，以形成落花流水的景观。这些都说明，在大观园的规划设计中，不仅在景点的布局上各有特色，充分考虑到前述的动植物配置和天文气象等因素，而且在路径的安排上，蜿蜒曲折，形成有前奏、有过渡、有高潮、有收束的空间序列。

这种开、承、启、合的空间序列，正对应游览过程的时间性序列。令游人在观赏的时间历程中，享受到步移景异、渐入佳境和回味无穷的心理效果。在这里，空间性设计和时间性设计浑然一体，不分彼此（图13）。

2.4 景观中的"时间"要素组织手法

2.4.1 时间序列

时间是一种体验与感知的过程，这就需要设计师通过一个时间序列来体验景观设计作品。时间序列的设计方式有正序、倒序、混合时间序列等。正序是活在当下，享受当下，体现认同感、归属感；倒序是从时间的终点起步，向时间的起点前进，体现怀旧感、历史感；混合时间序列运用散乱、重构、突变、模糊等手法，形成混乱的时空体系，突出时间维度。

叙述历史进程的手法是一种"体验设计"，采用线索串联的方式展开。

图12

图13 大观园平面

如劳伦斯·哈普林设计的罗斯福纪念公园。

置换重构其实就是借助历史来讲述今天的故事，主要就是运用解构的手法，对过去景观的更新设计与再利用。景观的历史文本被重新解读，正所谓"一千个读者就有一千个哈姆雷特"，不同读者对景观的解读亦是多姿多彩的。如广东省中山市的中山岐江公园。

通感，又称移觉，就是把所有感官产生的感觉联系沟通在一起，借用联想来引起感觉的转移。通感让景观的"景"和"观"这两种物质形态打破其时空界限，它在两者转化的过程中，起到将景观的"景"赋予时间延长的一系列感觉的作用，包括触觉、听觉、嗅觉、味觉、心觉等。

2.4.2　线索跟踪法

在一段时间内，对于某些特征因子的跟踪调查，得到相应的变化规律，并融入景观设计中。

重庆嘉陵江受季节性水位变动影响，一年内要面临25米的消落带（黄花园大桥至朝天门段），巨大幅度并且反季节性的消落带使得嘉陵江、长江滨江带景观设计面临很多挑战。在这个生态过程与人工过程矛盾突出的地带，把"水"和"人的活动"等景观因子作为线索，建立起互动关系，形成景观过程的轨迹，这个线索的跟踪成了设计的关键点。这种方式试图创造一种并非被"设计"出来的环境，而是由各种系统和元素在一个多元交互网络中运动所形成的"生态关系"。

2.4.3　蒙太奇叙事法

蒙太奇是法语Montage的音译，原本就是建筑术语，意为构成组合装备。后广泛用于电影艺术中，意为剪辑、组合，即影片构成形式和构成方法的总称。爱森斯坦认为：蒙太奇是选择若干处在不同时空的元素及其序列用以表现某种特定的主题内容的技法。

叙事蒙太奇具有两个功能：叙事与表意。将其运用在景观设计中，打乱时间顺序结构进行拼贴与重组，可以实现时空的穿越，形成一种独特的时间观。时间不再是距离，而是一种独特的创造性。

蒙太奇叙事法可以将设计中时间与空间的概念很好地联系，并且有效地叙述其中的景观设计意图。将景观过程理解为一个故事或电影，景象就像是一个一个的镜头，景观空间序列为故事的开端、发展、高潮、尾声等脉络，并且"情节"编排根据时间的长短不同可以形成节奏的变化。根据时间的平行交叉、颠倒连续将不同的景观素材"剪辑"起来，交代情节发展，展示事件的原委。

2.4.4　场景推拟法

场景推拟法就是假设某一演变规律（自然进化规律、植物演替规律等）推测、模拟一系列以时间进程为基准的场景，从中不断地调整"参数"，使景观演进的过程达到人们预想的状态。

Field Operation设计事务所在2002年就做过这样的尝试——以"生命景观"为主题的纽约清泉公园。这是一个由3个阶段组成、历时近40年的发展计划。James Corner领导的菲尔德设计团队不仅延续了景观生态设计理念，而且拓展了生态和生命的内涵，将场地景观在历史基础上的自然生长也看成是历史生命的延续，基于时间的变化，模拟出方案所呈现的未来场景。

第3章　时间维度的景观表现

根据时间维度的划分，可分为三个层次：表象（自然时间），感知（心理时间），文化（人文时间）。

3.1　表象——材料的变化

现代景观设计中，材料时间语言的应用，旨在延伸和拓展场地时间维度的价值，在有限空间中体现丰富的时间感。设计师可利用材料的时间语言，抓住瞬时性要素与历时性要素，唤醒人们对场地历史内涵的感知，或是感受时间的瞬时感与变幻莫测。

可通过场地材料固有的时间感唤醒对消逝过往的回忆，或是通过时间语言记录每个时间过程的积累和变化。

3.1.1　软质材料

植被在生长周期当中，植物形态、色彩都表达出不同的时间内涵。幼苗代表着新生，花开花谢代表着时光流逝，硕果累累代表着时间的累积。植被在四季变化中，植物单体基本呈现出"春萌芽，夏繁盛，秋凋零，冬萧瑟"循环交替的自然规律。

3.1.2 硬质材料

包括材料本身的理化变化，例如混凝土、金属、塑料的氧化、侵蚀、腐烂和化学不确定性，昆虫或野生动物的袭击造成的损害，以及材料的收缩和裂变造成的尺寸改变；也包括材料表面和纹理等外观的变化，例如破裂、气泡、褪色、缺口、划痕和保护层破坏；另外还包括在景观当中运用丰富又具有特殊性的植物材料随季节变化的枯荣以及生命的兴衰变化。

色泽柔和、质感亲切、形状自然的中国传统园林材料，如木材、陶瓷、砖瓦、异型未抛光切割的石材等，蕴含的时间语言丰富，表现出庄重、古朴、传统的历史沉淀。而光滑、切割齐整、形状规则的金属、玻璃、合成材料等现代材料，表现出的时间语言单一，体现现代感和当代气息。

强耐久性材料经历长时间风化和老化都不易察觉，体现时间的永恒。耐久性较弱的材料很容易留下时间的痕迹，时间语言积累丰富，凸显时间的流逝与厚重。

3.2 感知——空间的体验

在我国古代的园林中，结合感官体验并进行设计的方法就已经显露出来，较富有代表性的就是视听感官体验结合的景观设计。如描写园林中的"雨打芭蕉"场景，每当下雨时，雨水从高空落下，打落在芭蕉的枝叶上，场景中芭蕉的姿态与雨水打击所发出的美妙音律，构成了一幅声景相结合的画面。让处于这样场景中的文人墨客激起了无限的遐想，留下了篇篇赞美诗词。而且在古典园林中还有对多种感官体验的运用表现，从一些古诗词中，就可以体现出来。如著名诗人王安石所写的《咏梅》，就冬天园中所看到的几枝盛开的梅花和嗅到的梅花隐隐传来的香气，两种感官上的体验结合当时的情景，使作者作出了寓意深远的千古名句。这些集合多种感官体验进行设计的景观也是当今环境艺术设计的典范。

3.2.1 感官体验

1. 视觉要素

采用形态、空间的差异影响视觉感知。人的视觉是通过点、线、面、体、色彩、光影这些基本要素来构成的。位置因素在视觉感官体验中要特别注意。当体验者在一个空间中不断运动时，就会产生不同的位置变化，就像人们通过道路来进行游览观光，途中可以停在一处驻足欣赏，又可通过分叉、斜坡的位置延伸改变观察点，从位置变化中感受到不一样的视觉体验。

运用色彩渲染视觉感知。人对色彩的感知会形成生理上的冷暖、距离与轻重感，为满足更好的视觉效果，色彩在运用上也会进行精心的设计，组建有序的色彩搭配。在四季当中，每个季节所呈现出的色彩也不尽相同，俗话讲"春绿夏红秋黄冬白"，描述的就是季节的整体色彩感觉。当然，除此之外，还应当关注每个季节或者节气下的植被有不同色彩的搭配，以及植被花期的交替衔接性，例如"春桃、夏荷、秋桂、冬梅"。植物的色彩是随着季节的改变而呈现出不同的季相特征的，如春花烂漫、夏树如荫、秋叶萧肃、冬枝苍劲。

利用光影构建视觉感知。光影的强烈对比能让空间变得更有深度、更有层次，也可以使空间形成虚实的对比关系。灯光设计的运用，更深入展现了空间的多变性，科学地使用光影会更深程度地丰富人类的感官感受。

2. 听觉要素

通过创建自然声来体验听觉空间中的时间、空间。自然的声音源自大自然中个体所发出的声响，包括动物发声和自然环境、气象所产生的声音，如风吹树叶摩擦所产生的声音、清脆的鸟叫声、昆虫的低鸣声、风声、水声等。牛羊等家畜的叫声展现出田园生活的闲适惬意；鸟鸣溪流声展现出山谷的清新自然；湍急的瀑布声展现出自然的辽阔与壮美。自然声音的营造提升环境的生态质量。

人工声音是人类活动的产物，如一些乐器的演奏声、寺院的钟声、风铃声，以及人造水景瀑布、人造溪流、城市广场上的大型喷泉所迸发出的水声。在无自然声音的环境下，通过音响等设备模仿自然声音，来让人达到舒缓身心的效果。通过这些听觉上的体验给人们带来精神上的慰藉，丰富现代城市人们的心灵空间。

3. 嗅觉要素

用植物的气味创建嗅觉环境。在古典园林中，芳香观赏类的植物所散发出来的气味会为整个空间环境增光添彩。古语有道"重于香而轻于色"，就深刻体现了古典园林利用植物的香味提升整个园林的内在层次。

微气候中的嗅觉体验。人们通过嗅觉闻到各种气味，或浓或淡，香味或者恶臭直接影响着人们的身心感受与空间认知。设计师要充分利用气味景观所带来的正面作用，构建出舒适和谐、让人心情放松的空间环境。

用人工的气味给予人的嗅觉记忆。人们对于周边环境中具体景物的记忆可能会在一段时间后被渐渐遗忘，但对于嗅觉的记忆会保留很长的时间。在环境空间中，可利用不同的气味让人的情感产生微妙的变化，从而唤醒记忆深处的某些场景或是潜意识。

4．触觉要素

用手或脚的触感构建肤觉环境。人们对事物的感受会频繁地经过触觉来进行传递，通过手的触摸、皮肤的感受，让人对四周环境有一个直观的了解，这也是一种直观品鉴空间的行为。在这些环境空间中，人们还可直接通过触摸感受自然的生命力，感受空间所具有的内在精神。环境空间中存在着大面积的景观，这些花草植被在设计前应该进行触摸性的分类，大致可分为软质景观与硬质景观。其中软质景观就是受人亲近、强调体验的触觉景观，像植物、河流与动物、喷泉水景等。而硬性景观就是经过加工的建筑、地面铺设和景观中的小品等，这些属于人工性的可触摸景观。精心设计加工的路面与铺装有利于脚底的触觉感知。

在环境空间设计时运用可触摸植物的时候，可规划出能够观赏接触的植物花草区域，这样更有利于青少年的接触与探索。在植物中也有着多种拥有触觉感知的品种，像含羞草这类常见的植物，人们总是很乐意与其接触互动。而一些有毒的观赏植物要进行隔离或者圈围，在设计中要掌握这些设计要点，才能在环境中发挥出触觉体验应有的作用。

5．味觉要素

味觉感官体验与空间环境是有所关联的，而且不同的空间中会产生不同的效果，就像各个地方的美食能展现不同地区的物质生活和社会风貌一样。

从食物到植物的味觉体验。味觉感官体验有时需要在特定的环境空间中才能很好地彰显出来，在味觉体验过程中还有让人产生联想与回忆的功能，如美食园里的烤羊排能让人想到内蒙古的大草原，生猛海鲜能够让人想到海边的美丽风景。为了在有限的体验里搜寻无限的感受，设计师们已经开始注重美食与环境空间的有机结合。通过观光园中水果的采摘与果实的品尝，让人们在自然的环境中品尝食物的真实性，感受空间中的相同味道。

在环境空间中味觉感受与饮食的结合需要通过整体的配合来完成，所以对环境空间就要有一定的要求。味觉上的体验必须与环境氛围相协调，环境空间也必须满足味觉感官。两者间的相互作用会产生令人满意的味觉体验效果，如果表现出的整体效果不好，那么也同样会影响到味觉文化的形成。

3.2.2 认知体验

在运动过程中，对景观的感知会随着我们的知觉而变化，从而获得不断变化的视觉印象。中国古代造园家计成将这种现象概括为"步移景异"，说明了对环境的体验是一个包含运动和时间的动态过程。著名的"序列视景分析"理论认为，人在运动中视野不断变化，空间体验是一系列探寻和发现的过程，伴随着空间的过渡、对比，戏剧性的场景转换产生空间的联系和张力，使感知环境成为一种塑性空间的体验，从而激发感知者获得一系列的新奇、惊诧、愉悦的视觉趣味。

在中国传统园林的空间组织和布局结构中，柳暗花明、曲径通幽、别有洞天等皆是对园林中时空丰富体验的最好佐证。在现代景观设计中，设计师也常常利用空间序列的组织方式来加强游赏者对空间的运动感知，例如通过空间的大小、明暗、动静、开敞与封闭的对比来影响观赏者对空间的时间知觉。一个好的景观应是一个视觉连续体，呈现为一系列丰富变化的空间及景观序列。完整的景观感知应是静止视觉加上运动视觉的结果，之所以强调静止视觉是因为在一些局部地点或场所，景观感知具有恒常性，而运动视觉对局部或整体景观的感知具有普遍性。

时间是以主体体验为前提的事物，事件性景观述说着时间体验的复杂变化，通过景观、建筑、装置的建造，作品的排列与展示，依照参观路线和指南来解读展览的时间意义，并根据感官体验在客观事物构成的景观空间下产生情感反应，使参观者表达不同的建议和看法，在此过程中整个景观环境带有空间和时间特性，利用记忆、表象、思维等主观意识，反映当前感知的客观事物的属性，以寻求"时间"语言的刺激与变化。

3.3 文化——历史的进程

1．保护

对于现有的历史文化资源，如建筑、牌楼、雕塑、遗址、陵墓乃至植物等，应当加以保留和保护。这些历史资源是城市中的宝贵财富，承载着这个城市的文化，它们的存在为城市景观提供了规划设计的依据，很多景观都是围绕这些资源展开设计的，从而使自身具备了一种文化特质和设计的主题。而将这些历史资源盲目拆除则是极为不明智的做法。

2．解构

所谓的解构指的就是对结构进行分解的方法与行为。景观设计人员依据所要表达的内涵与主题，利用解构的方法将景观素材中整理提炼之后的地域、历史以及象征等符号，予以打破、分解，之后利用主观设计的表现意图，将若干个分解符号加以加工并组合，进而获得具备新内涵与艺术表现力的一个新形象。

这种方法为景观提供给城市景观设计的原素材以新的演绎与解读。在对城市景观进行设计的过程中，历史文脉元素经常通过解构的方法展现出来。对现代城市景观作品加以分析，发现其主体均是展现城市的地域特点、继承历史文脉，然而从其本质来讲，这些作品依然是具备现代美学色彩的艺术作品。景观作品可运用"加减法"对历史文脉素材进行加工，之后利用解构的方法对所获得的符号进行处理，使作品更加富有美感，进而让观赏者在对景观进行观赏的过程中体会到设计人员对历史文脉的敬仰。

3．共融

所谓的共融指的就是各个部分或者是事物互相融合。在现代城市生活中，人们与社会逐渐认可并接受和谐共融的思想理念，由于当今社会中存在很多种文化与思维，它们相互摩擦与碰撞，只有通过相互融合的方法，方能实现快速发展。而在艺术创作方面，共融同样是一种极为关键的方法，能够对多重内涵与思路进行有效的组织。利用共融的方法将历史文脉运用到景观设计中的实例有很多，例如西安的大雁塔北广场、大唐芙蓉园以及曲江池遗址公园等，在这些景观中都运用了共融的方法，它们都是以大唐文化作为主题的景观，都将现代城市和历史文化之间的共融关系展示出来。

结语

景观当中注重时间性设计，充分调动自然资源，结合人文要素，改变以往平面造型化的景观形态营造，打造满足可持续发展的景观设计，全方位提升设计的品质。

从自然时间、人文时间、心理时间三个维度进行空间设计，在古典园林中针对视觉、嗅觉、听觉、触觉、味觉等五感设计加以考虑，形成顺应自然又以人为本的空间设计。

通常规划师、建筑师在进行建筑环境规划设计时，重视的往往只是建筑环境的空间规划与设计，而忽视时间性设计。高层级的设计更要具备动态的时间观。这样才能更好地体现建筑环境永恒的魅力，体现对人的深切关怀以及符合生态和可持续发展的原则。

中国古典园林的规划设计，十分注意对时间性因素的考虑，达到空间性设计与时间性设计的完美结合。以古人关于古典园林时间美学设计的多种论述，以及造园景观营造的实例，归纳总结出园林景观从时间美学设计的一些方法论，时间美学的重点营造，应从宏观、中观及微观等不同时间尺度着眼，并注意从动植物的配置，天文、气象的变化，游览路线的安排和建筑布局等几个方面入手。

哈格里夫斯曾经说过："为什么静态的景观被认为是正常的？也许是该改变我们对美的概念的时候了。"天光的变幻，四季的变迁，气候的流转，岁月的成长，作用在景观材料上每一个细微的变化都常常让人忍不住惊叹和感动。时间的设计，应该成为景观设计体系中一个必要且重要的元素。

总结中国古典园林时间性设计的成功经验，对于今后我们在景观建筑规划设计中，结合思考时间性设计的维度，具有十分重要的借鉴意义。

参考文献

[1]傅松雪．时间美学导论[M]．济南：山东人民出版社，2009．

[2]吕帅．环境设计中的时间性审美[J]．设计，2017（5）：112-113．

[3]常兵，刘松茯，邱天怡.关于西方园林景观时间美学研究的几点思考[J]．中国园林，2012（11）：92-95．

[4]伊莎贝拉·伊内斯伊奥尼欧·帕拉斯克福普罗，瓦西莉奇·尼康奥索，鲍沁星.一等奖：时间的层级[J]．中国园林，2011（10）：46．

[5]金秋野，王欣．乌有园——绘画与园林[M]．上海：同济大学出版社，2014．

[6]柯林·罗，罗伯特·斯拉茨基.透明性[M]．北京：中国建筑工业出版社，2008．

[7]王园园．基于第四维度的现代景观设计应用探究[D]．山东师范大学，2016．

[8] 周维权．中国古典园林史[M]．北京：清华大学出版社，2008．

[9] 吴硕贤．中国古典园林的时间性设计[J]．南方建筑，2012（1）：4-5．

[10] 周容伊．强调"时间"的景观设计研究[J]．重庆建筑，2014．

[11] 郭恒，张炜．景观设计中时间维度的思考[J]．美术大观，2007．

[12] 罗枫，刘晓慧．景观设计中时间维度的表现[J]．南京林业大学学报，2012．

[13] 孟可鑫．时空交错的记忆："时间"语言的设计表现[J]．艺术百家，2013．

[14] 李华君，卜祥度，李险峰．储藏风景——景观材料的时间语言[J]．中国园林，2012．

[15] 康萌萌．环境艺术设计中感官体验的应用研究[D]．海南大学，2016．

[16] 姜婷婷．基于感官体验的景观设计研究[D]．南京艺术学院，2014．

山东省日照市龙门崮宜居大宅设计

Design of Livable Residence in Longmengu, Rizhao City, Shandong Province

1 项目概况

1. 课题要求

将多组徽派建筑迁移到山东日照龙门崮景区。研究内容符合研究课题：中国园林景观与传统建筑宜居大宅设计研究。

2. 设计用地要求

总建筑用地面积9175平方米。其中，A地块建筑用地面积5819平方米，B地块建筑用地面积2794平方米，C地块建筑用地面积562平方米；建筑限高30米；设计以A地块为主，其他地块自选。

功能定位结合调研及相关资料合理判断，确定设计主题；建筑主体不可突破建筑红线；建筑形式考虑传统建筑与现代设计手法结合；景观设计范围自定，需要考虑水域景观设计（图1）。

3. 设计要求

要求对场地现状进行系统的分析评价与规划，提出可行的设计原则；整体考虑总体布局与空间联系；要求进行生态、乡土文化和可持续性方面的考虑；对传统古宅进行现代化设计，并且利用现代设计手法加以创新；用地指标：符合田园综合体的设计要求。

山东与安徽自然环境和人文条件孕育了不同风貌的建筑样式，将徽派建筑原封不动地迁移到齐鲁大地容易"水土不服"，造成区域景观风格的混乱。为了整合区域景观风貌，可以结合当地自然环境，将徽派民居现代化和本土化，更好地融入本地环境当中。

2 前期调研分析

2.1 区位分析

1. 自然地理区位

项目用地地处日照市东港区三庄镇龙门崮旅游度假区内，山东半岛南翼，东临黄海40公里，北邻青岛、南接日照市岚山区，西通莒县，隔海与日本、韩国相望。经纬度为东经119°，北纬35°。

风景区崮顶海拔416米，有"鲁南海滨第一崮"之美誉，是国家AAAA级风景区、省级森林公园、省级水利风景区。景区内湖光山色、风景怡人；原生态资源丰富，历史传说众多。以登山祈福和水上娱乐项目为主要旅游内容，是集旅游休闲、商务会议、团队接待、汇报演出等于一体的休闲旅游度假区。

2. 交通区位与经济区位

地处环渤海经济圈与长三角经济圈的交叠地带。距离日照山字河机场44公里，约40分钟车程；距离日照站45.3公里，约60分钟车程；距离G1511入口35.5公里，约38分钟车程；距离青岛北站167公里，约2小时15分钟车程。

基地位于环渤海经济圈与长三角经济区的交叠地带，同时联结山东半岛城市群和鲁南经济带，处于两圈交会处、两带联结地，这为项目的发展提供了较好的经济发展基础环境及广阔的客源市场条件（图2）。

2.2 自然要素分析

1. 气候分析

暖温带湿润季风区大陆性气候，内陆、海洋气候兼备，冬无严寒、夏无酷暑，年平均气温12.6℃，年均日照2532.9小时，降水量916毫米，年均湿度72%，无霜期223天，空气质量国家一级标准（图3）。四季分明，适宜打造季节性景观。

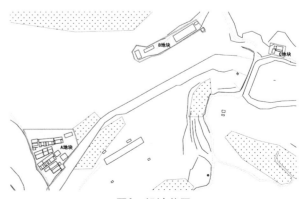

图1 设计范围

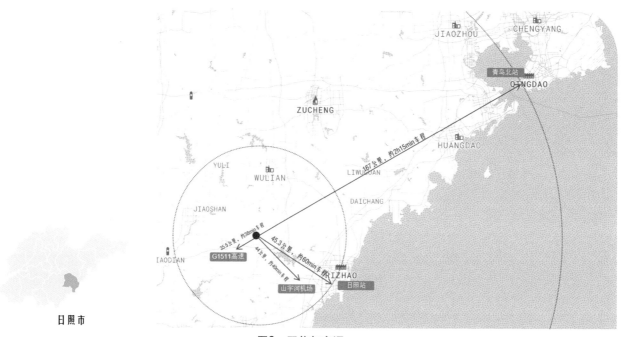

日照市

图2　区位与交通

	1月	2月	3月	4月	5月	6月	7月	8月	9月	10月	11月	12月
日最高气温（℃）	6	7	11	20	25	26	30	29	26	18	13	7
日最低气温（℃）	-1	0	3	11	16	20	25	24	20	12	5	0
降水量（mm）	NaN	NaN	NaN	NaN	NaN	NaN	NaN	NaN	NaN	NaN	NaN	NaN
降水天数	5	2	2	5	4	3	11	13	6	3	2	1

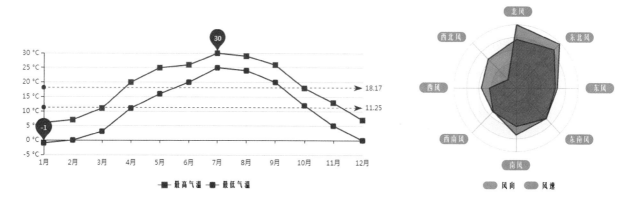

图3　气候分析

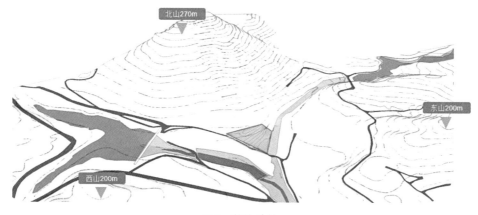

图4　整体地势

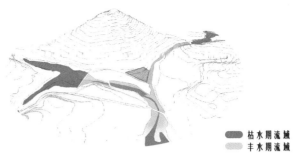

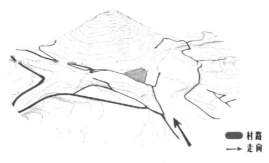

　枯水期流域
　丰水期流域

图5　水文分析

　村路
→ 走向

图6　路网分析

2．地形地貌分析

以岱崮地貌类型为主的山体成群耸立，雄伟峻拔；林地覆盖率较高。属丘陵地区，呈西北高、东南低的走势。地貌类型为：受温暖湿润—半湿润季风气候形成的侵蚀丘陵地。

位于浅山丘陵地带，拥有山地、平原、河流等多种地貌类型（图4），有利于层次化景观的打造，地形高差为主要处理难点。适宜发展康养综合体及特定文化创意产业。

3．水文分析

三庄河为规划区内的主要水系，为西北一东南流向，两条径流在下崮后村附近汇聚，在龙门崮景区处形成一段较宽的水面（图5）。

区域内四季分明，旱涝不均。地区内地下水补给性差，补给水源主要依靠降水，蓄水能力弱。水域季节性变化较大。可按季节性景观进行规划打造，依托区内三庄河沿岸打造河道生态系统。

4．路网分析

区域南侧有山海西路省道穿过，为整个景区的主要入口。村路主要为东南一西北走向，主要沿河岸延伸（图6）。建筑设计要考虑人和车辆到项目用地的方向，考虑建筑带给人的第一印象与认知体验。

5．生态分析

该地区生态环境较为原始、脆弱，重点服务功能是水土保持与水源涵养生态功能区。从生态学角度，其主导功能是土壤保持。

地区地带性植被为典型的暖温带落叶阔叶林，兼有北方温带和南方亚热带成分的渗入，落叶阔叶树有栎类的麻栎、栓皮栎等，针叶树有赤松、侧柏，北方成分有蒙古栎、糠椴、白桦等，南方成分有山茶、擦木、杉木、竹、茶树等。

日照有"候鸟旅站"之称，可随着1年中季节的改变而定时迁徙来变换栖息地。春秋两季，候鸟过境，停留觅食补充体能，形成特有的景观。

2.3　人文要素分析

徽派建筑是徽州人生活理念的体现，体现了他们对生活的追求，他们的建筑理念讲究舒适自然，在山水中寻求与世无争的生活。这种建筑设计理念对于现代人来说有着很大的吸引力，在快节奏的生活中，都市人希望可以找到一个安静的、自然舒适的居住地，以供他们更好地享受生活、体验生活的乐趣（图7）。

```
                    徽派建筑
        ┌──────┬──────┬──────┬──────┬──────┐
        形      色      质     空间    文化内涵
        │       │       │       │       │
      屋顶曲线   灰白   瓦、砖木雕  围合   四水明堂
```

图7　徽派建筑的人文要素

3　设计概念与策略

3.1　设计缘起

在实地调研中，从龙门崮风景区漫步至项目用地，山脉阻隔了视线，却由一条河流将两地联系起来。

当地树种—桃花

河床裸露、山石明显

迁移水鸟、养殖家禽

图8　村落现状

结合当地常见的植被桃花、项目用地与周边的河道关系（图8），联想到顺流而下的桃花花瓣，宛如一叶叶"花舟"，暗示上游的桃园景致，以诗意的方式吸引景区的人流至此。建筑也可如舟般轻盈。

"花舟"中的"花"指的是河中花瓣宛如一叶扁舟，强调景观的时间性；"舟"指的是建筑如舟般漂浮在花园里，强调建筑的轻盈感。

3.2 设计概念

概念主要有两条线索组成（图9），主要概念是时间美学，以时间维度的三个层面——自然时间、人文时间、心理时间展开研究。辅助概念为建筑的适应性，研究如何让建筑更加轻盈，更好地融入自然环境当中。

3.3 功能定位

空间中存在特定的时间，再加上人在其中的行为所产生的"故事"，三者共同影响成为闻名的景致。以著名的景点"断桥残雪"为例，雪后的西湖，石桥部分因光照融化，桥面与雪形成反差，另外有《白蛇传》的美好传说，空间、时间与事件构成了这个知名的景致。

"故事"指的就是本次设计的功能定位，是一个随时间变化有不同功能倾向的宜居大宅——徽派民宿酒店（图10）。区域内主要功能空间有：接待大厅、餐厅、茶室、曲艺馆、客房。

4 方案设计

4.1 设计场地

（1）场地尺寸与高差

设计区域面积：5819平方米

高差：8.43米

地形现状：设计用地呈现近似梯形的不规则形态；等高线为东西走向，地势北高南低；东侧距离较短，等高线密集，地势陡峭；西侧距离较长，地势较为平缓（图11）。

（2）建筑体块演变

建筑顺应地势等高线走向，由旧建筑和新建筑两个大体块进行体量上的裂变，调整空间视线与空间采光进行拆分，并置入内部庭院（图12）。

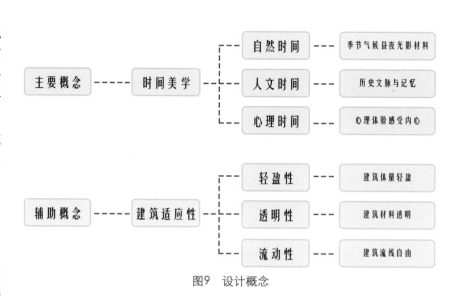

图9 设计概念

图10 功能定位

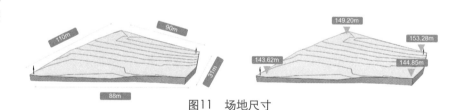

图11 场地尺寸

体块　　　裂变　　　拆分　　　置入

图12 建筑体块演变

4.2 总平立面图　4.3 分析图

总平面图（图13）

西剖面图（图14）

东剖面图（图15）

（1）功能分区图（图16）（5）种植分析图（图18）

（2）景观节点图（图16）（6）时间景观分布图（图19）

（3）空间流线图（图16）（7）材料分析图（图20）

（4）建筑分析图（图17）（8）其他设施图（图21）

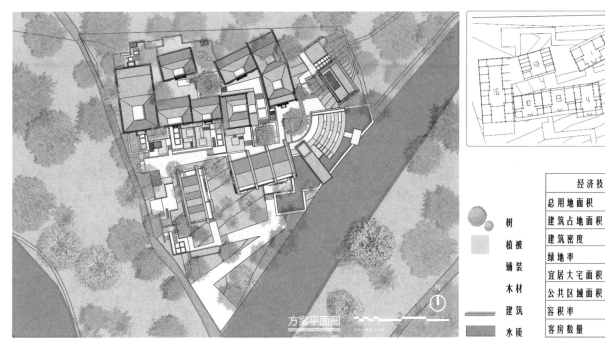

经济技术指标	
总用地面积	5819m²
建筑占地面积	1520m²
建筑密度	28%
绿地率	62%
宜居大宅面积	1020m²
公共区域面积	500m²
容积率	0.6
客房数量	20

迁移建筑编号

树
植被
铺装
木材
建筑
水质

图13　总平面图

图14　剖面图1

图15　剖面图2

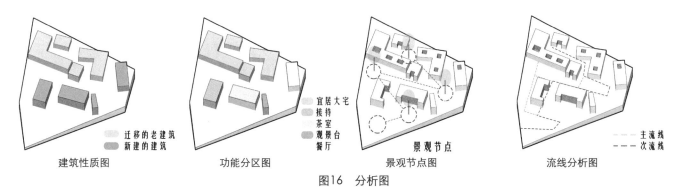

迁移的老建筑
新建的建筑

宜居大宅
接待
茶室
观景台
餐厅

景观节点

主流线
次流线

建筑性质图　　　　功能分区图　　　　景观节点图　　　　流线分析图

图16　分析图

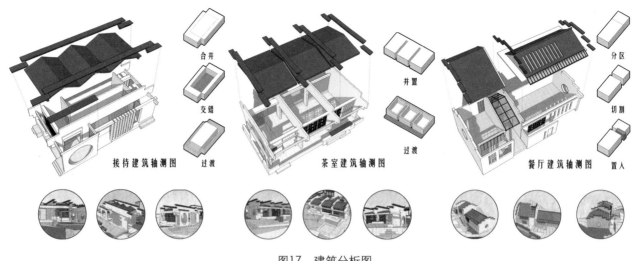

图17 建筑分析图

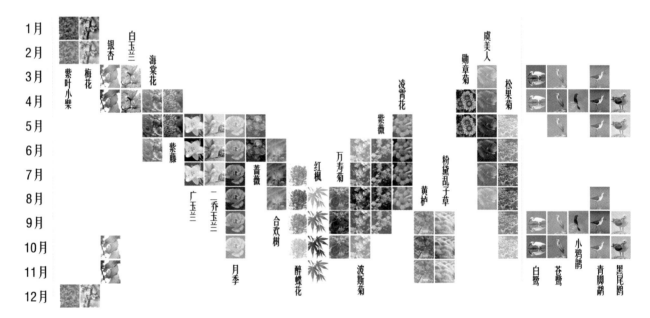

图18 种植分析图

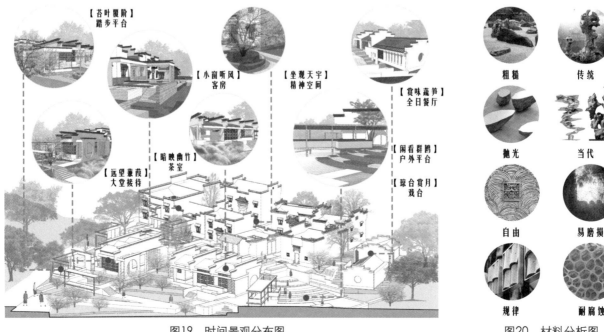

图19 时间景观分布图

图20 材料分析图

图21 雾喷装置图

　　路边的排水槽中装有改装后的雾喷装置：夏天将水汽排出，起到降温的作用；冬天将暖气的废气排出，可以融化积雪，满足绿色可持续发展的要求；雾气可以起到渲染氛围的作用。

4.4　效果图

（1）轴测图（图22）

（2）透视效果图（图23、图24）

4.5　技术图纸（图25）

图22 轴测效果图

图23 透视效果图

图24 透视效果图

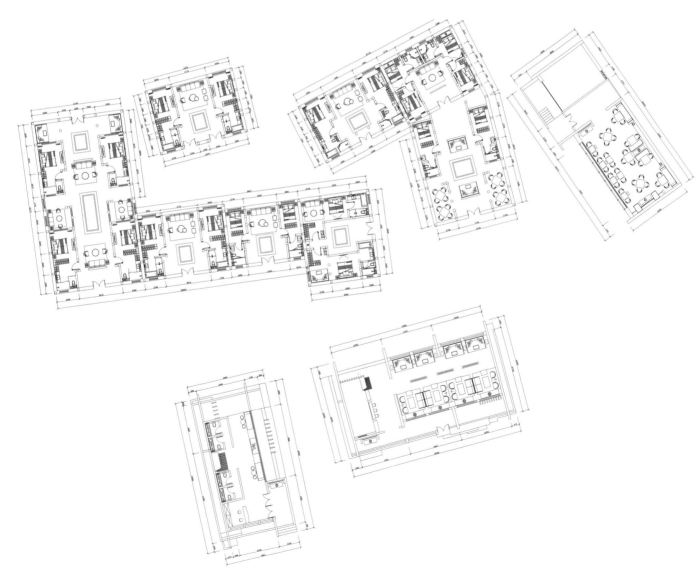

图25 技术图纸：室内布置图

传统徽派建筑易地修复与展示设计研究
Study on the Restoration and Display Design of Traditional Hui Style Architecture
日照龙门崮花朵子水库村落建筑设计
Architecture Design of Longmengu Huaduozi reservoir in Rizhao

广西艺术学院
黄开鸿
Guangxi Arts University
Huang Kaihong

姓　名：黄开鸿 硕士研究生二年级
导　师：江　波 教授
学　校：广西艺术学院
　　　　建筑艺术学院
专　业：艺术设计
学　号：20171413387
备　注：1. 论文　2. 设计

传统徽派建筑易地修复与展示设计研究
——以日照龙门崮花朵子水库村落为例
Research on the Restoration and Display Design of Traditional Hui Style
Architecture in Longmengu, Rizhao City, Shandong Province

摘要：徽派传统建筑是我国目前保存较为完好的特色传统建筑之一，其保存的风土人情、历史文化等重要因素形成系统，拥有非同寻常的影响力和魅力，见证中华文化的发展和社会进步。但随着我国日益加快的城镇化建设，传统建筑村落的聚落形式、生活习惯受到严重影响，人对于空间的使用有着不同类型的需求。传统建筑对此显然已无法满足，因此对于传统建筑的修复保护及改造利用势在必行。文章所研究的徽州地域内受损的徽派传统建筑群易地于山东省日照市龙门崮风景区花朵子水库旁自然村落内进行相互结合和修复利用。对于基地而言，所处区域经济发展较为缓慢，而龙门崮风景区整体属于尚在整体规划建设的区域，对于迁建和保护传统建筑有着较好的缓冲条件；而受损迁移的徽派建筑于其本身而言，在当地已经没有保存的条件和空间。将这些受损较为严重的建筑迁移是目前可行的方案之一，在新的地界进行修复和改造形成新的场所建筑。

关键词：传统徽派建筑；易地迁建；修复与改造

Abstract: The traditional Hui-style architecture is one of the well-preserved characteristic traditional buildings in our country at present. The important factors of its preservation, such as local customs, history and culture, form a system with extraordinary influence and charm, which witnesses the development of Chinese culture and social progress. However, under the background of the accelerating urbanization construction in China, the settlement form and living habits of traditional construction villages are severely affected, and people have different needs for the use of space. Traditional buildings obviously can not meet this, so it is imperative to repair, protect and transform traditional buildings. The traditional buildings damaged in Huizhou area studied in this paper are integrated and restored in the natural villages beside Huaduozi Reservoir in Longmengu Scenic Area, Rizhao, Shandong Province. For the base, the regional economic development is relatively slow, and Longmengu Scenic Area belongs to the area still under overall planning and construction, which has better buffer conditions for relocation and protection of traditional buildings; for the damaged and migrated Hui-style buildings, there is no preservation conditions and space in the local area. Relocation of these damaged buildings is one of the feasible schemes at present. It is necessary to repair and renovate these damaged buildings in new areas to form new buildings.

Keywords: Traditional Hui-style architecture; Ex Site relocation; Restoration and reconstruction

第1章 绪论

1.1 研究的背景

近年来，随着改革开放的不断深入与发展，我国国民经济总量实现了持续、快速、稳定的增长，人民生活水平不断提高，加上我国的新农村发展持续推进，乡村旅游发展业如火如荼地进行，粗放化大众旅游向精致化小众旅游转变。城镇化的工业式发展，迅速蔓延到了乡村，乡村城市化的冲击已经对我国乡村景观、古村落风貌产生了前所未有的影响，一部分古村落传统建筑会因为年久失修等原因而在轰轰烈烈的"变革"中成为牺牲品。

面对传统文化、乡土气息日益淡薄的今天，我们需要利用何种特殊的方式激活村落成为重要的研究方向。而今在政府政策下，原场地居民已搬迁至安置房中，搬空的场地与转移的传统建筑这种新的组合方式为当下的研究注入了兴奋剂。同时，就我国这一时间段的传统村落保护发展问题，具有强烈的现实主义意义，对于我国社会主义新时代传统村落保护研究具有相当大的促进作用。

1.2 研究目的及意义

人们聚居形成村落，从一砖一瓦的搭建与兴修，到一草一木的栽培与耕作，人们在长期的生产生活中与自然相互作用，创造了村落独特的自然与文化遗产。本课题就此环境下探讨研究将10余栋存在不同程度破损的旧村落传统徽派建筑易地迁建在山东日照花朵子水库东南角村落中，其修复及改造方法对于激活周边村民文娱生活和乡村旅游业的发展具有一定的影响。强调建筑材质乡土化、旅游体验乡土化、度假氛围乡土化，不仅注重古建筑的保护修复、生态环保的呈现，更重要的是还要引导当下文化的形成和传承。

所要考虑的是"以人为本"，所做的是服务于人的需求。对于传统徽派建筑易地修复和改造有着明确的想法，是要满足于人的生活方式和提供他们需要的一些场所，空间被赋予社会、历史、文化、人的活动等特定含义之后才能称为"场所"，我们用设计手段激活用地，辐射周边村庄、村民。

（1）本案首要目的是保护易地迁建的传统徽派建筑，在修复方法和内容方面进行讨论。

（2）通过单体建筑再设计，在传统徽派建筑内融入展示手法，形成具有匠人工坊、陈列展示和体验区的综合空间。

（3）通过自然环境、建筑表达等方式创造场地条件，引导周围民众在使用中以当地人文风貌介入，形成集集会、公共活动于一体的新型"精神场所"。

1.3 国内研究现状及分析

国内对于"传统建筑保护"层面的研究较为完善，国家对于该内容也较为重视，其中学科分类以"建筑"、"城规"、"美学"为主；对于"传统建筑修复"层面却形成强烈反差，文献资料资源类型多为硕士论文层次；用"徽派建筑保护"、"徽派建筑修复"、"徽派建筑改造"等词条进行搜索后，结果也是显而易见。目前，在国内的研究内容中传统建筑保护的研究体系较为成熟，时间遍布较广，对于传统建筑结构、形态都有详细记录和分析。在关于传统建筑的重新利用上，现阶段设计重点已然偏向于室内、陈列设计，或许这方面的研究更容易在短时间里获得成果，这导致目前对于整体研究没有足够多的理论支撑。研究时间也趋向于2015年之后，可以发现对于这类现象的研究是目前学术主攻的方向。关于"徽派建筑的修复和改造"的研究方向是较为空虚的，本文希望通过一系列分析、设计能对此方向未来的研究有所帮助。

1.4 研究方法

（1）文献研究法

研究背景、目的及意义，参考有关"传统建筑保护与修复"、"传统建筑迁建"、"徽派建筑"、"旧建筑改造"等方向研究资料并从中提取丰富理论基础。

（2）案例研究法

在研究中，调查研究相关案例，包括乡土生态建设、建筑改造、村落振兴等项目，横向对比各自优劣点和特色部分，尝试总结这些作品精华部分进行吸收。

（3）实地调研法

多地调查和调研，通过对当地村民、居民等运用采访、调查表等手段，进行统计和类比分析，对该地区进行总结。

（4）比较分析法

把相关案例、文献、调研结果进行对比，寻求相似和相反，找到相通性和相斥性。

（5）总结归纳法

将以上材料归纳，进行整体分析，总结出可借鉴之思路。概括内容，提取思考内容和分析结果，并与相关材料结合进行思维重组，修正现阶段结论的正确性和可行性，加深认知。

第2章 相关概念阐述

2.1 传统建筑易地迁建产生的背景

中国传统古村落是人文风情的综合载体，其在历史、文化、美学、旅游等方面都具有相当比重的价值和影响，在反映传统文化遗产方面具有很强的代表性和典型性。全国传统村落空间分布具有显著的空间自相关性。空间分布并非表现出完全的随机性，而是传统村落分布规模相似地区在空间上趋于集聚，两极分化现象明显；全国传统村落空间的布局具备一定的规律性。其中村落分布密集区域主要在南方地区，分布较为散落主要在北方地区，表现出明显的南北差异，由南向北呈现出密集—较为密集—较为分散—分散的梯度格局。

而今在古村落及传统文化自然村落遍布的南方地区特别是少数民族区域，随着时代发展，村落格局发生着强烈的变化，年轻人向城镇地区迁移，"空村"日益增多。久而久之，传统文化、村落文化、传统建筑文化有着淡化及消失的趋势，出现严重的逆增长现象。对于建筑来说，"以人来而生，以人去而亡"，建筑本身即是场所，场所是以人为中心构建的，即无人的建筑构成不了场所，这样的建筑是无生气的，随着时间变迁会自然而然地衰败。对于这样的情况，一味通过乡村旅游以发展第三产业经济吸引在外务工青年返乡发展第一、第二产业是不可取的，现阶段将无法自行恢复的传统建筑文化进行迁移，重新规划原有地区，将建筑修复改造迁向北方是另一种思考和研究的方向。

南方经济的飞速发展是显而易见、无法阻挡的；北方地区发展形势放缓，处在平稳过渡时期，却可以通过乡村旅游的方向打开新的发展模式，而设计师可以在这片土地上大展手脚，通过传统修复、以新破旧、新旧融合等方式对迁建传统建筑进行设计。在大体上保留了我国传统文化的同时，进一步打开设计新思潮，推动我国艺术设计大革命。

2.1.1 乡村传统文化保护

传统村落是指具有一定发展历史，延存至今且保留较为完整的乡村聚落形式，同时也是地域传统文化、民俗风情的重要载体，在反映传统文化遗产方面具有很强的代表性和典型性，因此对传统村落进行研究具有重要的理论和现实意义。党的十九大报告明确指出，实施乡村振兴战略，而乡村振兴离不开传统文化的引导。乡村传统文化是朴素的、传统的，唤醒当代人继承发扬乡村传统文化是急迫的，也是必要的。乡村文化保护和传承要严谨而有计划地进行，不能大刀阔斧地一改再改，传统村落已然经不起折腾。"深入挖掘中华优秀传统文化蕴含的思想观念、人文精神、道德规范，结合时代要求继承创新，让中华文化展现出永久魅力和时代风采"，是十九大报告内容，也是保护乡村传统文化的重要步骤。集体主义精神、家乡文化认同、故土情结在当今青年身上逐步减弱是目前要解决的问题之一，也是广大设计师包括村镇干部需要关注和侧重的方向，乡村传统文化的保护，不能只存在于建筑扩建、使用面积扩大、绿化面积的堆积等这些浅显层面上，更要从深层次了解当地传统文化，从当地人民需求上入手。

2.1.2 传统徽派建筑格局

传统徽派建筑具有相同性，同时也具有相异性。徽州古民居受传统文化、地理位置等的影响，建筑形态是较为独特且统一的。传统民居多以粉墙青瓦、马头墙、三雕（砖雕、木雕、石雕）、高脊飞檐、曲径通幽、楼台水榭等组合而成，多为三间、四合等格局的砖木结构的多层楼房。平面构成有"口"形、"凹"形、"H"形等，而"H"形、"日"形等也基本源于基础的三间式或四合式组合而成多进空间。建筑可以随着家族人口不断增加而层层累加，一进套一进。每进皆有天井，以增加采光、通风、排水空间，满足在高墙深宅之下室内的各项需求。雨水通过天井四周的飞檐流入阴沟，被称为"四水归堂"，体现当时徽州人聚财、敛财的愿望。此为传统徽派建筑最为显著的特点。天井是一座徽派建筑的中心，而正堂则是中心的中心。正堂与天井一样处在对称轴上，位于顶部。所有室内空间都因正堂而联系在一起，正堂中最靠上的位置是主位，两侧则以靠上为尊。

正堂两侧是厢房，一般厢房朝外侧，不开窗，仅在过道内侧开窗，屋内也较为昏暗。内部为木板框架结构，上方架空部分设有通风口，外部为石板。天井两侧是过间，功能则较为多样化，常为居室，也可作为厕所、厨房、杂室等。过间有时也可作为通向另一进的正堂，但这也只存在于多进建筑群中。楼梯做法最常见的是设置在正堂后，一般楼梯走势与水流一致，也有的设置在过间，或者于建筑外部。

2.1.3 山东日照传统文化

山东素称"齐鲁之邦，礼仪之乡"，民俗风情多样，生生不息。日照市地处山东省东南部，是一座沿海城市，历史悠久，传统文化资源丰富，包括大汶口文化、龙门文化等文化遗址。

1. 黑陶文化

黑陶是日照市历史文化一道亮丽的名片，在日照境内出土的陶器被历史学家称作是"原始文化的瑰宝"。黑陶的制作工艺已流传四千多年，已然形成独具一格的黑陶文化。陶器内外均为黑色漆状，反光度高，带有较为纯朴的古典美，而朴素典雅也是人们追求和收藏的原因之一。

2．日照茶文化

日照绿茶是我国国家地理标志产品，是世界茶学家公认的三大海绿茶之一，日照绿茶的汤色黄绿明亮，味浓清幽、甘醇清甜、叶片厚、耐冲泡等是其特点。日照茶文化实则是"南茶北引"的硕果，作为我国最北的特色茶叶产地，也是日照八大名片之一。

3．太阳文化、太阳节

日照是世界五大太阳文化起源地之一，古人祭祀太阳的地方坐落在日照中部沿海地区的天台山，距离国家级历史文物保护单位尧王城仅4公里。记载中天台山祭坛是尧王城古国（"十日国"、"羲和之国"）的大型祭祀场地。在日照地区逢六月十九，当地居民便将麦子做成太阳形状的饼来供奉太阳神，这样的习俗延续到今日。

4．海文化、海祭

祭海是沿海城市的特色习俗，开海前祈福一切顺利，丰收而归。海祭演变至今已成为渔民出海前的庆典，渔民在盛典之日穿上华丽衣裳，将各式各样供品摆于案台，于鞭炮声中加入表演，渔民在打渔歌、胶州秧歌等欢快节奏的当地音乐与舞蹈之中驾船出海，开始新一轮的捕捞。

5．日照农民画

日照的农民画沉淀多年，改革开放后成为别具一格的特色画。农民画当时在中华人民共和国成立之初作为宣传海报，农民在务农闲暇之余在街道墙壁、门帘等地绘制而被称之"农民的画"，以风格迥立、内容鲜明、色彩饱和闻名，是一种民间艺术，是农民向往美好新生活、表述内心情感和审美的体现，是具有民族性的乡土文化。日照农民画是我国著名的"三大农民画"之一。

2.1.4 传统建筑易地修复的方式和方法

传统建筑保护方式大致可分为三种，第一种是就地复原保护，第二种是搬移异地修复保护，第三种是原址重建保护。在传统建筑民居保护状况日趋恶劣的情况下，易地修复是一个特殊的方法，在目前整体环境下能更好地保留现有的民居，延续传统村落文化，在异地通过设计手段将建筑与场地有效结合，形成原址文化与当地文化共建的融合空间。徽派传统建筑目前形态大致分为保存或修复较好的建筑群、列为保护单位的古建筑群以及未被列入的老宅，前两者均可以在政府保护、旅游带动经济下充满生机，而后者却是目前大部分传统建筑存在的困境与难题，部分建筑已破损严重，或面临坍塌情况，加上设备设施条件满足不了当代人使用，部分户主选择拆除而新建楼房；又有户主于其他地新建楼房，老宅处于空置荒废状态；还有村民将精致构件拆除售卖，剩下破损不成套的大框架结构等。目前易地修复建筑应当以这部分老宅为主，通过修复和改造的手段促使破损的徽派传统建筑重现生机，成为迁建于新场地后的特色建筑。

徽派传统民居主体为木榫卯结构，外部为青砖，顶为小青瓦，整体拆除、组装、运输较为方便。在迁移前首先要做的是测量和绘图，包括对榫卯拼接部位的安装拆卸方式和方法做出细节导示；其次对相应材料进行编码存放，安装则按照编码顺序进行。在搬迁过程中，会有很多材料，这些材料会被保留和转移，有利于将来恢复建筑外观，严重损坏的材料会被替换。对于马头墙、瓦片等，由于搬运较为困难，一般选择拆建后遗弃。这种现象实际上是应当避免的，每个地方的特色表现在建筑上，建筑的特色则表现在材料上，材料负责构建人与空间联系而形成场所，对于当地文化而言任何材料都具有相应的价值，应当一同迁移。每一座徽派传统建筑都有时代的痕迹，人们在生产生活中与之有着密切的联系，可以从中感受到独特的民俗风情和历史文脉。受损材料被丢弃是令人遗憾的，在这种情况下，可以考虑对损坏的材料进行重新设计，使之成为雕塑装置、特色陈设品等。

2.2 案例研究

1．杭州富阳东梓关

为了改善当地村民的居住环境和生活条件，当地政府进行回迁安置，打造出了这一片新农居示范区。建筑从杭派民居风格中走出，既拥有江南的韵味又反映出现代设计的思想。兼容并蓄、百花争鸣的特点在新建建筑上表现得淋漓尽致。全村遗存有清末民初建筑百余幢，"许家大院"、"官船埠"、"越石庙"、古驿道等历史古迹修缮如故，而新村设计突破传统设计手法，在理念上进行创新，外立面打破传统，采用现代的设计语言抽象屋顶线条，并且最大化地采用当地材料，使得村落建筑和环境营造更具归属感。设计师尝试用一种抽象、写意的符号，构造出一种在空间上有收有放、有院落也有巷弄、具备江南神韵的当代村落。

2. 望庐·庐山归宗寺酒店

庐山归宗寺酒店是对旧民房的改造，"望庐"既是望庐山，也是坐看庐山之下的这间"庐"，可谓是一语双关。整体建筑分为两个主体，旧体是两面墙之中的旧房，新的部分是通透玻璃围合而成，形成强烈反差。

景观简洁大气，运用传统园林与现代景观手法结合，采用砾石、青苔、石板以及原本就存在的老树等，展现出怡然自得、雾里看花的意境。

室内多采用竹、大理石板及木质材料，与室外材料相互呼应的同时，展现传统文化与当地特色产物，使得室内空间灵动而不显得冷清。在保留传统结构的同时将它们美放大化，不破坏建筑完整性的同时又能向游客展示现代设计风格和提升居住使用的舒适度。

3. 乌镇谭家·栖巷自然人文村落

栖巷是改造设计的酒店，从室内空间等方面展示出传统江南文化与现代生活的交融。通过简洁明了的直线，色彩上黑、白、木色的大量使用，以及铜、水泥、石材、木材的运用，以达到消除传统与现代屏障，将情怀融入设计的初衷，多元化陈设、家具是室内空间的亮点，打造轻奢风格，透露严谨姿态。

4. 黄山市闪里镇南仕堂改造

南仕堂原本是一家药店，也是村落入口，面积约80平方米。现如今改造成村落接待中心，改造不能加高，建筑融入村落，成为村落标志性建筑。改造后造型上保留马头墙形式，在材质上却使用木条搭建网格框架，结合现代玻璃砖，使建筑充满趣味性和可视性，增加采光照明度。内部采用传统木结构梁柱系统，塑造气韵和精神。延续古徽州地域"肥梁细柱"的特点，将粗大柱子分割，成为四个细柱，增加梁的数量形成双梁，截面采用传统方柱、方梁，形成新态旧韵的结构形式。

5. 太阳山艺术中心

这是藏在商业街之中的四合院老宅，改造后成为多功能艺术馆。艺术中心一楼是展厅入口和书吧，书吧和展厅之间由一道老墙改造后的门墙作为联系，每一层之间相互贯通，通过旋转楼梯相结合。整体大致分为油画展厅、综合展厅、多功能厅及咖啡吧、书吧。室内多采用旧物原态和旧物改造后的家具和装置，包括百年老墙、沉船木系列座椅、古钟、石磨等，通过这些设计唤醒人们渐渐遗忘的东方传统文化和岁月震荡留下的回忆。

2.3 本章小结

本章通过文献、调研等方式提取关于徽派传统建筑易地修复及改造等内容，并通过现有的国内改造案例对传统建筑的改造有了更详尽的解决思路。对于易地迁建的传统建筑首先要考虑的还是原有文化与迁建地文化衔接的问题，其次是针对人群以及使用方式的问题。结合材料层层分析，得到切实有效的具体办法，将场地规划、建筑外立面设计、室内设计等相结合，不能进行单独分割，保证整体统一和谐，融入现代设计元素，符合当下人的生产生活需求。在保护传统徽派建筑的同时发扬两地文化，并激活用地，使之成为日照市特色传统文化保护基地。

第3章　传统徽派建筑易地修复研究

3.1　传统徽派建筑易地迁建的修复方法

3.1.1　建筑迁建整体思路

传统徽派建筑迁移工作是一个较为漫长的过程，在收编的15栋建筑中，外墙及内部木结构保存较为完好的有3栋，外墙和内部结构有受损情况的有6栋，内外皆存在一定破损的有6栋。以平面尺寸而言，尺寸多在8m×8.6m，9m×10m，大多数占地面积是相近的，均为两层建筑。第一步将其排序为1号建筑至15号建筑，第二步是对每栋建筑运送的材料进行编号分类。原则上来说，对于保存较为完好的整体应进行迁建；对于损坏内部木结构的2、3、4、6号建筑应将外墙进行迁建，内部结构分配到其余材料中备用；对于内外皆受损的建筑分别考虑修复程度及价值后再分配。

3.1.2　木结构修复方法

1. 受损类型

（1）开裂：木材外部容易受潮，相比内部更不容易干燥，内外收缩不一致而引起裂缝，在不断累积外力撕扯下产生开裂现象。

（2）糟朽：木构件长期受潮，发生糟朽几率相当高，特别是柱根位置，对整体木结构而言是具有毁灭性破坏的。

（3）挠度：木建筑木梁在长期负荷下，抗压能力下降使得木梁弯曲、破坏外观、影响美观。

（4）拔榫：榫卯是木梁、木柱之间相互相连的契合点，长时间外力影响下，木材发生以上三点等情况，会促使节点之间发生拔榫情况。导致抗压效果差、受力效果降低等，严重会导致整体木结构形变甚至坍塌。

2．木柱修复方法

（1）木柱外部轻微受损，仍能承重负荷的情况下，可进行修补。进行干燥和防腐处理后的材料应以原尺寸进行替换和固定。

（2）当木柱根部受损较为严重时，应将部分木柱糟朽块剔除，换上新补材料，并利用相同材料做搭接，利用榫卯形式将新旧材料固定。

（3）木柱损伤程度严重，或发生折断情况时，在迁建中进行更换，不适宜增加辅柱、散柱。一般在更换时会对木建筑造成影响，应注意维护、观察、备案。

（4）对于外部裂痕可用剪裁好的木条嵌入裂缝，若裂口较大需要做半榫处理或是采用铁箍缠绕式加固。面对无法承重的木柱在迁移重建时重点考虑更换问题，在拆卸过程中注意使用千斤顶、多竖木紧贴受损柱两侧替换承重等方式，以保证施工安全性和稳定性。

3．木梁修复方法

（1）弯垂现象出现，若不存在裂缝和糟朽情况，在整体拆卸、标号后将梁进行反向受压，在3～5周时间可以压平。如若存在裂纹，可与木柱修复方式相近，通过木条镶嵌填补，利用铁箍加固，小部件辅助加固。

（2）基部出现断裂，且力学性能无法承受重力的情况下，直接进行更换或增加顶柱及支柱；若尚能承受重力可根据破损程度进行修补，剔除糟朽部分并填补，随后使用铁箍以及螺栓、U型钢板进行加固和保护。

4．特殊修复方法

（1）化学加固法：利用化学剂品，能增加木材强度，维持木材稳定性和抗虫能力，通常使用固化剂、促进剂及石英粉等混合而成。

（2）FRP加固法：FRP即纤维增强复合材料，是由纤维及树脂复合而成的新型材料，含量为高性能纤维、乙烯基、环氧树脂等。其以自重轻、承重强度大、施工方便、耐腐蚀等优点而闻名。一般利用其特性，粘贴于木梁受张力处，或是粘贴于构件剪跨区；抑或是包裹相应区域等。

（3）CFRP加固法：CFRP是碳纤维增强复合材料，由多股连续纤维与树脂胶合后经过挤压和拉拔成型。其质量轻，且具有耐高温、耐腐蚀、耐疲劳、结构尺寸稳定性好、可大面积成型等特点，抗拉强度达到2000Mpa以上，比A3钢更高。对于构件、木材整体包裹修复、局部保护加固定型有着非常强的作用。

3.1.3 外墙修复方法

（1）徽派旧建筑通常采用青砖砌筑，一顺一丁的砌法，外立面以白石灰覆盖。随着时间流逝，外部墙体出现风化、剥落、裂痕等，加上常年无人照看而受到严重破坏。在修复时应当注意尽量采用传统工艺、材料，复原后与原样基本一致。

（2）对外墙进行清洁，确认破损部位及面积，随后进行切割分离。深度超过砖体应采用金刚砂线切割，并尽量使用统一规格的清水砖镶补墙体并粘接牢固，最后灰缝处理，施工中务必多次比对、填补，最大程度确保恢复如初。

3.2 传统徽派建筑异地搬迁的适应性表现

应当注意建筑与场地的整体规划协调，要对未来从空间、社会、经济、保护等领域进行规划，包括测量、编号、拆卸、转移、存放、安装、改造等步骤进行记录，对较为复杂和细节的部分应采用拍照、绘制图纸等形式确保复原无误。复原的手法、工艺、材料在无改造设计的基础上，考虑到现代技术的原始化。

后期阶段旨在激活场地，以及确立相应的管理机制。通过政府的保护监管与投资商的商业开发相结合，带动经济发展同时，满足场地对于旅游、商业、文化的多方位供应，彰显人文情怀之余，也要利于当地特色的保护。

3.3 传统与现代设计的取舍

现代社会发展模式对人生产生活方式有着不同的影响，对传统村落、传统建筑有着明显的冲击，很多地区摒弃传统村落文化、传统建筑形态，从而缺失民族、地域对于传统文化的认同感和自豪感。建筑形态也趋于同一化、全球化，对于传统民居、传统村落将是极大的破坏。

本次迁建的传统建筑均是百年建筑，对于易地重建也有着不同的考量模式，传统修补恢复当初样貌，或是改造或重设内部空间格局，抑或是内外皆改造成为讨论的要点和难点，也是本次设计的重点、难点之一。

传统的优劣势显而易见，本文也已进行多次阐释。对于当下而言，建筑迁建后的用途需要商讨，传统建筑原样修复形成文化旅游景点无法成为特色亮点，对于游客吸引程度无法与安徽等地已成规模的传统村落相媲美。大量的现代设计元素融入迁建建筑群显然违背了初衷，也不符合本次研究内容，在此不做过多讨论。在传统与现代之中寻求共存之道，传统建筑和建筑格局更重视家族家庭地位和体验感，现代设计更重视居住者的舒适度和行动行为的方便度，整体更适合现代人居住。一味地保护不应该成为南方片区传统建筑北上修复后形成特色文化展示的方法，以人为本，以服务当地人为主要目的便是新旧共存的契合点。设计重点思考建筑落地为当地人带来什么，他们需要什么，再结合设计手段和设计审美进行复原性呈现。

3.4 迁建前后对当地居民的影响

山东省日照市龙门崮风景区所处的东港西北部山区社会经济发展水平整体滞后，对龙门崮的整体规划目标是系统解决经济发展、环境保护、精准扶贫等问题，是日照市在社会主义新时期解决区域发展不平衡、不充分的战略性举措。迁建场地位于龙门崮风景区花朵子水库旁，也处于待开发区域。自然村场地的人文资源、自然资源丰富，拥有良好的生态环境与传统风貌，经济发展水平不高，基础设施和公共服务水平尚未达到基础要求。对于这样的现状，通过规划设计，刺激和合理利用场地是满足当下现代社会居民需求的必然步骤。

场地分三个地块，A地块约5800平方米，共有13户村民，已于年前在政策下搬迁至政府安置房中，留下的自建一层平房也已全部拆迁完成。对于场地内居民而言，集中居住安置房是目前较好的结果，符合当下现代社会的生活模式。基于现状而言，徽派传统建筑迁建，落地修复，激活场地，与政府对龙门崮景区整体规划同步进行，而空出的场地思考的是通过文化保护、环境提升、设施完善等举措影响周围其他村民，成为一个发射器、中心点。

3.5 本章小结

本章阐述传统徽派建筑迁移是一个较为漫长的工作，需记录15栋传统建筑出现破损的现象及每栋建筑较为详尽的情况，并总结徽派传统建筑关于木结构中木梁、木桩及木构件修复的传统方式、特殊方式以及外墙墙体、墙皮等的修复方式。另一大问题是分析在迁移中需要注意的包括拆卸、编号、运输、安装等相关问题。迁建到新场地之后在传统保护和现代设计相互融合下，改造规划也构成了一个难题，本案改造目的就是以人为本，服务当地人，要在这个大框架下进行。场地内危房已拆迁，村民也迁至更好的安置房内，为15栋传统徽派建筑的迁入和整体规划设计提供了最大程度的帮助，也希望在这种环境中的设计下场地能重现生机，促使人文、环境、设施等方面可以得到综合性的提升。

第4章 传统徽派建筑融合场地生态景观规划

4.1 项目概况

4.1.1 场地概况

基地位于山东省日照市龙门崮景区东北角，距离日照市市区45公里，连云港市142公里，青岛市176公里，济南市298公里，徐州市300公里。周边村庄遍布，车行10分钟路程内的村落7个，15分钟内的15个，基地覆盖村庄较多，常住人口多为老年和幼儿，约3800人。基地总面积9150平方米，分为A、B、C三个地块，A地块5800平方米，B地块2800平方米，C地块550平方米。本方案重点围绕A地块进行设计，B、C地块进行阐述规划，将三个地块进行景观规划分析串联。龙门崮景区自北向南有一条正在修建的省道，A地块紧挨省道，通过岔路可直达，岔路为碎石路段，宽4.5米，路段经过溪流上方，连接路段是一条宽3米的窄桥。基地距龙门崮景区两公里，行车约3分钟，步行约15分钟。

鉴于道路规划与场地范围，不建议大规模车辆进出场地。推荐外来游客将车停在龙门崮华美达酒店旁停车场内，通过更为环保的租用电瓶车、自行车或步行等方式前往。在沿途景观轴上，应从停车场起始，与场地形成统一的、协调的风格，让游客在沿途感受风光和人文风情，一下车就融入营造的氛围中。A地块目前没有直达B、C地块的旅游线路，在规划中，将设计一条主要观赏路线、两条辅助路线，将其串联成为一条生态、环保、自由的游览道路，也为之后的庙会、集会表演以及游街展演等先行完善基础建设。

4.1.2 自然要素

基地所处位置是独特的地貌景观"岱崮地貌"，岱崮地貌指以临沂市岱崮为代表的山峰顶部平展开阔如平原，峰巅周围峭壁如刀削，峭壁以下是逐层平缓的山坡地形地貌景观；所处的龙门崮是杂果之乡，杏子、山楂、大枣、柿子、李子、梨等经济园林遍野，芙蓉、国槐、柞树等生态林遍布于山峦沟壑；还拥有生态茶园、地热温泉等自然资源，包括山地、农田、绿林、溪流，都是未曾开发和遭受破坏的，处于较为天然的状态。

基地南侧，有一条自西向东的溪流。目前上游正建花朵子水库，下游水流较少，从河床可以发现流淌经过村落的溪流汛期和枯水期分明，河床出现两层，底部是石块、淤泥覆盖，两侧较浅层出现较为密集的白杨树，还有大量青苔和草被植物，可以利用河水季节变化、水位高低变化做出独特的、因地制宜的纵向景观带。基地北部是缓冲平原，目前覆盖大片树林，不远处便是群山，整体环绕式包裹基地。

4.1.3 人文要素

该地所处日照市人文资源非常丰富，均在待开发阶段。包括耕读文化、姜子牙、徐光启、刘勰及《文心雕龙》、传统群居村落、遗址遗迹、龙凤文化、太阳文化、传统节日庆典、传统手工艺等。场地需要将属于山东日照的文化进行排列筛选，找到最适合也是最接近徽派传统文化的部分进行结合，或者是运用两者完全相反的文化风格进行强烈对比反差设计等。村落居民需要的是更好的生活，而这样的愿景实则就是一种独有的当地人文风貌。

4.1.4 环境分析

A地块四面环山，河水至北而南流动，在基地前分支，一条向东而行。冷空气南下不直对基地，主要风向经过北部山脉会分散成缓风，一部分从东部环绕而过，最终交汇于基地。暖空气自西南而上直指基地，路线经过河流，河流会起到一部分稀释热气的作用，暖流与河水的相互作用会促使基地空气湿度增加、温度降低，提升居住空间的舒适性。

4.1.5 设施建设

场地辐射15分钟步行范围内，目前医疗、教育、养老等公共服务设施和具备相应功能的场所为0，日常小卖部、超市仅有2家，酒店仅1家，对外营业餐馆不足10家，这样的模式不能满足人的需求。场地规划当中应当着重考虑以上方面的内容，对于医疗、教育等专项基础设施建设是没有办法通过建筑来带动的，所以将视野放在较为自由的菜市、交易市场、商店，集会空间、交际空间、休憩空间、文化宣传空间等方向，这些都是值得去发展的模式和方向，进一步带动整个区域的发展。

4.2 场地整体规划设计

4.2.1 自然科学下的整体规划

A地块整体是北高南低、西部平缓、东部陡坡的情况，标高最高+151.3米，最低+142.6米，高差8.7米，场地最长110米，最宽90米，呈现西大东小T形状，坡度未超过20%，但迁建建筑后希望促进当地居民交流、文化交融等，规划需更注重考虑建筑与场地的配合。对于补充周边公共设施的空缺，场地应存在：①大块面平地；②休憩空间；③动区、静区以及过渡区；④主道路及次级道路铺设轨迹；⑤中心集合点。在需求下场地需要进行相应改动，目前最好的方式是"自产自销"，将红线范围内的土方相互填补。方案中将+148米定为场地基本线，超过高度的土方填至东侧+144米块以及+145～147米区域，经计算可以填满。填补后场地设为两个高差，基本线+148米，占地2/3；低于基本线4米，+144米，占地1/3。红线范围内画线，从平面而言与徽派传统建筑格局有相似之处，作为场地与建筑的呼应，方案设计中将此思路融入，结合道路及河流走向，以及传统建筑朝向、当地建筑朝向等，做出整体规划。"四水归堂，中为天井。坐北朝南，主屋为北"是本次设计的关键词。建筑迁建落地布局按照传统徽派建筑"回"字格局而定，围绕在"天井"四周，南侧临河，以为门面，于是将河岸在不破坏原始形态的前提下做景观绿化带，保留之前的白杨林，形成当地乡土生态景观空间，整个景观空间在规划中也可称作是场地的"照壁"。

整块A区域根据功能可划分为五个部分：

（1）个人私密空间。划分在靠北侧区域，此块区域主要用于个人工作室或工坊，需要幽静怡然的环境和空间。在周边景观布置和场地使用以静为主，悠然小径搭配竹、梨树等植物。

（2）展示空间。主要分布在场地中部区域，此处是人流密集区域，也是"天井"南侧建筑群体以及串联两个高差之间的纽带，应当在设计中考虑建筑与地势高差的配合，尽可能多角度设计，增强空间趣味性和整体感。

（3）公共开放空间。场地分设两个广场，一静一动。静态广场名为"心房"，也就是场地的"天井"；动态广场名为"中央广场"，处在进出口、河岸与展示建筑之间。此广场作为外来与内部的结合区域，起到引导和宣传的效果。将广场与河岸连接在一起，增大活动空间，丰富活动内容，更容易形成当地特色的人文气息。

（4）绿化缓冲空间。作为草被植物与灌木配合的空间，是河道融入场地的"枢纽"，也有效地将"外界"的喧

175

器干扰与场地内的"世外桃源"进行区分,是本案"徽州之地"第一道也是最主要的保护伞。

(5)生态园林空间。空间将传统古典园林的韵味与禅意结合,打造一条"有生命"的园林长廊,意在通过对长廊不同类型的设计使游览者能体会生命的价值,感受当下,享受当下。

4.2.2 发展模式分析

场地原村民迁移,引入徽派传统建筑,对于场地本身而言是没有意义的,所做的一切都是要围绕"人"而产生。发展方向必须是带动"人"活动的,所以场地服务对象首要是当地村民,从步行时间15分钟内村庄的村民,慢慢扩大影响至该地区的村庄村民。目前周围村落对于公共空间、集会场所、交易场所的需求相当迫切,促使村民自发前来,不是依靠传统建筑或是传统文化的魅力,而是村落氛围和场地,通俗来说就是有个合适的地方和有人味。场地发展模式就应当从市集和庙会为第一考虑方向。市集最初是以物易物、农产品买卖等,随着模式的完善和成熟逐渐吸引外来游客而增加到文创产品、特色商品;山东省是一个文化大省,节日庆典更是数不胜数,在农村节日气氛更为浓厚淳朴。场地为庆典、庙会提供了集会场地、表演场地,A地块至B地块和C地块之间是一条文化之路,也能承办游行表演和更大型的综合性庆典。

第二部分是展示空间的模式,传统徽派建筑的保留复原与改造成为一道特色名片,建筑不能光有其表,更应注重内在。设立展示馆、文化中心、游客接待中心等地标性建筑,对场地进行介绍,对特色文化进行介绍,对民俗民风进行介绍。建筑不能脱离场地的整体风格,要符合徽派建筑格调。

4.2.3 生态景观的融合

场地景观将本地乡土植物与传统北方植物进行搭配,做到因地制宜,要考虑线性、色彩、区域的区分,注重意境表达,营造传统徽派建筑村落布景,却不能百分之百还原。B地块和C地块应考虑实现以生态生产模式为主,生产性景观与公共艺术结合,以景观带动生产,以生产带动旅游的可持续性发展。

A地块生态园林空间景观搭配组合:银杏、落叶松、梨树、大叶黄杨、刚竹;绿化缓冲空间景观搭配组合:落叶松、毛白杨、山茶花、狗牙根、麦冬、狗尾草、野牛草、芦苇;公共开放空间景观搭配组合:梨树、迎春、麦冬;个人私密空间景观搭配组合:栾树、梨树、桃树、刚竹、黄金兼碧玉、狗牙根。整体景观色彩分布鲜明,靠北侧植物颜色以墨绿色、橄榄绿为主,较为深沉、稳重;越向南部靠近颜色越艳丽、跳动。从纵向景观分析,靠北侧植物密集,多以乔木为主;中部建筑群体较多,地势较为复杂,则以灌木为主,搭配当地特有的梨树;南部多为芦苇、狗尾草等常见植物。整体从高到低,植物从单一到复杂。

4.2.4 景观节点分析

(1)东侧12号、14号建筑是原样还原修复的,位于生态园林区域内。行人从南向北平行看去,建筑挺立在场地之上,天空、空气、雨水、太阳等都是陪衬,从这个角度便能知道季节变化,人情冷暖,世事变化。

(2)在南侧的围墙之内是一片绿地,一条石路,一棵罗汉松,一座假山,一坐之席。安静惬意的环境能令人思想活跃,中国人讲究"禅",在这样的环境下,不同角度会有不同的风景,也会给人带来不同的感悟。

(3)位于天井区域,"心房"由黑色细腻的砾石覆盖,中间部位是浅层水面,犹如镜子。以铜为镜,可以正衣冠,以史为镜,可以知兴替,以人为镜,可以明得失。这面"镜子"就是场地之眼,让人们反思传统建筑迁建背后的无奈,在这样的氛围下思考、回顾、展望。此项目算是一种尝试,一种标杆,为之后传统建筑保护迁移项目提供参考。

4.2.5 道路规划

场地西侧有一条南北方向宽3米的乡村道路。该道路无法承受大规模人流的进出,在规划中将红线范围内退让1.5米作为乡村道路使用,也作为场地的缓冲隔离带。主要进出口放在西南角,主要道路呈环岛式布局,次级出入口放置在个人私密空间以南连接乡村道路处。

4.3 本章小结

本章具体阐述场地的地理位置、地貌特征、人文特色、环境氛围等信息,对整体规划进行了科学的分析,从场地内高差调整,到意向植入,再到建筑迁入落地的布局形态,最后对植物搭配及道路规划进行了详细说明。重点

图1 场地总平面规划

分析场地规划，是通过地势、风向、天气、河水流向以及人活动的心理综合而得到，将自然环境与迁建建筑组合形成独特的空间，将空间划分为静态空间和动态空间，在一个面积不算大的场地里融进了宣扬传统文化的徽派传统建筑和特色人文风貌的街道及河岸、供村民开展活动和交流的公共空间、传统手工艺或其他功能的私密工作空间。

第5章　花朵子自然村公共集会场所与展陈建筑设计

5.1　公共集会场所、展陈建筑与徽派建筑联系

迁建而来的传统徽派建筑占地面积均不算大，如果不利用徽派建筑而采用新建形式达到效果的方式是不合适的。在整个方案当中要考虑的就是如何利用传统建筑去设计而打破传统建筑造成的限制当代人行为方式的束缚，所以在设计中运用徽派建筑是必然且有意义的。文化中心、展览馆、博物馆等均是人流密集场所，以当下的建筑形态是无法承受的，需要进行改造设计。对于迁建建筑整体进行考量，3号和4号建筑体量相近，可以组合进行改造。文化中心的设计决定使用新材料与迁建建筑剩余材料进行设计，在不损害整体格局和场景的情况下设计出作品。

5.2　展陈建筑"旭日轩"设计分析

"旭日轩"展览馆之名来源于山东日照市中的"日照"之意，场地处于日照龙门崮，"旭日"与"日照"息息相关，相互呼应。"轩"指有窗的长廊或小屋，也有赞扬气质优雅、高尚的解释。"旭日轩"就是希望成为高尚素雅之场所，集文化于展、集初心于友、集心境于天下。

3号和4号建筑尺寸相同，均为开间9米，进深9.6米。3号、4号外墙保留，受损较为严重的内部木结构已于迁移时划分至剩余材料中，此处需要进行材料替换修复。设计思路是将两栋建筑拼合在一起，变为一个并排建筑形态。以实木、青石、瓦片等为主要材料，色调定在白色、灰色，保留马头墙、瓦顶样貌，外形基本无大改，保留传统徽派建筑造型。由于场地处在4米高差之中，决定将建筑嵌入场地内，南面一层设立两个出入口，背面一层原本就没有门窗，在此打开一条长条高窗，增加采光面积；背面二楼增加一个出入口，以单人廊桥形式连接+148米基础平面。

室内取消大部分窗门，使整体空间更广阔，展示表达将更为游刃有余，加以文化植入，势必成为一颗璀璨的新星立于山东日照，区别于网红景点，在设计上更强调人文，并不是在哗众取宠。

室内将两栋建筑并排的墙体选择部分打通，将建筑室内串联。一楼进门处东厢房改造为接待台，西厢房改为日照绿茶文化的展示厅，天井区域保留原样，用作公共展示区域，正堂西侧设立楼梯，其余部分作为日照绿茶文化的体验空间；从打通通道连接到建筑中，正堂东侧设立楼梯，其余部分作为黑陶文化体验空间，天井部分为公共展示区域，东厢房改造为公共卫生间，并设置无障碍洗手间；二楼部分主要是休息区域，中部为公共展示区域，南侧为黑陶展示区域，东侧为公共卫生间；在两侧楼道中展示山东特色的农民画。

主要参观线路建议从西门进入，参观完一楼绿茶展厅，上二楼参观公共展示内容，之后从东侧楼梯下至一楼参观黑陶展厅，再从东门而出；若是从二楼靠北侧连接高地廊桥而来的游客，建议先参观完二楼的公共展示区后从东侧楼梯向下至一楼参观黑陶体验空间，通过通道到西侧参观绿茶展厅后再逆时针绕回，从东门而出。特殊游览线路有两条，一条是从西门进入，参观绿茶体验展区和黑陶体验展区后从东门而出；另一条是从西门进入，参观绿茶体验区和黑陶体验区后从东侧楼梯上至二楼参观公共展区，再从二楼廊桥而出。"旭日轩"展馆游览线路丰富，展示内容多变，可以分为一楼、二楼两个展厅，也可以分成四个展厅，对于未来多文化展示和展示手法多样性奠定了基础。

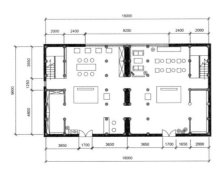

图2　展览馆一层平面图

图3　展览馆二层平面图

5.3 文化中心设计分析

活动文化中心呼应环境与规划，新建建筑体量与"旭日轩"展览馆相同。建筑最初的形态就是一个盒子状，为增加建筑室内采光，符合场地建筑风格和设计初衷，顶部开天窗，四周向内倾斜，覆上瓦片、石雕，而"四水归堂"则与传统不同，新建筑用玻璃取代镂空，增加了天井区域的室内使用空间，也保留了采光效果。在玻璃与围合屋檐处设置沟槽，雨水经沟槽进入排水管道至地面。改变形态的盒子向徽派传统建筑的美学靠近的同时拥有了自己的特色。受场地影响，建筑同样嵌入高差的缓坡中，一层侧翼不开窗，背部设立长条高窗增加采光。在建筑造型上和室内格调上，以实木、青石、瓦片、布料等为材料，色调定在白色、木色、灰色。建筑立面采用叠瓦做装饰，也能达到通风采光的作用，正立面二层部位采用大量木条拼接装饰墙，以简约、意境风格融入传统建筑粉墙黛瓦，欲打破传统徽派建筑外形色彩，保留对徽派建筑的执着，"新"下的"旧"，是一种友好的尝试。后立面将外墙剥离，留下木结构，并将空间收缩1.6米从而形成眺望台，增加建筑与外部环境的互动。而将木结构外露的设计，是想表达在这个时代传统建筑遭到严重破坏，裸露的内部结构框架也具备美学意义，呼吁人们了解传统建筑、合理保护传统建筑，也呼吁设计师们尊重传统文化下的产物——传统建筑，不要为了设计而设计，不要为了现代设计之美而破坏能工巧匠留下的传统美。至此，本建筑是充满独特性的，蕴藏传统徽派建筑风格，同时又具有传统徽派建筑风格所没有的美。特殊的表现方式具有教育和警示意义，文化中心就是在"旧"与"新"之间找到了契合点。

室内材料以素墙与原木、竹为主，室内室外风格保持一致，使室内空间空灵而优雅。从大门进入一楼部分为公共活动区域，在空间中可以进行小型表演、展览或是休憩，两侧设立茶室、娱乐室供村民使用。西南侧是楼梯，二楼呈环绕式，中间部分为镂空状。靠北侧是廊桥，可通向外部。两侧是书室，靠南侧是休息座椅，从气窗中看去，是蜿蜒小溪流淌和景观绿化带。家具多采用拆除的剩余材料改造而成，木梁木柱改造成雕塑、木凳、木椅，木构件改造成灯具、门牌等，通过这种方式将传统文化以另一种形式展现出来，将旧地文化融入新地，怀旧中是对未来的无限期望。

图4　展览馆与文化中心正面效果　　　　　　　　　　　图5　展览馆与文化中心背面效果

结语

本文就传统徽派建筑迁建于北方地区进行讨论，从环境现状、建筑考量、建筑选择、拆卸安装步骤、选址等开始分析，到建筑迁建落地对于场地整体的规划设计，最后到细节处理，对于传统保护手法而言是一种较为新颖的尝试。设计最大的魅力在于设计存在的意义与价值，本文最大限度地强调该理论的可实施性，也希望场地在实施后如能达到预期效果，这也对未来传统建筑易地保护找到了可行的出路，为我国传统建筑保护与现代艺术设计的结合打下坚实的基础。同时，传统建筑易地保护模式实施的每一环节、每一阶段都应根据不同情况进行调节，在灵活应变中才能达到有效保护传统建筑和保护传统文化的目的。

基于轴心类居住模式的建筑概念所做的设计研究
Research Based Architectural Concept - Axis Kind of Living

布达佩斯城市大学
Metropolitan University Budapest

Alexandra Andróczi
Feth Szandra

基于轴心类居住模式的建筑概念所做的
设计研究
Research Based Architectural Concept - Axis Kind of Living

轴心类居住模式
The Axis Kind of Living

We have defined our approach to the competition as a research based radical statement. So our architectural proposal is the byproduct of our statement. Our statement is called : MAKE OVER FAKE. It is an anagram so it is easy to understand. Makeover means that we make a complete transformation of the sixteen apartments. Fake is over means that we do not want to remake what is not there anymore so Make over fake means that active holiday all the way in a new proper way.

我们将竞争方法定义为基于研究的激进陈述。因此，我们的体系结构建议是我们声明的副产品。我们的声明称为：MAKE OVER FAKE。这是一个字谜，所以很容易理解。"Makeover"意味着我们对16个部分进行了彻底的改造。"Fake is over"意味着我们不想重做不再存在的事物，因此"Make over fake"意味着以新的适当方式来创造一个具有活力的度假区。

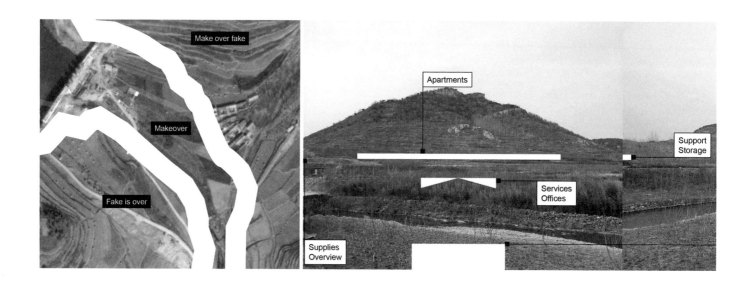

We applied our proposal on our site so active holiday activities and as a proper reenactment - the traditional chinese pavilion as an entrance. We based our design on the potentials of our site so we placed apartments on panoramic view, resources on the dam, services on the huge neutral area and support on the existing facilities. We have applied a one line layout. Our research on architectural references contained the ESO Hotel in Chile so we could understand the possibilities of a one line layout building. Our research on architectural references also contained some visionary utopias like Peter Cooks Archigram. We think it was important because of the complexity of the project.

我们在地块上采用了我们的建议，这样可以积极开展假期活动并适当地重演——传统的中国亭子作为入口。我们基于场地的潜力来进行设计，因此我们将各部分放在全景视图中，将资源放在大坝上，在广阔的中性区域提供服务，并在现有设施上提供支持。我们应用了单行布局。我们对建筑参考物的研究包含了智利的ESO酒店，因此我们可以了解单线布局建筑的可能性。我们对建筑参考的研究还包含一些有远见的乌托邦，例如Peter Cooks Archigram。我们认为这很重要，因为该项目很复杂。

Ref.: Peter Cook (Archigram)

Ref.: Heimcycle House by Frank Lloyd Wright

Ref.: Vacant places by Superstudio

Ref.: ESO Hotel, Chile

We decided to dived quality like wood and quantity materials like stone and reenact these elements as a real interpretation of heritage chinese architecture. So we re-defined the modern chinese living based on some historical methods. Thats why we decided to use and transport our materials separately.

我们决定放弃木材和石材之类的材料，并重新制定这些元素，以真正体现中国传统建筑。我们根据一些历史方法重新定义了现代中国人的生活。因此，我们决定单独使用和运输我们的材料。

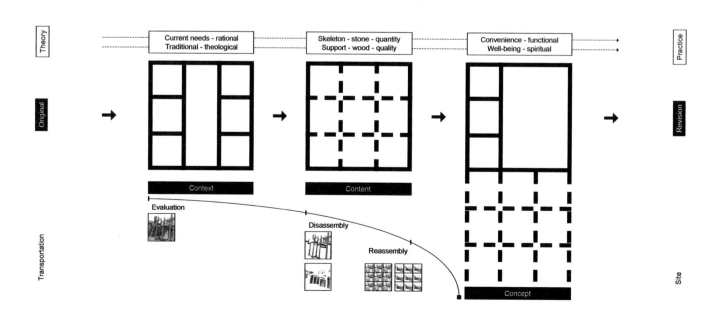

Let me conclude: we understand the context as an outsider. The content is rather superrational than pretentious, therefore we have a radical concept. And because of that, we are sort of allowed to define our alternative proposal. This alternative proposal is based on research and analytics on the Chinese Domestic Tourism. We have understood the context as an outsider.

First of, China has an outstanding rate in urban development procedure. In the past 3 years China has reached an average of 1,43% growth in urbanization, which is more than 6 times of the rest of the civil world. We have compared of urban development between Beijing and Budapest. So Budapest shows basically no change, rather a conservation of the 19th century. While the modern Beijing is developed in 100 years.

让我总结一下：我们以局外人的身份所了解的情况。内容是超理性的，而不是浮夸的，我们有一个激进的概念。因此，我们可以定义替代方案。该替代建议基于对中国国内旅游业的研究和分析。我们已经将上下文理解为局外人。

首先，中国在城市发展过程中的增长比率很高。在过去的三年中，中国城市化的平均增长率达到了1.43%，是世界其他国家的6倍以上。我们比较了北京和布达佩斯之间的城市发展情况。布达佩斯基本上没有任何变化，是19世纪的保存，而现代北京已经发展了100年。

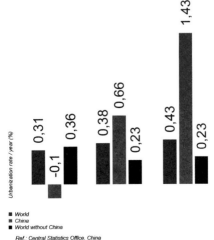

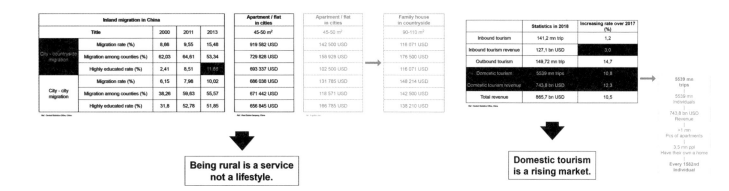

Being rural is a service
not a lifestyle.

Domestic tourism
is a rising market.

Although the stats represent a massive urban development, there is a contra stat. It shows a rising tendency of 11,66%, that highly educated people tend to move to the countryside for a living. It still can not be considered as rural, since even in the countryside most accommodations are apartments / flat. An own house with garden is not affordable. So being rural remains to be a service rather than a lifestyle. Hungary, however, is way too centralized and a proper career is achievable in Budapest only. An apartment in the capital costs as much as a house with an own garden in the countryside. Downside of it, that it basically means your career is ruined. So being rural lifestyle is a decision that has its costs.

Considering that rural lifestyle is a service, it means that it makes a huge impact on domestic tourism market. The annual revenue of it reached 700 billion USD in 2017 and rising 12,3% every year. From this profit a complex national housing project could offer an own house to every 1500th individual only. It is of course impossible. So as the National Policy 2035 proposes, we should focus on developing more and more quality well-being complexes and temporary residences.

尽管这些统计数据代表着巨大的城市发展，但是却有一个相反的统计数据。它显示出11.66%的增长趋势，即受过高等教育的人倾向于以农村为生。它仍然不能被认为是真正意义上的农村，因为即使在农村，大多数人都住在楼房里。而大部分人负担不起那种拥有花园的独栋别墅，因此即使是在农村，人们需要的仍然是服务而不是生活方式。但是，匈牙利过于集中，只有在布达佩斯才能找到适当的职业。在首都，一套公寓的价格与在乡村拥有自己的带花园的房子一样多。缺点是，这基本上意味着您的职业生涯被毁了。因此，实现农村生活方式是有代价的决定。

考虑到乡村生活方式是一种服务，这意味着它对国内旅游市场产生了巨大影响。它的年收入在2017年达到7000亿美元，并且每年以12.3%的速度增长。从这项收益中，一个复杂的国家住房项目只能为每1500人提供一套住房。这当然是不可能的。因此，正如《2035年国家政策》所建议的那样，我们应集中精力开发越来越多的优质福利综合体和临时住所。

The previously mentioned theories merged as diagrams, which basically defined our site plan. Centralization, axis, orientation and space distribution. We approach our complex from South through a Sun Pavilion underground. Then we arrive to the Visitor's Centre full with different kind of cultural and commercial services. From where we move on a huge staircase up hill to the apartments. Once we are there, our short-term rural lifestyle can be settled, make gardening, having rest outside or inside, or invite our neighbor for a dinner made of our own harvested goods.

前面提到的理论合并为图表，基本上定义了我们的项目区域计划。集中化，轴，方向和空间分布。我们从南方穿过地下的阳光亭进入我们的综合大楼。然后，我们到达游客中心，那里提供各种文化和商业服务。从那里，我们沿着巨大的楼梯上山到公寓。到达那里后，我们便可以享受短期的农村生活方式，从事园艺，在室外或室内休息，或邀请邻居用我们自己收获的农产品做晚餐。

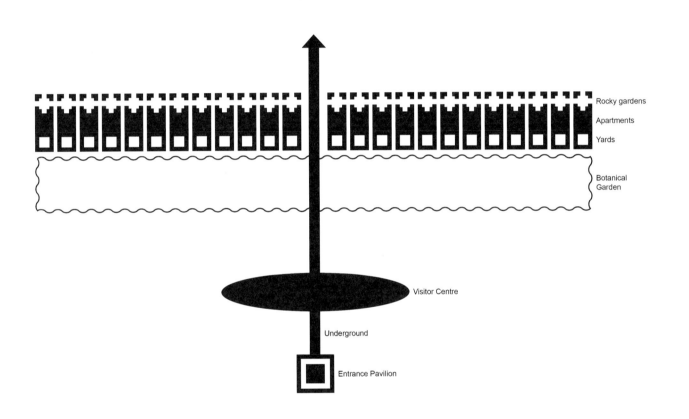

And that's what we did. A complex that simulates a short-term rural lifestyle, where can you do your gardening, harvest your own food, cook it and have a cigar on your own terrace with a panoramic view on a botanical garden. Being rural is the most human activity that we could achieve. So in order to be a human, you have to pay for it. And we need to provide the best services possible. Our design proposal focuses on these services to serve the best experience in short-term rural lifestyle.

这就是我们所做的。一个短期模拟乡村生活方式的综合居住区，您可以在其中进行园艺，收获自己的农作物，烹饪食物，并在自己的露台上细品雪茄，欣赏植物园的全景。农村生活是我们可以体验的最"人类"的活动。因此，要成为人类，您必须为此付出代价。我们需要提供尽可能最好的服务。我们的设计建议着重于这些服务，在短期农村生活方式中提供最佳体验。

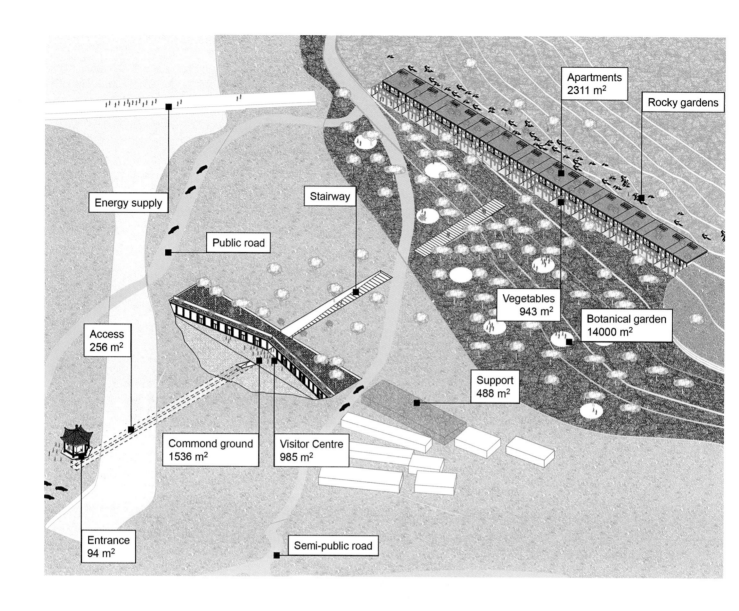

Some theoretical references that served a solid base of our architectural proposal. First of, Bo Adamson, who defined the passive house guidebook for the Chinese Ministry. Second of all, our complex is central and is on one axis. The space layout follows the rule of the traditional chinese architecture style in terms of orientation and public-private space distribution. In addition, we propose three different type of gardens as a key elements of traditional chinese well-being: semi-private gardens, completely private garden for practicing rural lifestyle, and a huge botanical garden that interconnects each building of the site.

一些理论参考为我们的体系结构建议奠定了坚实的基础。首先，是博·亚当森（Bo Adamson），他为中国外交部定义了被动房屋指南。其次，我们的综合体位于中心，并且在一个轴上。空间布局在定位和公共—私人空间分布方面遵循中国传统建筑风格的规则。此外，我们提出了三种不同类型的花园，作为中国传统福祉的关键要素：半私家花园，用于实践乡村生活方式的完全私家花园以及将场地的每座建筑物都连接起来的巨大植物园。

三等奖学生获奖作品

Works of the Third Prize Winning Students

地形造景在景观设计中的应用研究
Research on the Application of Topographic Landscape in Landscape Design
日照龙门崮文化区景观设计
Rizhao Longmengu Cultural Landscape Design

湖北工业大学
文婧洋
Hubei University of Technology
Wen Jingyang

姓　名：文婧洋　硕士研究生二年级
导　师：郑革委　教授
学　校：湖北工业大学
　　　　艺术设计学院
专　业：环境艺术设计
学　号：101700848
备　注：1．论文　2．设计

地形造景在景观设计中的应用研究

Research on the Application of Topographic Landscape in Landscape Design

摘要：地形是人性化风景的艺术概括，是场所化的精神体现，是园林景观的基本骨架，不同的地形、地貌反映出不同的景观特征。地形是人类活动的基础，是场地景观区域构成的重要部分。地形能系统地制定出环境的形态，以其极富变化的地貌特征，构成水平与垂直空间的优美景观。地形的形态和布局不仅直接影响着外部环境的美学特征、人们的空间感和视野，也影响着排水、小气候以及土地的功能结构，对景观建设和生态建设发挥着重要的作用。

关键词：地形造景；景观设计；地貌肌理；因地制宜

Abstract: Terrain is humanization landscape art summary, it is the embodiment of the spirit of place, is the basic skeleton of the landscape, different topography reflecting the different landscape features. Terrain is the foundation of human activity, is the area constitute an important part of the terrain landscape. It can order the form of environment systematically, with its geomorphic features of extremely rich change, giving life to gardens, and a horizontal and vertical space of the beautiful landscape. The terrain's morphology and layout not only directly affects the aesthetic characteristics of the external environment space and field of vision, also affects the drainage, microclimate and functional structure of land, plays an important role in modern landscape construction and ecological construction.

Keywords: Topographic landscape; Landscape design ; Terrain texture; Adjust measures to local conditions

第1章　绪论

1.1　研究的缘起和背景

近年来，对景观设计的研究增多，研究范围也越来越广泛，景观设计在场地的设计中丰富了场地的景观效果，提高了绿化范围，并影响着我们的感观和行为方式。改革开放以来，我国城市现代化建设快速发展，城镇不论是在生活水平还是生态环境上都有了很大的提升，人们对生态的保护意识也得到加强，在对场地进行景观设计时，设计师也更加注重对场地的低干扰设计。地形以其丰富多样的地貌特征为场地保留大自然的气息，地形造景是一种高度的艺术创作，虽师从自然，却要比自然风景更精练、更概括，只有掌握了地形造景设计的客观规律，以及要遵守的原则，才能遵循自然之理，得自然之趣。对此，我们需要对地形造景在现代景观设计中的客观规律和遵循原则有个清楚而全面的认知，了解如何因地制宜地塑造基地结构和良好的空间环境，使自然、现代技术、艺术设计完美结合。

地形是园林设计的骨架，景观设计很大程度依托地形走势进行相应设计，地形条件决定了景观的设计形式。山东省日照市是岱崮地貌典型地区，岱崮地貌是指以临沂市岱崮为代表的山峰顶部平展开阔如平原，峰巅周围峭壁如刀削，峭壁以下是逐渐平缓山坡的地貌景观，在地貌学上属于地貌形态中的桌形山或方形山，因而也被称为"方山地貌"。它们主要分布在鲁中南低山丘陵区域，复杂多变的地形地貌为山地景观建设提供了优秀的景观资源，可以利用独特的自然地貌设计顺应周边环境的山地景观。地形造景中较大尺度的地形景观设计方式多为利用地形的视觉特征来进行观赏性的改造利用。

1.2　研究目的及意义

通过对中外地形造景建造历史的研究，结合实际案例，研究地形造景中的造园理论。以日照市龙门崮景区景观设计建设为研究背景，分析、整理、提炼具有现实意义。针对在现代景观设计中对于园林要素之一"地形"的运用，追溯历史，回顾不同时期"地形"在景观设计中不同的运用方式，广泛搜集运用"地形"要素进行造景的实践作品，并且通过归纳、总结，筛选出其中具有重要意义的不同类型的经典案例，并对其设计理念和运用手法进行深入的分析，归纳出"地形造景"的理论和方法，从而能够对现代景观设计中的"地形造景"有一个更加全面的认知。

在景观建设中，地形肌理是地形造景中最具地方特色的景观要素，合理利用地形是地形造景景观建设的关键。通过本文的探讨与研究能够对"地形造景"有更深层次的理解，能够在国内设计向西方学习的时候给予一定的理论引导，而不是一味地模仿在视觉上具有强大吸引力的"地形"设计作品。并且对于"地形"设计手法的归纳总结为今后"地形"要素的实践应用拓宽了思路，与此同时也为景观设计理论增砖添瓦。

1.3 国内外研究现状及述评

1.3.1 国内研究现状

国内关于生产景观的研究大多停留在农村和农业景观类型上。近年来，随着城市问题的关注和国外对城市生产性景观的探索成果，国内对生产性景观的研究不再局限于类似的农业旅游园区、乡村景观等，而是更多地考虑城市和农村问题。城市化扩展下的城市景观发展《农业景观研究》，王云才的《现代乡村景观旅游规划设计》（青岛出版社，2003），黄宜宾等人的《生态农业旅游公园规划：思路与案例》（中国农业科技出版社，2012），张甜、朱镕基的《现代旅游观光农业园规划与案例分析》（中国轻工业出版社，2013），北京大学景观设计研究院俞孔坚的《景观设计》2010年第九期专题《生产性景观》，为探索我国生产性景观设计开辟了新的篇章。

1.3.2 国外生产景观研究

事实上，对"地形"的处理，最早可追溯到魏晋南北朝，受"无为而治，崇尚自然"思想的影响，由此可以看出"地形"被认为在形成景观高潮的过程中起到了重要的推动作用，然而大多数情况下，"地形"要素在设计中被关注的主要方面却在于它的骨架背景作用。在中国风景园林设计理论中，对于"地形"这一词语，最早应该开始于明朝时期——中国第一本园林艺术理论专著《园冶》"相地"一篇中首次明确提到地形造景的手法，其观点"相地合宜"和"构园得体"，以及园地"惟山林最胜，有高有凹，有曲有深，有峻而悬，有平而坦，自成天然之趣，不烦人事之工"，具体讲就是景观设计中对场地的选择要与原有的地形相结合，或选择有利地形进行造景，创建优美的景观。在景观塑造中，根据场地条件的不同，创建不同类型的景观空间，例如台地、梯田、坡地等。虽然此时的理论仍然是将"地形"看作是塑造园林景观的骨架，但这却也是探讨地形与整个景观空间塑造的开始。相似的观点在其他理论专著中也常常被提及，彭一刚的《中国古典园林分析》一书中总结出了多种设计手法，在"高低错落"这一设计要点中，认为"如果能够巧妙地与地形相结合，也必然会高低错落而自成天然之趣"。他还认为为了满足人们的精神需求，地形设计由纯功能性的设计开始转向景观化的设计，主要表现在皇家园林中出现"一池三山"山水结构地形处理方式的雏形。

当然，在这一发展过程中，"地形"已经由背景骨架的作用发展为一种重要的造景手法。20世纪90年代初的《风景园林设计》一书中有一节提到"地形造景"，作者写道："为了充分发挥地形本身的造景作用，可将构成地形的地面作为一种设计造型要素"，而且提到"一些现代园林设计师在设计中强调了地形自身的造景作用，使得地形不仅仅是基底或依托，而是在造景中起着决定性的作用"。又如在《风景园林设计要素》一书中，作者在地形的表现方式、地形的类型以及地形的实用功能等多个方面均进行了较为深入的探讨和分析，并在地形的"美学功能"一节中提出"地形可被当作布局和视觉要素来使用"，地形造型也是一种"有效的纯艺术形态"。为了更好理解，作者还列举了西蒙等利用"地形"创造"环境雕塑作品"的设计师。在《景观建筑形式与纹理》一书中，"地形"也已经成为与植物、水、构筑物等景观要素同等重要的基本物质材料，一同被构想和图解如何创造景观形式和纹理。

孟兆祯在《园林工程》一书中，全书最开始讲述的内容便是"土方工程"，从园林工程的角度探讨地形的造景方式，但没有对"地形"的塑造进行专门的研究。中国造园历史悠久，自古以来，自然山水是历代造园师们设计灵感的源泉，处理园林地形被视为园林工程中一项重要的基础工作（吴晓舟，2003）。不同历史时期，人们关于地形要素的认知有所不同，地形在园林中的地位由单纯的工具向着具有特色的景观要素转变，相应的设计方式也有所不同。在我国古代，地形在景观中的处理形式一开始是作为纯功能性的设施进行设计的，用于观天象、通神明的"台"是地形在园林中最早的运用模式（周维权，2008）。宋代园林中将叠石技艺发展到设计的主导地位，园林地形的营造，以自然山水为原型，人们把石块作为画笔描绘出只存在画中的山地景观（李婷婷，2014）。艮岳是中国山水园中的最高成就，文人园林中的地形处理模式具有深厚的文化意境和象征意义（胡健，2015）。明清时期，园林发展进入成熟期。皇家园林中的人工山水园颐和园是"一池三山"造园形式的成功典型案例，其中对万寿山的地形改造是中国式山水园中人工建造山地景观的成功示范（王劲韬，2007）。

王晓俊在《风景园林设计》一书中具体地分析地形要素的空间特征和景观视线特征，将园林地形相关内容进行专章阐述。王冉在《现代景观设计中的地形造景研究》中通过整合国内外成功案例，研究地形造景在现代景观设计中的意义。张立磊在《山地地区城市公园设计研究》中从空间、视线、景观节点等角度研究山体公园中地形景观设计的方法。目前国内缺乏针对地形造景的相关理论研究著作，对于如何处理好土地和人为活动之间的关系还处于实践探索阶段。

1.3.3 国外研究现状

在国外的理论专著方面，也有一些工程类书籍对"地形"相关知识进行了论述。《景观设计师场地工程手册》一书分别从绘制等高线平面图、平整坡度等各个方面详细地介绍了场地工程的全过程，在这其中，作者提到由于地形、地貌以及坡度的变化使自然景观可以被人们感知和理解，使人们体会到景观在空间和视觉上的变化，进而产生场所感。因此从空间和艺术的角度来理解地形和坡度设计师必须考虑的问题，并且讲到从审美的角度进行坡度设计时，要注意"地貌"、"建筑美学"和"自然主义"这三大影响因素。而《场地规划与设计手册》一书，尽管大多是用来介绍与工程相关的知识，但作者也指出场地平整的最终外观与其功能同等重要，然而当我们问到该如何使场地形成良好的"最终外观"时，却仍然寻不到答案。总之，各类理论及工程书籍中有关"地形"的论述零散而纷杂，并没有对"地形造景"的知识进行专门的整合和探讨。

如乔治·哈格里夫斯的拜斯比公园、玛莎·施巧茨的联邦法院广场、查尔斯·詹克斯的苏格兰宇宙思考花园、凯瑟琳·古斯塔夫森的莫不拉斯贮水池等，设计师在进行实践的同时也通过自己的实践对设计中的"地形"进行研究和探讨。随着20世纪90年代景观都市主义的提出，人们开始思考景观的生态性，试图通过改造土地创造优美景观来改善城市环境（Tom Turner，1996）。贾克·西蒙设计的居住小区的微地形景观，模仿自然山体地形设计的慕尼黑奥林匹克公园，还有壳牌公司总部水波形的地形景观（王向荣等，2012）等，都是现代景观设计师针对地形要素做出的实践探索。麦克哈格在《设计结合自然》一书中从生态学的角度论述景观与自然场地之间密切的联系；西蒙兹在《景观设计学：场地规划与设计手册》中提到了场地规划和等高线的处理；凯尔·丹·布朗在《景观设计师便携手册》中从园林工程的角度出发详细描述了地形平整和材料施工的方法。近年来园林中关于地形处理的问题引起景观设计师们的广泛关注，越来越多的景观设计师开始在城市中运用地形要素模仿塑造自然山水地形来改善城市的人居环境。

1.4 研究内容和方法

1.4.1 研究内容

（1）研究国内外地形景观设计相关的理论与实践案例，梳理中外地形景观的发展脉络，研究地形要素的不同运用形式，结合景观设计学、景观生态学、园林美学理论进行理论阐述，对山地景观中地形景观的建设意义进行讨论。

（2）针对日照市地形景观的运用现状进行实地调研，从地形空间、景观视线、与园林要素结合、地形造景模式等多方面进行分析，结合现状对地形要素的营造模式进行初步探索。

（3）结合实际项目，将理论运用到实际案例中，从实际运用中发现问题，解决问题。经过理论总结和实践研究，对地形造景的运用发展趋势做出展望。

1.4.2 研究方法

1. 文献搜集法

查阅、收集、整理国内外有关地形要素在园林设计方面的书籍、研究专著和论文，研读山地景观及其相关理论，结合当前关于地形造景案例研究方向的实际情况，确定论文的研究方向和题目。

2. 实地调研法

针对研究课题进行实地调研，便于发现研究问题，本课题针对日照市龙门崮景区的地形景观运用现状进行研究，对日照市地形景观中影响地形要素运用的各项因素进行调查分析。

3. 分析归纳法

针对实地调研中存在的问题，通过对文献资料的研读，分析、归纳和总结其中的原理和理论，提出相应的解决措施并对地形造景在景观空间中的地形设计模式进行探讨思索。

第2章　相关概念研究

2.1　地形造景

2.1.1　地形造景概念界定

在风景园林学科中，对"地形"的定义分为大尺度、小尺度和微地形，大尺度的"大地形"分为峰峦、丘陵、平原，小尺度的"小地形"分为土丘、台地、斜坡，微地形分为沙丘和一些起伏较小的地形。山地是地形要素的一种体现形式（吴为廉，2005）。在《园冶·山林地》一书中有相关描述，"园林惟山林最胜，有高有凹，有曲有深，有峻而悬，有平而坦，自成天然之趣，不烦人事之工"（龙凤等，2008）。富有变化的地形对于景观建设是有利的，山地地区由于地形起伏，地形空间变化丰富，山地景观空间中的景观序列、功能组织、景观形态与平原城市景观具有截然不同的景观特征（姜吉宁，2006）。平原地区有一些通过园林工程手段模仿自然山川地形的人工山水园林，对于山地景观建设也具有一定的借鉴意义。山地地形的起伏变化构成了最具地域特色的山地景观，高地起伏的山地地形构成了山地的轮廓线，变化的山峦结合植物形成了优美的林边缘线，山坡中的植被也沿着地形起伏形成优美的植物景观（代劼，2005）。不同山体空间具有独特的景观视线，可供游人远眺或近看，视线可仰可俯。复杂的地形赋予了山地独特的景观特色（刘林炼，2015）。坡度：坡度决定了建设场地地形的稳定性，也决定了景观设计所需采用的方法。地形设计中我们需要尊重自然，减小对地形的破坏，坡度越大，相应的景观建设力度就越小。山地中经常沿着坡地设计道路，结合平台形成串联性的景观，不同的坡度具有不同的景观特征，对坡度地形进行合理的改造利用，可以创造独特的地形景观。坡形：山地地形复杂，坡形依据不同属性具有不同的分类。按地形特征分为浅丘、浅丘兼深丘地带、深丘地带。按地貌特征分为山丘、山坪、山坳、盆地、峡谷、冲沟、悬崖、陡坎等。不同坡形处理按平面形式可分为：平直型、曲折型、凸弧型、凹弧型；按断面形式可分为：均匀坡、台阶坡、跌落坡、曲折坡、阳弧坡、阴弧坡等（张立磊，2008），利用不同形态的地形坡度组合形成不同的地形景观。坡向：古人有分山阴山阳，不同的坡向所形成的小气候特征是不一样的，场地的坡向特征影响到种植植被的选择和建筑的朝向，山阳需选择喜阳植物栽种，山阴选择耐阴植物栽种。

人们对于造景一词没有相关概念的明确界定，苏雪痕在《植物造景》中写到，植物造景"就是运用乔木、灌木、藤本及草本植物等题材，通过艺术手法，充分发挥植物的形体、线条、色彩等自然美（也包括把植物整形修剪成一定形体）来创作植物景观。"造景可以理解为运用园林工程技术手段结合园林的各个组成要素共同作用形成优美的景观。园林中对于地形要素的运用方式主要分为两类，一类是自然地形的利用，自然地形的利用就是利用自然地形之形势进行造景，或作为园林的骨架，或作为园林的一部分，如以峰、峦、顶、岭、崖、壁、洞等为基址建造，以河、湖、池、泉、溪、涧等营造水景（徐晓民，2013），它们所体现的是景观营造中对自然高低起伏的地形的利用，强调人工与自然的结合，追求"天人合一"的景观效果（苏锦霞，2010）。另一类是人工地形的塑造，人工地形的塑造是以自然地形为蓝本进行地形的塑造，强调人工地形本身的景观效果，并追求地形与其他园林要素之间的关系，所创造的地形景观兼具功能和景观效果。中国古代大型园林中的"一池三山"地形模式（李伟华，2003），以及江南园林中的"堆山、掇山、叠山"等都是对地形不同的处理手法。在山地景观的运用研究中，地形造景主要研究对现有山地地形的运用和结合其他景观要素共同作用结合（苏锦霞，2013）。影响地形空间的因素中，地形是园林设计的基本要素，地形空间形态很大程度上决定了园林的设计风格和形式（苏锦霞，2010）。在园林设计中，人们往往通过人工的手法平整土地，改变地形空间特征进行景观设计（张立磊，2008）。一般来说，最常见的手段是通过改造土地垫层形态和地形周边限制环境来改变地形空间。如挖湖堆山，改变平面空间地形形态，形成开敞或闭合的地形空间（张玉金，2016）。

2.1.2　地形造景的设计类型

1. 几何型

地形是一个三维的要素，它是由平面、立面和顶面空间构成的，地形边缘与天际的交界线，斜坡的轮廓线和观察者的相对位置、高度和距离，都可影响空间的视野，以及可观察到的空间界限，从而影响地形空间的视觉形态。运用地形要素可以创作出多种几何形体，如圆锥、棱锥、圆台、圆环等，并且在一定情况下，它们可以独立成景，对周边环境和空间具有一定的控制力。要形成"独立几何地形"，通常要满足两个条件，一是要有足够大的体量。二是形体上要具有稳定、集中、向上的特征。这类"地形"通常在尺度和形体上与周边环境构成强烈对比，从而在一定程度上形成引人注目的核心场所，远距离吸引人的眼球，使人们向着"地形"景观移动。而从整个场地空间来看，"地形"在不同类型的场地中又担当着不同的角色。如果位于大尺度的场地中，那么"地形"将会成为其景观序列中的一个重要节点，成为一段游览过程中的落脚点。如果场地的尺度较小，那么在方形场地中，该类"地形"通常会具有特征性的形式成为整个场地的中心广场。

2．规则型

点、线、面、体是表达景观空间的基本要素。"点"具有聚集性及焦点特性，而形成视觉焦点和控制核心的独立地形，在景观中便具有"点"的特点。事实上，许多形态的规则地形都可以看作是一种"点"元素的存在，而为了产生更多的景观感受和空间效果，这些"点"元素经常通过不同的方式进行组合。当然，除此之外，这些规则形状的地形本身又是景观中的几何实体，当作为"体"元素来运用时，通过形状上的拼接重组又可以形成新的造型。在景观设计中，"地形几何体"有规律、有节奏的组合通常具有一定的内涵和意义。有些方案设计并不是纯粹为了构图而盲目地进行排列，而更多的是出于对特定意境的表达。

形状是组合中最重要的变量之一，因此当多个几何"地形"的形体结合在一起时可产生多样的效果。因为形体的组合涉及面和体以及相交线的变化，所以基本的"地形"单元往往采用棱锥、棱台等硬朗的具有棱角的实体，并且利用不同的材质来区分相邻面或者加强边线以此来强调形式上的拼接。事实上，空间在人的视线遇到物体时就已经形成，并且空间形态往往取决于阻挡视线的物体边界。因此通过将形式相似的规则几何"地形"按照一定方式重复使用，整体沿着某一方向拼合形成连续的变化形式，它便可以界定两片区域的分割线，同时为创造整个空间的多样性、连续性和整体性带来有利条件。除此之外，这种"边界"往往还具有重要的感受和文化意义，不但能成为一个可供游憩的连接体，而且还能作为一处重要的景观为改善城市空间质量做出贡献。轮廓棱角分明的"地形"边界形成的独特景观，通常与周边或平坦或自然的周边环境形成了鲜明的对比。然而，高低变化的"地形"通常并不会抬高到人的视线以上，以此在使得场地具有隔离感和独立感的同时仍然与环境存在着联系感和归属感。

3．曲线型

当想要将自然事物在较小的景观尺度下完整地表达时，更多的是将其抽象设计成圆滑、柔顺、连续变化的"地形"整体。并且整个地形中的坡度较为统一，不求以大的变化幅度形成引人注目的景观，而是希望有人能够在其中找寻到不同空间感受。人们在连续变化的地形中获得的多样体验通常得益于与路径之间的结合。在自然地形中，有的道路顺应着地形沿着地表建造，有的道路则从土地中通过。而在该类"地形"空间中，路径的设计除了为人们提供行进空间，带来观赏"山坡"、"山谷"等多变的视野，很多时候路径本身也会起到强化地形的作用，并成为地形景观中的一部分。

2.1.3 地形的功能分析

地形可以分隔空间，地形并不是单一的平坦地形，有凹地形、凸地形、坡地。地形的一个重要功能是限制分隔空间，可通过不同的地形来划分空间，起到分隔空间的效果（余鹏，2014）。地形是公园景观的骨架，通过不同的地形造景设计可以达到分割或限制外部空间的作用，营建幽静、奇特、舒适、自然等不同性格的空间感受。地形分隔明显的分隔界限，通常利用空间之间的差异和对比度来划分空间（芦原义信，1990）。具体方式为"围合"、"限制"、"延伸"，不同的地形空间具有不同的心理感受，如闭合地形的"一线天"中逼仄的心理感受，以及"平湖秋月"中开阔明朗的空间感受，地形是比建筑要自然，比植物、水体隔断度更大的划分空间模式（郑曦等，2005）。凸地形中地形具有聚焦性，地形设计可通过抬高地形形成吸引景观视线、强调景观的作用（徐晓民，2013）。地形通过或隔或障，在景观设计中通过阻隔视线从而达到控制视线景观的目的（邹妍妍，2014）。园林中地形通过不断的隔障，如江南园林中的假山，层层推进，达到视线景观的高潮。有时还可利用地形来遮挡不美的物件（张玉金等，2016）。园林中的地形有高有低，所处的地形高度不同，游人景观视线有平视、俯视、仰视，不同的地形给人不同的景观视觉感受（许锡锋，2016）。地形具有延展性，应合理设计地形，高低起伏的地形使空间具有丰富的空间视觉感受，引导游人进行游览（杨静，2014）。

地形可以引导交通，地形的坡度影响着人们的步行速度、节奏和快慢，游人有选择性地选择最省力的道路进行游览（余鹏，2005）。在山地地形中，往往选择山脊、山谷，与等高线呈30°的夹角进行道路修筑，园林根据地形坡度设置不同功能的道路，如开敞的地形利用凸地形引导人们沿着分水岭或顺坡行走，闭合的地形利用周边高起的坡地进行围合，限制人们行走的方向。

地形可影响园林中的小气候，突起的地形可抵挡冬季的寒风，背风面气候较为温暖，同时地形也可作通风使用，一般来说低洼地形如山鞍，山谷引导风向（任飞，2016）。合理的地形设计可使园区小气候冬暖夏凉。山地地形分为山阴、山阳，山阳种植喜阳植物，山阴种植喜阴植物（曾力等，2013），种植植物选择与地形相适宜的种类，通过地形与景观要素的合理结合，可在园区形成宜人的小气候（刘应珍等，2014）。

2.2 景观设计

2.2.1 景观设计理论分析

景观是"在特定的文化与自然环境中，经人的作用而产生的物质文化复合体，它包括物质文化景观形态与精神文化景观形态两种不同的表现形态。物质文化景观形态是客观存在的物质实体，是看得见、摸得着的凝聚了文化精华的景观审美客体；精神文化景观则是主观文化存在，是看不见、摸不着的，必须经精神把握方能感知"。景观设计学是对景观的相关理论与应用进行综合研究的学科，它涉及社会、艺术、生态及工程科学等诸多领域，景观设计学孕育并成长于文化的沃土，无论中国还是外国，它最早都起源产生于人们对自然美好风景和田园诗意生活的向往。在生态系统设计、建筑系统设计和文化系统设计三个大的景观设计系统层面中，景观设计特别注重建立在物质感受基础上的精神体验设计，尤其强调文化景观系统设计的重要性，景观设计大师路易斯·巴拉甘就认为缺乏传统文化和地域差别的景观风格是缺少品位与个性的，是对文化的破坏；在谈到中国景观设计时，著名景观学者吴家骅也说：延伸到中国传统的景观设计，它是一个封闭的美学系统，有着独立的自我形成并缓慢变化的理论方法。景观设计学既是一门科学也是一门艺术，它研究的是怎样通过科学地安排土地及其附着的物体和空间，从而为人们营造健康安全、高效和舒适的生活环境。在人类社会发展到一定阶段后，景观设计学就应运而生，它也是人类造园活动经过悠久历史发展后的必然产物。同时，景观反映着人类的世界观、价值观、伦理道德，也承载着人类的爱恨、欲望与梦想，而人类实现这一梦想的途径就是景观设计。随着经济社会不断发展，工业化进程严重破坏着自然生态和人类身心，鉴于此，现代景观规划设计为人们所重视和推崇，以协调人与自然的相互关系。

2.2.2 景观设计方法

1. 利用传统文化和乡土知识

在进行景观设计时要考虑尊重当地的生活环境和当地人们的文化传统，生活习惯、习俗满足当地人日常生活的需要，因为在当地人的生活空间中水源、植被、石头、土地都是有特定含义的，尤其是少数民族更应注意他们的民族习惯和风俗，所以一个适宜的生态景观设计必须从当地人或是当地的传统文化中寻求设计灵感和思路。

2. 适应景观所处场所的自然环境

生态景观设计应该依景观所处场所的自然过程充分利用该场所中的土壤、植被、水、风、阳光、地形及能量等天然资源和能源。尽量将这些自然因素融入设计之中从而保持该场所的生态平衡。

3. 选择当地的植物和材料

景观生态化设计的另一个重要方面就是使用植物和建材的本地化、乡土化。因为最适应在当地生长的自然是乡土物种而且能最大限度地降低管理和维护成本。

4. 保护和节约自然资源

一是要对不可再生资源予以保护。二是为了尽量节约资源和减少耗费能源，有效利用废弃的土地、原材料等，赋予它们以新的景观功能不失为一个有效的办法。三是使自然资源循环再生利用。应该注重变废弃物为营养物，返还枝叶做肥料、返还地表水补充地下水都是自然资源循环再生利用的有效途径。

5. 注意维护生物的多样性

在景观设计时要注意保护当地的动植物种群数量，保护生态系统的各种类型和其演替的多种阶段。未来景观设计者所要追求的应该是通过景观格局的生态设计使生物的多样性和生态系统的平衡性得以保持。

6. 景观设计要注重显露自然

尽量采用低干预、低影响的设计方法，与周边环境自然和谐统一。

第3章 地形造景在景观设计中的营造方法

3.1 景观设计现状分析

景观设计在现代发展的速度非常快，为了满足城市整体设计的要求，融入了科学景观设计，并与世界先进技术相结合，景观设计体系建立也更为完善，例如园林系统对于绿地的规划由最初的普通绿地向块状绿地、带状及混合型绿地等多元化空间的布局模式发展。当前，我国发展的战略性目标是节约型社会、可持续发展社会，而保护生态环境已经成为每个人的责任，现代园林设计也开始遵循生态优先的基本原则，合理规划景观，使经济效益、社会效益以及生态效益尽可能得到均衡发展。

但是，景观设计的问题依然存在着，发展速度快带来的盲目跟风抄袭问题比较严重，这同时也导致了设计首先缺乏地方特色，景观设计中最为明显的一个问题是设计没有差异性，不同地区的景观园林，其设计的主体、景观的配置等方面大体一致，难以体现地方特色。主要在于设计师没有对设计区域进行深度考察，不考虑因地制宜，忽略最具有地域性的设计元素。其次，忽视对生态环境的保护，在新时期的景观设计上要在坚持美学设计原则的基础上，凸显出绿色设计理念。而从当前景观设计现状来看，设计人员追求新奇，照抄照搬国外的设计理念和设计元素，缺少创新意识，忽略本国的现状，只考虑到如何用景观去吸引人，忽视景观在改善生态方面的作用。最后，由于社会科技发展飞速，有些设计师理念更新过慢，理念老旧，缺乏长远考虑，景观配置功能单一，最后造成景观设计单调和不合理。

3.2 景观设计指导原则

3.2.1 因地与因景制宜

在景观设计中采用因地因景制宜的手法，需要考察场地的实际情况，综合考虑其气候、地形、植物、人文背景、使用人群等，以满足使用者的使用需求。在设计中体现出天时地利人和，气候、地形等属于不可控的因素，需要在设计前进行充分的调查，整理气候的变化规律，充分发挥主观能动性，做出因地因景制宜的设计，诸如北方园林的粗犷大气，南方的葱葱郁郁，这些风格无不与气候相辅相成。不同景观设计场地的地形地貌各有特点，应在充分理解其地形地貌特点的基础上，尊重地形特点，在原有地形上进行景观设计活动，或是尽可能通过挖湖造山等活动予以改建，平衡场地地形的用途，挖掘场地地形地貌的内在潜能。不同地域都有其适宜生长的植物种类，在景观设计中，尽可能选用适宜本土生长环境的植物物种，打造地方特色的植物景观，体现地域文化，这是绿化方面的因地制宜，那些违背因地制宜原则的设计，大量引进不适合在本地生长的植物，存活率低，难以形成景观效果，也极大地冲击了本地的文化特色。

任何地域均有着自己的人文背景与历史特性，景观设计的因地制宜应从地域的人文背景进行切入，突出本土化的特点，打造个性化的地域景观，满足观赏者的愿望。景观设计是在特定场地上进行的人类创造活动，势必会对自然环境产生干扰，因而需要运用因地制宜的手法，最大限度地维护场地原有的生态格局及自然过程，加强对场地自然环境的保护，营造生态功能良好的景观格局。景观设计应尽可能地减少对自然的破坏，通过因地制宜，巧妙运用场地的原有特征及原本存在的东西，包括现状水文、植被、构筑物、废弃材料、设施等，进行简单改造，赋予其新的意义及使用功能，再现于人们面前，使之更好地服务于新场地，不仅最大限度地节约了原材料成本、交通运输成本、植被养护成本，而且体现了当前绿色环保的理念，彰显出景观设计的优越性。而景观设计对场地原有物品的保留，还能够最大限度地保持场地原有的记忆和历史，形成特有的地方文脉及景观精神内涵，构建良好的人文氛围。

3.2.2 人性化设计

景观设计还应将使用人群的需求考虑在内，关注诸如儿童、老年人等不同人群的需求，充分提出人性化、人体工程学等概念，因地制宜地设计或改进设计，不断适应变化中的功能需求及人群，使设计不仅体现出设计师的理念，更满足了使用人群对空间的要求。

3.2.3 地形竖向设计因素

地形竖向设计是设计中的重要组成部分。利用土地高差或挖土堆土的范围、高度，可以从地形的坡度变化、高程变化关系以及立面形象的艺术处理几方面影响地形造景设计的空间形象、立体关系和环境艺术的视觉表现力。地形可看作由许多复杂坡面构成的多面体（王晓俊，2000）。在地形造景设计过程中，地形的坡度设计对地表面排水、坡面稳定、道路设置以及人的活动都有很大的影响。地形坡度设计产生的高差变化必然会涉及如何稳固坡面，保持水土的问题。其中坡面的角度和长度决定了稳固坡面的基本形式，在大多数情况下，坡度缓、长度大的坡面应采用植物种植的方式稳定土壤。景观设计中地形高程设计的表示方法主要有设计标高法、设计等高线法和局部剖面法三种。地形设计中，道路与台地及其立面的填挖高差处理往往采用台阶、挡土墙、护坡、自然放坡形成路堤或路堑等组合形式。其中，利用台阶和挡土墙来解决场地高差的自然过渡，是现代景观设计地形竖向设计过程中常用的设计手法和工程措施。台阶不论是作为过渡地形高差的梯级平台还是作为公园道路的连接部分，都能起到不同高程之间的连接和引导视线的作用。

过渡地形高差的台阶在景观台阶中有着重要的景观作用。既可用阶梯、台级、平台、坡道衔接进行平稳、缓和的高差过渡，满足台阶的竖向交通功能，也可结合绿化与水体形成跌落式的竖向景观，形成恢宏大气的景观效果。并且在特定的空间中环境，景观台阶还可兼作休息看台，如图1所示。景观挡土墙是用来支撑土壤、承受侧向压力的构筑物，常用砖石、混凝土、木材、亚克力等材料筑成。它不但可以保持土体的稳定，防止土坡坍塌，同时还可以控制地表水的排放，在不同水平高度之间创造最大的可用空间。地形竖向设计中处理高差较大的台地，在场地空间允许的情况下，挡土墙不宜一次砌筑成，而宜分成多阶挡墙逐层修筑。跌落式多层次挡土墙同上述的景观台阶有着类似景观效果，不仅解除了高墙带给人视觉上的单调感，而且极富韵律地丰富了空间感染力，还能突出绿化，形成层层叠落的空中花园景观效果，如图2所示。

3.3 景观设计中的地形造景策略研究

3.3.1 利用与保护为主

在设计中，我们必须遵循的基本原则是对原地形的利用与保护，很多项目用地的地形充满着其地域特性，有着丰富的形态特征和空间层次。充分利用场地地形地貌，尊重自然，顺应当地历史文脉，能够保护环境，节约工程建设的成本。尊重场地的地形地貌，顺应地势组织环境景观，对整体环境采用低干扰的设计方法，与场地场所保持联通性和延续性，保持场域的场所精神。地形地貌的设计方向考虑的因素：地形的坡向、坡度、高程点、水体、植被覆盖等。通过对原有地形地貌的形态特征、尺度规模、高低走向及其资源状况的深入调查和分析，提炼出合理利用原有地形的思路与方法，进而创作出顺自然之气，承地貌之脉的地形景观作品（张军，胡亚芳等，2007）。地形造景中的利用与保护主要分为三个方面：一是植物保护，哪些植物需要保留，哪些植物要移除或迁移，这些问题都需要根据气候、功能等因素来考虑。同时，设计团队还需要找地方种植新植物，修建新的硬质景观以提高场景资源，但同时需要保证不能抢过其他天然景观的风头。二是材料延续，材料的使用决定了设计能否融入场地，延续场地精神。三是可持续性，通过合理的布置、对植物材料的再利用、使用当地资源以及改换硬质景观都充分体现了打造动态的、可持续性场地的最终目的。

3.3.2 造景与功能并重

景观造景与功能同等重要，可以说造景方式依附于场地的功能需求，不同功能的景观分区对于地形的要求也不同。在利用地形造景时，要依据场地地形地貌的实际情况和要达到的目标，坚持功能与造景并重的设计原则。例如美的总部大楼景观设计，如图3、图4所示。

| 图1 | 图2 | 图3 | 图4 |

在这一项目中，美的总部大楼景观设计通过现代的景观语言回应中国岭南大地景观"桑基鱼塘"，阡陌交通的栈桥和道路将用地分割成大小不等、形态各异的几何体——或下沉为水景，或上浮为种植乡土林木的小丘，或成为区域小广场（庭院），或是地下室采光天井。并在其上点缀以乡土材料建造的现代景观构筑，以形态和乡土材料组合解决高起的若干地下室采光天井的视觉问题，贯穿、延续地域景观。用栈桥、道路、水景与庭院等实际功能体块勾勒出"桑基鱼塘"的网状肌理，让人体验到的不仅是肌理间生动丰富的功能联系，还有亲切舒缓的基塘肌理，带给人仿佛当年人对土地的归属感。水景在场地中被分作生态湿地以及地下室采光天井上的薄水之用，其重点不在于再现水景的不同形式，也不在于水景带来的若干亲水活动，而是在于对区域文化、生活及当地自然环境关系的尊重。生态湿地以及地下室采光天井上的薄水皆设计为雨水、污水收集处理系统的一部分。把屋面和露天雨水收集、处理、蓄积在景观水池之中，将产生的中水和污水全部回收，通过生态湿地进行生物降解处理，回用于绿化灌溉和补充景观水池水量，不使用饮用水作为景观用水。水景设计也解释了我们面对今天环境现状所做出的选择——如何延续和存在。

3.3.3 整体性原则

尽管地形已经由背景骨架的作用发展为一种重要的造景手法，地形要素在景观设计中起着重要的支配作用，但也是整体环境中的一部分。地形造景并不是孤立的造景元素，它要与环境、周边建筑、构筑物、水资源等环境因素共同作用才能实现。因此，地形造景设计要把握一定的整体性原则，地形造景的整体性原则还表现在地形本身的整体性上面。在环境尺度允许的条件下，要保持地形形态及走向的延续和整体性。

第4章　日照市龙门崮花朵子村案例实践

4.1　项目概况

1. 地理区位

日照位于山东省东南部，濒临黄海，位于中国大陆海岸线的中部，山东半岛南翼，北依青岛，南接连云港，隔海与日本、韩国相望。日照是一个滨海城市，是山东半岛城市群、山东半岛蓝色经济区的重要组成部分，日照市龙门崮景区，地处山东省日照市东港区，位于日照市东南部，规划区属鲁东丘陵区，属鲁东隆起山地丘陵带，濒临黄海，位于中国大陆海岸线的中部，山东半岛南翼，规划区内的三庄河属于滨海水系，其内的山地属于桥子—平垛山。项目位于日照市东港区龙门崮景区，地处日照市西北部，从项目地出发，可在40分钟内抵达日照山字河机场，且距离国道G1511和G15高速入口38分钟，省道S222中的山海路为项目地必经之路，因而项目地具有优越的交通优势。

2. 经济区位

东港区成立于1992年12月，是日照市的驻地区、主城区。位于国家重点开发的沿海主轴线与新亚欧大陆桥沿桥经济带的交会处、环黄渤海经济圈与长三角经济圈的结合部，是国家"一带一路"战略规划和山东省"两区一圈一带"战略的重要节点城市。

党的十九大报告指出："要坚持农业农村优先发展，按照产业兴旺、生态宜居、乡风文明、治理有效、生活富裕的总要求，建立健全城乡融合发展体制机制和政策体系，加快推进农业农村现代化。"龙门崮·田园综合体的建设是东港区落实乡村振兴战略的重要抓手、着力点、支撑点，通过龙门崮·田园综合体的建设，将推进东港区乡村特色产业、文化旅游的发展，加快推进农业农村现代化。

4.2　地貌地形分析

规划区以岱崮地貌类型（中国第五大岩石造型地貌）为主的山体成群耸立，雄伟峻拔；林地覆盖率较高，适宜发展康养综合体及特定文化创意产业。规划区生态环境较为原始、脆弱，土壤具有多样性特点，主要为棕壤土类和棕壤性土亚类，有机质含量偏低，土质较为瘠薄，需有针对性地开发利用。生物资源丰富。规划区坡度由西北向东南减缓，坡度较大地区主要集中在西北山地地区，东南部地区坡度较缓或无坡度。规划区坡向分布类型较多，各坡向地形均有涉及。规划区属丘陵地区，呈西北高、东南低走势。地势起伏变化较高，最高处海拔610米，最低处海拔40米。在设计地块中，南北高差约为6米，地块南面面水，北面背山，进入场地交通便利，笔者通过实践项目，结合前文调查总结出的地形造景中地形要素的设计模式，对日照市龙门崮景区进行地形景观设计，理论联系实际，尝试用地形造景的设计方法进行探讨。

4.3　设计理念

日照龙门崮景区景观设计：由于地貌的唯一性，地形的高差特点显著，采用地形造景设计手法，关注场地原貌，尊重基地地形，利用场地中丰富的水体及原生植被资源，采取低影响、轻度维护的原则和理念，以降低生态系统的负担使生态得以延续。建筑共生，融入与重生，新旧建筑共生，让建筑重焕魅力，用老建筑诉说岁月的故事，用新建筑展现当代田园生活的魅力，构建田园之间的共生。场地中的自然元素：山头、岱崮地貌、竹子等当地植被。文化传承：差别设计，考虑当地文化、历史等因素对建筑的影响，体验深入，景观、文化、历史互动。通过设计去解决的问题：基地空间运用最大化，考虑公共空间服务人群分为游客和当地居民，而不是单一人群，让建筑具有雕塑感，塑造异空间的建筑转换。

4.4　项目的整体性和设计可行性分析

项目要结合现有地形条件因地制宜地进行合理设计，满足景观区的各种功能需求、各景观设施建设的可行性，达到景观性与实用性统一融合。景观设计风格与地形环境相协调，突出景观建设的和谐与整体性，同时需考虑地形高差与水体、道路、建筑、植物等园林要素之间的和谐性，保证现在的景观设计与原有环境的整体性和设计的可行性。

4.5　地形景观规划设计（图5）

4.5.1　景观竖向分析

对园区用地进行分析，结合地形进行利用改造，合理设计园区地形景观，如图6、图7。

4.5.2　景观节点设计

1．园区平面布局

平面布局包含园区主入口、综合广场和过渡景观带。园区入口紧靠交通主干道，园区入口实行人车分流。中心广场主要起着人流集散的作用，兼具休闲和集散的功能，是热闹的综合活动区。

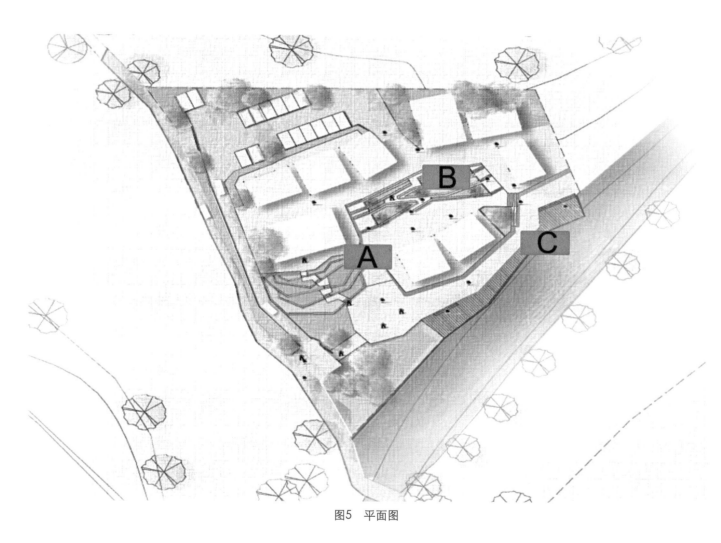

图5　平面图

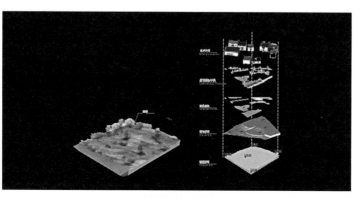

图6　基地景观竖向分析

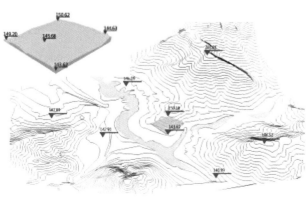

图7　基地现状高差

2．入口、中心广场、亲水平台细部景观

A区为园区入口，人车在景区入口分流，A区还包括入口的小广场，根据地形高差设计，新建建筑前的梯田是楼梯，这一设计元素抽象于日照市岱崮地貌的特征。同时结合当地植物，创造具有现代风格又统一于当地环境的地形景观，如图8、图9。

图8

图9

B区是园区的中心广场区域，这一区域兼具休憩和集散的功能，同样利用高差，设计无障碍通道，并且与梯田楼梯有统一性和延续性，如图10、图11。

图10

图11

C区场地面水，为减弱建筑与水面之间的落差，增强平台的亲水性。亲水平台紧邻开阔水面，远处为水渠岸旁连绵的树林，视线舒展深远。夕阳之下，逆光之中，人置身于平台之上，望远处的落霞和树影，看眼前的水草摇曳。近景与远景的景深变化，引发人对无限自然的联想，感受一种情和景的交融之美，如图12、图13。

图12

图13

结语

1. 中国背景下的"地形造景"

中国虽然一些项目和设计师进行了"地形造景"的尝试,但仍然发展很慢,仅仅是基于对西方实践的模仿。在中国,园林本身就是一种诗画艺术,山水的营造就是按照山水画的创作原则来设计;而西方的景观则是被当作服务于大众的艺术形式,并且这种艺术是为了让人们的生活更为丰富和有趣。由此看来,如果将西方这些对于"地形"的处理手法全盘接收到中国的土地上的确具有很大的局限性。因此如何在中国景观设计中更为适宜地运用地形来进行景观塑造,是值得当代中国设计师在实践中不断探索和思考的问题。

2. 主要研究结论

无论是规则几何类还是自然曲线类的"地形造景"作品均是出于对自然事物或现象的理解和表达,都是一种设计手法,不同的设计方式都蕴含着设计师所要表达的概念,但是设计理念或者设计想法,并不是设计师凭空想象出来的,它往往是通过对设计场地所在地区自然、历史、人文等方面的了解来寻找突破口。设计师利用"地形"形体反映自然过程或社会过程,不仅体现了地域的特征,还是对当地历史和文化的沉积和延续。在设计的最初,对场地进行实地调研,较好地了解和把握场地的状况有助于提出适宜地形的造景策略,利用"地形"设计手法来构建具有不同体验特点的空间。运用地形的特点,通过对坡向、坡度、高程点不同的设定在"地形"内部形成空间差异,从而营造出不同的连续性活动空间,带给人们不断变化的空间感受。

园区主要利用面积较小的平坦地形或缓坡地性进行小尺度的地形景观设计,形成微地形景观和小地形景观,结合道路或亲水的线形休息空间,模拟自然山水的自然式地形。景观设计时可利用地形的起伏结合植物、水体等园林要素丰富景观层次,顺应原有地形走势,使景观具有方向性和延续性。利用原有地形,保护原生植被,结合人文脉络进行地形景观设计。

景观设计实践中各个方面的"地形"运用手法很广泛,随着文化方式改变,并不是所有的手法都适用。"地形"景观与时代文化脉络之间进行对话,这种与文脉的结合、与生态的结合会一直是设计的发展方向。

参考文献

[1] 周维权. 中国古典园林史[M]. 北京: 清华大学出版社, 2011.

[2] 彭一刚. 中国古典园林分析[M]. 北京: 中国建筑工业出版社, 1986.

[3] 孟兆祯. 园林工程[M]. 北京: 中国林业出版社, 1996.

[4] 赵兵. 园林工程[M]. 南京: 东南大学出版社, 2011.

[5] 西蒙兹. 景观设计学: 场地规划与设计手册[M]. 北京: 中国建筑工业出版社, 2000.

[6] 诺曼·K·布思. 风景园林设计要素[M]. 北京: 中国林业出版社, 1989.

[7] 芦原义信. 外部空间设计[M]. 北京: 中国建筑工业出版社, 1985.

[8] 冯炜, 李开然. 现代景观设计教程[M]. 杭州: 中国美术学院出版社, 2002: 67-74.

[9] 麦克哈格. 设计结合自然[M]. 北京: 中国建筑工业出版社, 1992.

[10] 林箐, 王向荣. 地域特征与景观形式[J]. 中国园林, 2005 (06): 16-24.

[11] 王向荣, 林箐. 西方现代景观设计的理论与实践[M]. 北京: 中国建筑工业出版社, 2002.

[12] 吴家骅. 景观形态学[M]. 北京: 中国建筑工业出版社, 1999: 163-300.

[13] 赵世伟, 张佐双.园林植物景观设计与营造[M]. 北京: 中国建筑工业出版社, 2001.

[14] 王冉. 现代景观设计中的地形造景研究[D]. 东南大学, 2016.

[15] 李婷婷. 北方古典园林景观空间的地形营造初探[D]. 西安建筑科技大学, 2014.

[16] 苏锦霞, 段渊古.艺术化地形设计在现代景观中的运用[J]. 北方园艺, 2010 (11): 121.

[17] 闫晓燕. 艺术化地形在现代园林中的应用[D]. 西北农林科技大学, 2017.

[18] 黄芮. 城市公园微地形设计探析[D]. 江西农业大学, 2013.

[19] 陈焰. 居住区园林地形设计研究[D]. 中南林业科技大学, 2011.

[20] 苏锦霞. 现代城市公园地形造景设计研究[D]. 西北农林科技大学, 2010.

日照龙门崮文化区景观设计
Rizhao Longmengu Cultural Landscape Design

日照龙门崮区位及资源分析

  基地地处龙门崮风景区内，风景区内有龙门崮风景点、上崮后及下崮后自然村落、华美达酒店、水上游乐设施、大型停车场等，配备较为完善的旅游设施。基地附近待开发，包括水景资源、乡景资源、山景资源，周边视线资源丰富。

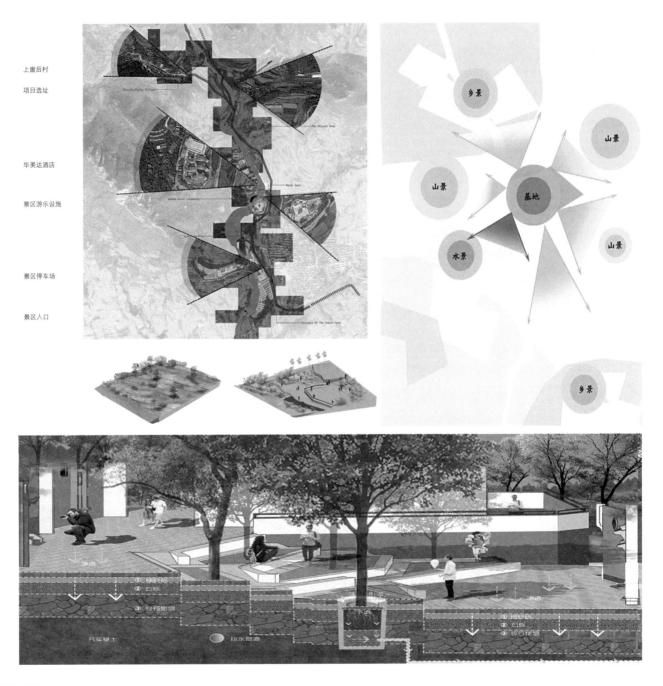

设计概念

  项目本质上在于重新构建"原住民、新住民、游客"三者融合的新型社区关系，将徽派建筑隐形地融入，让南方建筑重生在北方，让新旧建筑共生、融合，用老建筑诉说故事，用新建筑展现当代田园生活的魅力，相互对话，形成新的村落空间、景观意象，营造田园牧歌式浪漫的生活情景。建筑功能划分为民俗博物馆、商业区与文创区，打造具有旅游、休闲、艺术、商业功能于一体的旅游景观建筑群。

徽派建筑美学特征在现代建筑中的应用研究
Study on the Application of Architectural Aesthetic
Characteristics of Anhui School in Modern Architecture
花朵子综合服务楼设计
Design of Huaduozi Comprehensive Service Building

青岛理工大学
姚莉莎
Qingdao University of Technology
Yao Lisha

姓　名：姚莉莎　硕士研究生二年级
导　师：贺德坤　副教授
学　校：青岛理工大学
　　　　艺术与设计学院
专　业：设计学
学　号：1721130500576
备　注：1. 论文　2. 设计

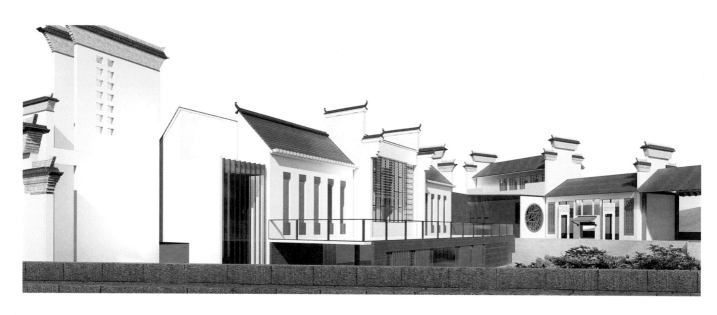

徽派建筑美学特征在现代建筑中的应用研究
——以花朵子综合服务楼为例

Study on the Application of Architectural Aesthetic Characteristics
of Anhui School in Modern Architecture——Take the Huaduozi
Comprehensive Service Building as an Example

摘要：徽派建筑特色鲜明的元素彰显着建筑的民族文化、地域文化、人文文化之间的融合与碰撞，由此演变形成的建筑元素在建筑中极具感染力和震撼力。本文在讨论徽派建筑的元素及其在现代建筑设计中应用的基础上，总结出它们在美学上的共通点，也为能将徽派建筑元素运用到现代建筑中提供更好的结合，试图从徽派建筑元素的美学特征出发，挖掘和探讨其在现代徽派建筑的创作中一些新的方法和思路。本文在分析屋顶、粉墙、马头墙等徽派建筑元素的基础上，从建筑色彩、建筑形态、建筑材质、建筑选址、建筑布局等方面，研究归纳了徽派建筑元素的美学特征，呈现出动静结合的美学意境。本文对传统徽派建筑元素进行了重新组合、复杂到简化等，研究传统徽派建筑元素的美学价值，实现其在现代建筑案例花朵子综合服务楼设计中的应用，从而对以后的新徽派建筑的发展产生借鉴意义。

关键词：徽派建筑；传统民居；建筑元素；美学价值；精神传承

Abstract: The distinctive elements of hui-style architecture highlight the integration and collision of the national culture, regional culture and human culture of the architecture, and the architectural elements formed thereby have a strong appeal and shock in the architecture. On the basis of discussing the elements of Hui-style Architecture and their application in modern architectural design, this paper summarizes their common points in aesthetics and provides a better combination for applying the elements of hui-style architecture to modern architecture. Based on the aesthetic characteristics of hui-style architectural elements, this paper tries to explore some new methods and ideas in the creation of modern Hui-style Architectural elements. Based on the analysis of Hui-style Architectural elements such as roof, whitewash wall and horsehead wall, this paper studies and summarizes the aesthetic characteristics of Hui-style Architectural elements from the aspects of architectural color, architectural form, architectural material, architectural site selection and architectural layout, presenting an aesthetic conception of combining movement with movement. This paper studies the aesthetic value of traditional Hui-style Architectural elements and their realization in the design of modern architectural case-Huaduozi comprehensive service building by recombination and simplification of traditional Hui-style Architectural elements, so as to provide reference for the new architectural elements in the future.

Keywords: Hui-style Architecture; Traditional houses; Architectural elements; Aesthetic value; Spiritual heritage

第1章　绪论

1.1　选题背景

徽文化发源于徽州，随徽商跨入大江南北，落户扎根，是中国三大地域文化的重要组成部分，集成了中原汉文明的文化精髓，在建筑、医学、工艺、饮食、理学等方面都具有其独特的特点。一方面，徽派建筑作为徽文化的一个重要组成部分，是地域建筑文化中的一个重要流派。另一方面，徽派建筑在村落规划、空间布局和建筑风格中都体现出了鲜明的地域特色，如在建筑中出现的黑瓦、白墙，在装饰中出现的砖雕、石雕等，这些都是徽派建筑特色鲜明的建筑元素，令徽派建筑有别于其他传统建筑形式，从而独树一帜，自成一派。当我们探讨建筑的思想内涵，均离不开对传统文化范畴的研究和借鉴。然而，现代化的快速发展，令传统的建筑方式逐渐被高新技术取代，城市化的进展，更削弱了我们对传统技艺的追求。所以，促进现代文化与传统地域文化的融合，不仅是对当代中国建筑思想源头的梳理，有助于传统建筑文化遗产的保护、延续和发展，同时更是延续地域文化精华的重要方法。传统徽派建筑形式在当下需要依照时代的特征而转变，所以必须要有效地运用科学的技术手段，将传统徽派建筑与现代建筑相结合。与此同时，越来越多的专家、学者意识到了徽派文化和徽派建筑形式对当前建筑风格的影响意义，他们研究和考察徽派建筑的设计特征，这对传承徽派建筑设计风格，弘扬徽派建筑的文化价值具有重大意义。

1.2 研究的意义与目的

1.2.1 研究意义

徽派建筑以民居建筑居多，在建筑风格方面，建筑环境与周围的山水为一体，人文与自然的交融保持着整体环境生态平衡，体现出建筑设计形式对自然环境的重视，提升整个建筑群的审美。在徽派建筑中发掘建筑的美，研究其建筑历史价值的同时，更需要关注其在当代的应用。笔者对徽派文化存有深厚的热爱，肩负着时代的历史使命。笔者希望能够借助对徽派建筑元素的研究，探究中国传统建筑中的美学价值。本人曾经在皖南地区进行过实地调研，对徽州地区的传统民居进行调研测量。在调研过程中发现徽派建筑中蕴含着古代人民丰富的智慧，需要更多的人来了解和传承，认真研究发掘其建筑中的美学意蕴，并将其运用到现代设计当中去，延续、发展中国传统文化的精髓。中国清代江南民间建筑的集大成者就是徽派建筑，其体现了江南工匠高超的建造技艺与深厚的艺术造诣，体现的是一个时代的文化，虽已经慢慢成为历史，但历久弥新。如何保证徽派建筑血液的一脉相承，使得其丰富多彩的构造元素的美学价值得到发掘与弘扬？如何保存和发展徽派建筑中的构造元素，使其与现代建筑的设计相结合，去粗取精？这是历史留给我们一个永恒的课题。

1.2.2 研究目的

在中国传统建筑发展的后期，徽派建筑慢慢发展起来，其建筑风格与江南地区当地文化、环境紧密结合，徽派建筑的布局、形式等方面都彰显出中国建筑中传统文化历史悠久、丰富多彩的特点。徽派建筑中蕴藏着众多艺术价值，对于传统建筑研究具有重要意义，将徽派建筑元素运用到现代建筑中，增强现代建筑的历史内涵。本文的选题针对徽派建筑元素的美学进行系统的探讨，目的是要正确认识和继承中国传统建筑文化。中国古代建筑史中，独具特色的徽派建筑是徽州历史文化的重要载体。在经历多年战乱之后仍然保留着大量的历史建筑实属难得，现如今多数的徽派建筑，年久失修，破败不堪。因此，徽派建筑的保护与发展成为主要研究探讨的问题。当下建筑设计市场中，徽派建筑中的设计元素时常被应用，形成具有传统文化内涵的新中式建筑。但是在具体运用过程中设计师使用较为生硬，没有恰当地理解徽派建筑的精髓，例如在建筑屋顶、门窗方面只是简单地套用，没用将徽派建筑的地理特点表现出来，导致整个城市建筑设计的不协调。因此，整理、研究和挖掘徽派建筑构造元素的美学内涵尤为重要，这使得现代徽派建筑可以更好地继承和发展传统建筑文化。因此，本文的研究目的可以概括为以下两个方面：（1）分析归纳出徽派建筑元素的美学特征，挖掘其中的美学意蕴。本文将以实地调研为基础，通过对徽派建筑元素的调查研究，对徽派建筑元素进行深度挖掘，分析徽派建筑元素美学的特征。（2）徽派建筑在我国建筑历史发展中有着举足轻重的作用，是徽州人民的智慧结晶。本文着重探讨徽派建筑的构造元素作为徽派建筑的重要构成部分在现代建筑设计中的传承和应用。

1.3 相关文献综述

1.3.1 国内研究现状

20世纪50年代，刘敦桢教授便开始对徽州古建筑进行了大量的研究，拉开了对徽州建筑的研究浪潮，与此同时，张仲等人于1957年出版的《徽州明代住宅》详细阐述了20世纪50年代对传统民居建筑的研究成果。80年代以后，对徽派建筑的研究无论在宏观上还是微观上都更深入了一步。一个值得注意的现象是，每一新的个案都能从徽州传统建筑中有迹可循。新徽派建筑从徽州传统文化中吸取创作源泉。

清华大学、黄山市建筑设计院以及芜湖市建筑设计院联合编著的《传统徽州民居标准图集》对建设特色城镇风貌具有一定的指导意义。

关于新徽派建筑的研究，学者崔淼淼在其学位论文《新徽派建筑研究》中结合徽州的地域文化，分析新徽派建筑的形成基础，通过大量的实例调研分析，凝练了新徽派建筑创作的手法和理念。

学者周蕾在其学位论文《徽派建筑元素在现代建筑中的运用及其研究》中，在总结传统徽派建筑和现代建筑的代表元素符号的基础上，通过古今对比，证明了现代建筑对传统徽派建筑符号语汇的沿袭。

徽州文化始于先秦，兴盛于明清。早在民国时期研究徽州文化的文书就不少于50万件，被誉为20世纪中国历史文化的第五大发现。根据徽州文书资料，黄山学院整理并出版了《中国徽州文书（民国版）》。1986年，安徽建筑工业学院成立了"古建研究院"，对徽州文化以及徽派建筑做了大量的调研和探索工作，近年来出版了《徽派建筑探索丛书》包括学术理论、建筑摄影、设计作品和绘测成果，对于徽州文化和徽派建筑的保护做出了重要贡献。

1.3.2 国外相关研究

国外学者对于徽派建筑文化的研究相对较少。目前，在美国塞勒姆小镇的"荫余堂"是世界上第一座也是唯一一座建置在海外并保存完整的古徽州建筑。

最为典型的国家是日本。周作人先生曾经说过日本"既是异国又是往昔"，日本先于我国接受西方现代建筑的洗礼，因此在国外研究现状中以日本为例，学习和借鉴日本设计师如何将日本特色的传统建筑文化运用到现代建筑之中。

日本拉开了东方现代建筑的帷幕。日本明治维新后，对于西方现代建筑由最初的模仿阶段，经过在近百年的"现代化"道路上对自我文化认同的不断追求，日本建筑已经成为现代建筑界中不可忽视的力量之一。

20世纪20年代，日本出现了现代建筑运动，设计作品多注重建筑设计师内心的情感投射；20世纪30年代，日本建筑设计作品则偏向理性主义，注重建筑材料、工艺、施工等方面。第二次世界大战后，受勒·柯布西耶的影响，日本建筑师开始探索具有日本特色的现代建筑之路。经过几代建筑师的坚持，最终形成特立独行的现代建筑风格。

1950年川添登在《新建筑》杂志中，提出"传统表现和现代建筑如何完美结合"的问题。日本建筑界最为特色的就是"绳文"和"弥生"文化，1956年，白井晟一发表了论文《绳文的东西》。隈研吾作为现代建筑"弥生"文化的代表，在20世纪90年代后期，发表了《反客观》等著作，以小户型的设计重新研读了日本传统建筑，等等。

2013年香港著名演员成龙把自己拥有的四间徽派建筑的材料赠送给新加坡大学用以研究，从而使得徽派建筑走出了国门，带去了更多徽派建筑风格的感染力。日本、韩国这两个国家在我国徽学文化研究方面颇有造诣，日本多为木构建筑，地理位置与中国比较近，文化交流相对比较频繁，也较早地对中国的传统建筑进行了研究。日本的中国建筑研究专家伊东忠先生，在全面整理20世纪20年代末至30年代初中国建筑的原始材料的基础上，著作了《中国建筑装饰》一书，这也是建筑装饰领域中较早的比较权威的著作，它以独特的视角探讨了中国建筑装饰产生和发展的原因。但尚未发现有从徽派建筑元素这个角度进行研究的相关著作。另外，国外对建筑美学、建筑艺术与视知觉以及事物的视觉形态设计方面有一定的研究，分析的方式与国内的视角不同，《建筑美学》（罗杰·斯皮鲁登，2003）在造型方面进行了深入论述，逐层地阐释了各种视觉元素，在复杂中联结，其中的表达方法对本论文有很大的启发和指导意义。

1.4 研究方法

本文的研究思路是：在研究前期，首先要打牢自身传统建筑文化的知识库，挖掘徽派建筑元素中的美学。然后通过实地调研的方式，对所看到、所测量的资料进行归纳分析，将调研的元素在现代建筑设计中进行分解与重构，找出徽派建筑元素的美学特征在现代建筑设计中的应用方法，最后在理性分析的基础上，归纳出徽派建筑的美学特征，以及在现代建筑中如何更好地传承与发展。本文将以实地调研为基础，理论研究为先导，充分结合国内外的优秀理论与优秀案例。从实际出发，具体问题具体分析，找出徽派建筑元素的美学特征。本文主要采取以下几种研究方法：

（1）现场调查法：对徽州地区进行实地调研、考察。对徽派建筑的风格进行调查，对建筑元素进行拍照，力求客观、广泛。

（2）文献研究法：根据本文研究对象查阅相关领域的文献资料，了解传统民居建筑的种类、构造等基本知识，了解建筑美学的相关理论，学习前辈们的研究成果及方法，为本文的研究奠定基础。

（3）形态分析法：在应用数学中排列组合而进行的方法就是形态分析法。即使是数学方法，对本文的分析应用研究也有借鉴和启发作用。形态分析法的步骤有：分解要素、形态分析、排列组合等。本文用微观的视角将徽派建筑分为多个局部元素组成的系统，对系统和元素进行分析，加以研究。

第2章 徽派建筑形成的条件

2.1 自然条件的影响

2.1.1 地理环境

黄山山脉中蜿蜒的是新安江水系，山水掩饰，奇峭秀拔。属于湿润性季风气候，地处北亚热带，常年平均的温度为16℃，230天无霜期。年均降雨量在1400～1700毫米之间，一年有120天以上的降雨日，大部分是集中在5月下旬至7月上旬。根据当地河姆渡文化的现象推测出，山越人结合了山区生活的特点，建筑从实际功能出发，采取的是"干栏式"一类的建筑。古代的徽州民居分布偏散，如果遭遇战事居民就会集中到山头。山越人平日里住的是"干栏式"房屋，在徽派建筑早期一直保留着"干栏式"建筑的特征，楼下的空间矮小，楼厅作为日常生活起居的场所，非常宽敞。后期徽派民居建筑演变为相反的形式，楼下高大宽敞，楼上简易，这一形式的演变是因为砖墙防护安全性的提高以及排水系统的通畅。由于皖南地区的天气原因，潮湿度较高，所以徽派建筑的外观以白色石灰粉墙为主，可以起到防潮的作用，石灰粉墙吸收了空气中的水分，避免建筑墙体受潮，或因雨水的冲刷导致坍塌。在青山绿水之间，白墙黑瓦的建筑形成了如诗如画的建筑景观和人居环境。白墙黑瓦掩映在青山绿水中，风韵独特，面貌独具，这就是"徽派"，这里就是诗意的栖居。

2.1.2 建筑材料

徽派建筑的形成在很大程度上受到皖南山区建筑材料的影响。徽州林木资源丰富，这不仅成为徽州人的重要经济来源，也为"立贴式"木架构形式房屋提供了建筑材料。居在山中，石材多。晋之后迁入的中原人定居首先要看的就是地形、环境、水流、建筑材料。徽派建筑外观最引人入胜的是马头墙的造型。将房屋两侧的山墙高度超过屋面与屋脊，用水平线条状的山墙檐收顶。为了不让山墙檐距离屋面的高差太多，设计了顺坡层面逐渐跌落的形式，使得山墙面高低错落，变化多端，也节省了建筑材料。马头墙的出现始于明代，为了防止发生火灾时火势的蔓延。由于徽派建筑大部分以木结构为主，所以这也是火灾发生的主要因素之一。事实证明，房屋两侧高出屋面和屋脊的升高山墙可以减轻居民密集区的火灾损失。除了实用功能之外，这种跌落起伏的马头突破了常规墙面的单调，赋予建筑美感。

2.2 徽派建筑的历史传承研究

徽州独特的人文观念和地理历史环境与徽派建筑的发展与形成有着紧密的关系。最初，古越人聚集在徽州地区，山区的气候环境潮湿，古越人为了适应这种气候环境，他们的居住形式逐渐地演变为"干栏式"建筑。后来，中原居民开始涌入，他们带来了先进的中原文化，中原文化对古越文化产生了影响，促使徽州人口数量和结构发生了变化，同时，徽州地区的建筑形式也逐渐开始改变。最为突出的是早期徽派建筑中的"楼上厅"形式，就是人们在宽敞的上厅进行日常活动和休息。由于人口越来越多，山区地区逐渐出现了很多依山而建的建筑，中原的"四合院"又演变为"天井"，这是为了适应险恶的环境同时也解决了通风光照的问题。山区的房屋是木结构，为了防止火灾，于是又产生了具有独特建筑特点的符号——马头墙。可以说早期徽派建筑的形成是中原文化和古越人文化相互交融的产物。明朝中期以后，徽商崛起，并在中国商界雄踞500年，儒家文化对他们的影响很大，大量徽商从外地带回极多财富兴建民居。清代时期，徽派建筑发展到了鼎盛，由于受到徽商文化的影响，徽州人追求安逸的生活，再加上他们具有较高的文化素养，使徽派建筑呈现出了世俗化的格调，在此期间徽派建筑出现了大量的祠堂、牌坊、民宅，这使徽州地区的建筑面貌发生了巨大的改变。

2.3 徽派建筑的精神文化特征

徽派建筑虽为物质形式，却蕴含深远而丰富的精神内涵。这一内涵虽然无形，但是却和其他文化一样深刻影响人们的价值观、思想、行为以及审美，为建筑这一特殊物质及其内在文化的塑造、发展给予了感性的前提和相应的限制。

2.3.1 "天人合一"的哲学理念

古代时期，国内经济、技术还很不发达，风水是决定徽州建筑前期选址、规划、设计乃至建造诸环节的重要因素。在古代人民的思想中，上天是万物的主宰，人生于自然，因此人类建筑也应该与自然、环境融为一体。这一思想与古人信奉的"天人合一"思想如出一辙。因此在徽派建筑中，处处可见天、地、人和谐统一的思想。例如徽派建筑中的天井，天井的设计既通畅又封闭，同时也可以解决采光问题，在徽州人的文化观念中，天井可以把雨水聚集到屋面，叫作"四水归堂"。

2.3.2　儒家的理性思想

程朱思想的创立者程颢、程颐、朱熹本籍均为徽州。朱熹还曾数次去到徽州讲学，门下弟子众多，在当地有很大影响力，其推行的理学在这里得到了极好的贯彻践行。此思想追崇"先王遗风"的特点在此地建筑中得到充分体现，因此徽州建筑普遍内敛，用色淡薄而且偏向理性，设计表现均中规中矩。此外，在儒家理性思想的影响下，徽派建筑自然古朴，不矫饰，不做作，徽派建筑信守传统，推崇儒教，追求纯真朴素，与大自然保持统一和谐，因而徽派建筑散发着古朴的气韵。

2.3.3　徽商文化的影响

徽商文化之于徽派建筑的巨大影响表现最明显的莫过于民居。明代中期之后，徽商迅速崛起，大量徽商从外地带回极多财富兴建民居。当时的一大批徽商本身具有较高水平文化素养，再加上常年在外见识广博，本地文化体系融入许多外地文化精髓，形成了独特的徽商文化。他们将这一特殊文化融入自有民居的布局、结构设计以及装饰上，赋予徽派建筑丰富的内涵和文化特征。徽派民居多数采用黛瓦粉墙，内外线条均讲究高低错落，外筑高墙，用色淡雅古朴素净。内部结构精细异常，梁栋局部均采用描金技术或者加以彩绘，其三雕技艺尤其惹人惊叹。

第3章　徽派建筑的构成元素及其美学特征

3.1　徽派建筑典型构成元素

3.1.1　屋顶

在建筑学中，屋顶的作用通常具有夏季和秋季遮挡阳光、雨季排泄过量雨水、冬季和春季收纳阳光等诸多功能。屋顶是徽派建筑中的一项不可缺少的要素，徽派建筑中的屋顶具有地域文化代表性。徽派建筑的屋顶不仅彰显出传统文化下徽州人民实现人与自然和谐美的决心，也形象地传达出徽州人民在遵循传统儒家文化下的生存智慧以及创造才华。徽州建筑特征明显，只要一说是"粉墙黛瓦"、"马头墙"，大家都知道这表述的是徽派建筑，这些特征都已成为徽派建筑特有的符号。在徽派建筑中，经常采用的建筑技法是在屋顶与上墙屋顶上铺青瓦，坡屋顶向内微曲，方便屋面的雨水外排。徽派建筑的屋脊样式繁多，但是每一种样式特征都具有一定的典型性。通常大型民居和小型民居在屋脊样式上具有明显的不同特征，大型民居通常会把重要厅堂的脊头设计成龙鸡等花式，而小型民居则采用瓦竖砌的方式，将两头稍作简单的纹饰以装饰整个屋脊。在徽派建筑中屋面上的青瓦被称之为"黛瓦"。徽州所有的居住式建筑都具有一个相同的特征，整个屋面由清一色的青瓦组成，而且建造者不会选择其他的颜色或是其他层面的材料来建造屋面。这样建筑屋面特定材料的选用使得屋顶的木结构不暴露在外，同时在一定程度上也阻止了从屋顶侵入的火种，从而起到了预防建筑火灾发生的作用。很多家境殷实的富商们为了提高防火的级别，常在瓦下铺盖一层望砖，这种做法既能延长了屋面隔绝火势的时间，也能在建筑内部发生火灾之后，减少火灾侵入其他房屋的事件发生。这种防火方法真实再现了劳动人民的智慧，也为整个建筑群提高了防火等级。

3.1.2　粉墙

建筑空间创作的手段之一就是墙，也是构成空间的基本元素。墙的作用十分多样化，可以根据人的需求实现多样化的设计，展现丰富多彩的建筑形式。建造者不仅可以利用墙整合空间，提高空间利用率，也可以用来切割空间，给人们一定的自由度，满足人们的使用要求。研究者通过查阅文献和进行实地调查发现，"粉墙"是徽派建筑中最具代表性的元素之一。这种独有的地域性美学特征表现为，在整个建筑中大量采用灰白色彩基调来进行设计。从整体来看，这种灰白色单色色彩大量的运用，表现出了徽派建筑的多层次的内在美感，也使得徽派建筑具有浓重的地域性色彩。整个徽派建筑的民居呈现出色彩素雅、墙线错落有致的艺术风韵，而由粉墙、黛瓦、小桥、流水、人家构成的整个生态住所体系，更加体现出人与自然和谐一致、因地制宜的智慧。

3.1.3　马头墙

马头墙又名封火山墙，是徽派建筑元素中重要、典型的艺术特色之一。徽派建筑房屋两边山墙使用砖石垒砌而成，而且两边的山墙明显要高于屋脊，在具体的建筑样式中呈现出水平状的山墙檐封顶、墙檐上铺黛瓦、墙体的高度随着屋顶坡度向下逐层跌落、两边呈现阶梯状的特征，同时，徽派建筑山墙的样式并不像一般的建筑呈现出等腰三角形状，而是山墙的下面呈现出长方形状。徽派建筑通常墙面会粉刷成白色，墙角在建造时是向上稍稍翘起，这就形成了高高昂起的马头形状。封火山墙也因其具有高昂马头造型，进而被称之为"马头墙"。这种墙头具有一定的实用性功能，当周边建筑出现火灾时可以有效地阻断火源，同时也可以避免火势蔓延到其他房屋。在众多的徽派建筑中，马头墙以迭级形和人字形的形式居多，并且通常表现为一种耸然屹立的立面造型。这种造型兼具美观性和实用性，在实际的生活中，人们可以利用这种高出屋顶的设计，有效地防贼挡盗、遮风挡雨。徽派建筑中的封火墙演变至今，已经成为一种当地的特色装饰和一种思乡情的精神寄托。

3.1.4 窗

在古代徽州河网密布，是北上南下的必经之路，水路、陆路交通都比较便捷，而徽州以徽商而闻名于各地。徽商因长年经商在外，且经常携带大量的金银，所居住处常建造门窗小的房屋，以此来保证人身和财务的安全。所以，在徽派建筑中，大门是为了彰显家族的气派，而小窗则为了表现个人对人身和金钱的谨慎。因此，从现已保留下来的徽派建筑来看，在徽派民居设计当中，建造者通常会采用宽阔的天井来代替窗体采光，即便非要设计窗体，也通常设计得极小，在从外部进行观察时发现，粉白高墙上幽黑的小窗，在瞬间就能凝聚所有的视线。小窗大门也因此成为徽派民居突出的元素之一。小窗本身具有丰富的文化内涵和生存之道，而窗体上呈现出的纹饰与装饰，在徽派建筑中也具有深刻的文化内涵。

3.1.5 门

在徽派建筑中，正屋的大门在徽州当地方言体系中，被称之为"门网"。研究者通过查阅文献发现，在古代封建社会中，网是皇室贵族建筑所独有的建筑形式，常被独立置于府门的左右，在平民百姓的普通居所中没有"网"这种建筑说法。在历史的发展过程中，徽州人逐渐将"网"的这种建筑元素运用到门顶的设计中，因此，"门网"成为徽派建筑中极具特色的重要组成。建筑者在设计"门网"的分布安排时，不仅考虑到了门向的风水，还融合了木雕的精华，这也被称之为徽派建筑的"门面"。徽派建筑对门面设计十分讲究，可谓中华大地，人才辈出，妙思奇想皆有，在传颂的过程中也有了"宁可门楼千万银，不愿盖屋三十两"的说法。门头的设计风格通常会呈现出砖雕和石雕两种形式，其中，最为奢华的应算是具有门坊的，通常门头会采用雕刻的门坊或石坊嵌入墙体而组成。对于喜欢讲门面的徽商人来说，暴露于"光天化日"之下的门头常是人们玩赏品鉴的重要门面。因此，徽州建筑中门头具有象征整个家族门面意义，在建造和设计时对其非常在意。门楼是徽州建筑最为显要的建筑元素，不仅因其具有华丽气派的外观，还因其具有"人生富贵体面，全然在咫尺之间"的寓意特征，被人们加以精细装饰和雕琢，从而成为在徽州建筑的门头当中最为重要的元素之一。

3.1.6 徽派三雕

徽州雕刻以砖雕、石雕、木雕为主，在应用场所方面多选择民居、园林、庙宇、祠堂以及古典家具等处进行艺术的再创作，以形成精美的图案装饰。徽派建筑的砖雕雕刻手法是徽派建筑艺术非常重要的组成部分，砖雕的表现主要在于门楼、门楣、屋顶、屋檐等处，并在其中扮演着非常重要的角色。通常石雕多见于寺院、宅院的门墙、廊柱、墓葬、牌坊等处，人们利用这种材质的本质特征，对其进行精细化的雕刻，并将其装饰在特定的建筑部位，从笔者的调研发现来说，这种属于浮雕和圆雕艺术；徽派建筑的室内装饰主要以木雕为主，表现的地点在徽派建筑的梁托、手架梁、窗扇、檐条、栏杆等地方，它的设计与雕工考究，因其具有独特的设计使其在整个徽派建筑风格中具有别样性的建筑特征。学者彭一刚在对建筑木雕进行深入研究后提出建筑木雕与其他建筑装饰方式的不同性，在观赏时更注重的是立面效果，从而使人产生愉悦的感受。在选材上精挑细选，装饰的表现方式更多立足于贴近大众生活的方式。

3.2 徽派建筑美学特征

3.2.1 建筑选址美

古徽州地区四面环山，西有黄山，东为白际山脉，北方有清凉峰，南边牯牛降是壮丽的天然画境，风景胜地。因此徽州先民天然地对地理形势非常在意和考究。他们把中国传统的环境景观学说，即环境心理学，发展到相当高的水平。环境心理学是将自然环境、文化环境以及景观的视觉环境结合起来综合考虑的环境设计方法。环境心理学本身是一种建立在中国传统"道法自然"哲学思想基础上的景观生态理论。在徽州各种聚落的选址中，"道法自然"、"随行就势"的体现比比皆是。人们按照自然山形水势安排建筑的布局和生活模式，通过点景亭和水口塔优化环境景观，建设文峰塔和各种祠庙寄托美好祝愿。整个徽州就是一个经过缜密设计的大地艺术作品。中国天人合一的观点及与自然的融洽相处在徽州传统建筑的选址中体现得淋漓尽致。

3.2.2　空间布局美

徽派建筑是中国传统礼制的空间化的再现。以中轴线为核心，次第布置各类房屋，展示建筑的等级关系是其昂著的特点。中轴线布局充分体现了合"中"的思想，通过"中"体现均衡与对称，达到"中庸"的理想状态。《论语》所蕴含的"中庸"思想，代表无过不及，即个人处事过程中需要选择最佳的方式以避免自己处于不利地位，以确保自己的行为合乎正道。中心突出，布局整齐，本身就是一种最容易形成的美的范式。徽州传统建筑就是这样，以中轴线为核心，重要的厅堂、礼仪性空间沿纵轴线分布，横向轴线上的堂屋均面向纵向轴线，其他住房、厢房、廊等均围绕轴线形成的天井周遭分布。各类房屋呈现对"中"字呼应的趋势，群体轴线主次分明。这其中长幼、尊卑、主客、内外清晰而严整，"中"的观念贯穿始终。这样形成的建筑群体，由中心向四周铺开，有条不紊，井然有序，体现出清晰而强大的凝聚力。中轴线布局是中国传统建筑的共性，但在徽州，无论富甲一方的大贾，还是普通平民百姓的家宅，都严格遵照这种理念进行建设，其中各种禁忌与细微安排一丝不苟，展示出独特的空间美学，也是中国传统空间美学的代表。

3.2.3　建筑形态美

古代徽州并非是传统意义上的发达地区，由于交通闭塞，甚至可称为落后。但由于徽州独特的文化和精致的生活方式，却让徽州地区孕育了独具特色的建筑形式美感。徽派建筑精致的马头墙，由于鲜明的轴线和礼制布局的坚持，更易形成点线面的造型组合，比起周边地区同类建筑类型更令人印象深刻。大量徽州人在外经商的经历，使得沿海发达地区的精致美学和复杂装饰工艺在徽州得以交融，配合徽州地区钟灵毓秀的山水，形成曼妙优雅的别致图景。

3.2.4　建筑装饰美

徽州独特的经济形态（徽商群体）以及特有的文化传统，使得建筑中的装饰图形成为徽州人寄托生活期望和社会宣教的重要手段。而徽州独具特色的精细手工艺传统徽州三雕（石雕、木雕、砖雕）又成为徽州建筑卓越的装饰美学繁荣滋长的沃土。徽州传统建筑的装饰，主要集中在一些特殊的建筑部件上。徽州的传统工匠非常在意简与繁、质朴与华丽的对比。比如门窗扇、牛腿、月梁等，都是徽州工匠集中修饰的位置。这些装饰由于植根在具体实用的建筑部件上，非常重视牢固与艺术审美的和谐美，在造型色彩上分寸把握得当，浑然天成。每一樽都可以视为独立的画，都是完整的艺术品。保留至今的徽州建筑装饰作品很多都堪称古徽州民间美术的精华，其制作手法之精良、构思之奇妙、表现之细腻、题材之广泛、文化底蕴之深厚，都代表了同时期中国工艺美术的最高境界。

3.2.5　建筑色彩美

色彩是审美中最容易被识别和率先审美的对象。徽派建筑选色质朴素雅，大量运用黑和白这组极端反差色，如果说小青瓦的黑色是材料制作中自然呈现的原色，那么白的选择显然是有意为之。徽派建筑最具特色的粉墙黛瓦是一种用意明确的建筑色彩设计。黑和白虽然反差强烈，但其间丰富的变化层次又显得包罗万象。在黑白统合之下的色彩碰撞融合、协调，产生了徽州民居独特的色彩艺术效果。这种类似水墨晕染的视觉结果，侧面暗合徽州人思维意识深处儒家文化追求精神上安静、朴素、自然的逻辑。最后形成了外界对徽州的特殊视觉印象，它们逐渐融入本地历史、文化乃至宗教，成为地域文化的代表。除黑白之外，传统徽派建筑对其他色彩使用也很考究。徽州木雕多以原色呈现，极少上色，称"清水雕"，用以彰显木材本身的质地之美。它们与建筑黑白灰大基调相得益彰，低调温润的原色暴露，也体现了"道法自然"的东方美学思想。与之相对，金色并非常规的天然色彩，颜色近黄且带有光泽。徽派建筑装饰中会有意用金色来彰显建筑的品质与身价，但这些装饰都极有节制，体现了徽州社会对财富的态度。

第4章　徽派建筑元素在现代建筑中的应用

4.1　徽派建筑元素在现代建筑中的应用形式

在建筑元素的应用方面，徽派建筑和现代建筑有很多相通的地方。所以在现代建筑中采用一些徽派建筑的元素是相得益彰并有根据的。首当其冲的问题就是怎样在现代建筑的设计中融入适当的传统建筑文化。根据以往的经验证明，只是简单复制成功的几率很小，例如把传统民居的某个特别因素，单个放到现代建筑中的效果也是可想而知的。"马头墙的滥用"就是在现代建筑中运用徽派风格元素的一个失败的产物。在现代建筑中，人们不管不

211

顾建筑本身的特点和功能，而是通过在所有的建筑中都运用徽派建筑的特色元素，如马头墙来体现其徽派特色，从而使得传统建筑文化的保护和发展都受到了阻碍。要想更好地借用徽派建筑元素应该有一定的基本规范。不仅要了解徽派建筑的特色，例如马头墙，不仅了解它们的表象语言，而且要读懂徽派建筑的内在涵义。若要把徽派建筑的特色更好地运用在现代建筑中，就需要将其建立在了解徽派建筑的象征意义的基础之上。徽派传统建筑的内在规律是符号的结构，徽派符号的结构和徽派文化一样，需要对徽派文化内涵的理解。只有深刻理解了徽派建筑元素中的符号的形式和结构才能够更好地理解徽派建筑文化的精神。

4.1.1 建筑元素符号化应用

在现代徽派建筑设计中，小面积地引用徽派建筑元素可以使建筑变得夸张、有趣、生动、形象。为了更好地应用徽派建筑元素，第一就是要学习传统徽派建筑的经验，但是又不能拘于其表象，而是要探索其内涵；第二是要从实际出发，要把对徽派建筑的作用，建立在现代建筑的功能实际需求之上；第三是徽派建筑的设计要建立在尊重整个大环境的基础之上，让徽派传统建筑元素成为能够和现代建筑互相呼应并能体现出其新的设计理念和语言的元素。

传统符号形式的转移表达为转译，即研究者首先通过一定的研究方法对徽派建筑整体结构进行解构、分析，再把符号和元素进行重新组织，最后，徽派建筑经过这一系列抽丝剥茧的过程，只会保留最原始的形态和最重要的特征。转译也是研究者经常采用的一种分析建筑原始符号探索其背后的意义一种方法，转译通常的步骤包括，对建筑分解、建筑元素与符号简化、建筑元素与符号变形、建筑元素与符号拼贴以及建筑符号元素重组等。研究者在对徽派建筑符号进行转移时，还要结合当代人的审美特征来分析、解构、重组等，这样才能更好地解读建筑符号背后所蕴含的深层次含义。要成功建立起徽派建筑的符号，就必须在保留传统的徽派建筑文化特色的同时增加现代建筑中的便捷实际性，从而推动现代徽派建筑成功走向世界。

4.1.2 色彩语义的表达应用

徽派建筑的特色之一就在于它的颜色运用，徽派建筑讲究使用黑色、白色和灰色三种颜色为主色，要把墙面刷成白色，所有的屋顶都是灰色，地面则采用褐色，从而使整个徽派建筑都呈现一种低调大气之感，使徽派建筑的内部环境和外部环境融为一体，浑然天成。而徽派建筑的这种用色特征是极其符合当代人审美特征的，徽派古建筑的传统和现代建筑，在色彩的使用上有异曲同工之妙。在现代建筑创作设计之中，徽派建筑的色彩搭配给了设计师们很多灵感，用灰白色调的墙面与现代的钢材、玻璃配合，适当搭配形成一种富有韵味的极简设计风格。徽州文化馆就是一个典型的例证，它在色彩的运用上，采用了徽州建筑色彩的传统风格和色调。主色调为黑色、白色和灰色，在色调配比方面，也发挥了其最大的特色，让徽州文化馆在徽州的天空之中，呈现出一种沉稳、低调大气、典雅的意境之美。

4.1.3 材料应用的延伸

即使用现代的材料，也可以营造出古代徽派建筑的风采，现代徽派建筑空间的另一个特点就是能够用不同的材料来打造传统徽派建筑文化的氛围。而使用传统的建筑材料，也可以通过现代思维的改造使徽派古建筑拥有新风格、新模式。徽派古建筑风格的建造使用现代材料有更为简便的方法：要实现粉墙的效果，可以选择清水漆（白色）、米白色石料或真石漆作为主要的原料使用。若是设计者希望打造徽派建筑中的黛瓦效果，可以用仿古形式的砖、清水砖当作材料。而设计者要打造"漏窗"，用水泥或黏土制成的砖当作材料可以达到效果。同样的，设计者要打造特别的徽派地板，就要考虑到徽派地板的特殊性，在具体选材时可以选用混凝土（透水式）、砂石、石料砖、洗米石等原料搭配。最后，设计者为了使徽派风格能够整体地确立，在一些建筑选材的具体细节方面可以考虑将文化石、复合木、青砖、钢材构架、陶土砖等配合在一起运用。

4.2 徽派建筑元素在现代建筑中应用

国内学者就当前保护地方特有建筑风格与享受现代化生活方面进行了大量的研究与探索，并在原有徽派建筑的基础上创造了徽派新建筑体系。对徽派建筑的传承与发扬一直是建筑学界热门的话题，在20世纪时，就有大批的专家学者就徽派建筑形式的继承和发扬方面，进行艰苦卓绝的探索和实践，在这其中出现了大量的优秀作品，而且这些作品对后来人再研究与继承发扬徽派建筑提供大量的可以借鉴与启发性的宝贵资料。

4.2.1 屋顶

中式坡屋顶相较于西式坡屋顶来说，在线条美感上，中式坡屋顶更有线条感；在屋檐与瓦片的巧妙重合中，中式坡屋顶起翘的屋檐与瓦片相重叠呈现出了东方建筑所蕴含的秀气柔美、典雅的设计美感。徽派建筑的设计与当地文化密切相关，因此，在设计徽派建筑民居时，充分地考虑到传统文化与现代设计风格的融合，改进后的新型坡屋顶具备了精神文化的内涵。从现代建筑中使用的建筑材料的角度来看，现代建筑多以质感轻盈的铝板代替传统常使用的厚实瓦片，充分地表现了传统坡屋顶的线条美感。研究人员通过阅读文献发现，国内一些建筑特别是居民住宅，通常设计为倾斜的坡屋顶风格。这种设计从两方面考虑。首先，这种设计可以使住宅的天际线变得更加多变，并且在具体性能方面可以多样化。其次，它可以使整个城市的建筑群拥有更加令人愉悦的外部曲线，曲线可以更好地反映城市的特色性。上述现代设计中常见的坡屋顶设计来自徽州，并在现代社会的影响下得到优化和发展。由于现代住宅结构和建筑材料的变化，特别是新建筑技术的应用等因素的不断影响，传统的坡屋顶已经被赋予了新时代新的形式和功能。当前的许多建筑师都是从传统大坡顶的形态、结构、附件形式和色彩应用等方面吸收精华，再通过实践检验，以当地或现代材料进行表现，确保建筑的风格保持传统的建筑特征，而且还与现代社会的内容和形式有关，可以反映新时代的精神，与大众的审美联系在一起，突出时代精髓。设计方法中有以下特定的要点：

1．抽象简化

屋顶所呈现的造型处理的变形方式是按照立体构成的相关规律，将坡屋顶化为面和边界线进行处理，往往将坡面分解，以强调各个面之间的构成关系，同时经常将部分结构框架外露，这种手法可以将传统建筑中的装饰构件进行简化。用抽象的方式表达传统建筑的主要构成部分，将传统坡屋顶的重量和体积感弱化，获得了简洁明快、构成感强烈的现代建筑特征。

2．形式体块的变形

将坡顶作为一个体块是这种变形的基础，采用加减法获得丰富的形状。例如，斜面的屋顶可以通过切割展现新的形式。

3．传统符号的提取拼贴

传统符号的提取拼贴是基于对其文化内在根源的深刻理解。在万科第五园的设计中，坡屋顶的符号被大量应用，再配合中国传统庭院中元素的创造性运用，打造了具有现代感和民族韵味十足的建筑范式。

4．隐喻手法的运用

在现代设计中对传统表现形式进行简化表达，用抽象概括的形式表达现代特征，通过外在的表现形式突出内在精神，用这种方式达到了隐喻的效果，如：贝聿铭大师在苏州博物馆设计中，运用几何形的设计手法，将建筑屋顶设计为多面坡顶的复杂集合体，而屋脊上和屋檐下的钢结构则以脱胎于传统建筑的屋脊装饰和檐下斗栱，同样运用隐喻手法完成了在重要历史地段整体形式的统一。

4.2.2　粉墙

"粉墙"是徽派建筑典型的代表元素，在墙的作用下，可创造出层次分明的空间形态与风格迥异的视觉效果。现代建筑借用徽派建筑中封闭的高墙，来为使用者营造一种安全、私密的空间氛围，这正是现代社会所需要的。因为墙作为现代建筑中的"门面"，直接展示在人们的眼前，所以被进行重点处理。大多数建筑运用现代材料来突出粉墙的别具一格，也有少数继续沿用徽派建筑的传统做法。需要注意的是现代建筑与徽派建筑中的构成元素各具特色，设计师不能照搬套用，应该对徽派传统元素进行提炼、改进，与现代建筑相融合，并对建筑上的意蕴美进行升华。

4.2.3　马头墙

徽派建筑中的马头墙地域文化特征明显，在现代建筑设计中，马头墙原有的瓦脊从复杂到简化抽象提取，将马头墙的瓦脊变成灰边，墙面曲折的效果展现更加明显。众所周知，马头墙在现代建筑中被看作是徽文化的代表符号文化。例如，上海万科第五园中运用徽派民居马头墙的建筑符号，用简化的设计手法凸显了徽派建筑简单又大气的风格。

4.2.4　窗

传统徽派民居在开窗上十分考究，一般很少在外墙开窗，如果开的话也是像小洞口一样的窗户，呈现的效果非常好，在大片面积的白墙上一个个小窗显得非常具有生命力。现代建筑中也采用小窗的设计，充分展现了对徽派建筑设计的致敬。窗上精美、复杂的木雕装饰是徽派建筑中特有的装饰风格，将这种木雕设计转化为现代设计语言就是类似于百叶的装饰效果。例如，在第五园的白墙上采用的是"高墙大窗"、"高墙多窗"、"高墙低窗"，实际上是与徽派建筑民居中的"高墙小窗"相形似。万科第五园中的庭院墙壁上开了很多孔，表现形式不一，有高有低，供游客参观，另有透光与隐私性兼顾的玻璃砖墙，这些墙的意境美显露无遗，既能装饰内部空间，又消除了封闭空间给人带来的抑郁感。现如今设计师通常在小窗周围设计约有50厘米宽的玻璃围边，是根据徽派建筑中常在步行楼梯的转角处设置小窗，为了让整个空间有采光性和通透性而应用的方法。

4.2.5 门头

徽派传统特色元素之一的门头在现代设计中的应用是稍作简化的，例如，在线条上将多变的曲线转化为直线条，装饰用的石刻也相应取消。保持传统建筑大体的风格原貌，式样上更符合现代整体效果。

4.2.6 色彩

"粉墙黛瓦"可以称之为徽派建筑的一个典型特征之一，放眼望去，整个徽派建筑群以白墙、灰瓦为主色调。现代建筑中我们也常看见，在现代工业钢铁和大量玻璃的运用之下用大面积的白墙，再配以灰瓦装饰，显现出黑白灰经典的组合。在视觉和感受方面，力求呈现一种色彩淡雅的感觉。这种在现代建筑中对色彩的运用，一方面，可以传承传统徽派建筑的色彩，另一方面，在色彩传达方面能够传达出鲜明的建筑色彩个性。

4.2.7 天井

天井当属徽派建筑中特色分明的元素，也是代表元素之一，有着"四水归堂"之称。在运用上有着以下几种处理手法：

（1）高度：高度是区分"井"与"院"的条件之一，相对于院落空间，天井更为高耸和封闭，可以显示出"井"的光影效果以及空间特性。

（2）位置：天井设计在庭院的侧面，两个建筑空间对称拼接时使得空间加倍，可以节约用地；天井设计在两边使建筑的进深空间较大，既解决了窗的问题，又解决了空间中光线的问题。

（3）通风：笔者在调研的过程中发现传统徽派民居建筑大多采用的是大进深、小天井。现代建筑设计中可以从中学习应用于现代建筑中的方法，当建筑有大进深时，可以设计多个天井做成楼井式，与上部开的天窗相通，既能利于通风，保温节能上的作用也不可小觑。

（4）装饰：内天井设计在建筑中，可以通到顶层，白天利于采光，又可通风换气。不同的时间段，阳光与月光透进来与房间中的暗处形成鲜明的对比，用光影来装饰建筑的内部，光影的美感不言而喻。徽派建筑利用错层使得功能分区明显的同时也注意房间内外的温度变化。在综合考虑周边室内空间达到好的视觉效果时，严格甄选"天井"墙体开窗、开门、开洞的位置。徽派建筑元素是文化精神的代言词，是建筑的文化重要组成部分，它与中国人骨子里的气质是契合的。徽派建筑元素在现代建筑中的运用中不需要照搬传统意义上的马头墙、挑檐、小窗等，它们已经与现代生活脱节。建筑风格的形成与当时的政治经济文化以及地理生态环境都有着紧密的关系，徽派建筑风格的形成也是如此。随着时代的进步，人们的生活方式慢慢改变，对建筑的功能性和舒适性要求更高。一方面，人们面临新的建筑材料和结构形式层出不穷，更偏向符合个人现实利益的选择。另一方面，全球都在流行功能和造价更有优势的现代建筑，传统建筑面临越来越小的空间。这种情况导致了城市中出现千城一面的风格，这对于保护文化的多样性是非常不利的，也会让人们产生审美疲劳。我们这个时代的建筑师需要做的是提取传统建筑中不会过时的特色部分，把这些留存下来的经典应用到现代建筑设计中去，这才是保护传统建筑的永久方向。那么，在传承的过程中，我们需要思考的是这些元素存在的意义？它们体现了怎样的精神内涵？我们不是对传统建筑进行表层上的应用，而是对其内涵有更深入的理解。继承是第一步，接下来就是变革、完善、不断创新，这才是徽派建筑元素在传承中必定要走的路。

4.3 案例分析

4.3.1 U形回廊围合水池庭院——Zuishoji寺庙，东京/隈研吾建筑都市设计事务所

位于东京的隈研吾建筑都市设计事务所，建筑形式采用U形的回廊使其与周边的联系更加紧密。U形回廊围合出一个庭院，庭院的中心是一个水池，水池的中心有一个高于水面的舞台，为人们提供了一个举办社区活动和演出的场地。站在回廊下看庭院，整体建筑风格统一，建筑内部的宽阔视野使人感到放松。建筑内外用回廊进行串联，内部回廊的外墙采用玻璃材质，保证室内的透光性，内外空间相互渗透，建筑的整体设计中对视线的对景进行了考虑，每一个视线都能最大化地欣赏内部美景。

4.3.2 绩溪博物馆

绩溪博物馆位于安徽绩溪县旧城北部，基址曾为县衙，后建为县政府大院，现因古城整体纳入保护修整规划，改变原有功能，改建为博物馆。整体建筑以传统徽派建筑的色彩为基调，富于变化但节制的屋顶、庭院等语

言，融三雕艺术于建筑细部。建筑南侧设内向型的前广场——"明堂"，符合徽派民居的典型布局特征。主入口正对方位设置一组被抽象化的"假山"。围绕大门、"明堂"、水面设置对市民开放的、立体的"观赏流线"，将游客引至建筑东南角的"观景台"。规律性组合布置的三角屋架单元，其坡度源自当地建筑，并适应连续起伏的屋面形态；在适当采用当地传统建筑技术的同时，以灵活的方式使用砖、瓦等当地常见的建筑材料，并尝试使之呈现出当代感。

第5章　花朵子田园综合体设计实例运用

5.1　项目概况分析

5.1.1　地理空间位置

日照东港区处山东半岛南翼，东濒黄海，隔海与日本、韩国相望，北依青岛，南与岚山区相连。东港区地貌类型多样，有平原、山丘、水域、湿地、海洋等丰富多样的自然景观。

东港区内历史资源丰富，第一个女农民起义领袖吕母起义旧址——吕母崮、龙山文化的重要发祥地、万亩"原始森林"之称的鲁南海滨国家森林公园都在东港区，东港区内的河山摩崖石刻"日照"二字，为世界汉字摩崖石刻之最，已载入《吉尼斯世界纪录大全》。

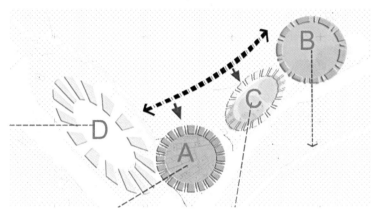

规划范围内，总建筑用地9175平方米，A地块5819平方米，B地块建筑用地2794平方米，C地块建筑用地562平方米。

图1

5.1.2　周边现状

花朵子田园综合体附近有AAAA级景区龙门崮，龙门崮以开发自然资源，结合神话故事规划建设人文主题景观，配套休闲娱乐、民俗旅游风景区。花朵子田园综合体以提供农业生产采摘加工、乡村休闲体验、田园生态居住、旅游度假观光、科技科普教育为主要功能。两大景区互为补充，捆绑营销带动辐射周边传统村落的进程。花朵子田园综合体与龙门崮景区区域内资源共生、聚合增值。周边有上崮村和下崮村两个原始村落，目前仍然保存了原始的村落状况。花朵子水库紧靠A区，水库四季存水，分旱涝季节进行泄洪，泄洪水道紧贴A区南部，A区周边水量充沛，基地外部原围绕有宽窄3米左右的泥土小路，亟待硬化路面，美化道路周边配套设施，东港区兼备内陆、海洋气候，冬无严寒、夏无酷暑，年平均气温15～16℃，年均日照2532.9小时。

5.1.3　现状与资源分析评价

山、水、林、田、湖构建优良生态本底，农作物、农耕活动、农具、村庄凸显乡村风情，瓜、果、粮、菜、禽展示本区特色，多种文化组合展示深厚的文化底蕴，这些资源为花朵子田园综合体的开发建设奠定了良好的基础。莅临国家4A级景区龙门崮，捆绑营销聚合增值，龙门崮目前主打文化旅游体验。花朵子主打新徽派建筑居住体验、生态农业科普与种植采摘加工。地貌类型丰富多样，有利于多样性景观的形成。资源单体禀赋不高，但整体组合优势良好，有利于功能互补空间格局的构造。当地农业资源丰富多样，田园景观优美，有利于田园综合体的建设发展。周围乡村传统风貌保存完整，有利于塑造原真性的乡村旅游品牌。生态环境良好，有利于康体养生项目的打造。历史文化底蕴深厚，类型呈现多样化，有利于文创类项目以及研学基地的建设开发。

5.2　设计理念以及方法构思

5.2.1　设计概念

高墙深院是徽派建筑结构的方式。徽州有许多古民居，四周均用高墙围起，谓之"封火墙"，远望似一座座古堡。结合用地红线、北高南低的地形、建筑限高，贴合实际地形，满足限制需求进行场地设计。以现有地块形状与徽州聚落式建筑的结合，打造现代徽派风格建筑。通过对当地地形以及对徽派建筑空间理解，实现新的空间组合重释形式。建筑内部空间层次丰富，对徽派装饰取其精华，加以利用。解决南方徽派建筑在北方合理性存在的问题。

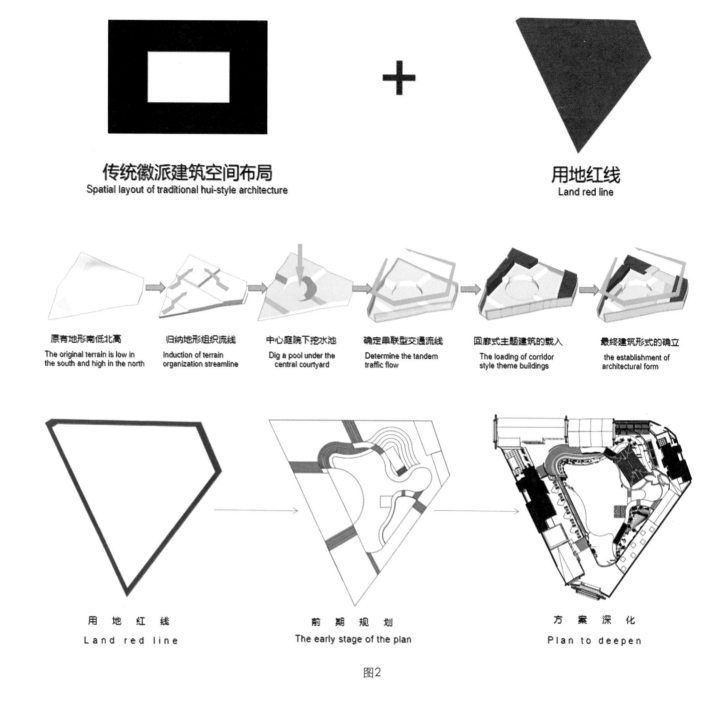

传统徽派建筑空间布局
Spatial layout of traditional hui-style architecture

用地红线
Land red line

原有地形南低北高
The original terrain is low in the south and high in the north

归纳地形组织流线
Induction of terrain organization streamline

中心庭院下挖水池
Dig a pool under the central courtyard

确定串联型交通流线
Determine the tandem traffic flow

回廊式主题建筑的载入
The loading of corridor style theme buildings

最终建筑形式的确立
the establishment of architectural form

用 地 红 线
Land red line

前 期 规 划
The early stage of the plan

方 案 深 化
Plan to deepen

图2

5.2.2 功能分析

对偌大空间进行节点串联，形成交替呼应的空间感，方案中试图建立一种生活，即舞台的感觉，在回廊式的建筑中用半透明玻璃幕墙作为廊道外墙进行路径串联，形成连续且内部开阔的空间品质。不同高度及角度的视角，高低错落的视线，从不同的高度欣赏建筑内部景观。建筑内部道路的主路是一条回廊进行串联，二级道路是庭院观赏的小路，与主入口和主路连接。庭院实现参差错落的建筑组合，空间上具有巧妙的变化，从视觉上增加了建筑的层次感。建筑北侧在遵循原始地形的基础上进行平整地面处理，建筑层次分为两层，民俗区出口串联回廊，将原本相对独立的空间进行串联。南部空间设计展览性长廊，建立内容可替换的展示科普平台。

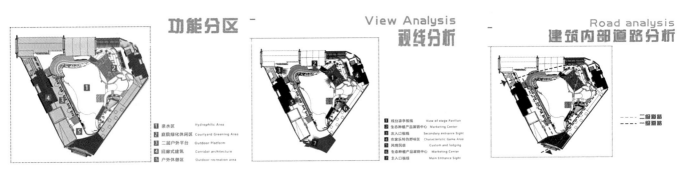

功能分区 View Analysis
视线分析 Road analysis
建筑内部道路分析

1 亲水区 Hydrophilic Area
2 庭院绿化休闲区 Courtyard Greening Area
3 二层户外平台 Outdoor Platform
4 回廊式建筑 Corridor architecture
5 户外休憩区 Outdoor recreation area

1 戏台观亭视线 View of stage Pavilion
2 生态种植产品展销中心 Marketing Center
3 次入口视线 Secondary entrance Sight
4 农家乐特色野味区 Characteristic Game Area
5 风情民宿 Custom and lodging
6 生态种植产品展销中心 Marketing Center
7 主入口视线 Main Entrance Sight

二级道路
一级道路

The horsehead walls   Agricultural products exhibition hall   Residential area

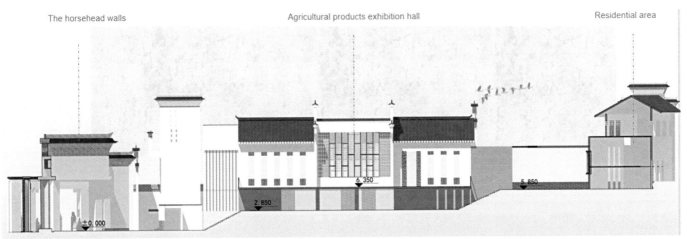

Residential area   Tea house   Residential area   outdoor corridor

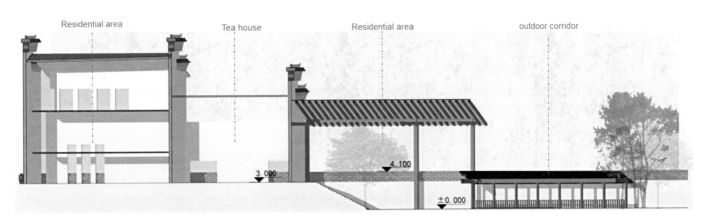

The Steps   Alternative content exhibition platform   The Steps

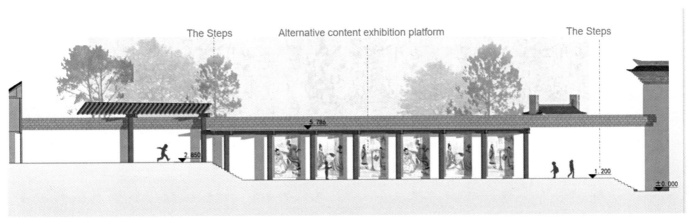

图3

217

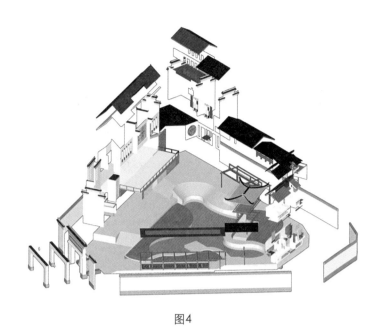

图4 图5

5.2.3 设计美学分析

1. 粉墙黛瓦的重构

保留传统建筑的色彩基调,将大面积的墙体定为白色质感喷涂,屋顶定为黑色长条砖,局部的玻璃材质弥补了传统徽派建筑的采光不足,将传统的徽派建筑布局从单体的院落通过设计延伸扩大为整个场地的设计,在新的场地功能和尺度之下,是对传统建筑的一种创新式发扬。

2. 砖砌花格窗的运用

徽派民居的三雕,技艺精湛。但是如果将徽派民居的青砖门罩、石雕漏窗、木雕楹柱这种精工细作的技术完全地复制到现代功能的建筑中,不合时宜,且花费巨大。结合部分空间遮阳的需求,在侧墙设计砖砌花格窗,达到均匀光照的目的,半透明的墙体使内外空间彼此独立而又产生接触,花格窗的倒影又是建筑内独特的一道风景。

3. 形体组合诠释徽文化特质

在建筑平面上将建筑用高墙包裹,营造封闭、独立、内向、安静的主题空间,传承了徽派建筑的文化特质,起伏连续包围四水归堂的中心水区的建筑成为主体,墙体保持统一、理性,整体的立面,从而使现代徽派建筑拥有更加宜人的尺度,用传统徽派文化的理念来诠释现代新徽派建筑的特质。

图6

图7

图8

图9

结语

　　徽派建筑元素的承续不是简单地生搬硬套，更注重的是意境的表达而非"形"。在建筑元素的解构重组时既要保留原始的风味又要与现代建筑设计进行有机结合。在现代设计中，徽派建筑元素常常被运用，并且具备极高的意境塑造能力。在设计中坚持传统元素的意蕴表达与深入挖掘，同时保证建筑元素的内涵及精神表达不变的前提下，加入新的创作元素，让设计赋予传统生机，既保留历史的厚重感又有新时代的气息。将建筑元素应用在设计中时，要充分地理解思想内涵，确定设计的风格，在此基础上进行创造性的发挥。传承之道就是在原有的基础上不断地改革创新，这才是未来建筑设计道路上正确的路径。

图10

图11

文化植入视角下龙门崮文化研学基地的景观规划设计

Landscape Planning and Design of Longmengu Cultural Research Base from the Perspective of Cultural Implantation

苏州大学
张梦莹
Soochow University
Zhang Mengying

姓　名：张梦莹 硕士研究生二年级
导　师：钱晓宏 讲师
　　　　徐　莹 讲师
学　校：苏州大学
　　　　金螳螂建筑学院
专　业：风景园林
学　号：20175241015
备　注：1. 论文　2. 设计

文化植入视角下龙门崮文化研学基地的景观规划设计

Landscape Planning and Design of Longmengu Cultural Research Base from the Perspective of Cultural Implantation

摘要：在乡村振兴战略的推动下，山东省日照市龙门崮紧紧抓住实施乡村振兴和发展的重大机遇，坚持农业农村优先发展，努力打造当地的特色田园综合体，加强当地农村的经济、政治、文化、社会和生态文明建设。但是，龙门崮所处的东港西北部山区经济发展水平整体滞后，龙门崮的特色挖掘和打造是促进龙门崮旅游产业长久发展的关键问题之一。在此背景下，中国建筑装饰协会举办了以"中国园林景观与传统建筑宜居大宅设计"为研究主题的高等学校硕士研究生教学实践课题。此次课题提出针对龙门崮田园综合体内的一块具体的场地，进行徽派建筑移建，坚持可持续发展的理念，利用现代的设计手法去处理建筑与环境之间的关系，促进人与自然的和谐相处，以期带动龙门崮田园综合体的特色化、地域性发展。

面对徽派建筑从南移建至山东的问题研究，本文将从文化融合的角度进行研究。首先，本文对于乡村文化进行了详细的解释，明确乡土文化的概念、特征和价值。其次，文章针对国内外关于乡村文化、乡村旅游的研究进行了综述，并通过分析国内外的相关案例，提出对于本土文化的挖掘和辨析，是实现文化与文化、文化与旅游融合发展的基础。然后根据龙门崮田园综合体的基本情况和发展现状进行概述，对龙门崮地区的文化进行整理的同时，对需要植入的徽派建筑文化进行分析，通过对本土文化和外来文化的比较，得出龙门崮面对文化发展的困境。其后，在具体场地的景观规划设计中进行实践研究，提出基于不同文化的融合，建立龙门崮文化研学基地的设计构思；通过对场地的区位分析、自然和社会环境分析、客源需求分析以及场地内景观要素与徽派建筑要素分析，总结出场地的优势和不足，在科学合理利用场地资源、注重凸显场地的地域文化、促进不同文化的互补与融合、满足市场需求的四大原则下，充分利用场地的地形，结合场地优势资源的特点，打造一个彰显文化互动、文化融合的研学基地，并从需求出发打造滨水景观、生活休闲、文化研学、农耕实践、集体宿舍五大功能区的景观规划设计方案。最后，提出了论文有待改善之处。

关键词：文化植入；融合；徽派建筑；文化研学

Abstract：Under the promotion of the Rural Revitalization Strategy, Longmengu of Rizhao city in Shandong province firmly grasped the great opportunity of rural revitalization and development, insisted on the priority of agricultural and rural development, worked hard to build a rural complex with local characteristics, and strengthened the construction of local rural economic, political, cultural, social and ecological civilization. However, the economic development level of the northwest of the Donggang region, characteristic excavation and construction is one of the key issues to promote the Longmengu tourism industry long-term development. Therefore, under this background, China Association of Architectural Decoration has held a post-graduate teaching practice project on the theme of "Chinese Landscape Architecture and Traditional building design". The subject will be asked to move the Hui-style buildings to a specific site in Longmengu pastoral complex. Using the modern design methods to deal with the relationship between buildings and environment in order to drive the characteristic and regional development of Longmengu pastoral complex.

Faced with the problem of Hui-style Architecture moving from south to Shandong, this paper will study from the perspective of cultural integration. Firstly, this paper gives a detailed explanation of rural culture and makes clear the concept, characteristics and value of rural culture. Secondly, this paper summarizes the research on rural culture and rural tourism at home and abroad, and through the analysis of relevant cases at home and abroad, puts forward the exploration and discrimination of local culture, which is the basis of realizing the integrated development of culture and culture, culture and tourism. Then based on the basic situation and development status of the rural complex of

Longmen multifunction summarized the culture of the Longmen multifunction area, at the same time, analyze the culture of the Hui-style Architectural need to implant, through the comparison of local culture and foreign culture, to figure out the cultural implantation dilemma Longmen multifunction in the face of. Later, in the specific site of the landscape planning and design practice research, based on the fusion of different cultures, the establishment Longmen cultural research base; By analyzing the site location, natural and social environment, customers demand, the landscape elements and Hur-style architectural elements, sums up the advantages and disadvantages of space, in the scientific and rational use of space resources, pay attention to highlight field's regional culture, promote the complementary and integration of different cultures, meet the market demand, make full use of the site topography, combining with the characteristics of field advantage resources, build a reveal cultural interaction and fusion research learning base, and starting from the demand to build waterfront landscape, leisure life, cultural studies, farming practices, collective dormitory five major functional areas of landscape planning and design. Finally, the paper gives some improvements.

Keywords: Culture implantation; Integration; Hui-style Architecture; Cultural research

第1章　绪论

1.1　研究背景

1.1.1　多元文化融合的时代下村落发展的现状

随着现代化的不断发展和互联网的不断普及，不同文化的交流变得更加的便捷和密切。乡村作为传统文化的物质载体，正经受着城镇化和外来文化的影响和冲击。一方面，村落传统文化的内涵和表现形式正在发生着或好或坏的变化；另一方面，乡村的文化主体——村民的思想和价值观正在逐渐转变。

在多元文化融合的时代下，文化的融合发展模式应是"取其精华，去其糟粕"，传统文化的保护和传承应该是在不断学习和创新中保持自己、巩固自己的过程。然而，一些村落在发展的过程中，为了追求效益，片面注重物质文化资源的经济价值，如乡村的街巷空间、建筑形式等实体风貌，而忽略了传统非物质文化的展现和传承，最终导致物质文化资源和非物质文化资源间的不协调开发而破坏村落的文化生态结构，导致村庄落入"形在神散"的发展困境。

1.1.2　政府对乡村文化传承和发展的重视

2013年12月，全国新型城镇化工作会议强调，新型城镇化要"让居民望得见山、看得见水、记得住乡愁"。这里的"记得住乡愁"倡导的是一种人性关怀、人文关怀，以满足人们内心深处对于文化和情感的精神需求的城镇化趋向[1]。

2017年10月，习近平总书记在党的十九大报告中首次提出了"乡村振兴战略"。文化研究者们认为乡土文化的振兴应是乡村振兴的重要一步。因此在多元文化融合的城镇化时代下，对于乡村文化的挖掘和再认识以及对于外来文化的正确对待和利用，是乡村抓住机遇，加快发展的重点之一，是我国进入新的发展阶段的新要求。

1.1.3　日照市龙门崮产业互动发展的需求

龙门崮所处的东港区西北部山区经济发展水平整体滞后，整个田园综合体规划区主要涉及上崮后村、下崮后村、窝瞳、上卜落崮、吉洼村、山东头村、下卜落崮7个村庄。在这7个村庄中，下崮后村和上崮后村为省级贫困村，窝瞳、上卜落崮为市级贫困村，较为落后。

龙门崮虽然具有众多的特色资源，但是受到相对贫困地区经济条件的限制，当地的很多资源开发程度较低，资源产业化水平较低，尤其是文化产业和农业产业。随着东港区《"十三五"农业发展规划基本思路》的提出，"一镇一业，一村一品"的发展策略，为龙门崮田园综合体的建设提供了有力的政策支持。目前，龙门崮的关键性问题就是确定龙门崮区域发展的主导产业。然后，根据产业定位，寻找地区产业协同发展的落实方案。

在乡村振兴战略以及"留住乡愁"的政策拉动和旅游市场内需的推动下，龙门崮田园综合体项目开始受到越来越多人的关注，因此挖掘地区主导产业、研究地区产业发展战略、把握产业的互动协同具有十分重要的意义。在如今旅游富市的战略背景下，应创新发展模式，创新产业业态，通过提升山丘景区和建设特色乡村游憩带，推动文化产业、旅游产业等与农业的融合，从而带动地区一二三产业联动和融合，最终促进各行各业发展。

1.2 研究目的和意义

1.2.1 研究目的

国家高度重视乡村建设，不仅仅由于乡村是我国全面建设小康社会的重点和难点，还和乡村是我国传统文化最真实的记忆和物质载体有关。通过对乡村文化以及相关理论的研究和文化融合的探析，将理论和实践相结合，从文化的角度，总结出推动乡村综合发展的景观设计的新角度、新手段、新方法。

外来文化植入乡村的方式要在保证文化和谐的前提下，把本土文化作为主体，从不同文化之间的对比出发，挖掘文化之间的共同点和联系性，才能真正做到文化的融合，适应乡村的新文化的产生，最终强化场地的地域性和魅力。

1.2.2 研究意义

（1）理论意义

随着乡村建设的进程不断加快，原有的乡村生活方式和生活结构正在发生着变化，在产业融合和乡土化发展的背景下，乡村的发展既是乡村物质经济的发展，同时也是对外开放下文化的交流和发展。对当地文化的挖掘和分析，是保证本土文化能够良性发展的重要基础之一。面对外来文化的植入，对于不同文化之间的对比，并以此指导乡村文化景观建设，不仅可以减缓文化植入所带来的矛盾和冲突，还能改善文化生长和发展的环境，同时对国家的精准扶贫、乡村振兴战略有着重要意义。

此外，随着传统旅游业的不断提升，旅游业与其他产业之间的融合的必要性也随之增大，通过文化产业与旅游业两者要素的结合，使得文化产业成为乡村旅游业的重要部分，有利于促进乡村旅游的特色化发展。与此同时，乡村文化主要包括的是乡村的物质文化和非物质文化，其中涉及乡村生活、生产的多个方面，有利于促进旅游产业与其他产业，如农业、餐住服务业等的互动和协调发展。

本文从文化植入的角度，对日照市龙门崮田园综合体内的乡村文化，尤其是非物质文化在徽派建筑文化植入机遇下的传承和创新进行了研究，探寻出一条乡村文化在新时代的更新和传承中应遵循"保护本土文化，优化外来文化"的发展道路，对我国乡村文化的更新与优化保护具有理论指导意义。

（2）实践意义

在分析龙门崮历史发展和文化资源的基础上，总结构建了龙门崮文化图谱，并以此指导设计场地的文化挖掘和分析。同时利用景观的思路对设计场地的区位交通、各类景观资源进行分析，得出龙门崮研学基地景观规划的设计要素和优势；并通过对龙门崮文化产业、旅游业及农业的发展现状的探究，得出设计场地特色化旅游发展的困境；最后面对徽派建筑植入这一需求提出文化研学基地的设计定位，尝试利用景观的手法来促成设计场地文化的发展与更新的同时，保护乡村环境、乡村文化、外来建筑三者之间的协调统一、联系互动的文化生态空间，为以后类似的农村旅游发展模式提供借鉴。

本文在对龙门崮地区文化以及徽派建筑的主要文化进行分析的基础上，通过景观手法处理不同文化的交流，促进文化与文化之间，文化与环境之间的协调和发展。提出文化植入的目的在于通过外来文化的植入，使得本地文化能够"取其精华"，从而推动本土优秀文化的发展和传承。在保留原有优秀文化的基础上，产生了新的文化生态结构，能够促进场地的文化更新和特色发展，能够为文化植入的相关案例提供思路和借鉴意义。

1.3 研究思路与方法

1.3.1 研究内容

本文以更好地促进不同文化的协调和发展，最大限度地发挥龙门崮田园综合体的价值为出发点，以文化融合为研究视角，选取龙门崮乡村文化和徽派建筑文化为研究对象，对日照市龙门崮田园综合体内的文化研学基地的景观规划设计进行研究，具体内容主要包括：

（1）叙述本文的研究背景、目的与意义，阐明本文的研究内容、方法和框架。

（2）对乡村文化等相关概念进行界定和说明，分析阐述相关概念的国内外研究现状及案例研究。

（3）根据龙门崮的历史发展脉络和自然社会现状，对龙门崮文化进行提取并构建文化图谱，同时对徽派建筑的文化进行分析，总结概括徽派建筑的文化及特征。通过不同地域文化的对比和分析，从文化融合的角度探究徽派建筑植入龙门崮的原则和方法，以此来指导场地的景观设计。

（4）根据文化植入的现状和需求，提出建立文化研学基地。以龙门崮文化研学基地为具体研究对象，针对场地及周围的自然和社会现状进行分析，通过探究场地的区位交通、人流需求，提出适合场地的设计思路和方法以及具体的景观规划设计。

1.3.2 研究技术路线

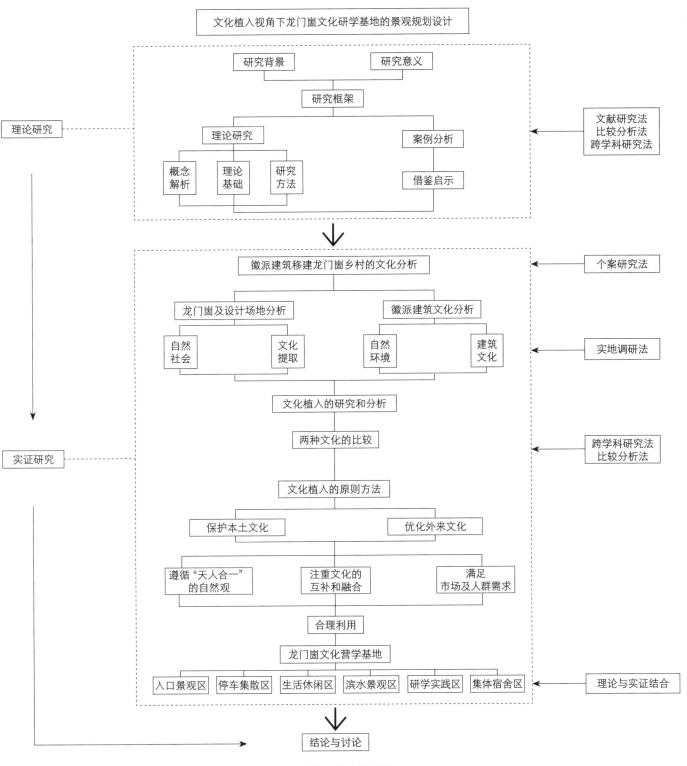

图1 技术路线图

1.3.3 研究方法

本文以文化植入为切入点，主要采用文献研究、实地调研、比较分析、跨学科研究等研究方法。

（1）文献研究法

一方面，通过对龙门崮乡村以及徽派建筑的相关资料进行重点查阅，尤其是对龙门崮文化以及徽派建筑文化的相关内容进行集中梳理，为后期的文化融合分析奠定基础。

（2）实地调研法

目前针对龙门崮乡村的实地调研作为研究的重要基础，以期在相对真实可信、数量充足的材料中总结出龙门崮乡村文化及现状特征，为文化植入提供依据。除此之外，对若干徽派建筑的调研，有助于建筑尺寸和空间结构的把握，有利于具体的场地规划和设计。

（3）比较分析法

通过对文献的研究和对研究对象的实际调研，分别对龙门崮乡村的文化图谱、徽派建筑文化基因两个方面进行归纳总结，基于归纳和总结，对两种文化进行对比和分析，提出科学合理的文化融合原则，以此指导个案实证研究，使得对文化融合的景观手法的认识不断深化。

（4）跨学科研究法

本研究重视景观学、植物学、文化学与其他交叉学科的研究，以文化植入为切入点，针对乡村文化进行梳理。除此之外，本研究遵循景观学科和建筑学科研究的基本传统，运用景观和建筑学科的研究理论和方法，以期总结文化植入的景观策略，从而丰富相关的理论研究。

1.4 创新点

1.4.1 研究视角的创新性

当前，学术界关于乡村文化的发展主要集中在乡村本土文化的保育方面，而针对接纳外来文化，植入外来文化来促进乡村文化发展和更新的研究不多。所以本次研究主要基于文化交流的大背景，针对外来文化植入展开研究。

1.4.2 研究内容的创新性

虽然已经有文化植入的相关研究，但本文重点以和谐的乡村人居环境设计为基点，但又不局限于设计学科本身，旨在利用文化植入提升场地的特色，促进田园综合体的发展。

将文化植入与乡村文化的保育和发展相结合，以龙门崮乡村文化作为本土文化，徽派建筑文化作为外来文化，研究两种文化之间的内在关系，探究文化植入的方式和方法。

第2章 相关概念和国内外研究进展

2.1 相关概念解析

2.1.1 乡村文化

乡村文化是相对于城市文化的概念，是以农民为主体的传统文化。对于乡村文化的研究，许多学者从不同的角度进行了阐释。

米楠（2016）认为乡村文化的核心是乡村固有的价值观念和与之相适应的生产生活方式。它不仅包括乡村基础设施和文化活动生活等有形的文化，还包括乡村风土人情、生活习惯等无形的文化[2]。韦浩明（2007）认为乡村文化是中国最有代表性的大众文化。它由物质文化、行为文化、制度文化、精神文化几个层面组成，是一种发生于传统农业社会、以农民为载体的文化，通过乡村群众个体和集体的努力创造并世代传承而逐步形成，具有适应当地经济社会发展的各种功能的文化体系[3]。

2.1.2 文化融合

文化是一个相互联系、相互影响、相互制约的整体，任何一种文化不可能与外界隔绝，完全封闭状态下生存和发展的文化是不存在的，每一种文化都或多或少地与其他文化有一定的联系。正是由于不同文化的差异性与发展的不平衡性，促进文化间的交流，因此，多元文化间的融合是文化相互影响、相互联系的普遍形式，也是推动文化发展的根本力量[4]。

文化融合主要表现为两种以上的文化接触、交流后，彼此之间的交流范围不断扩大、程度不断加深，双方文化主体逐渐对对方的物质、行为、制度及精神形态等文化产生的认同，并不断吸收与借用双方的文化成果得到交流，最终形成文化融合[4]。

2.1.3 乡村旅游

对于乡村旅游的定义，王兵（1999）提出乡村旅游是以农业文化景观、农业生态环境、农事生产活动以及农民传统的民俗习惯为资源，融观赏、考察、学习、参与、娱乐、购物、度假于一体的旅游活动。乡村旅游是旅游者对大自然的追求，对融入自然并与之和谐共存的文化环境和人类活动化的追求[5]。纳尔第（2004）认为，乡村旅游依赖于提供旅游场所的农村地区，依赖于它的遗产、文化、乡村活动和生活[6]。

2.2 相关理论阐述

2.2.1 乡村文化学

（1）内涵

乡村是乡村居民和乡村自然相互作用过程中所创造出来的所有事物和现象的总和，涵盖了田园景观、农耕生产、建筑饮食、节庆民俗、村规民约、手工艺品等传统乡村生活的方方面面[7]。在城镇化快速发展的过程中，乡村作为一种特殊的居住地，乡村文化可以在特定的情况下被加工、被推销、被出售。由此可见，乡村文化与乡村旅游之间有着密切的联系。当前，随着文化传播以及旅游业的快速发展，出现了过分追求乡村旅游发展的利益，而盲目地进行乡村资源的开发，使得乡村的旅游发展出现"千村一面"、"形式主义"的现象，许多乡村甚至还出现了传统乡村文化异质化、文化资源破坏等现象，最终导致乡村的可持续发展的破坏。

文化作为人类与自然长期作用的产物，在一定程度上反映了地域上人与自然的关系。乡村文化作为乡村物质和精神生活的反映，应是乡村旅游的着力点，利用乡村文化指导乡村旅游特色的挖掘和确立，有利于乡村旅游的本土化发展。

（2）乡村文化传承

随着城市化进程的加快、乡村文化主体的外流、文化载体的更新，乡村文化的发展和传承处于被动的局面。除此之外，由城镇化所带来的外来文化的冲击使得乡村文化生态结构发生改变。

目前学者对于乡村文化的研究是基于乡村历史发展的基础上，来认识乡村的历史文化变迁，并从多个角度对当前乡村建设中出现的种种文化问题进行研究和论述。

2.2.2 乡村旅游学

随着旅游业由传统单一的观光旅游向多元化、多样化发展，乡村旅游逐渐受到越来越多的人关注。在乡村旅游中，乡村风光、乡村生态、乡村生活等往往作为乡村旅游的主要活动内容，促进旅游体验和旅游产品更加丰富。正是在这样的大背景下，国内外专家学者纷纷聚焦于这一独特的旅游现象，推动了乡村旅游理论的发展。

国外学者常常将乡村旅游、农业旅游、农庄旅游、村庄旅游等词混用，而且乡村旅游在不同的国家有着不同的概念，最为典型的是英国Gannon提出的：乡村旅游是指农民和乡村居民出于经济目的，为了吸引旅游者前来旅游而提供的广泛的活动、服务和令人愉快的事物的统称[7]。针对乡村旅游的研究，国外主要集中乡村旅游的供给、乡村旅游市场、乡村旅游影响、乡村旅游可持续发展等方面。

国内乡村旅游的发展虽然已经开始了一段时间，但是相较于国外来说，不论是旅游发展还是乡村旅游研究都处于初级阶段。国内由于区域发展水平的不同，乡村旅游在东、西、南、北各地的发展水平有着明显的差异。从目前的乡村旅游发展来看，国内对于乡村旅游的关注点主要集中在乡村地域性旅游特色的挖掘、旅游本土产品的开发与创新以及乡村旅游资源的可持续化发展等方面。

随着城镇化的不断发展，乡村旅游作为一种新兴的旅游活动，正在逐步成为现代都市人追求的心灵家园的同时，还是促进乡村产业结构调整、带动乡村整体发展的重要方式，因此对于乡村的发展和乡村旅游的相关研究将成为这个时代越来越重要的课题。

2.3 国内外针对文化植入的相关研究进展

在人类社会信息流通越来越发达的情况下，不同文化的植入以及文化的融合和转型也日益加快。文化植入的直接结果就是文化的冲突和文化的融合。文化的冲突指不同文化的性质、特征、功能和力量释放过程中由于差异而引起的互相冲撞和对抗的状态；而文化的融合是异质文化之间相互接触、彼此交流、不断创新和融会贯通的过程。冲突和融合是文化发展过程中两个辩证统一的矛盾方面。它们既对立，又统一，是人类文化不断发展和进步的源泉和直接动力。

2.3.1 国内涉及文化植入的相关研究

国内学者对于多元文化的相关研究主要集中在多元文化之间的冲突和比较、多元文化的作用、多元文化的融合和应用等方面。林红（2010）通过对中华文化形成的基础和特点、自古以来特定时期的文化的扩大、交流与碰撞来说明中外文化交流的内容十分丰富，其中不只有冲突，更有相互吸收和融合。正是不同文化的相互吸收和融合，推动着人类文明的不断进步[8]。何彦霏（2016）针对城镇化的发展过程中产生的城乡文化之间的冲突，试图挖掘城乡文化冲突的矛盾点，并提出融合方案[9]。陈平（2004）提出文化融合的方式和途径，主要包括：文化的交流和传播、文化的适应和外来文化本土化、文化的转型三种[10]。

2.3.2 国外文化植入相关的研究

面对多元文化交流的社会现象很多国外学者关注于文化差异根源和针对文化差异的策略研究方面。Ｂ·Ａ·季科夫和臧颖在《论文化的多样性》一书中指出，"文化差异是一个历史的变动的概念，其内涵不断变化并表现出广阔的地域多样性。"在文化差异根源的研究方面，学者们大都认同将文化放入其原生土壤中进行分析，使得文化差异在精神与物质两个层面上都有相应的历史支撑与现实支撑。在文化差异策略方面加拿大学者Adler提出了在多元文化合作过程中达成文化之间平衡的5种策略：文化支配、文化顺应、文化妥协、文化回避、文化协同增效[11]。

2.4 特色旅游的相关案例研究

2.4.1 法国普罗旺斯系列小镇——农业和文化完美结合的小镇

法国普罗旺斯是世界知名的旅游胜地，它是由一系列知名的文化小镇形成的文化产业集群。它的成功是文化产业推动城镇化发展的经典。主要表现为以下几个特点：

（1）以薰衣草和葡萄酒产业为基础；

（2）以忘忧适闲为文化主题；

（3）文化名人汇聚推动文化产业发展；

（4）大力开发新兴文化产业集群，如影视、文化集会、展览等。

2.4.2 关中民俗艺术博物馆

关中民俗艺术博物院古民居一条街，是将关中各地的具有保护价值的100多所典型民居移建到此，实施异地保护并开发利用。

建成后的关中民俗艺术博物院将具有文物保护与展览、民间生活体验、民间艺术展演、民间祭祀和旅游等功能齐全的民间文化示范区，和陕西现有的黄帝陵祭祀旅游示范区等区组成陕西完整的祭祖文化、庙堂文化、民间文化体系，展现陕西丰厚的文化底蕴和文化遗存。

2.4.3 日照1971研学营地

由学校改建而成的日照1971研学营地位于陈疃镇驻地，以"三生"（即生命、生存、生活）教育为主线，突出日照手工艺和滨海研学实践体验为主，着力打造为展示本土文化的综合实践教育营地和以蓝色海洋文化为主题的滨海特色研学旅行营地，具有浓厚的地域文化特色。主要承接东港区中小学综合实践活动、小、中、高军训活动，及夏令营、冬令营、外省市研学团体研学活动、亲子游活动。

2.5 本章小节

本章对于相关概念和理论进行了研究和阐述，同时还对相关特色旅游的优秀案例进行了分析，对处于龙门崮的文化研学基地进行文化研究，为文化融合发展提供了理论上的支撑和实践上的启发。

第3章 日照市龙门崮田园综合体文化植入的基本情况

3.1 日照市龙门崮田园综合体的基本情况

近些年来，东港区整合扶贫、美丽乡村建设、林水会战等政策力量，启动了龙门崮田园综合体项目建设，并对龙门崮风景区周边区域开展大规模的提升改造工程。2018年5月28日，东港区龙门崮田园综合体成功入选山东省首批田园综合体试点项目，成为日照市唯一一处入选的省级田园综合体项目。自此，龙门崮田园综合体作为东港区乡村振兴的重要抓手、着力点、支撑点，以"一产为基础、二产为支撑、三产为亮点、三大产业协同发展"的复合产业模式，打造成杂果产业兴旺、居民生活幸福、耕读文化浓郁、田园风光优美、配套设施齐全、品牌形象突出的中国杂果之都，成为康养农业导向的耕读山水田园综合体。

3.1.1 龙门崮田园综合体的地理区位

龙门崮田园综合体位于山东省日照市，地处日照东港区的西北部，东距日照市区28公里，西距莒县30公里，南距三庄镇驻地5公里。国道G1511、G1815、G15，省道S336、S335、S222以及山海路一起构成龙门崮的对外交通网络，使其1小时交通圈基本辐射整个日照市，2.5小时交通圈则包括青岛、淄博、临沂及连云港市中心（图2）。

通过进一步的分析，山海路是进入田园综合体的必经之路。龙门崮距日照站53公里左右，行车约1小时；距日照山字河机场（包括全国多个大中城市航线）44公里，行车约40分钟（图3）。

综上所述，龙门崮田园综合体具有一定的地理区位优势，以及相对完善的交通路网，便利的交通为当地旅游业的发展奠定了基础。

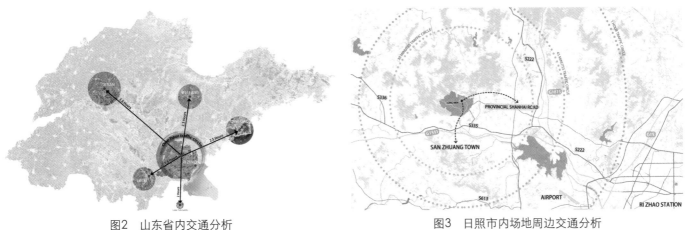

图2　山东省内交通分析　　　　　　　　　　　　图3　日照市内场地周边交通分析

3.1.2　龙门崮田园综合体的自然及社会环境概况

（1）自然环境

日照市在地理位置上属于沂蒙山区，境内的龙门崮是属于岱崮地貌特征的方山，区域内的龙门崮景区则为省级森林公园，具有丰富的自然资源。作为"鲁南海滨第一崮"的龙门崮有山有水，四季分明（图4）。植被茂盛，种类多样，除了本土树种栗子树之外，龙门崮的苹果、桃子、李子、梨等经济林也已初具规模，芙蓉、国槐、栎树等生态林更是遍布于屋峦沟壑。

（2）社会环境

龙门崮地区经济发展水平整体落后，规划区域内主要包括了省级贫困村上崮后村和下崮后村、市级贫困村上卜落崮和窝疃，以及下卜落崮、吉洼村、山东头村7个村庄，其中上卜落崮、下卜落崮人口最多，上崮后村和下崮后村人口最少（图5）。

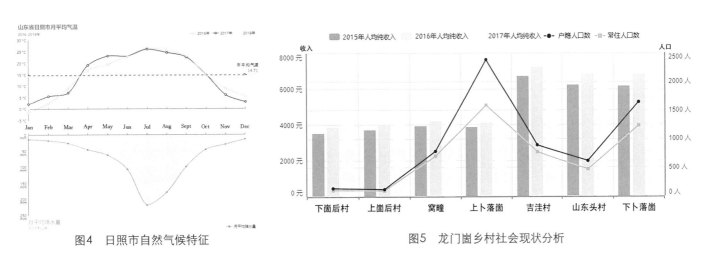

图4　日照市自然气候特征　　　　　　　　　　　图5　龙门崮乡村社会现状分析

3.2　龙门崮乡村文化研究

3.2.1　龙门崮文化的提取

龙门崮在其漫长的历史发展过程中，有着深厚的历史文化积淀，文化在不断转移、融合的过程中更新、优化。

基于自然条件的限制，龙门崮地区的村庄多利用地形的高差和河流的蜿蜒，选择宅基并靠山而建，发挥山地竖向组合的优势。自然环境和地理位置营造了较为封闭的生活环境，是龙门崮具有深厚文化积淀的自然基础。

从历史发展角度来看，龙门崮历史悠久。据考，金朝大定年间（1161～1189年）便有村落建成，因村处（崮崖）山下，故名宝落崮。如今，在龙门崮景区周围的村庄都以"卜落崮"命名，如上卜落崮、下卜落崮、大卜落崮、小卜落崮等。这些村庄名字的由来缘于"凤凰落垛不落崮"的民间传说。龙门崮的村庄里至今仍保留着大量的石砌古民居，石板路、石制的生活劳作工具等。龙门崮悠久的历史丰富了当地的文化宝库。

从人文资源的角度挖掘，龙门崮上的历史文化遗迹有50多处，大多与民间故事、神话传说有关，其中以鸡鸣寺最为出名。鸡鸣寺的原名为"龙门寺"，始建于东晋末年。南朝梁文学理论批评家刘勰年少时因家中贫困，常到龙门崮龙门寺中读书，在文心洞精心炼文，后著成文学批评巨著《文心雕龙》。后人为纪念刘勰闻鸡读书，将寺庙改名为"鸡鸣寺"。除此之外，龙门崮上的石人、龙门石等，石石皆有故事。相传，一日适逢农历二月初二，村里一牧羊人在山中牧羊。突然间，天气由晴转阴，电闪雷鸣，一条巨龙由石门冲天而出，牧羊人因见得龙王真身而被点化为石人。次日，村民看到山顶处凭空添几块竖立的巨石，巨石偏上方平添了一平台，山腰处还有一石人伫立。自此，民间便流传着"峭壁龙门破天惊，东海龙王腾云空；可怜山脚牧羊佬，化作石人伴山松"的诗句，也有了"二月二，龙抬头"的传统。

3.2.2 龙门崮文化梳理

通过参考大量有关龙门崮的历史文化资料，本文试图构建龙门崮村落文化图谱，从物质文化和非物质文化两个方面展开。

物质文化主要体现在建筑文化和生产文化上，其中建筑文化主要包括石砌民居、石砌围墙、茅草屋顶等；生产文化则范围较广，有以荆条编织为主的草编和以农家剪纸为主要组成的手工艺，以及从当地农耕文化中所涵盖的粮食作物、传统农具等。

非物质文化主要体现在当地的历史传说、风俗习惯以及语言古文化上。从龙门、村名等民间传说中可知龙为当地重要的信仰文化；从鸡鸣寺中刘勰的典故可知当地自古便开始追崇吃苦耐劳的耕读生活；春节庙会、二月二龙抬头以及端午节吃粽子，煮鸡蛋，插香艾、菖蒲，配五索等都是龙门崮上乡村的传统风俗习惯。

通过对龙门崮物质和非物质文化的挖掘，得出了龙门崮地区的文化图谱（图6）。

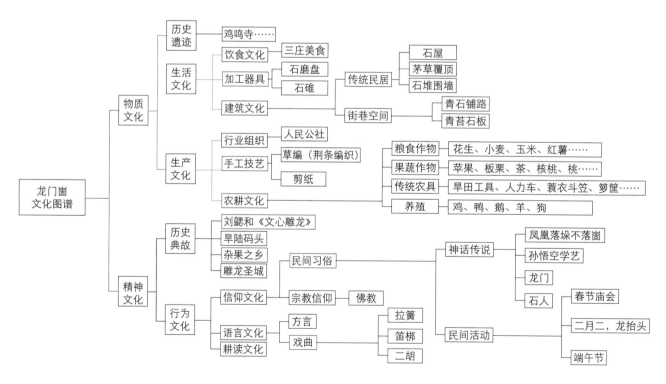

图6　龙门崮文化图谱

3.3 植入文化——徽派建筑文化的研究

3.3.1 徽派建筑的概况

建筑作为历史和文化的物质载体，本身也代表着一种文化类型，反映着人类在特定时期所创造的制度、信仰、价值观念和行为方式等，因此建筑是一个时代的产物，更是一个地区的产物。

徽派建筑又称徽州建筑，是中国传统建筑中最重要的流派之一，主要以黛瓦、粉壁、马头墙为建筑特征，以徽州三雕为装饰特色，以高宅、天井、厅堂为居家特点。徽州，即今安徽黄山、绩溪、婺源及浙西严州、金华、衢州等地区，早期徽州的宅居形式以"干栏式"建筑为主，建筑楼下矮小，楼上宽敞，具有较好的干燥、通风、采光和安全性能。随着砖墙防护及排水系统的发展，徽州民居逐步发展成楼下高大宽敞，楼上简易私密的形式。后来，因中原士族的迁入，"四合院"的形式在山区环境中被改进采用，形成徽州建筑的天井。

此外，为了在火灾意外中更好地保护建筑结构，避免火势的蔓延，产生了徽州建筑的一个主要特色"马头墙"，其构造随着建筑屋面的坡度变化而高低变化，主要用于防风和防火，因而又称"封火墙"。徽派建筑的逐渐形成不仅仅具有功能的实用性，还体现徽州地域的审美和文化内涵。

3.3.2 徽派建筑文化的解析

从建筑的物质文化属性来看，徽派建筑不论从其整体的建筑外观形态、使用的建筑材料和应用的建筑工艺，还是建筑局部的节点构造，无一不展现着当地居民对于所处的环境的认知与协调。徽州地形复杂，溪流纵横，因而村庄的选址大多为背山面水，负阴抱阳的田园环境；村落的布局空间结构大多呈中心围合式，中间为祠堂、戏台等公共空间，而建筑空间则以轴对称为主，尤其是祠堂建筑；建筑材料皆就地取用，以砖、木、石为原料，以木构架为主要的建筑框架，梁架多用料硕大，且注重装饰；建筑装饰则采用工艺精湛的徽州三雕。木雕在徽州民居的雕刻装饰中占主要的地位，主要表现在门、窗、梁等部件上。砖雕大多镶嵌在门罩、窗楣和照壁上。石雕则主要表现在祠堂、寺庙、牌坊及民居庭院等地方。

从建筑的精神文化属性来看，徽派建筑特别强调尊重自然、顺应自然，注重人与自然和谐相处的氛围，追求天人合一的境界。这一点主要体现在村庄的选址、建筑的用材上。这与当前社会所关注的生态文明、可持续发展在一定程度上不谋而合。除此之外，徽派建筑还特别注重中国传统的风水思想以及以儒家为核心的伦理道德观念，它们往往表现在村落的空间布局和建筑的内部结构上。

通过对徽派建筑历史发展的研究和文化属性的挖掘，本文从空间布局、建筑营造及特殊设计三个方面对徽派建筑文化基因表现形式及主要文化进行了归纳整理（表1）。

徽派建筑文化分析 表1

		表现形式（物质文化）	内涵分析（非物质文化）
空间布局	选址要求	背山面水、负阴抱阳的田园环境	"天人合一"
	村落空间	中心围合式，中心为祠堂、戏台等公共空间	以儒家为核心的伦理道德观念，"家国同构"宗族等级观念
		聚族而居——居住单元横向左右拼接	
		沿巷民居在高度、朝向、形式表现一致	
	建筑空间	轴对称（尤其是祠堂） "男主外，女主内"的内部活动空间	以儒家为核心的伦理道德观念
建筑营造	建筑材料	当地木材、石材	生态、可持续发展
	匠人团体	"徽州帮"	"徽骆驼"——吃苦耐劳的敬业精神
专项设计	木构架（梁架）	穿斗式：柱密，用材细小（一般小型民居）	生态、可持续发展营造技艺
		抬梁式：柱承檩，檩下的柱落地	
		穿斗抬梁式：（大型富丽的民居或祠堂）	
	水口	村落序列的开端，有防卫、界定、导向功能	保守的传统思想
	天井	集屋面雨水，汇入石砌水池，常与外界相通	水象征财富、生态
	马头墙	又称封火墙，保护木构架不受火灾	功能实用性、传统审美
	门窗	正立面强调左右对称	保守的传统思想
		外墙出于防盗需求，不开窗，尤其是底层	
	装饰	徽派三雕：木雕、砖雕、石雕 传统营造工具	营造技艺、审美艺术

3.4 被植入场地的现状分析

设计场地约5819平方米，位于龙门崀田园综合体北部的耕读研学功能区内。龙门崀田园综合体的规划目标和发展定位为场地的规划设计提供了方向，在空间上跟上、下崀后乡村度假区，田园康养创新区，以及综合服务区有着较直接的联系。

3.4.1 场地的基础优势分析

（1）便捷的交通区位

设计场地南部有综合体主干道穿过（图7），南距龙门崀风景区较近，在整体空间上跟上、下崀后乡村度假区，田园康养创新区，以及综合服务区有着较直接的交通联系，具有良好的交通优势（图8）。

（2）山水兼备的自然环境

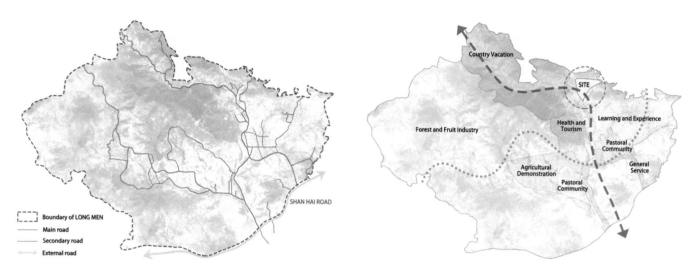

图7　龙门崀田园综合体交通分析　　　　　图8　龙门崀田园综合体功能分区

设计场地北倚梯田，西接花垛子水库。场地南北高差约8米，除北部地势变化明显的梯田外，南部地势相对平坦；一条位于场地东南侧自北向南的小溪与水库相连，因而场地内部水源充足；小溪的一侧为原为农村房屋小组团，另一侧为梯田，从整体上看场地具有良好的地理优势和资源优势（图9）。

（3）丰富的农业资源

场地的北侧和场地的东、南侧主要是农业耕地。区域内主要的农作物包括玉米、小麦和桃树，为场地发展休闲农业活动、特色农业产品奠定了基础。多样化的农耕景观、生态梯田及桃林为场地形成丰富的田园环境创造了条件（图9）。

3.4.2 场地现状的不足分析

（1）山水资源的浪费

场地虽有良好的山水优势，但场内植物种类单一，整个区域基本没有灌木，而大乔木也主要布置在河道两侧及耕地西北部。农作物以玉米、小麦、桃树为主，其中桃树为近期栽种，虽有景观潜力，但近几年的桃林景观不佳。

场地内的小溪作为主要的水景资源，由于生活、灌溉用水的排放和水边的粪池对水生态环境产生了严重的破坏，导致水质的严重污染。此外，虽然场地内具备一定的水资源，但是土地蓄水能力差，地下水补给性弱，使得溪流的水位季节性变化明显，秋冬溪水枯竭现象严重。

（2）社会环境的消失

龙门崀地区的基础设施较为落后，医疗、教育、养老等公共服务水平远不能满足需求，导致了区域内人口的外流。随着场地内唯一居住组团的拆除，造成了场地的文化标志的缺失、文化主体的流失。

（3）外来文化的冲击

根据设计的要求，需要将十几栋徽派古民居移建到场地上，实行易地保护。这对于文化主体流失、文化特色薄弱的场地来说无疑是一个巨大的难题。徽派建筑的介入，将直接破坏当地的文化生态结构，本土文化和外来文化之间的冲突不可避免，这对于场地的发展来说，既是一个机遇，也是一个挑战。

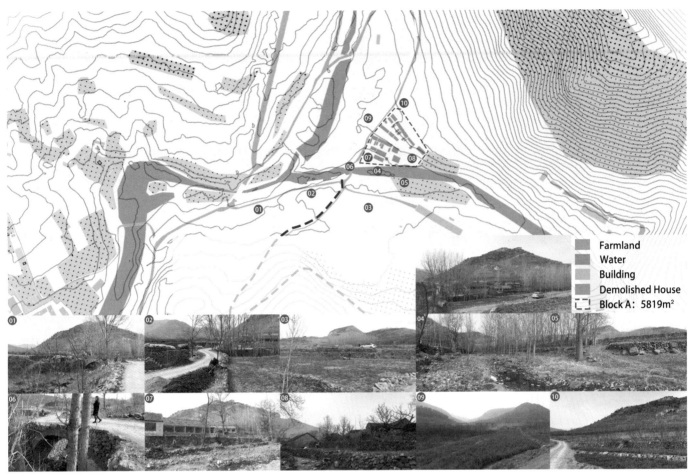

图9 设计场地综合分析

3.5 龙门崮田园综合体内徽派建筑的文化植入

3.5.1 不同文化的比较

1. 共同点

(1) "天人合一" 的自然观

龙门崮地区地势起伏较大，村落通常分布在山坡陡地或者是狭小的平地上，农业耕地以山地梯田为主。龙门崮乡村内的民居院落因地势的变化而呈现高低起伏的风貌，与青山融为一体。山地民居的院落大多布局自由、注重实用、因地制宜；房屋皆就近取材，整个院落从围墙到台阶再到墙身，都用大小的石板、石块砌成。由此充分体现了当地的乡村尊重自然，追求简易耐久、经济生态的特征。

徽州大多为山地，区域内村落的选址大多注重风水，结合当地地形，充分考虑周边山水的走势，采用 "背山面水，负阴抱阳" 的手法，充分体现顺应自然、利用自然和装点自然的设计思想，从而使徽州山水、村舍与田野等有机地融为一体，达到 "自成天然之趣，不烦人事之工" 的意境。此外，徽派建筑极力追求实用价值与审美价值的完美统一，如高高的马头墙在聚族而居，民居建筑密度较大的村落中，在相邻民居发生火灾的情况下，起到隔断火源的作用。

由此可见，龙门崮和徽州地区虽然地域文化不同，但在处理人与环境的关系上皆体现了 "天人合一" 的自然生态智慧。因而可以尝试从最根本的观念出发，面对徽派建筑的植入，以顺应自然、因地制宜为指导思想，通过适当地调整原有的人工因素，即场地原有的居住用地、徽派建筑的结构，来尽可能地达到让徽派建筑 "长" 在场地上的目的。

(2) 农耕文化的交集

虽然山东和徽州的农耕社会的进程以及农耕文化的发展有明显的差异，但由于部分地区地形上的相似，徽州也存在龙门崮所具有的梯田景观形式，如属于古徽州地区的婺源，因地势原因满山的梯田以及建于山地的徽派建筑与自然维持着一种平衡和谐关系（图10）。通过对婺源江岭景区的学习和借鉴，为龙门崮地区徽派建筑与梯田农

图10　古徽州婺源乡村（来自网络）　　　　　　　　　图11　徽州黟县碧阳镇五里村（来自网络）

作的结合提供了条件。

位于龙门崴的设计场地周围耕地以种植小麦、玉米和桃树为主。然而，徽州地区以水稻为主要的农作物，所关联的农田耕作文化与植入场地显得有一些不符，但是从场地农作景观的相似性以及桃树形成的季节性风貌的角度考虑，两者之间还是具有互动的可能和景观发展的潜力。黟县是"徽商"和"徽文化"的发祥地之一，被称为"中国画里乡村"、"桃花源里人家"（图11）。其中具有1100亩桃园的黟县碧阳镇五里村内青山隐隐、桃花漫漫的田园风光成为当地旅游的季节性特色，展现了徽派建筑与桃花相结合的自然风光。

综上所述，虽然南北的农耕文化存在一定的差异，但是通过对于场地内部农业景观要素的提取以及徽州村落的了解和学习，尝试从景观的角度去挖掘场地环境与徽州建筑环境在农业方面的交集以及可能存在的契合关系。

2. 不同点

（1）建筑文化的差异

建筑设计的不同是龙门崴和徽州地域文化差异的重要体现。龙门崴乡村传统建筑多依靠山地而建，以石砌墙，以茅草或瓦覆顶的平房为主；房屋前配以石砌矮墙围合的小院。从风格上看，北方建筑追求厚重朴实，多以砖石为主，注重采光。

然而，徽派民居建筑的选址追求背山面水的田园人居环境，以木构架为主，多为两层。从入口进入，便是一个天井，天井较小，四面由建筑围合。从建筑外观上看，徽派建筑通常粉墙黛瓦，注重建筑的美观和形式的统一，如马头墙的设计。此外，徽派民居建筑注重装饰，尤其是在门楼和窗户上。

（2）聚落文化的差异

龙门崴地区的村落布局是山地村落布局最直接的体现[12]。在平面布局上，主要受到地形地貌影响，整体上呈现出多样的肌理，建筑布局表现出三合院、"L"形院落和"一"字形院落，且方位上也不拘泥于单一朝向。在空间构成上，讲究因借自然，因而其竖向随山势高低起伏。为了减少人力，村落的构成相对比较简单。建筑单体的平面多为两开间、三开间，少数为一开间；石砌围墙通常建筑相连，围合成院落；院落大多为开敞空间，有利于房屋的采光；除此之外，通过调研，一些院落中会有小块菜地或种植庭院树，如杏树、李树、桃树等。

徽州地区的村落内街巷纵横交错，川流其中，街巷和水道构成了独特的水陆并行的空间结构特征。此外，受封建宗法制度的影响，徽州村落，尤其是古村落的形态由内而外地反映着讲究"宗族伦理，纲常礼教"的儒家思想。它们大多聚族而居，以祠堂为中心展开，形成一种秩序井然的布局形态[13]。除此之外，受传统风水观的影响，徽州村落通常以环绕的水流作为村落的气脉，其聚水口一般位于村落的入口。水口的作用：一方面，界定村落的区域和标识村落出入口的位置；另一方面，满足村民对保瑞避邪的心理需求。

3.5.2　文化植入的原则和方法

（1）保护本土文化

龙门崴区域具有深厚的文化底蕴，但是从设计场地的现状来看，除了场地所具备的良好自然条件之外，场地早已失去了本土文化的传承主题和载体。在徽派建筑植入的情况下，如果不注重对于本土文化的唤醒，场地很容易受到徽派建筑文化的侵蚀，徽派建筑文化和龙门崮传统文化的差异性将会使得该场地在未来发展的过程中与当地的发展格格不入，破坏规划区的完整性和统一性。因此，只有通过对于本地意识的唤醒以及本土文化的维持，才能使得整个场地即使植入了徽派建筑也依旧能够保持本土文化的基调。

（2）优化外来文化

徽派建筑的植入对于场地的发展来说，既是一种机遇，也是一种挑战。所谓的机遇，即徽派建筑作为旅游产品，将会成为龙门崮田园综合体的旅游特色。所谓的挑战，徽派建筑的易地保护对于自身来说，建筑文化的表现以及环境氛围的构建尤为重要。基于"天人合一"自然观的指导，徽派建筑的移建应尊重自然，通过自身的调整和优化来顺应现在的自然环境。

3.6 本章小节

根据场地的调研和分析，相对优秀的区位条件保证了场地的可达性；有山、有水、有耕地的自然条件展现了场地的生态、景观潜力和环境发展潜力；场地内村落的拆迁减少了未来发展过程中阻力，但是在提升整体可塑性的同时，场地的文化生态结构遭受到破坏，地域文化特征基本流失。

针对场地的规划和设计，最适合场地的人居环境设计始终离不开对场地文化的传承。本土文化是一代代村民在这片土地上生存和生活的智慧结晶。对于文化的保护和传承，重点要挖掘场地的文化、把握场地的原真性。场地文化是否能够很好地呈现，在一定程度上决定了场地的地域特色是否突出。

面对徽派建筑的植入，如何在利用徽派建筑做到旅游产品创新的同时，实现人居环境的和谐统一则成了最主要的问题，无论是对于场地的环境设计还是对于建筑的改造都是不小的挑战。

第4章 龙门崮文化研学基地的景观规划设计

4.1 设计构思

4.1.1 设计理念

从文化植入的视角，结合场地中丰富的自然生态环境和农耕文化资源，以及植入文化——徽派建筑文化的亮点，依据文化植入的两个原则，促进本土文化和外来文化的融合，营造出地域性和特色性兼备的旅游活动空间，并通过方案的详细设计和规划，实现场地的生态、社会、经济效益，从而促进地区的全面发展（图12）。

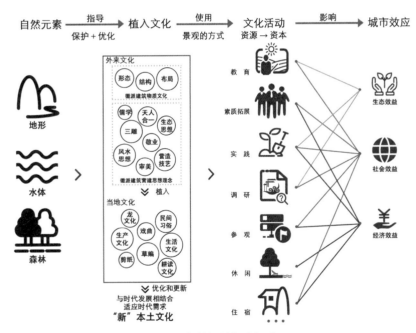

图12 场地设计概念阐述

4.1.2 设计目标

基于对市场的调查和分析，合理利用场地的现有资源，把握徽派建筑植入的机遇，旨在将场地打造成为服务于学生和学者的集农业、研学为一体的文化研学基地。同时借助山水景观资源以及合理布置徽派建筑群体，为游客提供一个休闲观赏、体验参观的特色活动场所，并因地制宜地重现徽派风格的聚落空间，为游客提供一个具有异域文化体验的空间（图13）。

4.1.3 设计原则

（1）遵循"天人合一"的自然观

在资源开发的过程中，应以尊重自然为出发点，优化利用土地、水源、耕地以及现有植物和农作物资源。由于场地内水系以及沿水两岸属于生态敏感地带，且季节性变化明显，因此要更加注重对于水环境的优化和利用。

在处理建筑与自然环境时，应以顺应自然现状、适应自然发展为出发点，通过对建筑和人工环境的优化，来实现整个方案的科学性、生态性，实现人与自然的和谐统一。

| Location Advantage 本土优势 | Environmental Support 有山有水的自然环境、丰富的资源 | Site Characteristics 农产业+徽派建筑文化的植入的成果 | » | 文化体验式研学基地 Cultural experience Research and study base |

图13 场地设计目标

（2）注重文化的互补和融合

在处理本土文化和外来文化的冲突和矛盾的时候，应以保护本土文化为主，优化外来文化为辅。通过对于不同文化之间的对比，一方面利用景观的手段在它们的相同点之间建立联系，使之形成互动关系；另一方面，在面对不同文化之间差异的时候，以"取其精华"为指导，利用景观的方式弱化产生的矛盾和冲突。

（3）满足市场及人群需求

在满足市场需求的情况下，挖掘场地潜力，有针对性地打造文化研学基地，并通过构建丰富的文化活动体系来提升场地的吸引力。

尽可能保留和尊重原有的场地环境，基于不同人群的分析，围绕自然山水、植物、农业景观为主，打造集研学、休闲、观光、农业、体验于一体的多元化特色场所。

4.1.4 设计方法

（1）优化自然环境

场地中有可以作为重要景观节点的河流，也有形成地域农田景观的耕地，在尊重场地原生态环境和地形地势的基础上，充分利用场地资源，创造滨水休闲、农事体验、特色景观等空间，打造"桃园深处有人家"的意境。

（2）保护主体文化

通过对场地的现状分析，对于设计场地内本土文化的保护和重塑主要集中在农耕文化方面，通过利用周边农业景观的设计、农事活动的安排、农耕文化的宣传等方式，营造整个空间的动态文化氛围。

（3）调整外来文化

根据本场地环境和徽州传统村落环境之间的对比和分析，尝试利用景观的营造来优化整体氛围：针对内部空间结构，打造适应于场地的徽派街巷空间，从而形成一个完整且近似的徽州地域风貌；针对场地外围的空间，通过徽派景墙的优化设计和植物利用，尤其是使用桃树进行围合和遮挡，形成"桃园深处，别有洞天"的意境，来实现外部景观与内部景观在形式和意境上的过渡（图14）。

4.2 龙门崀文化研学基地的景观规划设计方案

4.2.1 整体空间布局

龙门崀文化研学基地的景观规划设计是依据前文分析的设计构思、设计目标、设计原则和设计方法，从多个层次入手，构建文化研学基地，实现产业融合（图15）。

合理利用场地的环境资源，优化河流环境，使之成为场地中的主要休闲观景空间；基于原有村庄基地，布置徽派建筑，形成聚落空间，使之成为文化研学、参观浏览的主要文化场所；针对周边耕地，策划农耕教育和农事体验，使之成为教育性和实践性相结合的特色空间。

（1）交通组织序列

在交通流线组织上，由于场地的西边为龙门崀田园综合体的主干道，所以在场地的西侧设立两个入口。西南侧的入口为场地的

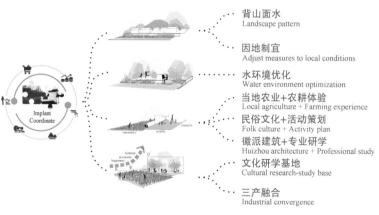

背山面水
Landscape pattern

因地制宜
Adjust measures to local conditions

水环境优化
Water environment optimization

当地农业+农耕体验
Local agriculture + Farming experience

民俗文化+活动策划
Folk culture + Activity plan

徽派建筑+专业研学
Huizhou architecture + Professional study

文化研学基地
Cultural research-study base

三产融合
Industrial convergence

图14 场地设计概念深入

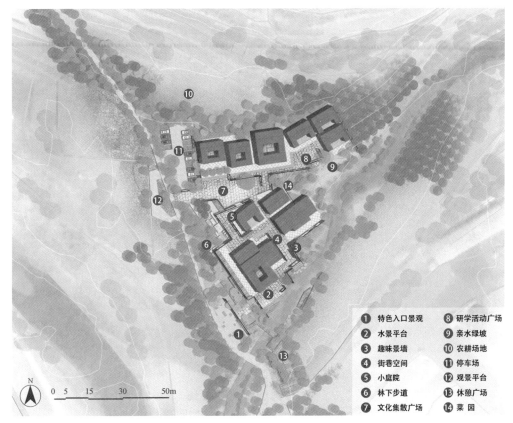

图15 场地设计总平面图

① 特色入口景观	⑧ 研学活动广场
② 水景平台	⑨ 亲水绿坡
③ 趣味景墙	⑩ 农耕场地
④ 街巷空间	⑪ 停车场
⑤ 小庭院	⑫ 观景平台
⑥ 林下步道	⑬ 休憩广场
⑦ 文化集散广场	⑭ 菜 园

主入口，服务于所有人群；西北侧的入口旁配置了该场地专用的停车位，主要服务于前来进行研学活动的学生团队和学者团队。场地内根据空间和道路的宽窄形成三个等级的道路，一级道路以贯穿空间为主，用于建筑和街巷空间的参观；二级道路结合场地内特色景墙的布置，串联不同的活动节点，服务于人群的休憩和娱乐；三级道路沿水布置，大部分以木平台为主，是一条休闲观光的游览路线（图16）。

（2）景观空间分析

从场地的功能上看，场地作为文化研学基地，需要接纳研学团队，因此在场地内部需要具备一个较大的人流集散空间，根据场地原有的地形特点，将该空间布置在场地的北部，便于与宿舍、食堂和实践梯田之间的联系。

从场地的景观资源分析，场地的东南侧有河流经过，且与大片农业耕地形成对景关系，因此在场地的东侧和南侧零散地布置了一些景观节点。

从龙门崮田园综合体考虑，作为田园综合体中的一个主要节点，背山面水的场地旨在打造"桃园深处有人家"的意境，因此场地与主干道相邻的西侧，集中运用植物，尤其是桃树，还有景墙进行遮挡和隐藏，并适当在林下布置若干小型的空间节点。

根据地形的变化、节点的布置，场地内主要的景观轴线位于西北—东南方向，与部分一级道路重叠。三条次级景观轴线，通过西侧不同的入口，向场地内部延伸，从而形成不同的景观序列（图17）。

（3）功能分区

结合场地设计定位以及场地中的各个资源优势，划分了六大功能分区，即入口景观区、停车集散区、生活休闲区、滨水景观区、研学实践区和集体宿舍区（图18）。

据上述功能分区，针对场地内建筑进行功能定位，便于建筑样式的选择。整个场地一共植入了10栋建筑，并赋予其不同的功能，包括接待处、休闲观景建筑、综合文化展示馆、农耕文化展示馆、教室以及宿舍（图19）。

4.2.2 局部空间设计

（1）入口景观区

基于场地的设计定位，入口景观区主要作为外部空间和内部空间的过渡区域，也是文化研学基地的文化序列的开始，奠定了整个场地的文化基调。该功能区主要包括一个入口的集散空间、交错的景墙通道，以及植被层次丰富的桃林空间（图20）。

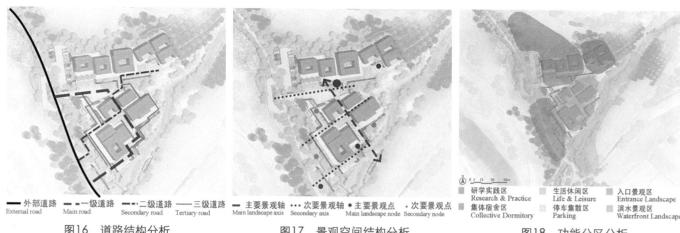

—— 外部道路　- - - 一级道路　- - 二级道路　——— 三级道路
External road　Main road　Secondary road　Tertiary road

图16　道路结构分析

—— 主要景观轴　••• 次要景观轴　● 主要景观点　◆ 次要景观点
Main landscape axis　Secondary axis　Main landscape node　Secondary node

图17　景观空间结构分析

■ 研学实践区　　　■ 生活休闲区　　　■ 入口景观区
Research & Practice　Life & Leisure　Entrance Landscape
■ 集体宿舍区　　　■ 停车集散区　　　■ 滨水景观区
Collective Dormitory　Parking　Waterfront Landscape

图18　功能分区分析

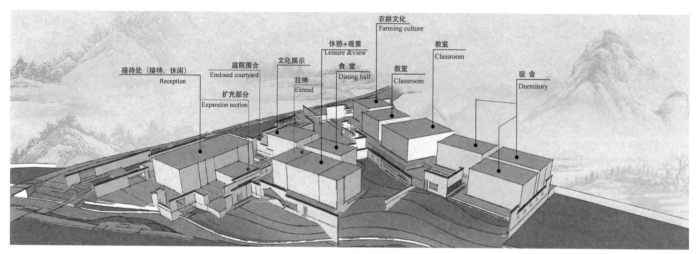

接待处（接待、休闲）
Reception

扩充部分
Expansion section

庭院围合
Enclosed courtyard

文化展示
Culture display

拉伸
Extend

食堂
Dining hall

休憩+观景
Leisure &view

农耕文化
Farming culture

教室
Classroom

教室
Classroom

宿舍
Dormitory

图19　徽派建筑功能分析

图20　入口景观效果图

238

由于处于场地的入口，应该具备人流的吸引功能，因此入口序列由一面徽派风格的景墙开始，穿过景墙便是一个小型的半开敞空间，脚下有小溪流淌，穿过一座小型的拱桥正式进入场地。整个入口设计采用欲扬先抑的手法，与"桃园深处"的主题相呼应。

此外，场地西侧，除了入口之外，全部用徽派风格的围墙进行遮挡。入口景观处北部的林下空间，有一个凌驾于小溪上的挑高平台，仅与场地内部相连，在植物的半遮半掩下，营造"只闻其身，不见其人"的意境，吸引人的注意。

（2）停车集散区

与入口景观区相似，停车集散区主要位于场地的西侧，靠近场地的另外一个入口。该功能主要包括了生态停车场、场内外互动节点、部分林下空间，以及道路对面的小型观景平台。

（3）生活休闲区

生活休闲区位于整个场地的南部，其南部具有良好的景观资源，因此该区域是整个场地的最佳观景区，区域内分布的建筑皆以服务功能为主，包括了接待处，以及分别提供休闲观景、餐饮的建筑。此外，由于地形的变化，该功能区与南侧的河流之间具有1~2米的高差，为了安全起见，南侧除了留出的亲水平台之外，大多由形式多变的景墙围合，形成具有不同体验的观景空间。

（4）滨水景观区

动态水景：在场地的入口景观区有设计小规模的水景，与滨水景观区的河流相联系。由于河流空间与北部场地空间有个明显的高差，因此利用该高差，形成小型跌水。

静态水景：首先针对原本的河道及周围进行清理。然后，对原本河道的驳岸进行了较大程度的改造，将原本缺少变化的岸线改成曲折弯曲的样式，一方面能够使水体缓慢地流动，使整体看起来均衡、恬静，从而适应游人驻足观赏；另一方面，弯曲的样式结合水生植物的造景，能够在减少驳岸冲刷的同时，布置适当的汀步供人亲水游玩，形成丰富的自然滨水空间（图21）。

（5）研学实践区

研学实践区为场地的核心部分，该区域内包括了文化集散广场、文化展示馆、教室和户外体验展示区。其中的文化集散广场是基于原本的村庄用地，进行了一定的扩展；广场位于该功能区的中心，场上以文化景墙作为主景，界定了研学实践区和集体宿舍区的空间范围。广场的南部有两栋建筑，一个为食堂，一个为综合文化展示馆；广场的北侧活动空间以宣传教育和学习体验为主，包括了农耕文化展示馆以及最北部的用作体验和实践的梯田。

（6）集体宿舍区

集体宿舍区位于场地的东北角，为研学团队提供住宿和进行小型素质拓展活动的空间。区域的东南与滨水景观区相接，从而提供休闲观景以及亲水活动的空间。除此之外，区域的东侧为规则种植的林带，为后期拓展基地、营造宿舍区的后花园提供了可能性。

4.2.3 景墙的专项设计

本方案中，景墙犹如一条文化的纽带，串联着整个空间。考虑到场地内都是徽派建筑以及构建与徽州相近的街巷空间的需求，选择徽派建筑中的马头墙作为景墙风格的原型。通过对徽派村落内建筑的色彩、材质、窗户、装饰、竖向风貌以及马头墙的功能进行了提取和分析，并有针对性地删减、优化和更新，最终形成属于该场地的特色景墙。

在尺寸方面，为了保证整体统一，对景墙高度设定两个标准范式，矮的2.5米，高的4米。

在造型方面，在遵循徽派马头墙粉墙黛瓦的色彩特征基础上，将马头墙形式简化，用现代材料——黑色"U"型和"I"型钢代替，针对钢材造型，可以结合植物的种植和农耕文化艺术品的陈列（图22）。

（1）组织空间

通过不同尺寸景墙分割空间的同时，利用不同的造型引导不同的浏览路线。特色鲜明的文化景墙贯穿整个空间，有助于场地文化基调的确定。与徽派建筑风格统一以及结合当地农耕文化艺术品的陈列，使得景墙成为沟通本土农耕文化和外来徽派建筑文化的桥梁（图23）。

（2）障景

景墙障景的功能主要体现在外部围墙和入口处的景墙布置上，旨在达到欲扬先抑的入口景观效果。

（3）活动游憩

通过景墙的形式变化，或将景墙与植物造景相结合，形成大小、功能不一的活动空间。有的以端景空间的形式置于道路的尽头；有的以配景形式布置在道路的一侧；有的则主要以休憩活动功能为主布置于广场（图24~图26）。

图21　滨水区观景空间效果图

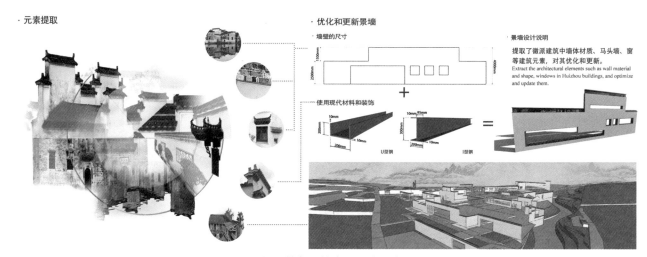

· 元素提取

· 优化和更新景墙

· 墙壁的尺寸

· 景墙设计说明

提取了徽派建筑中墙体材质、马头墙、窗等建筑元素，对其优化和更新。
Extract the architectural elements such as wall material and shape, windows in Huizhou buildings, and optimize and update them.

· 使用现代材料和装饰

U型钢　　　　I型钢

图22　特色景墙专项设计思路

图23　次入口组织内外空间效果图

图24　次入口景墙空间效果图

图25　住宿区休憩活动空间效果图

图26　特色景墙模块化设计

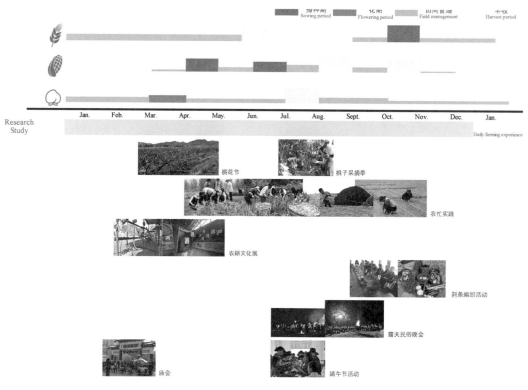

图27　特色文化研学活动策划

4.3　研学活动体系的构建

对于一个文化研学基地来说，除了结构空间及功能布局、景观及文化环境的塑造之外，合理有效的活动体系也至关重要。特色化的研学活动体系是影响文化研学基地能否走可持续发展道路的关键因素。通过对龙门崮农耕文化的分析，以及从时间的角度对场地周围耕地的田间作业内容的调研，制定出属于该场地的特色文化研学活动策划，以期促进该地区各个产业结构的健康和持续的发展（图27）。

4.4　本章小结

本章基于文化植入的视角，以促进不同文化和谐发展为目的，在遵循"天人合一"的自然观、注重文化的互补和融合、满足市场及不同人群需求的三大原则下，充分利用场地现有资源，把握徽派建筑植入带来的机遇，打造包括入口景观区、停车集散区、生活休闲区、滨水景观区、研学实践区和集体宿舍区六大功能区的文化研学基地，并通过分析图、平面图详细地阐述各个功能区的特色。

结语

1.　论文总结

在多元文化交流日益密切的时代下，乡村作为中国传统文化的宝贵载体，对于本土文化的保护显得格外的重要且具有意义。因此，在文化植入的视角下，对于本土文化的保护和外来文化的优化尤为重要。本文立足于文化植入的背景，试图利用景观的方式促进不同文化的融合，试图实现在保护本土文化的基础上，利用外来文化的优势，促进当地文化的更新以及当地文化产业的发展。

2.　思考与展望

本文以文化植入为切入点，提出了龙门崮文化研学基地的景观规划设计方案，希望可以为类似的地域性场所在面对文化传播和交流的情况下提供一些新的思路，实现场地的可持续发展。

参考文献

[1] 刘沛林. 新型城镇化建设中"留住乡愁"的理论与实践探索[J]. 地理研究, 2015, 34 (07): 1205-1212.

[2] 米楠. 新型城镇化背景下乡村文化保护问题探析[J]. 中国乡镇企业会计, 2016 (06): 286-287.

[3] 韦浩明. 乡村文化传承: 歇后语和民谣——以广西贺州市壮族枫木村为考察对象[J]. 贺州学院学报, 2007 (12).

[4] 龙祖坤. 多元文化融合的实证研究——以武陵山区为例[J]. 西北民族大学学报 (哲学社会科学版), 2009 (5): 36-40.

[5] 王兵. 从中外乡村旅游的现状对比看我国乡村旅游的未来[J]. 旅游学刊, 1999 (2): 38-42.

[6] Nulty P M. Rural tourism in Europe: experiences, development and perspectives[M]. UNWTO, 2014.

[7] 熊国平, 潘嘉虹, 汪成璇. 文化生态保护区规划探讨——以江苏省高淳村俗文化生态保护区为例[J]. 规划师, 2015 (6): 50-56.

[8] 林红, 王镇富. 中外文化的冲突与融合[M]. 山东大学出版社, 2010.

[9] 何彦霏. 城市文化与乡村文化的冲突与融合[J]. 学理论, 2016 (1): 147-148.

[10] 陈平. 多元文化的冲突与融合[J]. 东北师大学报 (哲学社会科学版), 2004 (1).

[11] 张建龙, 王勇. 文化差异研究综述[J]. 汉字文化, 2019, 226 (06): 45-47.

[12] 于佳, 朱一荣. 山东省传统民居分类及特征初探[J]. 现代园艺, 2017 (20): 119-120.

[13] 孙静, 孙长城. 徽州聚落的人文特征[J]. 安徽建筑工业学院学报 (自然科学版), 2011 (02): 30-33.

传统徽派建筑遗产的易地保护与开发
The Protection and Development of Traditional Hui-style Architectural Heritage
龙门崮国学特色文旅设计
Longmengu Traditional Chinese Culture Characteristic Travel Design

青岛理工大学
王莹
Qingdao University of Technology
Wang Ying

姓　名：王　莹 硕士研究生二年级
导　师：贺德坤 副教授
学　校：青岛理工大学
专　业：视觉传达
学　号：1721130500572
备　注：1. 论文　2. 设计

LONGMENGU
AREA,
DONGGANG
DISTRICT,
RIZHAO
CITY

日照·龙门崮
LONGMEN GU
✕
林间山间水间
一茶一坐一友

传统徽派建筑遗产的易地保护与开发

The Protection and Development of Traditional Hui-style
Architectural Heritage

摘要：徽派建筑是中国重要的建筑类型之一，是中国古民居遗产的重要组成部分，作为徽派古民居的代表——宏村，已被正式列入联合国文化遗产，这不仅体现出徽派建筑在世界建筑文化中的重要地位，也说明了我国对传统徽派建筑的重视与保护。传统徽派建筑在我国分布广泛、数量众多，保护与开发徽派建筑成为一个漫长的工作。为保护传统徽派建筑，易地开发徽派建筑的案例逐年增长，同时也引起了人们的关注度，"徽派建筑是否存在易地保护与开发"在社会各界争议不断。

关键词：徽派建筑；保护与开发；文化

Abstract: Hui-style building is one of the important building types in China, is an important part of Chinese ancient dwellings heritage, Hongcun as a representative of Hui-style ancient residences, was formally listed in the UN cultural heritage, which not only embodies the important position of architectural culture in the world, and also explains the attention and protection of the Hui-style traditional building in our country. The traditional Hui-style buildings are widely distributed and numerous in China, so it is a long work to protect and develop them. In order to protect the traditional Hui-style architecture, cases of the development of Hui-style architecture in different places have been increasing year by year, which has also attracted people's attention. "whether there is any protection and development of Hui-style architecture in different places" has been in dispute in all sectors of society.

Keywords: Hui-style Architecture; Protection and development; Culture

第1章　绪论

1.1　课题研究背景

徽州文化起源于安徽省，形于南宋，兴于明清。徽州文化的兴盛影响了我国各个社会阶层，对传统文化、教育、建筑、经济等各个方面都形成了一定的影响。在我国文化发展的历史中，徽州文化与藏文化、敦煌文化被称作是中国最具影响力的地域文化中的三大派系。在徽州文化的影响下最重要且最具代表性的是徽派建筑作为文化的载体，展现出特有的"精神性"、"符号性"、"群落性"特征，表达出徽州文化深刻的内涵与文化意义。得益于徽州文化的影响，使徽派建筑成为中外建筑大师所推崇的建筑类型。

目前我国正处于经济飞速发展的时代，城市化建设逐年扩大，对传统古村落和传统建筑类型的保护、对地域性文化的探讨和如何更好地运用好地域性文化成为地区发展战略的重要内容。近年来，由于经济全球化，各种现代建筑类型在中国地区流行起来，过度商业化和部分地区的保护措施不到位，许多承载着徽州历史文化的徽派建筑遭到了破坏，一些徽派建筑由于文化保护意识薄弱，过度商业化开发，使其丧失了文化氛围。

本文通过对易地徽派建筑的探究，通过对日照市龙门崓规划区的实地调研，进行探索性的研究与设计，强调传统建筑类型与传统文化相结合，实现徽派建筑的地域性建设，保护好传统建筑，传承和弘扬中国文化。

1.2　课题研究目的

徽派建筑类型是中国传统建筑类型重要的组成部分之一，徽州文化也是中国传统文化中不可忽视的重要一员，两者之间相互依赖、相互影响，成为密不可分的一体。对传统徽派建筑的保护与开发的同时，也是对我国传统徽州文化的整理研究。一个地区的传统建筑类型一定程度上也反映了这个地区的意识形态、历史发展和地区居民的生活态度。

"不是建筑本身具有文化，而是建筑自带文化属性。"徽州历史文化是复杂的，这里是徽商的故乡——它亦动亦静、亦俗亦雅，徽商是中国商界的雄狮，他们将大量资金带回故乡修建房屋，建筑设计上也留下了他们思想的痕迹。对徽派传统建筑的分析研究，可以提取更多有关徽州文化的史料，这对我国传统文化的研究提供了更多的文献依据。除此之外，传统徽派建筑也是我国众多民族建筑风格中的一类，对传统徽派建筑的地域性文化进行研究，也是对我国地域性民族文化特征的了解，对传统民族文化和地域性特征积累了一定可供参考借鉴的研究成果。

通过分析研究如何实现徽派建筑的易地保护与开发，发现保护开发过程中出现的问题，并提出可行性的解决方案，为我国其他类型建筑的保护提供更多的资料和经验，为我国各地区的传统建筑及传统文化的保护与开发提供一定的帮助。

综上所述，对传统徽派建筑的保护与开发具有双面性，一方面可以通过对传统徽派建筑的研究推动传统徽州文化的传承与弘扬，有利于中国传统文化的传播与拓展更进一步的思考，另一方面对传统徽派建筑易地保护与开发的研究，可以为今后徽派建筑或我国其他类型建筑的文化保护与现代化发展提供更多的参考和借鉴。

1.3　课题研究方法

传统徽派建筑是中国建筑文化保护中极其重要的一环，其研究涉及了我国传统建筑史和人文历史方面，包括了设计学、社会学、历史学等多个层次，通过对传统徽派建筑的保护与开发的探索研究，可以使我们对我国传统建筑类型的发展更进一步地了解。本文通过实地考察法、文献资料法、资料收集法等几种方法进行研究分析。

1.3.1　文献资料法

文献资料是学术研究的基础，本课题需要从建筑学、景观学、人文历史等多个角度来思考研究传统徽派建筑的发展历程，通过中国知网、万方数据等知识网络平台及与文章相关的艺术类核心刊物，阅读整理各大艺术高校相关学报、期刊的资源，以此来获取理论方面的丰富文献和资料，梳理并分类，为研究提供基础依据。

1.3.2　资料收集法

作为设计研究方向，图像资料在一定程度上可以更直观地反映建筑的特点。利用大量传统徽派建筑和传统徽州文化的图像，形象直观地展示传统徽派建筑的造型符号、选址特点、平面布局及空间布局等建筑特征，辅助于文字论述使文章更具说服力。

1.3.3　实地考察法

通过对此次课题所研究的日照市龙门崮规划区进行实地的考察和调研，掌握第一手资料，了解分析传统徽派建筑在易地保护与开发存在的现状与问题等。现场调研期间，了解当地建筑现状、环境特点、人文特色等，并拍摄大量现场照片，为后期解决问题提出方案，提供强有力的支撑。

第2章　传统徽派建筑的历史文脉

2.1　传统徽派建筑的地域文化

影响一种传统建筑风格的因素有很多，建筑文化的多样性、多元化是一定时代背景下诞生的。任何一种建筑类型都是自然条件和人文历史的相互影响下形成发展的。

建筑文化中的多元化指在建筑设计中考虑不同地区的传统文化、地理和气候的地域性特征。不同的文化展现出对建筑不同的艺术倾向，如我国北方地区偏爱于厚重感，强调阳光，一方面提供了生活角度的舒适感，另一方面塑造出一个建筑的轮廓；而南方地区则喜爱轻巧、灵活的造型，强调通风，多采用半室外的空间实现。建筑色彩也会反映出一些地区、民族特殊的审美意象，在建筑设计中，即使不使用传统的装饰手法，在色彩上进行适当倾向，尊重不同建筑类型色彩上的差异性，也可以体现出一个建筑的类型特征。

传统文化与传统建筑之间存在着一定的联系。例如我国传统文化的风水学就对建筑的选址、结构甚至内部装饰都有着深远的影响，如此的地域差异也形成了中国传统建筑类型的多元化。要了解分析传统徽派建筑的特色神韵，就要从徽州这个地区的人文历史和文化开始。

2.1.1　徽派建筑地理环境

传统徽派建筑是中国古代社会后期成熟的古民居建筑，地域性文化特征极其鲜明。徽州多经商之人，徽商的资本也成为徽派建筑的经济基础，徽商的思想观念和审美倾向影响下形成的徽派建筑见证了传统徽州历史文化的发展。

宋高宗迁都临安（现杭州），建宫殿、修园林、大兴土木，不仅推动了徽商的经营发展，同时也培养出了一大批徽州工匠。衣锦荣归的徽商们也在故乡兴建住宅、寺庙、牌坊等，徽派建筑由此形成。徽州现存的古村落有西递、宏村、汀村等地，皆体现出徽州的建筑特色。

1. 地理环境

徽州位于皖、浙、赣三省的交界处，周边有天目山、白际山、黄山等山脉，四面环山，以山地丘陵地形为主，平地多占面积较小。有"山上有奇景，山下有奇观"之称的黄山体现出中国山川之美，"奇松、怪石、云海、温泉、冬雪"五绝更是展示出其独特之处。纵横在这片土地上的新安江和太平湖也为此处增添了不少灵秀之气。

徽州正可谓是在人杰地灵、绿水青山之中。徽派建筑依山而建，讲究枕山、环水、面屏、朝阳，以便房屋群落与周围的环境巧妙地结合。

2. 气候特征

徽州位于安徽省的南部，属亚热带湿润气候，四季分明、季风明显、降水充沛、热量充足，夏季梅雨期显著，降水较为集中。综合来说，徽州无论是气候条件还是资源都十分丰富。但虽然徽州物产丰沛，却也受自然条件的一定限制，粮食和纺织品等一些生活必需品无法实现自给自足，在这种物产丰富却"结构性失调"的状况下，徽州商业逐步兴起。

2.1.2 徽州的传统文化

1. 人文背景

徽学和藏学、敦煌学并称中国三大地域文化，徽学即徽州学，指对徽州文化研究的一门学科，其中包括对徽州经济、文化、思想、艺术、科技等的研究分析。宋元以来，徽州地区就一直贯彻执行着清政府中央对土地赋税制度的一系列政策，从保存下来的原始文献材料中，可以揭示当时中国封建农村社会的真实写照，被后人誉为是后期中国封建社会的典型标本。

徽州地区的社会基础以宗教制度为主，文风昌盛，重视教育，自宋至明清，共建有书院约260多所，以朱子之学为指导思想，以谋高管为最高价值追求，为宗族提升社会地位，争取更多的政治特权。"远山深谷，居民之处，莫不有学有师，有书史之藏"，在这一精神理念作用下，涌现出一大批影响深远的徽商。徽商雄踞中国商界三百多年，丰富了徽州文化，改变了商为"四民"之末的传统，创造出一系列先进的经商文化，一直以来都是人们研究讨论的对象。深入了解徽商的思想理念，有利于对中国传统封建社会有新的认知。

2. 生活形态

徽州文化是程朱理学和儒学伦理的共同产物，宗法制度完善，潜移默化地影响着人们的生活。宗族的凝聚力在徽派建筑的平面结构、空间布局中都有所体现，抵御外族人的入侵，忠于血缘关系，以家族为单位聚族而居。

中国自古以来就流行着以家族为单位的商业经营，家族全员聚在一起议论事物的场所就是宗祠，宗祠在徽州人的眼里是神圣不可侵犯的地方，对宗祠的重视不仅体现了抵御外族的决心，还是一种自我保护的心态，成为他们日常生活的形态。徽州商业的兴起，带动了中国北方人口的南迁，土地压力增大。外出务商的徽州人致富后为报效桑梓，将大量资金投入家乡建设，其中建筑的修建成为最重要的一部分。徽商们不仅将资金带回家乡，而且也带来了天南海北、文人雅士和名人工匠的文化精华。从建筑的布局、结构到室内装饰、家居摆放都有其特殊的审美追求，逐渐成为稳定且有特色的徽派风格。

2.2 徽派建筑的风水观念

中国风水学影响着人们的行为举止和思想方式，徽州人也对风水学有着深入的研究，甚至在明清时期已形成了完整的风水理论，在他们的建筑中就鲜明地体现出来了。中国建筑讲究"天人合一"的风水学基本哲学，将自然与人联系起来，贯穿中国哲学史的始终。《释名》中刘熙云："宅，择也，择吉处而营之也。"徽派建筑受风水学影响，它所追求的是一个适宜人生活发展的有利环境。注重建筑与环境之间的关系，并且徽州人还认为建筑的选址会影响宗族的兴衰，必须讲究空间布局，以风水学为依据，顺应五行阴阳之学，观察周边的环境，集天时、地利、人和诸吉皆备，以使建筑群与周围的自然环境和谐地融合，达到"天人合一"的境界。

南北晋时期，风水的中心位于江西，到了宋朝，徽州一带成为新的风水中心。西递的始迁祖胡士良举家迁居于此，便是看中了西递"山多拱秀，水势西流"的好环境，甚至请了专业的风水先生，为西递村的村落布局出谋划策。呈坎，原名"龙溪"，充分地体现了风水学中"负阴抱阳"的原则。呈坎村整体呈坐西面东，并非人们常说的坐南朝北，在"负阴抱阳"的影响下，呈坎更加重视村落与周边环境的和谐。背山面水，村落的远处是朝山和案山，周围两侧皆有小山，其山川的走势与村落之间的布局关系也达到最佳风水选址，符合"负阴抱阳"的布局原则，人工修建的水坝，将笔直穿过的河流改造成"S"形，形象地贴合太极八卦的意象，符合传统风水理念的原则。

中国传统风水学中水象征着福气、财气、好运，关系着村落的兴衰发展，在村落布局中"水口"成为重要部分。在布局中留出水口的位置，利用天井、台、楼等建筑结构，将水汇聚在一起，寓意着将四方之才、福气聚集于此。这类水口布局也与建筑物、树木、山水构成和谐的组合，达到"藏风聚气"的同时，也流露出园林山野的趣味。

徽派建筑"集山川风景之灵气，融风俗文化之精华"，在选址上讲究依山傍水而建，呈背山面水、山川环绕的形态，选址的特点造就了民居群落集中，一些古民居在布局上强调系统性和规范性，形成"牛形村"、"棋盘村"等。宏村和西递作为两个保存较为完好的古民居村落，已被列入了"世界非物质文化遗产"。宏村的布局规划，真实地反映了传统徽派建筑的建筑特色，为现代风水研究和空间布局提供了丰富的参考素材。

2.3 市场经济的催化

"地狭人稠，力耕所出，不足以供，往往仰给四方"是古代徽州的经济特色。在人口稀少，自给自足的时代，由于环境的因素，无法实现所有的生活必需品都可以躬耕自给，产出与需求不平衡所带来的矛盾越发明显。粮食的供不应求和与外界无法进行商品交换的矛盾下，刺激了徽商的发展。

徽州一府六县中最先走出来经商的是祁门人。行商时，水路比旱路行程更快且舒适，又因无需雇佣牲口，又省下了一笔本钱。祁门由水路经过浮梁进入鄱阳湖，又可通过长江行至各地，唐代诗人白居易在《琵琶行》中就有这样的描写："商人重利轻别离，前月浮梁买茶去"，《新安志》中云："祁门水入于鄱，民从茗、漆、之、木行江西，仰其米自给"。明清年间，徽商发展至鼎盛时期，从商人数占全国首位，经营的货物从茶、米、油、盐到粮、布、丝绸。经营范围之广，足迹遍布全国各地。因此，徽商人的商业资本也是相当可观。明代乾隆下江南时有云："富哉徽商，朕不及也"。财雄势大的徽商衣锦还乡，将大量资金投入到对家乡的建设当中，对长江中下游的发展起到了重要的推动作用，大规模的村落建设，使徽派建筑更具系统性、全面性、广泛性，徽商把全国先进的思想观念、工艺技术带回家乡，将徽派建筑发展到了一个全新的高度。

第3章 传统徽派建筑的艺术特征分析

位于山东省日照市东港区的龙门崮风景区，地理位置虽位于中国的北方，与传统意义上的徽州地区相隔千里，但在环境肌理和人文历史上与徽州有着异曲同工之妙，在此地进行徽派建筑的设计，应充分考虑传统徽派建筑的地域文化特色，将南北两地的文化进行更好地融合，使徽派建筑更自然地适应新的环境，不显得突兀和鲜明的对比感。所以在设计上，对传统徽派建筑的平面布局、空间结构、肌理色彩、材质、装饰元素的系统分析，更有助于设计出符合徽派建筑特征鲜明且符合当地建筑特色的新建筑。不仅对徽派建筑进行新的大胆尝试，而且对传统徽派建筑的现代传承提供了更多的借鉴之处。

3.1 传统徽派建筑的平面布局

传统徽派建筑是当地人民结合了地域环境和人文风俗逐渐形成的建筑审美，是在平面上由点发展到线，继而发展成面的综合性民居群落。阐述分析徽派建筑民居独特的平面布局，有利于为徽派建筑的现代化设计中的传承提供更为直观真实的参考依据。

3.1.1 徽派民居群落的平面布局

在传统民居建筑设计中，自然环境起着不可估量的作用。旧时人们技术水平低下，就地取材，顺应自然，在这一系列条件制约下发展出适应当地自然秩序的平面布局。因此，人们在建设徽派民居时，会考虑对自然环境的特性的理解，其民居反映出当地自然的秩序和特征，形成与自然环境相互作用、有一定含义的平面布局。

清顾炎武《天下郡国利病书》中云："徽之为郡在山岭川谷崎岖之中。"徽派传统民居群落多讲究依山筑室，择水而居，因地制宜，顺应自然。从保留下来的徽州民居群落如宏村，可以看出这些群落平面布局上的一些共同特征。

徽派民居群落与徽州当地的地理特征不可分割开来。地处山清水秀、人杰地灵之间，宛如世外桃源，但适合建设民居的面积十分有限，随着越来越多的人口增加，人均使用面积越来越小，这使得传统徽派民居星罗棋布、密集紧凑，建筑间的距离狭小，密度十分大，但这也同时做到了因地制宜的法则。

徽州传统文化讲究儒家文化和宗族制度，注重家族世族，这也体现在他们群居的习俗中。徽州民居通常以姓氏为单位聚居在一起，每一个村落都是同一个姓氏、同一个宗祠，徽州居民相互之间既存在着一定的联系，又相对独立，形成独特的地域民居生活方式。

中国传统建筑历史发展以来都充满着浓厚的风水观念。徽派建筑的代表宏村也是风水师何可达为之设计出的一整套规划，其最大的特点就是它的牛形水系设计，在保证当地居民生活用水、农耕灌溉的同时，还起到了预防火灾、调节气候、美化环境等作用。水在徽派建筑群落中十分的重要。在风水学上讲，水象征着福运，所谓"水口"，指的就是一个村落的水源流入流出的地方，是徽州文化内涵的重要体现。临水而居、依水相伴，是徽州人物质生活和精神层面上共同的追求。

3.1.2 徽派建筑单体的平面布局

徽派民居属中国传统合院式民居，以庭院作为布局的基本单位。为适应不同家族的需求和经济能力，徽派民居展现出不同的院落组合形式。比较经典的组合有：日字形、回字形、H形、三合院和四合院等。

以庭院组成基本单元的徽派民居多采用对称式的平面布局，由于用地局限性较大，庭院的用地面积十分的小。随着家族的人口增多，利用庭院组织平面布局，无论是纵向还是横向都有利于民居的扩建，扩建的部分因地制宜，从而形成了不规则的徽派民居聚落肌理。各个建筑之间相互作用、相互影响又相对独立。

3.2 徽派建筑的空间结构

提到徽派民居就会有人想到"天井"、"街巷"等特有的空间结构，这些空间在现在看来虽然会给人带来一些生理上的不适感，看上去也不是十分的适宜居住，但这恰恰也是徽派民居的特色之一。

3.2.1 徽派民居的空间分布

徽派民居的空间分布与其特殊的地理环境息息相关，由于可用居住面积少，且人口众多，每家每户之间的建筑距离十分的狭小，只留有一条小巷。与其他中国传统民居空间结构相比，北京的四合院、晋中合院民居普遍都是单体房屋且都为平房，极少数出现两层。但徽派民居中为了满足徽州家族人口众多，往往都采用的是两层楼房。为了解决楼房之间的距离太近有防火方面的问题，建立起非常具有徽派风格的"马头墙"，高耸的马头墙和狭小的街巷形成徽派民居特殊的空间布局。徽派民居中的街巷十分的局促，给人一种压抑、沉闷的感觉。然而，这种压抑感却往往给人留下更为深刻的印象，为人们所牢记。因此，窄小、狭隘的街巷空间是徽派民居中重要的组成部分，也成为徽派民居重要的标志之一。

在中国传统民居结构中，庭院是重要的组成部分之一。庭院，泛指由建筑物包围起来的空间场所，内涵中国深厚的传统文化，以围合为基础手段，院落为表现形式，是我国自古以来民居大部分共有的特征。徽派建筑属传统的合院式民居（图1），以庭院为基本形式语言进行设计，由于地少人多，庭院面积因此缩小，而又为了满足多人口的生活，采用两层楼房的形式，如此一来，中心的庭院变得像"深井"一般，人们称之为"天井"。

"天井"的存在是徽派建筑风格中特色之一。"天井"的存在使徽派建筑的地域性风格更加的突出，在使用现代手法表现徽派建筑时，要注意对"天井"空间的了解和传承。天井是由厢房、厅堂围合而成的，厅堂在徽派建筑空间结构中具有重要的位置，两侧的厢房一般为卧室。由于用地局促，对非主体的

图1　安徽皖南民居　（图片来源：李乾朗作品《穿墙透壁》）

空间并没有具体的尺寸要求，在未来的建筑设计中延伸出更多的可能性，体现出徽派建筑因地制宜的特点。

走进徽派老宅，四周的高墙、幽深的天井，让人有种"坐井观天"之感。古代徽商经常离家数日，为了妇孺年幼等人的安全着想，整个宅子建设得较为封闭，只有天井的光进入老宅，那种数年如一日的孤独和寂寞，置于此空间中也可清楚地体会到。

3.2.2 徽派民居的场所精神

最早提出"场所精神"概念的是古罗马，古罗马人认为每一个场所的"存在"都具有特殊的精神，这种精神

给予场所以生命。人们赖以生活的场所具有其独有的特征，人与场所之间存在着某种联系。最开始这种联系只体现在物理层面上，场所作为生活和抵御外界攻击的地方，随着社会的发展，人们由物质方面发展到了精神层面，一个场所具有了欢喜悲乐的内容时，它就具有了场所的"精神"。

一个建筑是一个空间，也是一个场所。空间是无限的，而场所是有限的，空间无处不在，场所却不是。一个场所是具备空间属性的，然而空间却不一定具备场所属性。当人们对一个空间熟知了解的时候，这个空间便具有了场所性。一个场所的"建立"是长时间的生活和经验的积累。它是特殊的，是声音、味道、视觉等的综合结果。建筑的存在不仅依赖于其存在时间的长短，还赖于生活于此的人们的生活方式和生活态度。

徽派建筑是中国建筑发展史上代表性的建筑类型。这个"特殊"场所的出现是徽州人世世代代生活于此的结果，与自古至今的徽州人的生活方式和生活态度息息相关。徽派建筑最早的形式是民居，随着人口的增多和家族意识的印象，在满足基本生存条件的前提下，人们开始兴建宗祠等公共建筑。在空间布局上，徽派建筑重视风水理念，在空间构成上层次更加丰富。为了预防火灾，徽派建筑设计出高耸的马头墙，由于徽州人以聚居为主，所以建筑间的距离较小，高耸的墙和狭小的巷围合出极具徽派建筑空间特色的"街巷空间"。成为许多人脑中对徽派建筑的第一印象，给人们一种共鸣，这就是徽派。

徽派建筑中的马头墙是隔绝内部与外部空间的部分，建筑的内部中心是天井的空间，起到了取光和通风的作用。到了下雨的天气，雨水顺着四周内斜的屋檐汇聚于天井之中，体现出徽州经商之人的风水理念，即徽州风水中提到的"遇水则发"、"肥水不流外人田"，内斜的屋檐和会聚在一起的雨水寓意着"聚财"、"聚福气"，这也正是人们经常提到的"四水归堂"。独特的建筑类型能够引起人们的共鸣，即使使用现代建筑语言去表达，这种建筑特有的场所特质，当你进入到建筑当中就会有所共鸣，给人一种"似曾相识"的感觉。

徽派建筑不只是一个民居类型，独特的建筑造型和特有的空间布局，形成了"街巷空间"、"天井空间"等经典场所，更好地凸显出建筑类型的与众不同。

3.3 徽派建筑的风格浅析

徽派建筑风格是中国传统建筑中风格鲜明且地域特点突出的风格之一。在《华夏建筑》中提到"假如，我们把建筑看作一门造型与艺术或者美术之一的话，研究它的兴趣和注意力就很自然地会落在建筑物的里面所呈现出来的图案和形状，以致它的整个视觉效果上。"

徽州商人众多且常年外出经商，留下妇孺老幼在家中，为了更好地防火防盗，建筑外部多为高高的马头墙，墙上除去一些门和小窗，几乎可以说是密不透风，与外界沟通少。外部的装饰也十分的简洁，家族富裕的会在入门处做一些雕刻装饰，如门楼等，而普通人家入门就是质朴的石库门。马头墙墙体为白色的砖墙，极少开窗，在其顶部会有小青瓦做的墙檐作为装饰，其边缘线也并不是简单的直线，而呈人字形的折线，变化多样，为"方盒子"一般的建筑平添"趣味"。徽派建筑的内部与外部截然相反，精致细腻的雕刻引人注目，并称徽州三雕的木雕、石雕、砖雕，使整个内部装饰美轮美奂。

3.3.1 徽派建筑的外部造型

徽派民居是中国具有代表性的住宅类型。外部为四面高墙围合，内部则是沿四周进行布置，且为两层楼房，四周屋顶为内斜，设计成"四水归堂"的形式。外墙极少有窗户，开窗的位置通常会选择在二楼，面积较小。外部的装饰集中在正面入口处。徽州人注重门面，认为门面代表了一个家族的等级地位。总的来说，徽州建筑的外部造型可以在墙体、门和屋顶三个方面与其他建筑风格进行区分。

1. 墙体

高大的墙体是划分建筑内外的边界，对于居民来说，墙外是外界，墙内是家，边界的功能性不仅指在空间上，同时也体现在心理方面。徽派建筑中高高的白墙起到了保护和预防的基本功能，除此之外还有防火的特性。徽州地少人多，有聚居的习惯，建筑与建筑之间的距离较近，又因徽派建筑内部以木质材料为主，一旦失火，很容易波及周围的建筑。因此徽派建筑风格中的外墙都十分的高大。

徽派建筑的外墙给人的印象一直是简洁纯白，基本上没有装饰。在其顶部，会使用小青瓦做墙檐，边缘线也不是水平直线，而是故意设计成台阶样子的折线，这种墙被认为是徽派建筑的特色之一，谓为马头墙。

马头墙，又叫封火墙、防火墙等，因墙体墙顶的部分类似马头，因此得名。马在中国有"一马当先"、"马到成功"等成语，体现出人们对马的尊崇和喜爱。马头墙的结构是顺着屋面的走势层层跌落，背檐的长短随着建筑的变化而变化，墙顶部挑三线排檐砖，在上面用小青瓦覆盖。高低错落的马头墙颇具特色，不仅成为徽派建筑常用的形式之一，而且也是徽派建筑重要的造型元素，曾有"青砖小瓦马头墙，回廊挂落花格窗"之说。高大封闭的墙体，因马头墙而变得错落有致，使原本呆板、静态的墙体略带几分动态的美。俯瞰整个徽州民居群落，高低起伏的马头墙给人一种万马奔腾的动感，同时也寓意着家族的兴旺（图2）。

2. 门

在徽派建筑的外部装饰中除了马头墙之外，就属大门的设计十分有特点了。徽商不爱露富，所以建筑的外部形象整体风格简洁，而大门作为一个建筑的"门面"，其寓意和地位是不一样的，精心装饰的大门是富商们惯用的手法，这样看出大门在徽州人心中的重要性。

徽派建筑中的门通常用门楼和石库门两部分组成。石库门是由石头做的门框和门槛围合而成。门楼是由门罩和门楼顶组成的。门楼顶是在门的上方延伸出一个屋顶，其主要作用是装饰美观，并不起什么实质性的作用。门楼顶下是门罩部分，由中心的匾额向两侧展开，用雕刻进行装饰。门楼通常被分为"门罩式"、"牌楼式"、"八字门楼式"三种类型。在雕刻手法上，徽州门楼的雕刻主要使用圆雕、浮雕、透雕等方式。这些雕刻内容表现出户主的希望与寄托，是一个家族的颜面，十分讲究（图3）。

图2　马头墙（图片来源：网络）

3. 屋顶

徽派建筑的营造法则中，屋顶被认为是极其重要的一环，是徽派建筑的代表性建筑语言。据《考工记》中记载："匠人为沟涂，葺屋三分，瓦屋四分"。这说明，中国古代建筑的屋顶代表着不同的社会阶级。徽州多雨水天气，为了排水方便，屋顶多为双坡屋顶，四周的坡顶都向天井倾斜。厅堂与厢房使用的屋顶类型也是有不同的，厅堂的屋顶是人字形双向屋顶，而厢房使用的是单坡屋顶。内斜的屋顶，形成"四水归堂"的形式，将天降之水聚齐起来。如今虽然使用的材料进行了升级，钢结构、木作和涂料替代了小青瓦，但这种有效管理降水的方式一致沿用至今。

图3　门楼（图片来源：网络）

错落有致、黑白相映的屋顶给人一种层次分明、有序的美感，不仅具有实用功能，也被徽州人赋予了人文意义，成为徽派建筑的特色之一。徽派建筑内外两重天的独特之处，在屋顶的形象上完美地展现出来。

3.3.2　徽派建筑的内部结构

徽派建筑内部从楼房形式表现，人字形屋顶的厅堂通常为三开间，中间的开间作为敞厅。单坡屋顶的厢房均采用木质结构朝向天井，无论是正房抑或是厢房都没有砖结构，最外围是高墙。四周内斜的屋顶，在降雨的时候，将雨水汇聚于天井中，徽商将这种"四水归堂"的形式赋予人文意义，象征着"聚财、聚福气"。

使用现代建筑手法设计现代徽派建筑时，不能对徽派建筑特点进行生搬硬套，因为当代人们生活方式和生活态度的改变，徽派建筑在很多方面已经无法满足现代人们的生活需求。尤其是在生活采光和通风的方面，要结合实际需求进行设计。徽派建筑内外建筑形态的反差是一大亮点，也具有很好的代表性，通过对厅堂、厢房、厅等单体结构的分析总结，为现代徽派建筑的设计创作提供有效素材。

1. 门厅

门厅指的是进门的大厅，一般作为入门的缓冲区，起过渡的作用。门厅一般在四合院的结构中出现，一般会用来当会客空间，通常会设有屏风等，避免直对大门，开门见厅，在玄关处设一定的视觉屏障。注重人们的隐私和秘密，保证生活区与外界的距离和安全性，有效地解决干扰问题和心理上的安全感。

2. 厅堂

在徽派建筑中都至少有一个厅堂，如果是三进院落的结构，则会分为下堂、中堂和上堂的前后排序。徽州人受儒家思想影响较多，对宗族礼教十分看重，故每个宗族都会在厅堂悬挂祖先的画像以保家族平安，这种挂有画像的地方被称为"太师壁"。

徽派民居中的厅堂是敞开式的，没有墙壁和门窗的阻隔，日常用来接待客人和家庭聚会。厅堂一般位于建筑的中轴线上，地面采用青砖平铺，让祖先的牌位与地下的"穴"接地气。厅堂正对着的是天井空间，敞开式的厅堂在徽派建筑中是一个"灰空间"的存在，是建筑中功能性最强、采光和通风效果都最好的空间。

由于徽派建筑是二层楼房结构，所以一般厅堂也会被分为上下两层，下层被用于悬挂和摆放祖先画像牌位，而上层一般不做特殊使用，常用来堆放杂物。

3. 厢房

中国传统住宅系统中四合院通常以正房、东西厢房围绕中心庭院展开。徽派建筑中的厢房位于厅堂的两侧，用隔窗间隔开天井与厢房。厢房的采光并不理想，常年昏暗，主要的光源来自窗处微弱的天井光。厢房即为现在的卧室，地面与厅堂不同，采用的是地板，地坪也比厅堂的高，如此就有足够的空间用来防潮。

厢房的外立面是精美的徽州木雕组成。在中国传统民居中，木雕装饰并不少见，而在这其中，数徽州木雕最为精美，这也在徽派建筑中的槅扇门窗中展现出来。

3.3.3 徽派建筑的建筑装饰

徽派建筑的装饰手法十分的丰富，主题内容也呈现出多样性，在长时间的发展中风格独树一帜，成为中国装饰艺术历史发展中不容小视的存在。徽派建筑除了独特的造型结构和深厚的文化底蕴，做工精致、美轮美奂的雕刻艺术和特色十足的装饰元素成为徽派建筑的一大特色。

外出经商的徽州人积攒了大量的资金，并将这些资金都投入到对家的修建中。因为徽州人多地少，所以并不适合大规模地修建建筑，所以方向转移到如何建设得更为精美，极其精美的装饰艺术成为徽派建筑中不可缺少的一部分。徽派建筑的内外形象反差感十足，外部形象以简洁、质朴、淡雅为主，内部却极尽奢华精美。这种表现形式也体现出徽州人"有财不外漏"的思想主张。

1. 木雕

徽州湿润的南方气候给这个地区带来了充沛的降水，造就了徽州地区盛产木材的生态环境，以松、柏、杉等质地坚硬的木材为主，在这种得天独厚的条件下，木雕技艺的发展有了良好充足的物质基础。除此之外，徽州地区书法绘画艺术和篆刻技艺发展形势大好，还特别受到新安画派、徽派版画、徽州砚雕等传统艺术形式的风格影响。徽州木雕主要分为两种表现形式：第一种是在建筑结构上进行直接雕刻，第二种是先选好材料，雕刻好后将零件组合起来。

徽州木雕在古代建筑和家具装饰中十分常见，分布之广在全国屈指可数。根据雕刻主题的功能不同，会有不同的内容主题。宅院中的门窗、屏风、门罩、栏杆等，日常生活使用的桌、椅、床、案等。徽州木雕在题材上也是琳琅满目，民居常用的内容多以福、禄、寿、喜和福字装饰，也有自然、人文、物品和几何形态等主题，从人物、山水、花卉到花鸟、鱼虫、回纹无不表现出高雅的文化气息。

徽州木雕与建筑之间配合极为严谨稳妥，其结构之巧、布局之工令人叹为观止。在雕刻手法上，以线刻、透雕和圆雕等技法为主。明清时，出现了贴雕和嵌雕等更为繁杂精细的手法，将象牙、贝壳、玉石等材料镶嵌到木材中，使木雕更加精美。徽州木雕随着朝代的更替，为满足不同的审美需求，时而手法明快、时而极尽华丽，呈现出令人眼花缭乱的建筑雕刻风格（图4）。

图4　木雕（图片来源：笔者自摄）

2．砖雕

砖雕在徽州三雕中是发展较早的一门技艺，使用的是徽州生产的青灰砖，这种青灰砖砖泥均匀，空隙较少，经过特殊的烧制工艺，制出掷地有声、色泽纯青的水磨青砖。通过雕刻展现出粗犷刚劲和精美细致、刚柔并存的效果。运用在徽派建筑的门楼、门楣、屋顶等室外装饰上，秀丽精美的砖雕从徽州发展起来，名扬全国。

砖雕被主要运用在建筑的外部装饰上，如门、窗、屋顶、瓦当等。根据在墙面上不同的位置，分为山墙砖雕、院墙砖雕等。屋顶砖雕被用于装饰屋脊，脊饰种类繁多，还会因不同地区呈现不同的风格；门户上的砖雕用来装饰门楣、门套等部分。

在表现形式和风格上，砖雕与木雕工艺相同，有平雕、浮雕、圆雕等雕刻技法，但砖雕的效果更显粗犷、淳朴有力。运用浅雕和深雕结合的手法，可以雕刻出错位立体的效果，并被集中装饰在大门、壁罩等处。题材上包括了植物花卉、戏剧人物、龙凤纹样、园林山水等，常以对称式呈现，明代的砖雕风格朴素粗犷，发展到清代，风格逐渐细致繁杂，注重构图、情节、层次。雕刻出的作品从近景到远景，层次分明、情节复杂，使观者赞叹不已。

3．石雕

徽州多山地，盛产石材，石雕有别于木雕和砖雕，由于其硬度极高，无法雕刻出精细的图案，石雕质地坚硬，防潮防腐，主要被用于寺宅的门墙、牌坊、廊柱等建筑的外部空间及承重部分。石雕与砖雕的融合运用，加重了层次感的变化。

徽州石雕受材质本身的限制，题材的选择少于木雕、砖雕，复杂程度也不高，主要有动植物、云水日月、博古纹样和书法等，人物故事和山水则极为少见。雕刻风格上，徽州石雕有线雕、浮雕、圆雕等，刀法古朴却不失精美。传统徽派建筑中的柱一般用石材制成，为了增加它的兴趣性和视觉效果，会加以雕刻装饰。石雕因其自身的材质特性，在表现物体体积感和沉稳厚重的效果时恰到好处。漏窗也是常见石雕的部件之一，疏密均匀、形态各异，体现出极高的视觉美感，功能上不但有利于通风采光，还可美化建筑（图5）。

图5　石雕（图片来源：笔者自摄）

第4章　日照市龙门崮风景区徽派建筑的初步设计研究

4.1　项目概况及地域环境

4.1.1　项目概况

本次项目是2019第十一届4×4实验教学课题研究，深刻理解文化自信是与"一带一路"沿线国家在高等教育相关领域开展深入课题合作契机，拓展以教授治学理念为核心价值，共同探索培养全学科优秀高端知识型人才服务于"一带一路"沿线国家。中国建筑装饰协会设计委员会成立"一带一路宜居文化城乡大宅建筑设计研究院"，探索人民对美好生活的需求是课题价值的奋斗目标理念，实现中国建筑装饰卓越人才计划奖近中远期健康有序发展战略的使命价值。

项目研究主题为中国园林景观与传统建筑宜居大宅设计的相关研究，针对日照市龙门崮场地及其周边地区的自然、社会、历史文化、经济等要素的综合分析与评价，针对现状存在的问题和挑战，提出解决问题的方法与战略。依据活动功能或景观类型划分空间区域，做到布局合理，结构关系明确，空间组织清晰，整体关系协调完整。对场地生态、文化价值的考虑和表现，关爱自然和环境，大胆采用生态设计和生态技术手段。对传统古宅进行现代化设计，利用现代设计手法加以创新。

4.1.2 地域环境

1. 区位分析

龙门崮规划区位于山东省日照市东港区三庄镇，地处风光秀丽的日照市东港区三庄镇，东距日照海滨40公里，是国家AAAA级景区，省级水利风景区，市四星级平安景区，市级森林公园，山东旅游诚信示范单位。崮顶海拔416米，有"山东海滨第一崮"之美誉。规划区位于长三角经济区和环渤海经济圈的重叠地区，北边是山东半岛城市群，南边则是鲁南经济带，处于两圈交界处连接两地，这为龙门崮规划区及周边的经济发展提供了良好基础的环境和广阔的市场条件。规划范围内，总建筑用地面积9175平方米，其中A地块建筑用地面积5819平方米；B地块建筑用地面积2794平方米；C地块建筑用地面积562平方米。

2. 交通分析

（1）公路

公路交通方面有国道G1511、G15两条高速，其中G1511位于规划区西南部，为东西走向，入口距规划区35.5公里，行车时长约38分钟。有省道S335、S336、S222（含山海路）、S613四条道路，其中山海路是与规划区交通关系最为紧密的道路体系，是进入规划区的必经之路。

（2）铁路

铁路方面东起日照，与青连铁路日照西站接轨的鲁南高速铁路正在建设中，向西经临沂、曲阜、济宁、菏泽，与郑徐客运专线兰考南站接轨。

（3）航空

距离规划区最近的机场是日照市山字河机场，约38.3公里，行程时间约为44分钟。日照山字河机场于2015年12月22日正式建成通航，据2019年3月机场官网信息显示，日照山字河机场拥有一座航站楼，共2.2万平方米，截至2019年6月，日照山字河机场共开通中国国内外航线18条，通航城市17个。

（4）气候水文

规划区属暖温带湿润季风区大陆性气候，四季分明，旱涝不均，无霜213天，年均日照2428.1小时，年平均降水量878.5毫米。可按季节性景观进行规划打造。地下水补给性弱，补给水源主要依靠降水，蓄水能力弱，可依托区内三庄河沿岸打造河道生态系统，以点带面逐步发展。

（5）生态环境

规划区内的生态环境较为原始、脆弱，土壤具有多样性特点，主要为棕壤土类和棕壤性土亚类，有机质含量偏低，土质较为瘠薄，需有针对性地开发利用。生物资源丰富。规划区植被茂盛，品种繁多，苹果、梨等经济园林遍野，苍松叠翠；芙蓉、国槐等生态林遍布于山峦沟壑，林茂果香；山下湖光潋滟，流水潺潺，更增添了龙门崮的秀美与灵气。

（6）地域特色

龙门崮规划区属岱崮地貌。山峰顶部平展开阔如平原，峰巅周围峭壁如刀削，峭壁以下是逐渐平缓山坡的地貌景观，在地貌学上属于地貌形态中的桌形山或方形山，因而也被称为"方山地貌"。岱崮地貌是继"丹霞地貌"、"张家界地貌"、"嶂石岩地貌"之后我国科学家最新发现的新的世界岩石地貌类型。岱崮地貌在国家地理地貌类型史上和世界地貌类型历史上都异常罕见，具有十分丰富的原生态旅游观赏价值和十分重要的地质地貌标本研究价值。

4.2 日照市龙门崮规划区发展现状及现存问题

4.2.1 发展现状

龙门崮地区生态环境良好，是一块未经开发的净土。龙门崮项目必须坚持人与自然和谐共生。党的十九大指出，建设生态文明是中华民族永续发展的千年大计。为此，日照提出了"生态立市"战略，深入实施了"林水大会战"、"蓝天保卫战"、"清清河流行动"等重大举措，以重整山河的坚定决心和气概，再造山清水秀美丽日照。按照生态立市的战略指导要求，龙门崮项目，必须树立和践行"绿水青山就是金山银山"的理念，坚持节约资源和保护环境的基本国策，像对待生命一样对待生态环境，统筹山水林田湖草系统治理，实行最严格的生态环境保护

图6 土壤状况

制度，通过龙门崮项目，探索形成具有日照特色的绿色发展方式和生活方式。通过坚定走生产发展、生活富裕、生态良好的文明发展道路，建设美丽龙门崮，为龙门崮人民，乃至全日照人民创造良好生产生活环境。

4.2.2 现存问题

根据现场实地调查研究，分析出现规划区内存在的三方面的问题。首先由于特殊的地形地貌和气候特征，生态环境处于未开发、原始脆弱的状态，土质有机质含量偏低，较为瘠薄；其次规划区的基础设施落后，医疗、教育和养老等公共服务水平不能满足需求。规划区内的交通流线通达性不强，夜晚照明条件不好，存在安全隐患；最后一点是龙门崮规划区包括上卜落崮村、下卜落崮村、下崮后村和上崮后村等七个村庄，由于外出务工人员的增多，村庄空心率达到三分之一。找到龙门崮区域发展的破题点是做好龙门崮整体规划的前提和基础。通过梳理龙门崮区域，找出龙门崮的特色资源，据此，确定未来龙门崮区域发展的主导产业。根据产业定位，确定产业的落地实施方案，确定产业发展和区域整体开发的建设方案，确定区域品牌与产业品牌的打造方案，确定区域开发过程中农民利益的保护方案，确定产业协同与区域协同发展的方法与步骤。

4.3 发展目标

根据龙门崮规划区的特色资源优势，以及日照市的产业资源，可打造具备一定完整度的国学体验产业。带动龙门崮规划区及其周边的服务业、文化产业、旅游产业等产业的发展。与日照市旅游业、服务业、文化产业等进行互动融合发展，实现三产融合。带动一批文化、旅游、国学等领域的创业和创新企业的新局面。通过特色产业的发展，以此促进当地农民就业，运用集体利益分红、农民创业创新、文化遗产传承等手段，带动龙门崮规划区农民增收，实现精准扶贫。通过特色产业的发展，带动区域内基本设施建设，改善、提升社会公共服务水平，最终实现龙门崮规划区与日照市共同小康。

以传统民俗文化为基础，深挖神话传说与名人文化，创新新时期特色文化，打造底蕴深厚、丰富多彩、生机勃勃的文化复兴。依托龙门崮规划区内的地理区域特点，综合生态美化和产业分布，打造丰饶美丽、国学科普体验的文化之崮。

第5章 徽派建筑在异地的开发设计及传承

5.1 设计理念

从传统徽派建筑的研究现状入手，梳理徽派建筑的空间特征、技术手段等，结合徽派建筑易地构建产生的背景、要求及实施过程中的一系列问题展开分析，分析造成徽派建筑易地构建问题局限的因素，如气候条件、地形地貌、地方标准、加工工艺、城市的特殊要求等局限因素，并针对易地构建徽派建筑制约因素提出对应的策略方法及保障措施。研究对未来易地构建的传统徽派建筑提出设计方案，并将该方案运用到易地构建中，将传统徽派建筑更好地进行继承、弘扬与升华。

总体设计思路是用现代的手法重新定义传统宜居大宅，寻找一种介乎于传统大宅和城市现代化居住模式之间的状态。提取传统徽派建筑的造型符号，解析并加以抽象，处理塑造出适合北方环境的徽派建筑。竭力避免城市对传统村落肌理的侵袭，保留再利用，力求还原乡村的原真性，用现代的形式语言重构传统元素，以当代建造方式实现地域性表达。

5.2 设计分析

5.2.1 设计方案的平面肌理

在现代徽派建筑的设计中，如果对徽派传统建筑的平面布局进行传承，就要从多个角度进行考虑。若项目占地面积较小，容积率较低，那么可以传承徽派建筑单体的平面肌理，采用徽派建筑的庭院式组合结构。若项目占地面积较大，容积率较高，可以采用传统徽派建筑中村落的平面肌理，进行合理的布局安排，采用灵活自由的平面形式。在现代建筑设计中，会受到技术、材料、地理环境等各方面的创新，并且为了追求利益最大化，现代建筑中的容积率往往要比传统的徽派民居高出很多，所以在平面设计中在围合式的基础上更加自由地进行布局，赋予其更多的使用理念和要求。对传统徽派建筑的平面肌理进行传承，除了要考虑建筑、容积率等一系列的影响因素，还要注意对传统的平面肌理不是简单地复制，而是需要综合考虑的一个重要方面。

以传统徽派建筑类型作为切入点，考虑其平面布局规模灵活，变化无穷，有"凹"形、H形、回字形、日字形等几种类型，无论是哪一种类型，其中心都会有基本组成单元——天井。这也体现了徽州人的生活观念与思想理念，"聚水"、"聚财"、"聚福气"。天井，是一个建筑的"心"，如果"心中有山水"，建筑自然就有了生气和格调，"气"自然就更鲜活、人在建筑中就更"自然"。所以，在设计中，同样用建筑聚水而作，沿用并体现出徽派建筑的思想。

5.2.2 设计方案的空间布局

在传承徽派建筑设计中，最重要的方式之一就是对传统徽派建筑的空间布局进行分析研究。徽州地少人多，建筑密度较大，且徽派建筑中使用的主要材料是木材，所以单体建筑不宜设计过大。因此，不论是建筑的内部空间还是室外空间都会比较狭窄，但这也是徽派建筑的一大空间特色。现代徽派建筑设计创作中对传统徽派建筑的空间布局传承，需要对空间比例结构的把握。由于现代人对空间需求和材料的更新换代，建筑的空间被放大，如何在现代需求影响下控制好徽派建筑的空间结构和比例成为传承传统徽派建筑空间的关键点。

龙门崀国学特色文旅主要分为五个功能区，国学尚武体验园、中心院落、滨水区、生态园和传统戏台。其中中心院落区为国学特色文旅的主要功能区，这种四周是建筑，中心留有水域的空间布局与传统徽派建筑中的单体空间布局相近，不但在空间布局与比例上进行了很好的传承，而且也考虑到徽州人的思想理念。对于徽派建筑中的一些典型空间——"天井空间"、"街巷空间"的传承中，注重空间布局和比例。具有相似的空间布局和比例关系，可以使人更容易在感官上产生共鸣。

5.2.3 设计方案中的装饰元素

传统徽派建筑中给人印象最为深刻的就是其整体的外观与美感。徽派建筑中的装饰承载着徽州居民的文化与记忆，是对徽州审美价值和思想意识历史发展的反映，是中国传统民族建筑中重要的组成部分，也是徽州地域性特征的集合体。现代徽派建筑的设计应该植根于传统徽派建筑文化当中，通过对精华部分的直接吸收、简化与升华等方式运用到建筑设计的创作当中。对徽派建筑中具有特征的元素用现代的建筑语言和手法表达出来，使其更加适应新时代的需求，同时也能呈现出传统的美。

5.2.4 设计方案中的材料运用

随着建筑行业的发展建筑材料也随之更新换代，不同的材质会给观者不同的感觉，新的材料能够满足更多的功能上的需求，但传统材料中蕴含着更多的文脉含义。将新的材料技术与传统材料技术进行混搭成为一种新的设计手法。

在建筑设计中，主要还是以徽派建筑主要的建筑材料木、石、砖为主，一律是以材质的自然美营造出建筑的平易感。隔窗、梁木上的木雕都保留了木材特有的纹理和质感，保持它纯天然的色泽。不添加任何涂料的清水墙，展现出徽派建筑质朴的美感。金属材质具有重质量、固态等客观特性，主观上往往给人坚硬、精密和冷漠的特征；木材易加工、可塑性强，给人自然、舒适、亲切的主观感受，如此一个传统的材质和现代的材质，一个冷漠、一个柔情，两者相互融合搭配形成新的视觉效果，使传统徽派建筑更易被现代人所接受。木材、石材、砖瓦自然粗糙的质感与钢铁、玻璃的精密形成鲜明的对比，在色彩上也与徽派建筑的色彩相呼应。现代材料的使用改善了徽派建筑空间狭小、光线昏暗的问题，丰富光影效果、简化建筑装饰构件的同时增强了装饰感。

5.3 小结

随着中国城市化建设的发展，城乡间的距离逐渐加大，大部分的原住民仍然会居住在年久失修的村落建筑中，为了改善这部分人的生活条件和居住现状，实地调研当地的具体情况，以传统肌理的村落空间基本单元作为出发点，以单元组成群体，实现传统村落的多样性可能。

　　本文通过对日照市龙门崮规划区的现场调研，结合目前我国存在的传统徽派建筑的易地保护与开发的案例，对传统徽派建筑文化的保护与开发进行分析研究。目前国内易地的传统徽派建筑虽然在一定程度上挽救了濒危的传统古民居形式，但同时也带来了建筑类型与环境、人文、文化价值关系的探索，因此具有一定的矛盾性。运用文献资料法、实地考察法和图文并茂等方法进行具体的探究，对国内传统徽派建筑的保护与传承现状和过程中遇到的问题进行新的了解，有助于推动传统徽派建筑和中国传统民族文化的创新和弘扬，响应传统民族文化走出去的国策，有助于民族文化复兴的梦想。

　　在中国传统徽派建筑中看到中国传统建筑文化保护的未来发展与进步，推动传统徽派建筑文化的保护工作，在这种推动发展下，不久的将来，传统徽派建筑的抢救和恢复工作将变得更加的科学，同时，传统徽派建筑的文化传承与发展也会获得更多的关注。传统徽派建筑的文化保护理性和顺利地进行，也为中国传统建筑文化的保护与传承工作提供了更多更好的借鉴，从而使我国传统建筑文化保护工作的理论与实践更加丰富。

龙门崮国学特色文旅设计

Longmengu Traditional Chinese Culture Characteristic Travel Design

龙门崮现场调研

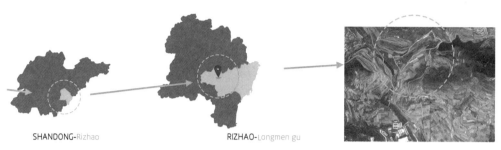

龙门崮地理区位图

SHANDONG-Rizhao　　　　RIZHAO-Longmen gu

　　龙门崮所处的东港西北部山区社会经济发展水平整体滞后，对龙门崮整体规划，系统解决经济发展、环境保护、精准扶贫等问题，是日照市在社会主义新时期解决区域发展不平衡、不充分的战略性举措。

　　龙门崮——龙门崮规划区位于山东省日照市东港区三庄镇，东距日照海滨40公里，占地面积16平方千米，是国家AAA级景区，市级四星平安景区，市级森林公园。崮顶海拔416米，有"山东海滨第一崮"之美誉。规划范围内，总建筑用地面积9175平方米，其中A地块建筑用地面积5819平方米；B地块建筑用地面积2794平方米；C地块建筑用地面积562平方米。

　　气候特色——暖温带湿润季风区大陆性气候，四季分明，旱涝不均。无霜213天，年均日照2428.1小时，年平均降水量878.5毫米。可按季节性景观进行规划打造。

　　水文状况——地下水补给性弱，补给水源主要依靠降水，蓄水能力弱，可依托区内三庄河沿岸打造河道生态系统，以点带面逐步发展。

　　土壤状况——生态环境较为原始、脆弱，土壤具有多样性特点，主要为棕壤土类和棕壤性土亚类，有机质含量偏低，土质较为瘠薄，需有针对性地开发利用。生物资源丰富。

　　地域特色——龙门崮规划区属岱崮地貌。山峰顶部平展开阔如平原，峰巅周围峭壁如刀削，峭壁以下是逐渐平缓山坡的地貌景观，岱崮地貌是继"丹霞地貌"、"张家界地貌"、"嶂石岩地貌"之后我国科学家最新发现的新的世界岩石地貌类型。岱崮地貌在国家地理地貌类型史上和世界地貌类型历史上都异常罕见，具有十分丰富的原生态旅游观赏价值和十分重要的地质地貌标本研究价值。

现场调研照片

设计概念

考虑规划区周边的地形特征，将设计与当地自然协调共生，体现出顺应自然、因地制宜的生态景观，并且体现出乡土景观的特质在未来的景观设计中注重景观的层次感。

规划绿地——龙门崮规划区土壤主要为棕壤土类为主，有机质含量偏低，针对其特殊的土壤特点，选择以灌木林为主，改善规划区生态环境，保持水土的同时防风固沙。

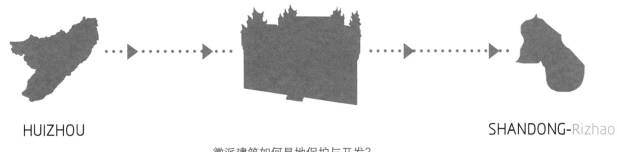

HUIZHOU

SHANDONG-Rizhao

徽派建筑如何易地保护与开发？

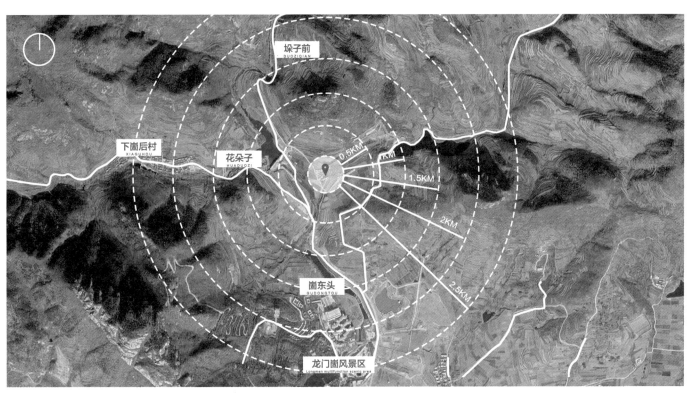

龙门崮规划区卫星图

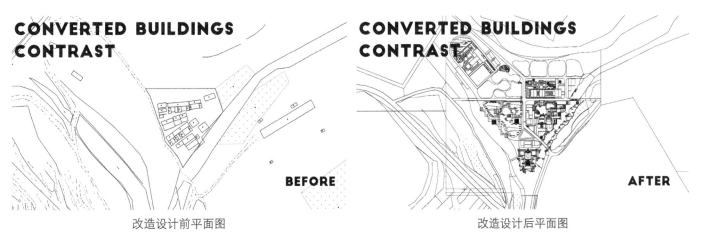

CONVERTED BUILDINGS CONTRAST

BEFORE

改造设计前平面图

CONVERTED BUILDINGS CONTRAST

AFTER

改造设计后平面图

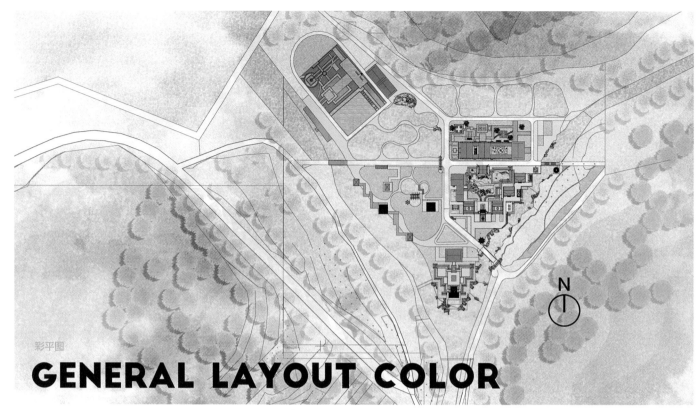

GENERAL LAYOUT COLOR

彩平图

龙门崮规划区彩色平面图

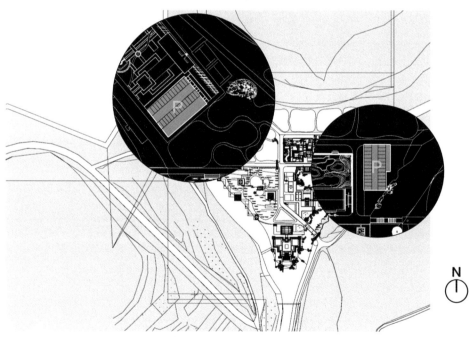

龙门崮规划区停车场示意图

停车场规划

　　在规划区的西北入口处设计机动车停车场，作为龙门崮文化园的主要停车区域，游客由此泊车后，可沿步行道行至龙门崮文化园的国风民俗体验区。

　　设计红线周边设立小型停车场，仅供龙门崮文化园内部车辆及社会车辆紧急停车使用。

　　打造自然协调之崮——建设美丽乡村，打造融入北方环境的传统徽派建筑，以林间、山间、水间为设计指导思想，与龙门崮地理环境相融合，以徽派建筑为特色，以绿色建筑为理念，打造人杰地灵、崮峪相融、特色明显、产业互动的龙门崮国学特色文旅。

　　打造文化复兴之崮——以传统民俗文化为基础，深挖神话传说与名人文化，创建新时期特色文化，打造底蕴深厚、丰富多彩、生机勃勃的文化复兴第一崮。

概念推演——以传统徽派建筑类型作为切入点，考虑其平面布局规模灵活，变幻无穷，有"凹"形、H形、回字形、日字形等几种类型，无论是哪一种类型，其中心都会有基本组成单元——天井。这也体现了徽州人的思想理念，"聚水"、"聚财"、"聚福气"。大井，是一个建筑的"心"，如果"心中有山水"，建筑自然就有了生气和格调，"气"自然就更鲜活，人在建筑中就更"自然"。

所以，在设计中，同样用建筑聚水而作，沿用并体现出徽派建筑的思想。

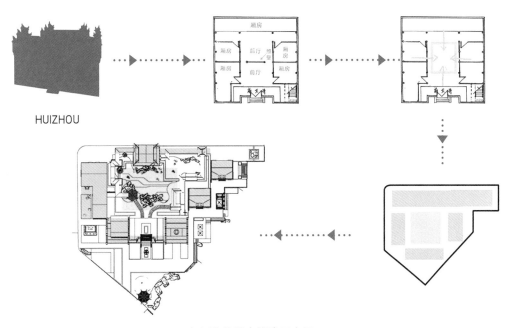

HUIZHOU

中心院落概念推演示意图

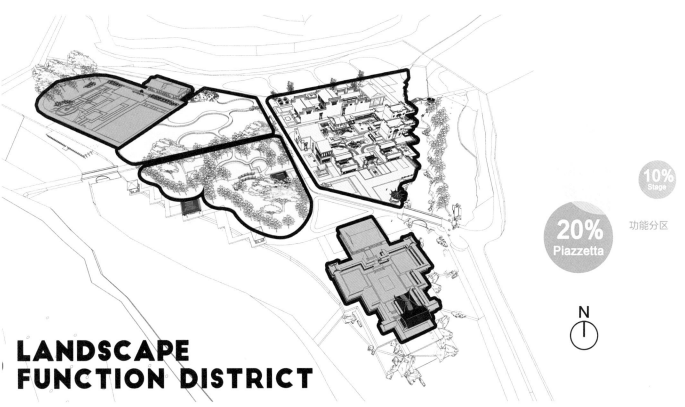

LANDSCAPE FUNCTION DISTRICT

功能分区示意图

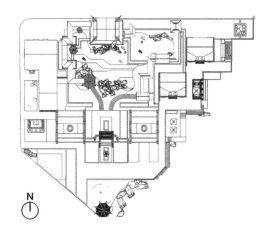

中心院落平面图

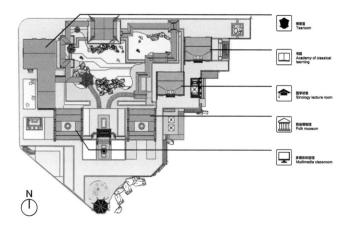

- 博茶室
  Tearoom
- 书院
  Academy of classical learning
- 国学讲堂
  Sinology lecture room
- 民俗博物馆
  Folk museum
- 多媒体体验型
  Multimedia classroom

中心院落功能分区示意图

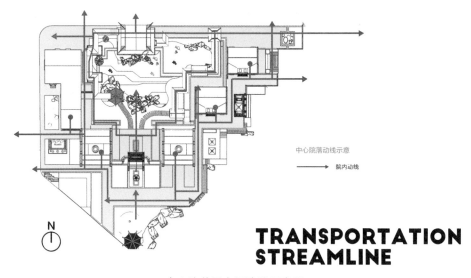

中心院落动线示意
→ 院内动线

TRANSPORTATION STREAMLINE

中心院落区交通流线示意图

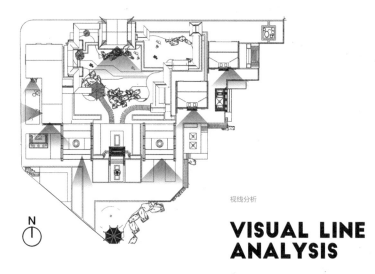

视线分析

VISUAL LINE ANALYSIS

中心院落区视线分析示意图

中心院落区立面图

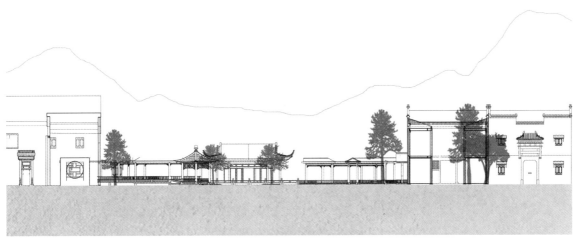

中心院落区剖面图

国学民俗体验区——将国学元素融入建筑中，使传统文化与传统建筑产生新的互动，使传统文化更好地被当下年轻人所接受，沉浸在国学文化的氛围中，领略国学文化的爱与美，经历一次特别的文化体验。

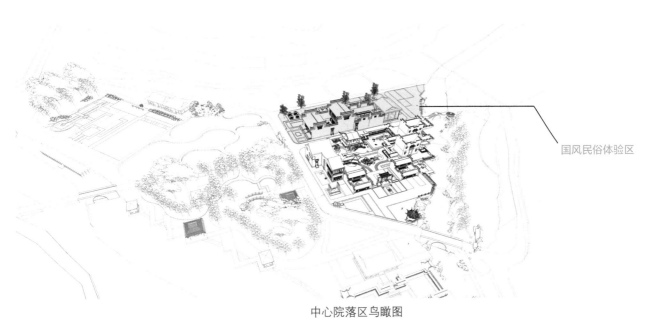

国风民俗体验区

中心院落区鸟瞰图

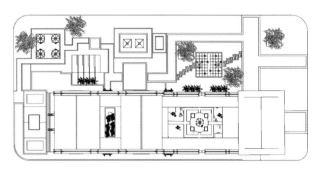

国风民俗体验区平面图

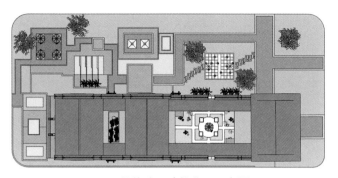

国风民俗体验区功能分区示意图

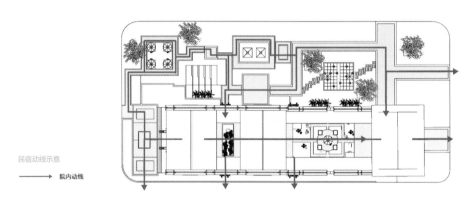

民宿动线示意

→ 院内动线

HOMESTAY ICHNOGRAPHY

N

国学民俗体验区交通流线示意图1

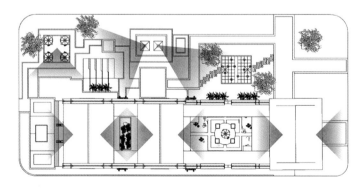

视线分析

VISUAL LINE ANALYSIS

N

国学民俗体验区交通流线示意图2

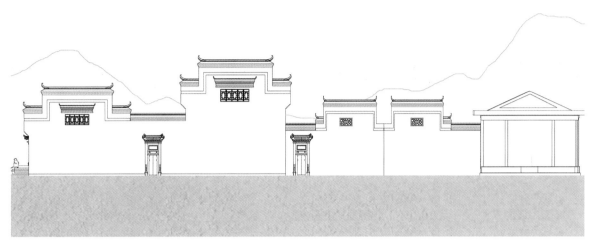

国学民俗体验区立面图1

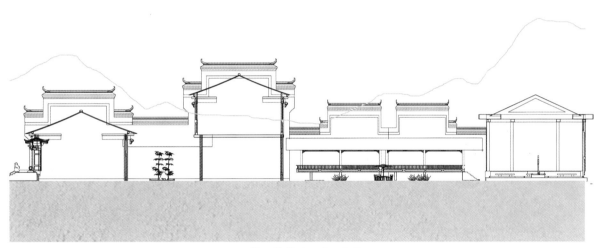

国学民俗体验区立面图2

　　总体设计思路——用现代的手法重新定义传统宜居大宅，寻找一种介乎于传统大宅和城市现代化居住模式之间的状态。提取传统徽派建筑的造型符号，解析并加以抽象，处理塑造出适合北方环境的徽派建筑。竭力避免城市对传统村落肌理的侵袭，保留再利用，力求还原乡村的原真性，用现代的形式语言重构传统元素，以当代的建造方式实现地域性表达。

效果图展示（对渲染好的效果图进行特殊处理，使最后成图带有古香古色的韵味。）

天井
Patio

"因花结屋，驻日月于壶中；临水成村，关乾坤于洞中"

庭院
Courtyard

小桥流水，一树雪香瘦。故人今夜月，相思否。

佳作奖学生获奖作品
Works of the Fine Prize Winning Students

基于共生理论下的新旧建筑融合设计研究

Research on Fusion Design of New and Old Buildings Based on Symbiosis Theory

山东省日照市龙门崮度假酒店设计

Design of Longmengu Resort Hotel in Rizhao, Shandong Province

湖北工业大学
田昊
Hubei University of Technology
Tian Hao

姓　　名：田　昊 硕士研究生二年级
导　　师：郑革委 教授
学　　校：湖北工业大学
专　　业：环境艺术设计
学　　号：101710900
备　　注：1. 论文　2. 设计

基于共生理论下的新旧建筑融合设计研究

Research on Fusion Design of New and Old Buildings Based
on Symbiosis Theory

摘要：随着经济的发展，乡村度假游已成为我国近几年来旅游业发展中最重要组成部分，而我国现阶段乡村度假游大部分还在起步阶段，主要表现在以传统自然景观为基础，以传统村落景观作为定位而发展形成的，所以总体水平不高，存在明显的破坏式经营问题，也使传统村落建筑和自然景观与应旅游需求而产生的新建筑成为矛盾焦点。

基于以上情况，以山东省日照市龙门崮度假酒店为例，对其天然性地理环境、现有建筑形式及独特的文化元素三方面进行深入分析，引入建筑学领域的"共生"理论观点，以此来构建传统村落建筑和自然景观与应旅游需求而产生的新建筑的共生，从而来确定传统村落建筑和自然景观与旅游发展共生的和平发展目标。在得出矛盾焦点与发展目标的基础上，通过"共生"理念的三要素分析，从传统村落的现状及问题下手，寻找全新的角度，提出具体的解决方案及整体规划，解决传统村落建筑和自然景观与应旅游需求而产生的新建筑成为矛盾焦点问题。

关键词：共生理论；乡村度假；新旧建筑

Abstract: With the development of the economy, rural holiday tourism has become the most important part of tourism development in China in recent years, and most of the rural holiday tours in China are still in their infancy, mainly based on traditional natural landscapes. The traditional village landscape is developed as a positioning, so the overall level is not high, there are obvious destructive management problems, and the traditional village buildings and natural landscapes and the new buildings generated by the demand for tourism become the focus of contradiction.

Based on the above situation, taking Longmengu Holiday Hotel in Rizhao City, Shandong Province as an example, it analyzes its natural geographical environment, existing architectural forms and unique cultural elements, and introduces the theory of "symbiosis" in the field of architecture. This will build the symbiosis of traditional village buildings and natural landscapes and new buildings generated by the needs of tourism, so as to determine the peaceful development goals of traditional village buildings and natural landscapes and tourism development. On the basis of drawing the contradictory focus and development goals, through the analysis of the three elements of the "symbiosis" concept, starting from the status and problems of traditional villages, looking for a new perspective, proposing specific solutions and overall planning to solve the problem between the traditional village buildings with natural landscapes and the new landscapes created by tourism needs.

Keywords: Symbiotic theory; Country vacation; New and old buildings

引言

随着经济的发展、时代的变迁、功能化需求的变大，现代新兴建筑飞速拔地而起，城市新兴建筑占据了城市的主要空间。传统建筑与新兴建筑共存问题成为最主要的矛盾焦点。传统建筑是历史长期发展遗留下来的见证，见证了时代的变迁、文化的传承与发展、文化情感的传承、民族精神的寄托，如果在新兴建筑的冲击下只是简单粗暴地舍弃拆除迎合新建筑，必然会失去城市的历史见证厚重感，丧失城市独特性；现阶段，随着互联网的发展、资讯的发达、古村落的走红，让人们意识到特有性的重要。在面对传统建筑规划空间不能完全满足现代人的生活方式的情况下，在保留原有建筑精华，融合特有自然景观的前提下，新旧建筑融合改造已经成为现阶段建筑领域的普遍共识。

第1章 绪论

1.1 研究背景

随着经济的发展，乡村度假游已成为我国近几年来旅游业发展中最重要组成部分，而我国现阶段的乡村度假游大部分还是在自然发展基础上，以传统村落景观作为定位而发展形成的，整体功能落后，设施不完备，毫无空间利用规划，总体水平不高，存在明显的破坏式经营问题；而另一方面，随着经济的发展、时代的变迁、功能化需求变大，现代新兴建筑飞速拔地而起，城市新兴建筑占据了城市的主要空间。所以传统建筑与新兴建筑共存问题成为最主要的矛盾焦点，急需寻找最合适的方法进行调整与改善。

"新旧"共生理论是从建筑学领域以历史遗留问题与现代功能需求两个角度出发共同探究，试图解决在新旧建筑改造过程中出现的问题，其中最主要的问题是古村落传统保护的旧建筑与应旅游发展而产生的新建筑的共生问题，主要表现在：

（1）从建设形态看，新旧不清晰、零散突兀，缺乏统一性、融合性；

（2）从区域规划看，空间浪费、无功能区，缺乏旅游区基础设施；

（3）从持续发展看，照搬国外、无实际融合，经营者管理观念陈旧，盲目照抄，无当地特色化景观。通过解决上述问题来考虑如何让传统建筑与新兴建筑相互结合，既保留传统建筑元素与风格，又融入现代功能需求与新兴建筑材料，从而真正实现传统建筑的再生、现代建筑的融合。

针对以上问题，试图通过共生理论下的新旧建筑融合设计方法入手，探索与分析解决问题的途径与方法。"新"与"旧"本身为一对反义词对立存在，而"新旧共生"原则是让两个对立的元素即传统建筑与新兴建筑相融合，促使两个对立存在通过某种手段使其相辅相成，在这个过程中我们既要保留对立元素的特有性，又要寻找某种联系来创造它们之间的共有性，从而达成"新"与"旧"的共生。而本文中的新与旧的矛盾主要是指传统建筑与新兴建筑共存问题。建筑中的"旧"：传统建筑是历史长期发展遗留下来的见证，见证了时代的变迁、文化的传承与发展、文化情感的传承、民族精神的寄托。建筑中的"新"：主要是指旧建筑中的旧在面对传统建筑规划空间不能完全满足现代人的生活方式的情况下而需要对旧建筑进行一系列调整来达成的新。

而我们的乡村度假酒店需要更加回归自然的方式结合村落建筑与周围环境，发展其产业与旅游业，创造出新的乡村商业建筑群。

1.2 研究目的及意义

1.2.1 研究目的

本课题通过研究共生理论下的新旧建筑融合理论，研究其建筑发展的脉络，归纳总结出共生理论下的新旧建筑融合设计的设计理念、设计手法等，将其在村落建筑景观设计中应用，其具体研究目的如下：

（1）设计理论指导实践：试图通过对共生理论下的新旧建筑融合理论进行更全面充分的理解，针对乡村度假酒店设计建筑及景观的现状问题，找到相应理论应用于实践中。对当下发展中的共生理论下的新旧建筑融合设计理论具有极大的补充和拓展作用，整体地把握各项设计方法，立体式地综合运用共生理论下的新旧建筑融合在各空间的设计理论，有效地发展了空间设计思维，形成立体式的多维度设计理论视角；

（2）实践验证理论：通过对共生理论下的新旧建筑融合理念下的设计案例的分析，对不同条件下乡村度假酒店建筑设计进行分析探讨，将共生理论下的新旧建筑融合理论运用到乡村度假酒店建筑设计中，从而形成更加完善的弱建筑设计理论体系，提出一些新的乡村度假酒店建筑观点及弱建筑设计手法的结合运用；

（3）共生理论下的新旧建筑融合设计手法与乡村度假酒店结合运用：深入学习了解共生理论下的新旧建筑融合设计手法，结合山东省日照市龙门崮实际情况，将乡村度假酒店建筑设计落于实地，并且从建筑设计要素出发，研究共生理论下的新旧建筑融合设计手法如何具体解决乡村度假酒店建筑景观设计的现实性问题。

1.2.2 研究意义

本课题将共生理论下的新旧建筑融合理念进行延伸、分析与归纳，应用于山东省日照市龙门崮乡村度假酒店建筑及景观设计中，在丰富理论研究的同时完成自我完善与突破；论述在共生理论下的新旧建筑融合在国内的运用研究，同时对于国内特色乡村度假酒店的建筑改造及设计提出新的设计方向，使共生理论下的新旧建筑融合理论与乡村度假酒店建筑相结合，寻找新的乡村度假酒店改造设计方法，试图解决乡村度假酒店设计的现实问题。

1.3 研究内容与方法

1.3.1 研究内容

本课题依据共生理论以及度假酒店规划设计的要求，对山东省日照市龙门崮度假酒店展开重新的设计研究，介绍日照市龙门崮的场地概况、自然要素分析、人文要素分析、现有建筑分析、设计的内容和方法以及设计原则，调查日照市龙门崮的地理人文环境及其优势，详细分析龙门崮的现有建筑风格色彩，并对以上所有的调查研究结果进行总结归纳。

1.3.2 研究方法

（1）文献研究法：通过大量查阅现有的资料文献，分析共生理论下的新旧建筑融合在乡村度假酒店建筑设计的应用。提出乡村度假酒店的特殊性、共生理论下的新旧建筑融合在乡村民宿度假酒店建筑设计中应用的必要性。探讨通过共生理论下的新旧建筑融合在乡村度假酒店设计中应用设计要素的研究，分析乡村历史文脉的传承、乡村生态景观的融合、乡村度假酒店建筑的空间尺度以及乡村度假酒店建筑室内空间功能的要求等特殊性。

（2）实地调研法：在已有了解的理论基础上，对现场进行大量的实地考察调研，分析乡村度假酒店建筑设计的要素，从乡村的整体格局到乡村交通动线的分析延伸至建筑空间设计以及景观空间设计要素的分析。在建筑空间设计中细化建筑的形态与色彩、结构与材料、装饰与地域文化研究，在景观空间的设计中从中庭空间、公共空间以及灰空间的处理中细化景观节点的设计。

（3）对比分析法：在初步设计方案的基础上，查阅相关其他设计资料，把两者进行对比，借鉴其他案例的优点，不出同样的缺点，加以总结并完善，进一步深化设计方案。

（4）归纳总结法：理论分析部分和相关概念阐述。梳理共生理论下的新旧建筑融合产生的背景、理论定义、设计特征以及相关案例的分析。研究乡村度假酒店建筑设计，并提出现阶段面临的主要问题。

（5）实践检验法：理论指导实践，从实际项目的基础概况出发，运用共生理论下的新旧建筑融合理论进行日照市龙门崮建筑景观设计研究，营造龙门崮建筑景观空间的一体化设计。实践验证理论，由实践设计项目过程所引发的对于共生理论下的新旧建筑融合设计理论的思考与总结，总结乡村聚落建筑景观设计的一些方法与经验，并且对问题的解决过程以及结果做出评价与分析。

第2章 国内外研究现状

2.1 国外研究现状

日本建筑规划大师黑川纪章曾提出把共生理念运用及实践在城市规划中。他认为21世纪的共生城市将是功能混合的存在，是更复杂的功能组合功能的共生。他提倡空间功能秩序的多元共生，包括异质文化的共生、人与自然的共生、人与技术的共生、内部与外部的共生、部分与整体的共生、理性与感性的共生、宗教与科学的共生、历史与未来的共生，在建筑史上很多著名建筑空间也曾经被改造使用过。经过建筑领域诸多前辈多年的探索实践以及著作的发表，使得新旧建筑共存问题逐步得到改善，也出现了很多优秀的实践案例，积累了宝贵的经验并形成一定见解的理论观点提供给后续研究。

2.2 国内研究现状

袁纯清（1998）最早在国内引入共生理论，提出了共生的基本理论，认为其包括共生的本质要素、共生发生的条件和共生的影响因素。

"共生理论"硕士论文

表1

作者	论文	来源	主要论点
王延涛	基于共生理论的参与型校园景观设计研究——以柳铁二中为例	广西师范大学	共生思想；参与型校园；景观设计；设计策略
罗茜	基于共生理论的城市滨水景观设计研究——以三峡库区为例	西南大学	共生机理；城市滨水区；景观设计；三峡库区
张成轲	城市中心区十字路口建筑设计研究	中央美术学院	建筑设计；十字路口；城市；标志性；场所性

对于共生理论下的新旧建筑融合设计的探析，目前在文献中可以查阅到应用在建筑领域的"共生理论"的硕士论文共3篇，国内研究现还处于起步阶段，国内目前还没有相关"共生理论"的理论专著文献。

新旧建筑融合相对于"共生理论"研究可查阅的相关文献有很多，周卫的《历史建筑保护与再利用——新旧空间关联理论及模式研究》一书中作者首先以历史建筑的保护作为阐述新旧空间之间关联的前提，本论文以历史建筑再利用过程中新、旧空间之间关联理论和关联模式为研究内容。另有多角度视野下的历史建筑及其价值、历史建筑保护和再利用的历史与理念、历史建筑再利用及其新旧空间关联模式、新旧空间关联及其相关建筑理论、我国历史建筑保护与再利用问题等研究。

在设计行业内先后也有很多研究者提出独特见解：同济大学的伍江提出："只有改造，建筑空间才能更新再生，才能再次实现价值，空间的功能再现才是有价值的保护，改造的中心在于旧有结构空间与新生空间达到相互匹配的关联，从而创造改造设计的趣味点。"中国建筑设计研究院崔愷："对空间潜质进行创作，在方案阶段对室内空间的改造进行推敲。"南京大学丁沃沃主张："新旧建筑之间应以协调的建筑形式达到彼此共生。"虽然行业内各研究者所表达的内容不尽相同，但本质上设计思想都是高度统一的，即：原则是让两个对立的元素即传统建筑与新兴建筑相融合，促使两个对立存在通过某种手段使其相辅相成，在这个过程中我们要保留对立元素的特有性，又要寻找某种联系来创造它们之间的共有性，从而来达成"新"与"旧"的共生。

第3章　相关概念界定

3.1　基于"共生理论"下的新旧结合概念的起源

"共生理念"最初是生物学的一个概念，最早是由德国生物学家贝里（Anton de Barry）在1879年提出的，他认为共生是一种自然现象，生物体之间出于生存的需要必然按照某种方式相互作用、相互依存，形成共同生存、协同发展进化的共生关系，之后由其所发展出的共生思想很快被引入社会学、经济学和建筑学之中。

自20世纪五六十年代开始，共生理论不再单指生物学领域，逐渐被广泛应用到社会学、管理学、建筑学等领域。共生理论关系在城市建筑综合体上的应用体现为城市建筑综合体内部各组成成分之间，以及其与城市之间相互依存、彼此作用、共同发展的关系。

"共生"一词第一次准确应用于建筑学是在20世纪中期，是众多研究者逐步在国际建筑运动中"新陈代谢"演化进步的结果。日本学者黑川纪章（KISHO KUROKAWA）在其著作《新共生思想》一书中提出在建筑学领域应用"共生思想"，黑川纪章倡导的共生思想是在老建筑空间改造中分析新旧空间共生的关系处理。

同时荷兰建筑师雷姆·库哈斯指出："变化就地发生，事物得到改善，文化或者兴旺发达或者凋落衰落，或者复兴或者消失，或者被抛弃或者遭遇入侵，或者遭到羞辱和蹂躏，或者凯歌高奏，或者获得再生，或者登峰造极，或者在突然间销声匿迹——一切都可以在同一场地发生。"日本建筑师安藤忠雄主张："延续人们对历史的记忆。"在对众多建筑大师对新旧建筑空间对立互存的问题上进行平行的比较之后，总结分析依然可以得出"旧建筑中的旧在面对传统建筑规划空间不能完全满足现代人的生活方式的情况下而需要对旧建筑进行一系列调整来达成新"的统一的设计思想。

3.2　基于"共生理论"新旧结合的设计方法

3.2.1　实现新旧建筑和谐搭配的设计方法

新建筑在建设中一般碰到两种情况，一种是新建筑在老建筑的基础上进行扩建；另一种是新建筑在老建筑群中插建。扩建是指在原有建筑基础上对原有建筑功能进行补充或扩展。扩建部分的设计，不仅要考虑扩建部分本身的功能和使用要求，还要处理好扩建部分与原老建筑的内部空间及外部形象的联系与过渡。而插建所面对的不只是一个特定的建筑，而是一组多建筑的空间。在设计新建筑时要时刻考虑它周围的历史环境，并对此做出恰当的反应，以实现对传统的延续。要达到城市中旧区内新旧建筑的和谐，具体的设计方法则是很灵活的，笔者总结如下，在设计中可供参考。

1. 新旧建筑形式与风格的统一

"形式与风格的处理对于群体组合能否获得统一影响极大。在一个统一的建筑群中，虽然各幢建筑的具体形式可以千变万化，但是它们之间必须有统一的风格。所谓统一的风格，即指那种寓于个体之中共性的东西。有了它犹如有了共同的血缘，于是各个个体之间就有了某种内在的联系，就可以产生共鸣，就可以借它——一种公约数而达到群体组合的统一。"达到群体组合的形式风格统一，可以运用相似的、类同的形象来使新旧建筑完整地组合。物体的大小、形状、方向、材料、颜色等物理属性上的相似，在视网膜上容易形成相互联系的整体。

2. 新旧建筑高度、体量、材料、色彩及细部相协调

新建筑在建设中，首先要控制新建建筑的高度和体量。另外保持其色彩与老建筑相协调，材料的运用上呼应一下老建筑，就可以达到新旧建筑的基本融合。有些新建筑在门窗比例、檐部、轮廓、底层等细部的建造设计中，直接引用既有老建筑的形式，以实现和老建筑的协调，新与旧浑然融为一体。

3.2.2 强调老建筑

1. 以简衬繁

不论是在旧建筑的后部进行扩建还是在旧建筑的周围进行插建，新建筑的立面设计都要尽量做到简洁，新扩建的部分完全成为旧建筑的陪衬，建筑的主从关系鲜明，以简衬繁，突出历史建筑之精美。

2. 隐旧于新

当待扩建的历史性建筑本身装饰精美、造型独特，其周围环境又极富特色、自成一体的情况下，为了尊重其原有环境，可以利用地形或根据环境状况将扩建部分的主体下沉，以保护原有的城市环境。

3. 淡化手法

当新建筑与历史建筑风格相差较大或空间上较难处理时，往往采用淡化的手法。淡化的目的就是使新建筑尽量避免与老建筑直接接触碰撞，从而减少矛盾。常用的如虚空元素进行过渡、新旧建筑之间的涵盖与包容等，这里所说的涵盖与包容，通常指在保证旧建筑整体完善的情况下，新建筑的空间将旧建筑涵盖其中，新旧建筑都赋予相应的功能。此时新旧建筑之间的"灰空间"是最富魅力的地方，历史与现代在这里对峙着、交流着、融合着，整个场所弥漫着浓郁的文化气息。

4. 围合空间，新旧搭配

新建筑在设计中考虑设置新老建筑共同围合的室外空间，使新老建筑元素在此空间内融合，可缓和新老建筑之间的矛盾，使新旧建筑得以融合，历史文化得以延续，又为人们提供了富有情趣的活动场所。

5. 立面分割

这种方法适用于历史街区中的插建，为了符合历史街道的尺度或与旧建筑更好地取得呼应，将"大建筑"化为"小建筑"、化整为零、减小体量，也是新旧建筑结合的一种有效方法。有的建筑师有意将新建筑的立面分为几个段落，以适应现存的街道立面。有的建筑师将新建筑分为不同的体量，各个体量之间甚至连色彩也不相同，使建筑分别与左右的建筑取得和谐与联系。

6. 新旧整合中对比的手法

一些建筑师认为建筑中的对比是最重要的美学原则之一，因为对比能带来真正美的享受。新旧建筑对比的形成，是指无论旧建筑的年代、背景、形式如何，新建筑都按现时的建筑形式来设计，他们认为建筑本身就反映了社会历史，是一部石头砌成的史书，因此新建筑必须如实反映时代精神。这时，如果对比的手法运用恰当，可使新旧界面更为生动，相得益彰。

7. 虚实对比法

新建筑插建在历史环境中，为了体现现代的建筑材料和设计理念，一些建筑师采用轻质透明的建筑材料进行建设，与历史建筑的厚重形成鲜明的对比，在新建筑的建筑体量虚化的同时，也避免了与老建筑的冲突。虚实对比法如果运用得当，会产生很好的效果。

8. 虚幻法

这种方法是将面向历史性建筑的新建筑正面饰以大面积的镜面玻璃，利用镜面玻璃反射周围景物的特点，以虚映实，使新建筑融于蓝天白云和周围景物之中，以产生一种消失感。由于建筑师巧妙地利用玻璃幕墙的反光特点，当仰视新建筑时，玻璃幕墙反映了天空的景色，几乎使建筑本身消失；当平视新建筑时，历史建筑的景象又映射在幕墙上，形成了虚拟的协调关系，两者和谐相处。

3.3 共生理论下的实践案例

位于北京怀柔九渡河镇石湖峪村的花舍山间，落位于著名的水长城脚下，周边山脉绵延，风景十分秀丽。基地为一处典型的北方院落，北侧为条形的建筑，南侧为方形的院子，基地东侧和南侧视野开阔，远眺绵延的山脉，且能看到蜿蜒的长城。

原有的房屋由一栋五开间的主体建筑和一栋两开间的附属建筑组成。房屋的进深很小，约4.2米，空间非常紧张。原有建筑显然无法满足新的功能要求，需要对其进行适当的加建。改造者在东南角扩建木结构的多功能厅，

图1 花舍山间

贴紧原附属建筑，让附属建筑和木结构的一层内部连通，二者连成一体，形成了厨房和餐厅空间。二层为木结构，主要为茶室和观景露台，可将远处的长城景观纳入视野。

同时，将原主体建筑改造为三间客房，每个房间加建一个观景盒。这三处观景盒子尺寸各不相同，让室内空间尽可能向外延展。三个观景盒的内部采用钢结构，外部使用松木板包裹，让它们漂浮在地面上。轻型建造的方式，在新和旧、重和轻的强烈对比下，老房子重新获得了新的生命。

老房子的改造策略为保留原有木结构，更新部分外界面。改造者将东西两侧、北侧的石头墙体完全保留，而将南面的外墙全部改造，并合理地组织了出入口、窗户和观景盒子。拆除了原有破败的屋顶，增加了保温层和防水层，增加了可以看星空的天窗，并将原有的小青瓦回收再利用。

老房子代表着历史和记忆，为了让新建部分对老房子的影响降至最小，改造者沿用了轻型建造的方式。加建部分采用原木结构，用金属件和螺栓连接，在较短的时间内即可装配完成。二层的木结构局部后退，保留了南侧院墙处的一个枣树，既减少对庭院的压迫感，也形成了一处位置极佳的观景露台。院子里还保存了原有的几棵柿子树，每到深秋时节，柿子树会结出红彤彤的小柿子，如同一个个小灯笼。

3.4 本章小结

新旧建筑和谐是建筑文化发展的需要，是城市整体发展的需要，否定建筑的连续性是不对的，过分复旧也是片面的。在旧区内进行新建筑设计时，优秀的传统手法很重要，但它们和新技术、新材料、新结构、新设备一样只是手段，是为了达到今日生活、工作需要的目的，达到新旧建筑和谐、城市整体统一需要服务的。如何做到新旧建筑的协调，没有固定的设计模式，设计师只要能够把和谐的思想贯穿于设计的始终，设计时充分地考虑建筑所处的历史环境、地理环境、人文环境、建筑的功能类型等，再运用一些恰当的设计手法，相信一定可以实现新旧建筑的完美结合。

第4章 乡村度假酒店的设计要素

4.1 乡村度假酒店空间设计要素

党的十九大报告正式提出乡村振兴战略，乡村文化复兴是乡村振兴的灵魂所在。繁荣乡村文化，建设文明新乡风是乡村文化的主要发展方向，乡村文化振兴要以地域特性和乡村社会性质为依托，融合乡村产业升级、社会结构优化、生态环境提升等要素，激发乡村社会成员的"文化自信"，在传统的乡土文化精神与现代的生活方式中实现乡村文明的复兴。

4.1.1 要素一：区域性

度假酒店大多选址于远离城市的度假地或风景区，依托滨海或是山地等自然资源，包括气候资源、自然植被资源、地形地势资源等。设计充分考虑其地域性就是充分尊重、利用当地资源，体现设计结合自然的可持续原则。对气候资源的运用就是要使建筑的结构适应当地气候，充分利用自然通风、采光以节约能源，符合生态旅游的发展趋势。自然植被资源是酒店的绿色屏障，合理的植物设计能调节环境的微气候，提高室内的热舒适度。而对于地形地势资源的运用就是要做到设计依山就势，顺应地形地貌，充分利用自然环境因素。地域性避免了酒店"千店一面"的现象，是实现生态型度假酒店特色化不可或缺的设计手段。

4.1.2 要素二：文化性

文化性增加了酒店的内涵，酒店文化形态是酒店的"魂"。文化元素的植入能让酒店更加让人难忘。可以通过现代休闲文化与传统民俗文化的交融、提升，以及设计手段的转换来实现。例如，在七仙瑶池酒店的设计中我们将七仙女下凡此地的传说作为文化元素运用到酒店的规划、建筑设计之中。另外，若项目地文化资源比较薄弱，我们应挖掘当地资源，进行文化的提炼，植入外来休闲文化，接轨国际，创造特色文化主题酒店。

4.1.3 要素三：时代性

社会、科技、经济在不断发展变化，酒店的设计同样需要与时俱进。能源与环境是当今时代的主题，体现到酒店设计领域，就是把对节能、生态、低碳的考虑，落实在设计实践设计过程中，要充分利用太阳能、风能、地热能等可再生资源，减少人工能源的运用。多运用乡土材料进行设计，少用混凝土等材料，以免产生过量的建筑垃圾。土地开发时对地块的生态敏感度做充分的调查，避免对生态环境造成破坏，例如山体度假酒店体量宜小不宜大，宜散不宜聚，此种设计手法就是为了尽可能地保护原有的生态环境。

4.1.4 要素四：经济性

经济性实用、经济、美观为建筑设计的三要素。形式美感服务于使用功能。对于酒店设计而言如何能在控制经济成本的前提下做出实用美观的设计？在酒店策划、土地开发、酒店设计、施工选材等各个环节都始终把节约成本作为重中之重。例如在土地开发阶段，通过GIS分析对土地的适建性做出准确的评价，土地开发应具有集约性特征，对适宜开发建设用地充分利用的同时，结合地形特征，有效合理利用可开发建设用地，严格控制土方量工程。在酒店设计时，满足其功能的同时应尽量减少建筑工程量，巧妙利用自然地形。此外，就地取材等手法都可有效地节约经济成本。

4.2 乡村度假酒店中景观空间设计

对于纯自然景观而言，乡村景观设计带有一定的人工雕琢。但对于城市景观，乡村的人工雕琢较低，更显自然。乡村景观是在城市景观和纯自然景观之间，它是有自己的生产生活方式的田园风光。乡村景观，是一种独特的旅游资源，具有自然与人文并蓄的特色。

4.2.1 乡村景观设计原则

1. 生态性原则

在乡村景观设计中应该严格遵守景观的生态设计，充分尊重乡村原始的自然生态环境。无论是建筑设计还是室内设计都要坚持"生态至上"的设计原则，设计不强调室内装饰，强调景观，强调室内与室外的交流。把景观融进室内，成为度假酒店中最美也最有代表性的装饰，让旅客和自然有良好的互动。设计师吴文彪认为"去住度假酒店的客人，一定是以观景为主，我们的设计不能将美景挡在门外。"因此，只有把景观和自然真正融进酒店设计中才是度假酒店设计的最终目的，也是度假酒店设计发展的必然趋势。

2. 经济性原则

构成乡村景观设计的主要内容是经济结构。乡村是重要的经济单元，受到农业技术、自然资源、耕作方式等的影响，农业的粗放型一直是困扰乡村经济发展的重要因素。建立高效的人工生态系统，是乡村景观规划的原则和出发点。

3. 地域性原则

自然景观与酒店建筑巧妙融合的度假酒店一般都拥有良好的自然条件，依山傍水的地理环境为酒店设计奠定了基础。通过不同远近、不同种类的景观配置可以很好地将建筑与环境相互融合。

从自然景观来讲，必须保持自然景观的完整性和多样性，景观规划设计的生态原则是以创造恬静、适宜、自然的生产生活环境为目标，充分尊重地域景观特性对于展现农村风貌有极其重要的作用。

从人文景观来讲，景观规划设计要深入农村的文化资源，如当地的风土人情、民俗文化、名人典故等，通过多种形式加以开发利用，提升农村人文品位，以实现景观资源的可持续发展。

4. 融入性原则

在进行村庄的规划布局时要吸纳当地村落的布局方式，建筑的设计要体现当地的风格，尽量使用地方材料，就地取材，不仅造价低，同时也可以反映地方特点和地域文化，不落俗套，又有新意，这正是度假酒店设计所追求的。同时还要尊重村庄中现有的池塘、山坡以及植被状况，因地制宜地设计一些人工景观，尽量保持原汁原味的乡村景观形态。

4.2.2 乡村景观设计方法

1. 空间布局

生产区域：通常情况来说，生产区域是美丽乡村中面积最大的区域，是经济发展的保障。

居住区域：美丽乡村村民居住点一般以院落形式为主，除了对村屋的外立面的改造以外，户前和屋后的改造也是提升景观效果的一个重大方面。

集会区域：景观设计上可以增设村民活动广场、大戏台等供人们休憩、集会、交流。

交通区域：在保证行车行人的安全情况下，重点打造道路两旁的景观氛围，以营造植物意境为主。

2. 空间营造

（1）"点"型空间提升要点：在院落内种植生产性的果树，突出四季特色。栽培蔬菜景观如藤蔓类蔬菜丝瓜、黄瓜等，在院落内合理地布置设施景观，如水井、传统农具石碾、石磨、筒车、辘轳、耕具等。

（2）"线"型空间提升要点：通过道路两旁的防护篱等植物，进行高矮、树姿、色彩的变化，从而达到不同的视觉效果。在街道两侧过渡地带种植蔬菜或者果树，春天开花，秋天结果，使村落的街道景观更加具有田园风光。

（3）"面"型空间提升要点：协调果树、蔬菜、高粱、稻田、麦田、油菜等不同农作物的色彩变化和尺度搭配。以农田的整齐韵律、果树的春华秋实、苗圃的郁郁葱葱、花卉的绚丽多姿构建景观的氛围。

3. 形态组织

（1）静态空间

静态空间形态是指在相对固定的空间范围内，视点固定时观赏景物的审美感受。以天空和大地作为背景，创造心旷神怡的旷达美；以茂密的树林和农田构成的空间展现荫浓景深之美；山水环抱、瀑布叠水围合的空间给人清凉之美；高山低谷环绕给人深奥幽静之美。

（2）动态空间

体验者在体验过程中，通过视点移动进行观景的空间称为动态空间。动态景观空间展示有起景、高潮、结束三个段落。按照乡村景观的空间序列展开，如按传统村落建筑、农田种植区、花卉苗木圃、蔬菜瓜果园等划分，形成完整的景观序列。

4.3 本章小结

针对乡村土地的合理使用和乡村旅游开发进行景观规划研究，结合乡村景观生态规划模式，探讨景观生态学方法在休闲农业规划中的应用；应采用保护生态环境、完善景观结构、建设生态工程、创造和谐人工景观四种方法来对乡村景观进行规划设计。

文化节点打造是指村民活动广场、大戏台等一系列公共场所的景观打造，除了要凸显当地特色以外，还兼备宣传教育、对村民普及当地文化和倡导文化传承的功能。

合理地布置休憩设施、宣传栏、健身器械、文化雕塑小品等，景观要素要符合当地文化，以凸显地域特色为主。美丽乡村的植物设计与城市中的植物配置有很大的区别，它并没有专业的人员进行长期维护，选择不用长期打理、能自由生长的乡土树种，打造乡村原有的乡野植物景观。草花类选择多年生草本，切记不要选择一二年生的时令花。

第5章　共生理论下的新旧建筑融合与重构设计——山东省日照市龙门崮度假酒店

5.1　项目概况及区位分析

5.1.1　项目概况

党的十九大报告指出："要坚持农业农村优先发展，按照产业兴旺、生态宜居、乡风文明、治理有效、生活富裕的总要求，建立健全城乡融合发展体制机制和政策体系，加快推进农业农村现代化。"龙门崮·田园综合体的建设是东港区落实乡村振兴战略的重要抓手、着力点、支撑点，通过龙门崮·田园综合体的建设，将推进东港区乡村特色产业、文化旅游的发展，加快推进农业农村现代化。

国家旅游局启动全面创建"全域旅游示范区"创建工作，2017年政府工作报告中指出要大力发展全域旅游，全域旅游建设在全国范围内广泛开展，龙门崮·田园综合体作为构建东港区全域旅游格局的重要组成部分，符合创新、协调、绿色、开放、共享五大发展理念的要求。

5.1.2　龙门崮区位分析

1．地理位置

龙门崮规划区位于山东省日照市东港区三庄镇北部，规划区属鲁东丘陵区，属鲁东隆起山地丘陵带，濒临黄海，位于中国大陆海岸线的中部，山东半岛南翼，规划区内的三庄河属于滨海水系，其内的山地属于桥子—平垛山。

2．交通条件

龙门崮规划区有国道、省道、高速及日照机场分布，其中山海路是与规划区交通关系最为紧密的道路体系，是进入规划区的必经之路；鲁南高速铁路（建设中）东起日照，与青连铁路日照西站接轨，向西经临沂、曲阜、济宁、菏泽，与郑徐客运专线兰考南站接轨。

3．经济支撑

规划区位于环渤海经济圈与长三角经济区的交叠地带，同时联结山东半岛城市群和鲁南经济带，处于两圈交会处、两带联结地，这为龙门崮·田园综合体的发展提供了较好的经济发展基础环境及广阔的客源市场条件。

4．历史文化底蕴

规划区受岱崮地貌影响而产生的各类风土人情，逐渐形成了独具魅力的"崮乡"文化，"一村一风景、村村有特色"的文化格局为田园综合体的打造奠定了基础。

门崮景区及周围以"不落崮"命名的村庄，均源自"凤凰落垛不落崮"的民间传说；"二月二，龙抬头"这一传统节日起源于此处；关于秦始皇东巡求仙药的"龙门来历"；孙悟空与龙王敖广的故事传说等；规划区丰富的特色人文资源具有开发挖掘的巨大潜力，增添了该田园综合体项目文化层面的吸引力和感染力。

5.2　龙门崮现状分析

本次项目规划范围北至上崮后村，以东港区与五莲县界线为界；南部以山海路为界；东至上卜落崮村；西至窝疃村。涵盖的村庄主要有上崮后村、下崮后村、上卜落崮村、下卜落崮村、窝疃村、山东头村部分及吉洼村部分。规划总面积25.47平方公里。

规划区内7个村庄上卜落崮、下卜落崮人口最多，上崮后村、下崮后村人口最少；多个村庄空心率达到三分之一，外出务工人员较多。

规划区内在上崮后村、下崮后村、上卜落崮村、下卜落崮村、窝疃村、东庄头村、吉洼村七个主要村庄间，已具备乡村道路环线，由山海路、新兴路两条外部道路与村路连接。

各村域内道路宽度不一，由3~7米不等，龙门崮景区周边道路基础条件较好，其他区段道路设施条件有待进一步完善。

为了进一步提升规划区内农业生产基础条件、提高居民生活便利条件及促进旅游产业发展，规划区需提升道路系统设施。

5.3　龙门崮乡村度假酒店分析

5.3.1　龙门崮现有建筑分析

现规划区域涵盖的村庄主要有上崮后村、下崮后村、上卜落崮村、下卜落崮村、窝疃村、山东头村部分及吉洼村部分。上崮后村、下崮后村位于地势较高的私密区域，村落原始风貌保存较好，房屋材质多以石头为主，具有较好的古朴风情氛围，下崮后村已具有"游客中心"等旅游服务设施，以上条件均为打造高端民宿产品提供优势；上卜落崮村紧邻龙门崮景区，地形平坦，村庄具有一部分整体石头特色保存完整的区域，同时也有一部分新农村社区建筑风格显著的区域，且已具备一定的旅游接待氛围；下卜落崮村、山东头村、吉洼村以新农村社区的建筑风格为主。

同时规划区内现有保存完整可使用的徽派传统吊顶建筑16栋与新建的徽派建筑组团若干。传统徽派建筑以砖、木、石为主要原料，其中结构以木构架为主。梁架多用料硕大，且注重装饰。还广泛采用砖、木、石雕，表现出高超的装饰艺术水平，也是江南建筑的典型代表。徽派建筑在总体布局上，依山就势，构思精巧，自然得体；在平面布局上规模灵活，变幻无穷；在空间结构和利用上，造型丰富，讲究韵律美，以马头墙、小青瓦最有特色；在建筑雕刻艺术的综合运用上，融石雕、木雕、砖雕为一体，显得富丽堂皇。

5.3.2 乡村度假酒店分析

乡村度假游已经成为人们旅游消费的重要组成部分，受到越来越多旅游者的青睐。而随着乡村度假游整体模式的发展变化，乡村度假游产品也经历着从"观光"到"休闲"，从"农家乐"的简单模式到"休闲度假"的体验模式，从传统乡村旅游到现代乡村旅游的转变。因此，打造从实际出发，注重本土化特征的营造，注重与本地乡土文化融合，采用近乎原生态的建筑材料，如茅草、树干、毛石、竹竿、土坯、夯土等，借鉴本土原乡的建筑形态在建筑、装饰与服务、体验上融入当地文化元素，软化建筑的生硬感，让房子和周边软性的树木山水更加融合，从视觉、触觉上让人放松，产生舒适怡人的心理感受。依托不同类型资源，挖掘中式元素，极力寻找目标细分市场，洞察其需求特征，结合客群需求进行功能布置、时间分配、活动设计等。

5.4 设计思路

作为日照市龙门崮景区的重点辐射区域，在本次设计中，要充分地考虑历史文化精神，积极寻求与周边环境的密切联系，挖掘出南北建筑的差异性，并将徽派建筑的风格融入其中，以形成整体的设计概念，在设计的过程中也要注重空间结构的塑造，注重不同空间之间的相互联系，此外，现存的16栋徽派建筑也是其中不可或缺的一部分，因此在设计与规划中要重点对待，同时要在共生理论的指导下将设计区域进行优化，从人文、经济、文化多方面提升龙门崮景区的优势。

5.5 设计原则

5.5.1 可持续性原则

要遵循可持续性的原则，在设计中要尊重自然环境与周边辐射原始村落建筑与景观的风貌，使之和谐统一，要充分展现龙门崮在经济上的潜力，实现可持续的发展。

5.5.2 文化传承性原则

要遵循文化的传承性原则，对于龙门崮景区的度假酒店的设计不仅仅在于利用其优秀的区位优势，更在于要将其悠久的历史文化与深厚的底蕴传播出去，让游客能够感受到龙门崮文化的感染力，要让其周边的传统村落与现代设计互通互惠，由现代设计带动其传统村落的发展，并将传统村落的文化反作用于现代设计。

5.5.3 生态与设计相结合原则

要遵循生态与设计的结合，龙门崮目前存在的较为突出的问题是，土质较为贫瘠，山体多为坚硬的石头组成，因此在植被景观的种类上较为单一，所以在设计中需要注意景观上的植物配置与种植形式如何与设计结合，避免破坏现状，只有拥有良好的生态环境作为前提，才能让龙门崮景区酒店设计更好地提升自己的魅力。

5.6 设计目标

合理优化空间打造一个能够发展日照文化、带动周围村落的经济发展的具有酒店、商业功能于一体的旅游景观建筑群。并在其中融入传统的徽派建筑元素，将传统徽派建筑与新建现代徽派建筑进行视觉与体验上的对比，让游客能够在一个区域内体会到南北与新旧不同的体验。

5.7 设计详述

5.7.1 空间布局

龙门崮度假酒店在设计上考虑了地形、交通、空间、自然环境等因素。通过设计地块周边的景观元素，积极寻找与设计地块之间的联系，统一优化设计区域内的格局，此外通过传统建筑区域与新建建筑区域、中心广场等空间节点，丰富场地功能，在整体上形成了传统徽派景观的"环山抱水，四水归堂"的设计语言。

5.7.2　建筑部分

作为度假型酒店，首要的原则就是需要一个开阔的空间，整个建筑区域分成四个部分，分别是传统的民宿区域、现代新建的民宿区域、餐厅区域与接待区域。传统建筑区域与新建建筑区域完全分开为两部分，其原因在于本次设计的特殊性，在设计中需要包含现有的16栋传统徽派建筑。徽派建筑属于南方特色建筑，而建立位置处于北方地块。所以对于来到此地旅游的游客来说，如何让其直观地感受到传统南方建筑的特色，成为在进行建筑分区时着重考虑的问题。在传统建筑区域，将传统建筑以原始徽派民居街道的形式进行布置，完整展现徽派街道的风味，能够让北方的游客完整地领略到南方建筑的特色与生活模式。而在现代新建建筑区域又能够体验徽派元素的现代建筑，提供给游客更多的选择。

在新建建筑中运用到了徽派中的粉墙黛瓦、花格砖、徽派牌楼等元素，整个主建筑的造型来源于徽派牌楼的造型，它不仅是整个设计地块的标志性建筑，更是一种徽派文化的宣示。牌楼是封建社会为旌表功勋、科第、德政以及忠孝节义所立的建筑，是最能诠释中国古代历史文化的载体，也被誉为"东方的凯旋门"。将建筑两侧普通砖砌的马头墙用花格砖来进行装饰，这样镂空的砖砌方式能够让建筑外部的阳光更多地进入建筑的内部。而马头墙其原本的功能是因为在聚族而居的村落中，民居建筑密度较大，不利于防火的矛盾比较突出，火灾发生时，火势容易顺房蔓延。而在居宅的两山墙顶部砌筑有高出屋面的马头墙，则可以应村落房屋密集防火、防风之需，在相邻民居发生火灾的情况下，起着隔断火源的作用。久而久之，就形成一种特殊风格了。而如今，现代建筑的材料与防火性能远高于过去时代的技术，所以马头墙渐渐丧失了其原本的功能，更多的是装饰作用，所以保留了这一元素。在屋檐下方使用钢结构作为整个建筑的支撑结构，并用一条工字钢贯穿整个屋檐下方作为装饰，寓意着现代材料、现代建筑结构，与传统材料、传统建筑结构是可以共生融合的。两者是可以在设计使用中相辅相成的。

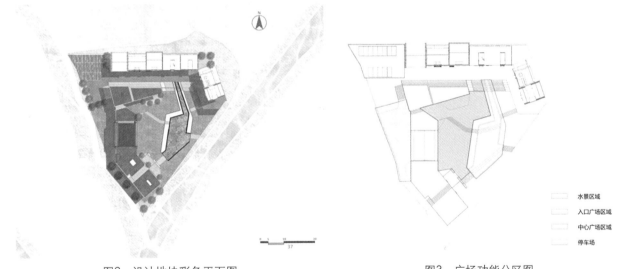

图2　设计地块彩色平面图　　　　　　　　　　　图3　广场功能分区图

图4　水景效果图

图5　主建筑效果图

图6　建筑功能分区图

传统民宿区域
餐厅区域
现代民宿区域
接待区域

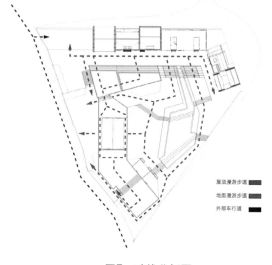

图7　动线分析图

屋顶漫游步道
地面漫游步道
外部车行道

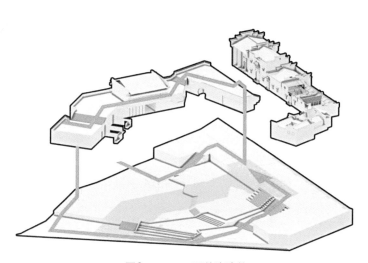

图8　一、二层道路连接

5.7.3　动线部分

在现代新建建筑区域，将屋顶设计为可供游客漫步的区域，将传统建筑区域的动线与新建建筑相连接，新建建筑又能与广场动线相连接，使整个设计地块区域的动线形成一个完整的环线，当游客地处任何一个位置的时候，都能够穿行到其想要到达的目的地。

5.7.4　室内部分

因为在龙门崮，茶文化是整个地区非常具有代表性的特色，所以在二楼设置了茶室，能够给游客提供一个度假式休憩的场所，并且能够向游客出售当地特有的茶叶，提升整个龙门崮度假酒店的经济，与度假酒店起到相互连带的经济性作用。在二楼茶室的设计元素中使用了传统徽派建筑中的花格砖，将花格砖进行规律的排列，能够让其在阳光下对室内形成非常漂亮特别的光影效果。在门的设计上，使用传统的竹子与现代的玻璃与金属相结合，使现代材料与传统材料共生。整个茶室在阳光的照射下形成烟柳画桥、风帘翠幕的意境。在餐厅部分与牌楼内部都运用到了相同元素的顶部造型，统一了整个设计区域新建建筑的设计元素。

5.7.5　广场部分

整个设计地块布置了两个广场区域，分别是入口处的入口广场区域与中心广场区域，中心广场风格简约，主要以几何图形切割排列，中心广场部分承担了聚集、漫游、举办活动等功能，广场由镜面水、旱喷等元素组成，开阔的空间可供游客进行休闲、聚会等活动，镜面水作为主体建筑的呼应，凸显了建筑本身的特色和韵律，并与建筑相辅相成，形成传统徽派建筑中"环山抱水"意境的现代体现。在地面铺装上，主要选择了烧面芝麻灰花岗石材料，镜面水池底部采用光面黑色花岗石，能够反射出建筑样貌，在镜面水池周围运用了徽派中粉墙黛瓦的元素，与建筑保持整体上的一致。

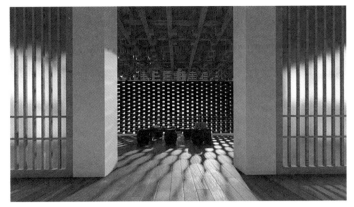
图9 茶室效果图

图10 餐厅效果图

图11 广场水景部分效果图

结论与展望

1. 主要研究结论

山东省日照市龙门崮度假酒店设计研究成果由理论成果与设计成果两部分组成,理论部分分析了共生理论的概念以及度假酒店国内外发展现状与未来的趋势,同时也总结了龙门崮地区的地理自然条件因素、人文社会条件因素以及现有建筑空间景观现状和其他的基本概况,把握了传统徽派建筑的文化内涵与龙门崮景区结合的可能性,为后续的设计打下了良好的理论基础。

在理论基础研究过后,确定了龙门崮景区度假酒店设计的基本原则与思路,明确了规划设计的目标和详细的策略,从总体规划结构、空间布局、功能分区、建筑部分、动线部分、室内部分以及广场部分等多方面详细阐述了度假酒店设计的方法与手段,此外,针对整个空间的高差也专门进行了重点的设计,将传统徽派建筑与其元素、历史、内涵融入龙门崮度假酒店的设计之中,并将南方传统徽派民居形式与现代新建建筑进行了共生与融合,为游客提供了一个互动性强、参与性高、能直接体会到南北差异化生活的设计空间。

综上所述,本文得出的结论如下:

第一,要充分尊重场地的自然环境与历史脉络,将度假村的功能与酒店的功能相结合,形成互补,进行合理的场地功能定位。

第二,要完善度假空间的细节设计,通过对建筑细部元素的处理来突出传统徽派建筑的魅力与特征,打造出一个怡然自得的休闲度假酒店。

第三,在建筑的设计中要注重人与建筑的互动性,考虑到各个层面上使用人群的需求,然后在此基础上改善辐射范围内老村落居民的经济情况与外来游客对于景区的感官体验。

第四,在空间的规划和发展策略的层面上,要充分考虑其环境的合理性,通过度假酒店促成周边景区与特色产业的有机结合，使其成为旅游产业升级的强劲推动力。

2．不足与展望

本文初步探究了山东省日照市龙门崮的自然地理环境、历史人文环境以及现有村落景观的基本概况，对设计地块进行了详细的研究与分析，但是也存在一些问题，一方面，对于现有村落与龙门崮村落建筑的特色研究与资料相对较少，对于南北文化融合的研究还不是非常的全面。另一方面，现存地区可使用的特色建筑材料几乎没有，所以本计划使用当地建筑材料进行融合新建，只能摒弃掉这一想法。

对于本次研究所存在的不足，在以后对于相关类型的空间研究时要注意以下几个问题：一是在研究时需借助科学的研究手段，通过科学的测量数据进行客观准确的分析。二是加强社会调查，研究辐射区域村民以及外来游客的心理认知和感受，需要对用户与设计针对人群进行充分的考虑。三是如果设计被实施，要持续关注设计地块的未来发展状况，收集游客对于龙门崮度假酒店的意见与体验感受。

基于主客共生视角下的乡村文化活动中心设计研究

Research on the Design of Rural Cultural Activity Center Based on the Symbiosis Perspective

山东省日照市龙门崮田园综合体设计

Design of Longmenggu Rural Complex in Rizhao City Shandong Province

华南理工大学
韩宁馨
South China University of Technology School
Han Ningxin

姓　名：韩宁馨 硕士研究生三年级
导　师：张　珂 教授
学　校：华南理工大学
　　　　设计学院
专　业：设计学
学　号：01720151090
备　注：1. 论文　2. 设计

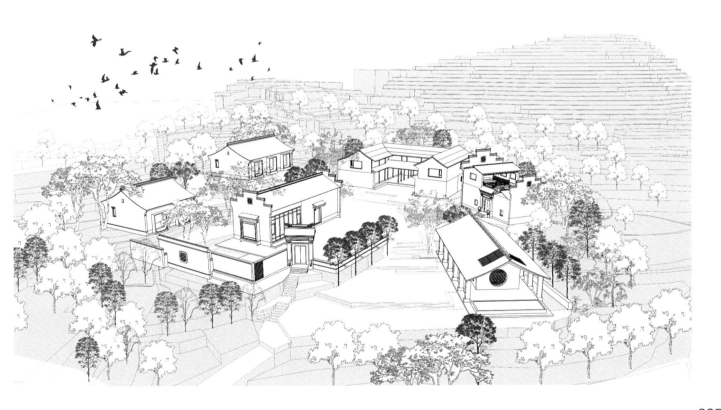

基于主客共生视角下的乡村文化活动中心设计研究

Research on the Design of Rural Cultural Activity Center Based on the Symbiosis Perspective

摘要：乡村旅游作为旅游业的特殊旅游形式，自产生以来，基于都市人们对自然风光的向往与身心放松的追求，在全球范围内日益盛行，近几年在我国也得到了广泛的重视，在乡村旅游相关领域都有不同的研究方向。其中以乡村旅游可持续发展为核心的理论研究和实践活动都取得了丰富成果，这是令人振奋的，但是随之而来的也是一系列文化矛盾与地域性融合之间的冲突产生。

本文从一个尚未被业界普遍重视的视角，即着重从乡村旅游中重要的两个利益主体——主客——当地居民和游客之间的关系入手，基于结合村民与游客的共享——乡村文化公共活动中心，探讨主客之间的交往模式及其特点，并进而对影响主客之间关系的主要因素进行分析。在此基础上，同时对当地居民与游客相互交往所带来的影响层面进行了较为深入的研究，最后对如何促进主客之间的相互关系，降低甚至消除其负面影响提出了建设性的意见和管理措施。在进行理论研究的同时，本文选取了山东省日照市龙门崮田园综合体建设试点项目为例，进行相关的实证分析与设计思考，来说明和论证这样一个事实：发展乡村旅游的最终目的是谋求旅游业与乡村地区经济效益、环境效益和社会效益的协调统一和最优化，达到这一目标最核心的前提是，必须达到利益相关群体的协调统一。

乡村旅游目的地的发展应突出"以人为本"的核心理念，片面地强调游客或当地居民等相关利益群体当中某一方的利益都有失偏颇，不利于旅游业的可持续发展。而作为乡村旅游的主客双方，他们之间的交往是不可避免的，因此也是不容忽视的，失去游客或当地居民支持的旅游业根本无法继续发展，是无法想象的。本文认为只有协调游客与当地居民之间的关系，消除彼此交往时可能产生的负面影响，充分体现"以人为本"的战略思想，才能使乡村旅游得以更协调地发展。在对乡村旅游进行规划设计时，同样有必要综合考虑游客与居民的需求和利益，当地政府对旅游东道地区的管理和旅游组织者的营销策略也有必要进行相应的调整，这是目前乡村旅游发展必须解决的首要问题之一。

关键词：乡村旅游；乡村景观；主客关系；可持续发展

Abstract: As a special form of tourism for tourism, rural tourism has been popularized on a global scale because of urban people's pursuit of natural scenery and relaxation of mind and body. In recent years, it has also received extensive attention in China. Related fields have different research directions. The theoretical research and practical activities centered on the sustainable development of rural tourism have achieved rich results. This is exhilarating, but it is followed by a series of conflicts between cultural contradictions and regional integration.

This paper starts from a perspective that has not been widely recognized, that is, focusing on the relationship between the two main stakeholders in the rural tourism - the host and the customer - the relationship between the local residents and the tourists, based on the sharing of the villagers and tourists - the public activity center. This paper studies the mode of communication between the host and the guest and its characteristics, and then analyzes the main factors affecting the relationship between the host and the guest. On this basis, the author also conducted a more in-depth study on the impact of the interaction between local residents and tourists. Finally, he put forward constructive opinions and management measures on how to promote the mutual relationship between the host and the guest, reduce or even eliminate its negative impact. At the same time of theoretical research, this paper selects the pilot project of the construction of Longmenyu pastoral complex in Rizhao City, Shandong Province as an example, and carries out relevant empirical analysis and design thinking to illustrate and demonstrate the fact that the ultimate goal of developing rural tourism is the harmonization and optimization of economic, environmental and social benefits between tourism industry and rural areas, the core premise of achieving this goal is that the coordination and unity of stakeholder groups must be achieved.

The development of rural tourism destinations should emphasize the core concept of "people-oriented". One-sided emphasis on the interests of one of the relevant interest groups such as tourists or local residents is biased and is not conducive to the sustainable development of tourism. As the host and the guest of rural tourism, the exchanges between them are inevitable, so it cannot be ignored. It is unimaginable that the tourism industry that has lost tourists or local residents cannot continue to develop. This paper believes that only by coordinating the relationship between tourists and local residents, eliminating the negative effects that may occur when they interact with each other, and fully embodying the "people-oriented" strategic thinking, can rural tourism develop more harmoniously. When planning and designing rural tourism, it is also necessary to comprehensively consider the needs and interests of tourists and residents. The local government needs to adjust the management of tourism host areas and the marketing strategies of tourism organizers accordingly. This is the current development of rural tourism. One of the top issues that must be addressed.

Keywords: Rural tourism; Rural landscape; Host-guest relationship; Sustainable development

第1章　绪论

1.1　研究背景

伴随着城市化的进程，生态环境逐渐恶化、生活压力加大、传统文化观念淡薄，利益、冷漠、焦虑、幸福感缺失等"城市病"正迅速蔓延。此外，现代经济模式对传统村落产业产生巨大冲击，使乡村产业发展需要一种转型。旅游开发作为现代乡村建设的一类热门领域，不仅能带动乡村经济，也是村落重生的契机。乡村旅游资源是我国旅游世界的瑰宝，其潜在的价值不容忽视。但由于乡村旅游在中国起步较晚，发展时间短，中国乡村建设刚进入探索阶段，还缺乏统筹规划与布局，乡土文化特色不明显。面对激烈的市场经济竞争压力，乡村旅游建设与发展亦面临着诸多问题。

目前国内学术界结合境外乡村建设发展的经验，已从社会、经济、人文、地理、科技等诸多学科，对乡村旅游的发展进行研究与探索。从国外及国内台湾的乡村旅游发展趋势看，乡村公共活动空间是乡村居民与游客享受公共文化福利和艺术文化生活的主要空间场所。不仅增加城市与乡村居民间的互动与交流，增强主客关系的衍生，一定程度上提高村民素质水平；也能以开放多元化的姿态，传承延续传统乡土文化，将其展现给现代人。正如日本"造乡运动"的倡导者宫崎清的主张"乡村旅游建设应向内发掘社区营造，应让公众能感受到强大的归属感和幸福感"。

1.2　研究目的及意义

自乡村旅游产业发展建设以来，村落物质形态与乡土文化的更新与保护，在学术界引起多学科、多层面的探讨。但毕竟乡村旅游产业的运作在中国刚起步才近20年，发展时间短且经验不足，在探索过程中也产生了许多负面问题。例如旅游建设急功近利，逐渐脱离了原村落物质形态的特点；商业文化不断冲击传统乡土文化，使地方文化逐渐变得通俗化、单一化；游客的旅游活动逐渐影响着原住民的日常生活，经常出现垃圾处理能力负荷导致环境污染、宗教信仰冲突、私营的农家乐由于市场竞争导致宰客现象等。吴良镛先生曾提出"大建设"引起"大混乱"来形容中国改革开放的现代化建设。

本次课题研究认为在所有的利益相关群体当中，乡村旅游的主客之间即东道地区的居民与游客之间的关系尤其应引起足够的重视。游客的纷至沓来为乡村居民带来的不仅有经济上的冲击，更有社会文化领域的渗透，当然还包括对东道居民生产生活空间的影响等方面。如何协调主与客之间，即游客与当地居民之间的关系，消除彼此交往时可能产生的负面影响，充分体现"以人为本"的战略思想，从而使乡村旅游得以更协调地发展，在对乡村旅游进行规划设计时，有必要综合考虑游客与居民的需求和利益，当地政府对旅游东道地区的管理和旅游组织者的营销策略同样有必要进行相应的调整，这是目前乡村旅游发展必须解决的首要问题之一。

1.3 研究的重要性及意义

（1）政策支持

近十几年来，国家及地方政府每年出台的政策中，都有对"新农村建设"的指导与规划。从党的十六届五中全会上提出的"建设社会主义新农村"的决策；到"十一五"期间"美丽乡村"概念的提出；再到"十二五"期间，全国各地掀起"美丽乡村"建设热潮。最近两年国务院颁布的《国民休闲旅游纲要》中，"提倡休闲农业旅游发展，制定促进乡村旅游休闲发展用地、财政、金融等扶持政策"。乡村旅游建设逐渐成为农村产业转型与设施更新的重要途径和主攻方向。习近平总书记指出：规划不能再重城市轻农村。实现城乡一体化发展的重要内容是重视对乡村本体的认知和乡村旅游发展规划。

（2）社会需要

国家旅游局表示，"中国每年国内旅游人次达36亿人，其中18亿人在乡村，农民直接接待至少6亿人次以上。预计未来5～10年，乡村旅游接待可达20亿人次，农民直接接待可达10亿人次"。这个数据可显示目前国内的乡村旅游已经成为城市居民主要的休闲旅游方式之一。随着"家庭自驾游"的兴起，城市周边的乡下农村，在周末接待的游客以自驾游为主，其中包括城市白领、青少年等。在城市里工作生活的家长，更希望孩子回归乡下接触自然和释放天性。乡村休闲旅游活动不仅培养孩子对自然动植物的认识，还有亲子参与农务劳动，培养动手能力。目前我们的乡村旅游产业虽已产生不错的成绩，但相关的旅游专家表示，当下乡村旅游建设仍存在产品初级、模式单一、恶性竞争等一系列问题。

（3）文化价值

被称为"中国古村落保护第一人"的冯骥才先生惋惜，"2000年的时候，中国共有371万个自然村，2010年就剩下263万个了，每年大约有9万个村落在消失，相当于平均每天消减80～100个村落。其中绝大多数隐藏着中国传统非物质文明遗产。村落没了，文化就没了。而在传统村落里，有我们的民族记忆和精神传统，有民族的DNA和特有的审美，有丰富多样的文化创造，这些东西必须保留，必须传承，不能失去"。全球一体化发展以来，伴随着交通便利、信息共享，外来文化强势入侵，传统文化受到冲击，独特性被逐渐弱化。例如祠堂、庙宇、民俗活动空间是承载乡村文化的重要空间，对本土文化独特性的挖掘与传承是非物质文化遗产保护的重要任务，也是基于主客关系乡村公共空间建设的重要内容。

（4）论证分析

作为一种感性和合理性专业，结合抽象和比喻，对风景园林现象的研究需要上升到理性思维的高度。在文献综述和案例分析的基础上，从景观设计的角度分析了生产力。景观设计对当地的景观有着强烈的影响。此外，还有以生产植物为主的生产性景观，它对整个景观系统产生作用。

（5）实践意义

在村落的现代化转型中，乡村旅游是一类发展方式，学术界也针对不同学科、从不同层次上对乡村旅游建设进行研究和探讨。本次研究课题将通过分析主客关系共生下的乡村公共空间的本体出发，探讨其空间构成演变及基本形态特征。根据"适应性设计"理论和乡村公共空间特点，分析乡村公共空间的组构关系，得出乡村旅游开发前后公共空间组构关系评价；基于这样的空间评价结果，对个体公共空间提出适应性设计改造策略。这是将宏观视角分析与微观设计改造结合的设计研究方法，对乡村旅游开发具有指导性意义；在后期旅游产业运营的阶段，具有长期有效的使用价值。本文对乡村公共空间改造与活力复兴、乡村旅游业发展、乡村文化传承与传统资源可持续利用等方面都具有一定的参考价值。

1.4 研究的重要性及意义

1.4.1 国内研究现状

（1）乡村旅游中主客关系研究

谢彦君（2004）对旅游交往进行了深入分析，认为"旅游交往是一种暂时性的个人间的非正式平行交往"，并将交往分为六个水平等级，即隔离、潜交、示意、互助和竞争。分析了旅游交往过程中的心理矛盾和对待交往的原则，对交往中的角色和模仿行为都作了透彻的论述。该研究成果为本文的研究提供了支持和帮助。在国内对旅游影响的研究中，少量学者开展了对旅游影响基本理论的研究，如王妙和孙亚平（2001）应用比较文化理论对旅游接待地社会文化影响的变化机理进行了分析，认为主客之间的文化差距产生了示范效应，而示范效应的结果可能是有益的，也可能是有害的。王雪华（1999）认为旅游造成了旅游者和目的地居民的文化互动和交流，并且这种文化交流具有不平衡性，在文化价值上有所倾斜，从而对旅游地的社会文化产生积极或消极的影响。

（2）乡村公共空间研究理论

目前针对乡村的公共空间研究还处于各学科联系和整合阶段。主要的研究方法经验都来源于对城市公共空间研究的研究理论，国外理论著作如扬·盖尔的《交往与空间》（2001）和《公共空间·公共生活》（2003）、芦原义信的《外部空间设计》（1975）、爱德华·霍尔的《隐匿的尺度》（1990）和高桥鹰志的《环境行为学与空间设计》（2006）；国内理论著作如于雷的《空间公共性研究》（2005）、周波的《城市公共空间历史演进》（2005）、李文的《城市公共空间形态研究》（2007）。在城市化建设热潮逐渐稳定之后，城乡经济建设水平越来越高，国内学术界的社会学家及建筑师逐渐将焦点关注到了乡村建设上来。乡村公共空间早期的研究皆以社会学科和物质空间形态研究的文献为主，有关乡村建设的实践先驱如费孝通、温铁军等乡建研究专家的理论成果，都将是乡村公共空间研究中借鉴并分析的重要素材。

针对乡村旅游产业介入下的乡村公共空间研究在2010年后逐渐增加，如程柯峥的《城乡统筹下乡村旅游中的村镇空间研究》（2013）、汪海燕的《旅游经济影响下的乡村公共空间设计研究》（2014）、张琳的《传统村落旅游发展与乡土文化传承的空间耦合模式研究》（2015）和李玲的《济宁市传统村落公共交往空间研究》（2016）等，虽然针对旅游介入对乡村公共空间影响有一些探索性的研究，但还处于个体案例中发现问题和总结经验的探索阶段，理论性架构和普遍性规范还有待探讨和补充。

1.4.2 国外研究现状

在西方发达国家，乡村旅游源自20世纪，现代人为了逃避工业城市污染和快节奏的生活方式而逐渐发展起来。目前在德国、奥地利、英国、法国、西班牙等欧洲国家，乡村旅游已具有相当规模，走上了规范发展的轨道。乡村旅游在美国和加拿大也得到了蓬勃发展，显示出极强的生命力和越来越大的发展潜力。对于乡村旅游的研究，国外是随着旅游业的迅速扩展开始的，研究的焦点主要集中在乡村旅游概念研究、乡村旅游与乡村可持续发展的相互关系研究、基于供给和需求的乡村旅游发展的动力机制研究、社区居民对发展旅游的态度研究、乡村旅游发展的管理研究、乡村旅游发展的策略研究、乡村旅游发展中的女性问题研究等方面。而对于主人和客人及其关系的研究一直是旅游社会学家和旅游人类学家的重点研究内容。

1.5 研究方法

本次课题研究在整理相关文献的基础上，提出学术界较为关注的旅游介入村落带来的矛盾问题，采用主客共生的宏观角度分析空间组构关系，于微观角度归纳乡村公共空间的形态、文化、公共生活的设计策略。通过对国内较为典型的乡村旅游建设实验基地的案例分析，以定性与定量的不同角度对比分析。结合适应性设计理论，针对公共空间设计改造，归纳总结旅游介入下乡村公共空间适应性设计策略。

（1）文献研究方法

本文参考资料的来源主要包括理论文献资料、实地调查资料和统计资料三大类。文献资料主要包括国内外相关的研究文献，有中外学术期刊、学术论著、相关的学位论文、会议论文等，既包含了旅游文化学、旅游社会学、旅游人类学、旅游地理学有关的理论方法和研究成果，也包含了相关学科如行为学、生态学、文化传播学等方面的研究成果，其中大量资料用于论文的研究文献述评。根据论文的不断深入，再继续搜集和补充相关的文献，以用于论文的引证。

（2）案例分析比较法

通过选取传统型旅游开发村落和"美丽乡村"旅游改造实验基地的代表案例作为研究对象，进行空间组构关系与空间功能形态的对比分析。并主要从空间形态、场所精神、行为活动三个角度综合归纳适应性设计手法。以探究乡村旅游建设后，较先进的乡村实验基地的公共空间保护与更新建设的优缺点。总结归纳出针对传统乡土文化传承与现代化建设要求的适应性设计策略，以应用于课题研究最后的毕业设计指导。

（3）场地调研

在前期文献整理与理论分析的基础上，选取山东省日照市东港区龙门崮田园综合体为试点，对整个龙门崮田园综合体周边进行实地勘探。利用访谈交流的方式，对乡村公共空间旅游性改造后的使用情况进行信息采集，此外，通过拜访当地政府的旅游办与规划建设办、当地乡村旅游经营商负责人，获得更多角度的信息以供研究。

第2章　乡村旅游中主客共生概念

2.1　乡村旅游概念的界定

2.1.1　乡村旅游公共空间特征

与传统村落公共空间不同，乡村旅游公共空间更注重空间构成元素多样化和具有感染力的场所精神。乡村旅游经济的发展依赖于旅游者的消费，从旅游者的动机来看，乡下童年的记忆、悠然自得的世外桃源、中国山水画意境的追寻、农务劳作与文化的感知体验是游客来到乡村的主要诱因。因此，乡村公共空间中体现的乡土文化精神和空间环境成为乡村旅游活动的主要载体。在乡村旅游发展初期，乡村旅游景区除了新建设的旅游设施公共空间外，还保留传统村落原有的大部分空间及设施，如街巷凉亭、农田河渠，以及大树、水井台等空地。

2.1.2　乡村旅游公共空间构成

无论是新建的、更新的旅游公共空间，还是未开发的旧公共空间，在旅游开发后其空间使用群体包含了原住民与游客两类，因此都要作为研究的考虑对象。根据乡村生产、文化的特点，以及旅游消费、游览的特点等其他因素，可将旅游建设下乡村公共空间大体分为五个主要内容：农业景观设计、道路规划与界面设计、景观节点设计、艺术景观小品、公共服务设施等。

（1）农业景观

农田与自然风光是乡村景观最吸引城市居民的旅游景点，更是中国乡村最重要的第一经济产业。乡村旅游农业景观设计与传统村落农业不同，其在满足农作物种植和养殖业生产的基础上，增加了更多以外地人参与体验为主的娱乐活动，以便体验务农活动时更具趣味性和简便性。许多有机农场还设置了有机餐厅、购物商店以及手工活动体验区（牛奶手工皂、竹艺编制等）。与传统农业区相同的是，田园牧场仍然是人群活动聚集的重要公共场所，此类型公共空间以面状形态为主，其景观设计形成整个村落的景观背景；也包含景观节点、公共设施、景观小品等内容。

（2）道路规划与界面

街巷是乡村旅游活动、村民日常生活与交通重要的公共空间。道路规划包括道路分级（主次道路、机动车与非机动车道路、绿道路线等）、道路功能设计（旅游路线、商业街、生活街巷、乡间小路等不同类型）、停车场设计（大巴停车场、私家停车场等）、街巷景观设计、道路围合建筑立面设计（街巷风貌、建筑装饰）等。街巷空间属于线状空间，衔接不同的节点空间，道路空间功能与表现形式因此更加多元化。乡村道路分级、街巷空间界面设计将影响到乡村旅游的发展和村落整体活化。

（3）景观节点

传统村落中遗留下来许多生活场所，如村口、大树下乘凉的休息区、街巷转角处的空地、水井台、祠堂广场等。这些空间区域在景观设计中被称为空间节点，以点状形式串联的交通干路上。乡村景观节点设计包括游憩景点设计、历史建筑公共空间设计、街巷节点设计、广场设计，是游客观赏、娱乐、休息的公共空间场所，并且也通常配置相应的公共设施（如休息座椅、健身器材、游览导向设施等）和公共艺术作品（雕塑、文化景观小品等）。景观节点设计是游客了解乡村文化、休闲游玩的重要内容；也是居民日常生活的重要公共场所。

（4）艺术景观小品

在乡村公共空间中，通常会设计一些小型、具有乡土特色的构筑物（亭子、廊架）；也会设置一些具有当地特色的公共艺术作品（雕塑作品、绘画墙、与雕塑结合的座椅和标识导向设施等）。艺术景观小品的介入主要是为提高当地乡土文化氛围，便于游客体验当地文化特色，通过现代艺术设计，激发地域文化活力。景观小品同时具备一些使用功能，包括遮阴、休憩、拍照等。

（5）公共服务设施

公共服务设施是体现空间品质的重要标准之一，由于公共空间使用对象除了当地村民以外，还包括不断流动的旅游者，因此公共服务设施涉及的范围广且数量多，包括休闲座椅、垃圾桶、照明灯、公共卫生间、标识系统等。这些公共服务设施要求明显、实用、便捷，且有组织、有规划地分布在不同的景观节点与游览道路上。

2.2　乡村旅游发展过程中产生的问题与矛盾

旅游业的发展为村落公共空间的更新和重生提供了许多可能性，并带来了乡村发展的新契机。但乡村旅游建设后的公共空间构成形态与传统村落相比相差较大，目前国内许多乡村旅游建设出现较多严重问题。从中国传统村落保护与发展研究中心的调查中得知，"近年许多开发商为提高利润，以保护村落为由，在乡村旅游开发过程中大肆破坏村落古貌。承载了数百年，甚至几千年的许多传统自然村落，其文化遗产纷纷销声匿迹"。我国乡村建设还处于初步阶段，相关法制规范不够完善。针对研究公共空间的三个组成部分，总结目前乡村旅游建设在空间形态、文化精神和公共生活中暴露出来的问题与矛盾。

2.2.1 旅游建设脱离原物质空间形态

在许多村落开展旅游业建设以来，无论是开发商、当地政府，还是本地居民，为追求经济效益和突出成果，忽略了对原村落空间形态的研究，使其开发手段逐渐破坏了村落宝贵的物质文化遗产。空间形态上广泛出现的问题有：设计相互抄袭；不考虑活动需求，随意复制城市空间设计内容，导致空间利用率低下；为满足客流量需求，大幅度拆建新房，致使空间尺度过大，改变了传统建筑形态与空间关系。村落肌理、空间尺度、自然环境、建筑文化都接连遭到破坏，不仅使村落文化发展出现断层，也不利于乡村旅游业的长久发展。

2.2.2 空间表现中乡土文化精神遗失

现代工业化生产和全球化经济趋势的冲击，使产品标准化、消费市场化的商业模式从城市渗透到乡村。虽然部分传统村落还保存过去的一些文化习俗，但原因却是其封闭的地理条件。而随着新农村建设和乡村旅游开发，乡村与城市的关系变得更加紧密。旅游建设后的乡村公共空间构成以旅游活动需求为重点，乡村生活方式与空间要素要符合旅游开发的要求和现代化生活的需求。在开发初期，想短时间达到经济效益，却忽视对乡村文化和空间形态的研究。传统乡土文化不断流失，乡村彻底变成大众消费的商业点，这不利于乡村的长期发展和对乡土文化的保护。

2.2.3 游客与居民公共生活的行为冲突

乡村旅游的开发使得附近的城市居民可体验到轻松愉快的休闲度假生活，但在这种理想状态下，却产生了很现实的一些矛盾问题。从农村生活设施和乡村旅游设施对比可以看出，农村的日常活动是生产生活的必然行为，而游客旅游行为是自发、娱乐性行为。在乡村公共空间中，因旅游介入使空间人群类型复杂，也导致其空间行为活动比传统村落单一的生活空间更为复杂。目前乡村旅游中已出现的、表现较为负面的问题有：人流量的增加、生活垃圾的增多对自然环境造成严重破坏；另有游客农业知识缺乏，破坏了当地农产植物或自然环境；思想观念上存在不同，也曾出现由于文化信仰差异引起的暴力冲突事件等。在乡村旅游建设的过程中，对游客与村民双方的态度与行为习惯都应是建设考虑的核心问题。

2.3 乡村旅游中"主人"与"客人"角色的界定

2.3.1 乡村旅游中的"主人"——当地居民

乡村旅游中对于"主人"的界定较之对"客人"的区分相对而言要明确一些，一般是指乡村旅游目的地的当地居民，广义的"主人"应包括乡村旅游目的国人民、当地居民、受聘于旅游行业为游客提供服务的人等。而在本文中为了增强研究的针对性，涉及的主人仅针对在本国范围内的乡村旅游，而不包括跨国界的乡村旅游，本文中的"主人"即指当地居民，而集中把原住居民作为主要探讨的对象。

一个地区之所以能成为乡村旅游目的地，与当地特殊的人文气息是分不开的。是当地居民造就了特殊而吸引游客的文化，当地居民与人文旅游资源是融为一体、不可分割的。从这一意义来说，当地居民就是旅游资源的特殊一分子。旅游吸引物是吸引人们到旅游目的地进行旅游活动的中心要素，它是指"旅游地吸引旅游者的所在因素的总和，包括旅游资源、适宜的接待设施和优良服务"，而当地居民则是其中一个必不可少的因素。

文化是由人造出来的，人是文化的主体，一个能吸引游客的地方，总是少不了人为的渲染。游客到当地免不了要与当地人接触和交往，免不了要浸染当地人文，受到当地文化历史的熏陶。当地人的好客可能是吸引游客重游的原因，不好的印象则会失去包括游客在内的一大批潜在旅游，当地的民风是游客对旅游地形成何种评价的重要影响因素。因此当地居民事实上也是当地旅游资源的组成部分，直接影响当地乡村旅游的发展。旅游地居民是一种特殊的旅游资源，不是被动地适应当地乡村旅游的发展，而是要在其间发挥主动性作用的一个群体。他们在旅游业中发挥的作用不容忽视的。

2.3.2 乡村旅游中的"客人"——游客

对于主人与客人——当地居民与游客的定义是存在着模糊性的，许多研究者没有在不同类型的旅游者之间做出区分。尤其对于乡村旅游的主人与客人、游客的不同类型没有系统化的区分。综观近年来我国乡村旅游的发展，主客关系中的客人与其他许多类型的旅游形式一样应包括国际旅游者、国内旅游者两大部分，但在实际的发展过程中，各地乡村旅游的主要客源市场普遍集中在国内。而在国内游客中，乡村旅游的目标市场主要是城市居民，因此在本文中研究的游客仅针对国内的城市居民而言，这样研究结果更符合国内的现实情况。城市居民成为乡村旅游主要客源市场主要有以下几个方面的原因。

（1）城市化进程所产生的快节奏、高强度的生活工作模式使得人们渴求放松。

乡村旅游作为一种新的旅游品种，其对应的是城市化。城市化越高，城市人群对乡村旅游的愿望就越迫切。在世界发达地区和我国城市化程度较高的城市，人们已经厌倦都市喧嚣的生活，高强度、快节奏的工作方式使得人们需要逃避、需要放松、需要寻求和都市生活相反的放松方式。人们空前地渴求着返璞归真，亲近泥土。这是一种现代人追求的生存质量，又是一种生活时尚。如果乡村中拥有独特的民族文化，便有了民族的乡村旅游的性质。湖南省有许多风情浓郁、各具特色的民族村寨，其农村自然环境优美、乡村野趣浓厚、绿色食品多样、农事活动新奇、乡土文化丰富，可以为城市人提供别具情趣的休闲旅游内容，具有开展乡村旅游得天独厚的优越条件。

（2）工业化进程所带来的生态环境污染让人们更青睐清新的大自然。

现代工业文明带来人们物质生活极大便利的同时也带来对资源的巨大浪费和对环境的污染，生态环境的恶化引起人们的广泛关注。全球升温、臭氧层破坏与土地沙漠化、森林植被被破坏及生物多样性的减少、水资源危机及海洋资源的破坏、大气污染和酸雨等生态环境的破坏都和人类活动具有直接的关系，和工业化进程有密切的联系。在人们的日常生活中，房地产热使城市的绿地、树木越来越少，灰色建筑越来越多，汽车尾气的污染、噪声污染、热岛效应等一系列生态环境问题日益严重，城市生活的快节奏和紧张工作，使城市居民承受着来自环境和生活的双重压力。因此，感受和体验纯朴、恬静、悠闲的乡村生活、田园郊野风光等就成为城市人的渴望。

从另外一个角度看，旅游者知识水平和旅游经验的丰富使得旅游需求层次迅速提高，旅游者常住地是喧闹纷扰的城市环境，同时现代社会高节奏的工作所产生的工作压力、精神紧张等，使人们更容易产生到不受污染的大自然去旅游的强烈愿望。

（3）远方崇拜所带来的文化探秘是都市文化人的向往。

文化旅游是都市文化层的向往。其动机来源于探新求异的心理需求，寻求新的感受驱使旅游者走向国内各方和世界各地，了解各方面知识，亲临境地接触各地人民，欣赏多种自然风光，体验异地文化。这种动机也可称为"远方崇拜"。探新求异的需求使得人们的旅游方式在发生改变，随着旅游者文化知识水平和消费能力的不断提高，一般的观光旅游将会减少，而文化内涵越丰富的旅游将更加受到人们的青睐。

（4）城市居民收入水平的提高和闲暇时间的增多使都市人的出游成为可能。

我国改革开放后，人们的生活水平特别是城市居民的生活水平有了明显的改善。虽然我国已进入小康社会，但对于大多数城镇居民来说，扣除吃、穿、用等必需消费后，真正能用于行和游方面的消费并不多，多数人在旅游消费上选择"价廉"的旅游方式。

第3章 乡村旅游中主客关系研究

3.1 影响主客关系的主要因素

从当地居民的角度进行分析，乡村地区居民在对外交往过程中，待人接物的方式存在很大差异：

（1）对旅游行为的认识

当人们对旅游的认识越深入，在待人接物的方式上有可能也趋向于更主动、更热情。当然不排除有时当地居民会受经济利益的驱使而呈现出一种假象。从某种程度上说，越是贫穷落后的地区越具备发展旅游业的潜力，而当地居民的生活水平远没有达到理想状态。因而除最初有部分当地居民担心本地民俗的异化外，很多人因为旅游业表面上的"一本万利"满足了其基本的解决温饱、提高生活水平的需求而欢迎游客的到来。从这一点出发，就可以理解为何旅游地居民对于旅游业中出现的不合理情况采取容忍、妥协的态度。国外不少对旅游地居民的研究指出了这类现象。而在发达地区，可能由于对旅游行为的认识越深刻，感受到的负面影响也越深刻，从而引起当地居民对游客的反感加深。

（2）旅游地区居民的性格特征

不同的地区对于外来人员的态度有较大的差异，例如性格豪爽的游牧民族往往会更主动和友好。而地处偏远山区的以刀耕火种为生的少数民族会更保守、封闭一些。

（3）旅游地区的宗教信仰

不同的宗教信仰对于人与人之间的交往有其特有的价值取向，特别是对于有宗教冲突的地方。

（4）旅游地区的历史

任何一个旅游地区都有其发展历史，由于历史的沉积，人们对待外部世界的态度会产生差异。对于来自于曾伤害过这个地区的游客，居民是难以奉献出全部的热情的。

（5）旅游地区的人口构成

当旅游地区的居民构成呈多元化时，人们对于游客的态度倾向于宽容和热情。当旅游地区的人口传承于先辈，具有浓郁的文化传统时，居民对外来旅游者的介入容易产生抵触甚至敌意。

（6）旅游地区的不同旅游发展阶段

旅游地生命周期理论，认为旅游地的发展可划分为开发、参与、发展、巩固以及停滞等五个阶段。旅游开发初期，旅游地受旅游业的影响比较小，旅游设施也不完善。参与阶段中，当地社区开始涉入旅游业，而旅游设备等也开始逐步完备。旅游业发展加快以后旅游地社区经历旅游业高速发展，稳步发展及至最后的停滞不前，能否重整旗鼓，还是最终衰败则取决于当地努力。

3.2　主客关系交往产生的影响

3.2.1　主客间的交往对当地居民生活状况的影响

一方面，游客在该地的旅游消费对东道地区构成一种"外来的"经济注入。自经济发达的城市流入的这些旅游消费资金会增加当地企业的营业额，提高当地居民家庭的收入，提高当地居民的生活水平。对生活在乡村的农民来说，通过旅游与城市游客的交往，使他们开阔了眼界，增长了见识，也了解了市场信息。这对于乡村的经济发展发挥着极大的作用，在很大程度上给乡村剩余劳动力创造了就业机会。比如在开展旅游以后，云南昆明的石林、红河州沪西县的阿庐古洞、丽江的泸沽湖等地很多农牧民靠旅游实现了脱贫致富，又如广西龙胜各族自治县的"龙脊梯田"、观光农业使农民得到了实惠。

与其他很多层面的影响一样，主客交往产生的经济领域的影响同样也存在某种程度的负面影响。其根本原因在于，当地居民看到旅游创利的更多好处，为了满足大量蜂拥而至的游客的需要，有可能造成短视行为，不顾一切地建造旅游住宿、交通、购物等配套设施。需要强调和特别指出的是，土地需求的增大势必会导致地价的上涨，特别是旅游热点地区表现得尤为明显，这将直接影响当地居民住房条件的改善。而随之产生的土地投机行为又会造成当地社会其他有关方面的种种利益冲突，最终将会威胁到东道地区资源的合理利用和旅游业的可持续发展。实际上这些不良后果将直接或间接地由当地居民来承担。

3.2.2　主客间的相互交往对双方思想和观念的影响

除了经济上的影响之外，主客之间的相互交往也给双方带来了思想和观念的碰撞。尤其对于当地居民而言，世代相传的生活方式和价值观念可能也因为大量游客的到来而发生改变。一方面，主客间的交往唤醒了当地居民的市场意识。中国经济进入快速发展时期，人们收入增加了，但承受的工作压力也越来越大。身心的紧张和疲惫使人们怀念原始、平淡的生活，渴望在大自然中放松心情。因此在很多大城市的周边农村，一到假日就会出现不少城里人的身影。从那以后，一种被称为"农家乐"的旅游方式开始从城市周边地带逐渐扩展到中国的很多乡村。

另一方面，在当地居民与游客的逐步沟通和了解过程中，当地居民的审美观、道德观、婚姻观、消费观等思想和观念都不同程度地受到影响。比如，乡村旅游的发展促使主客之间的交往进一步加深，主客之间良好的沟通、交流和相互的认知和影响，促使在旅游需求市场上出现了新的成员——农村旅游市场。一方面，村民是基于自己出去旅游的想法。另一方面，是基于到本地旅游的游客的认识。经济的发展使得一部分农村居民在经济上已经有了外出旅游的能力，而且农民的旅游意识逐步增强，二十年前，在广大农村居民眼中旅游可能不知为何物，而在今天，农村居民对旅游认识却发生了深刻的变化。国家计委社会发展司曾在农村做过调查，假定有钱之后怎么消费，旅游高居第二位，农业结构调整和农业生产率的提高使农村居民外出旅游在时间上更加灵活和充裕。

但同时由乡村旅游而产生的主客之间的交往给他们原有的平静生活也带来了诸多不便，甚至破坏了他们传统的生活格局，城市游客的一些不文明和不雅观的行为可能导致当地居民的不满甚至抵触，尤其是一些"行为污染"，在当地居民看来，他们的行为是对传统文化和风俗的肆意践踏。

3.2.3　主客间的交往对当地自然、生态和人造物质环境的影响

综观对于各种旅游形式之于东道地区环境的影响分析，更多的是研究人员综合对世界各地的相关情况和经验

总结出来的负面结论。在乡村旅游的主客交往过程中也存在类似的情形。首先，由于旅游项目的开发者在规划有关的项目建设时，片面考虑迎合游客的兴趣所在和审美观点，忽视甚至根本不顾及该项目建设同周围景观环境的协调，或者进行非控制的商业性开发，以致造成永久性的破坏。其次，由于游客频繁的旅游活动，作为当地地貌特色如农业胜景等将遭到严重侵蚀，同时旅游者丢弃的大量废弃物如果处理不当，对环境的破坏会相当严重，甚至有些废弃物还会危及动植物的生存安全。最后，随着游客的造访，一些异地的植物种子或生命体可能会被带入东道地区，对该地区的生态系统造成侵害。

第4章　乡村旅游中主客关系研究

4.1　乡村公共空间的空间形态设计策略

（1）功能延续与更新

乡村公共空间既要满足现代化的功能需求，满足游客与居民的基本生活活动需求；又要发挥乡土空间特色，延续乡村文脉。因此对公共空间功能的定位，应基于三个方面：空间在乡村整个公共空间组构中的位置、公共空间的历史功能、空间对于周边人群的使用需求。为满足公共空间的多样性与实用性，"延续"和"更新"的结合应有所偏重。

（2）空间尺度的控制

乡村公共空间尺度的控制应遵循原空间尺度；在新增设功能的空间中，应考虑其对整体乡村空间的影响。应有其重点营造小尺度空间，有利于促进人群交往的机会；在街巷、村口等中尺度空间中，应注重对乡村建筑形态印象的建设；对于大尺度空间，不应存在于乡村聚落空间内部，应环绕在建筑群之外，重点结合远景的自然景观，不要破坏整体的乡村自然风景。此外，大尺度和中尺度空间中，注重小尺度空间的穿插，以形成适于人交流、休息的活动场所。

（3）乡土材料的运用

注重自然材料的提取与加工，减少不可降解材料的使用，尽量使构筑物与设施的材质从自然来，可向自然去，减少环境污染。通过发挥乡土自然材料的肌理，体现乡土特色的魅力。此外，通过对乡土材料的混合搭配，可形成具有自然艺术特性的空间装饰设计。

（4）乡土色彩的运用

空间色彩影响人的情绪和行为。乡村具有丰富多彩的景观，色彩饱和度偏高，对比度较大，因此乡村的色彩具有活力、生命、温暖、鲜艳、静谧、人情味的特点。在乡村公共空间的设计中，将空间立面、界面、设施、软装、植物景观等不同元素结合这样的乡村色彩进行设计，将营造出乡土环境的空间氛围。

（5）乡土特色的公共设施

随着现代化发展、旅游业介入，许多城市公共基础设施也慢慢普及在乡村环境中。但是城市中极简、工业元素等标准化的公共设施将破坏乡村的自然环境，因此设施结合乡土设计，利用自然材料、乡土颜色、传统工艺等，以"意象、隐藏、装饰、点缀"等手法，进行乡村公共设施的标准化设计。

4.2　乡村公共空间的场所精神营造策略

（1）传承乡村宗族文化精神

乡村割断了文脉，即没有了生命。乡村因为有了宗族文化、乡村民族文化这样的精神纽带，形成了和睦、齐心的"居民社区"。注重对乡村文化、精神的传承，不仅是对新农村社区凝聚力的重要途径，也是突出乡村特色文化底蕴的重要亮点。因此，需要从宗祠、庙宇等重要的文化场所进行挖掘与拓展。

（2）重现乡村场景记忆

居民因有了共同的记忆，而更加信任、更加珍惜相互之间的感情。游客因场所中曾发生的故事、历史而产生兴趣，体验地域文化。乡村公共空间的使用功能、物品陈设、建筑装饰等都是场所记忆的寄托。

（3）公共艺术"创作"与"重释"乡土文化

艺术设计将提高人居生活品位和质量，将传统的乡村公共设施或物品陈设进行艺术创作，重释乡土文化精神，将传统与现代有机结合。

4.3 乡村公共空间的公共活动定位

（1）"慢生活"理念的乡下生活

离开电子、虚拟的数据，在乡村公共空间中，去感受自然农耕、采植戏水、放空冥想、交谈下棋等生活活动，既是游客旅游模式的一种状态，又是乡下最简单的生活状态。在不同的乡村公共空间人群进行功能活动定位时，应围绕这样的行为状态，进行空间功能、环境氛围、公共设施等的设置。

（2）共同参与乡村民俗活动

乡村民宿活动是乡村文化的一方面，也是乡村地域特色之处。具有历史文化的公共空间设计中，考虑乡村民俗活动所需要的设施与空间的尺度，对空间场所精神、空间活力有重要作用。

（3）建立乡创文化交流空间

乡村活动只有结合现代生活，才能达到城市居民的生活需求，达到现代化建设的要求。建立乡创文化交流空间，不仅能够提高村民的文化修养，也可有效地传承乡土文化工艺，使乡外人参与乡村工艺活动，是游客体验乡土文化的一种新方式。

第5章　基于主客共生视角下的乡村文化活动中心设计研究

5.1 设计战略背景

乡村振兴的七条实施路径，其中之一就是必须传承、发展、提升农耕文明，走乡村文化兴盛之路，而新时代的乡村文化也应该在继承既有的优秀乡村文化的基础上，结合新时代的特征与要求，进行重塑。西方文化对中国文化的影响剧增，加之外来文化渗透、各方面继承和保护欠缺、乡村文化自身"免疫能力"较弱等原因，中国乡村文化慢慢失去特色，出现了不同程度的同化。中国乡村文化也面临着不同程度的衰落之困。

（1）凝聚认同功能减弱

改革开放以后，农民逐渐开始参与城市化建设，他们认为乡村文化已经不能创造经济价值，使乡村生活共同体逐渐消散。

（2）经济促进功能降低

城乡二元结构导致的贫富差异，使大量农民特别是青年农民纷纷逃离乡村，对发挥粘合剂作用的乡规民俗的认同性逐渐降低，造成农村成为"留守者的农村"。

5.2 设计目的

本次课题研究基于主客关系的探讨，加以乡土文化为背景，为村民提供一个文化传承的载体空间、日常活动的集散场地，同时为游客提供一个文化保护和传播的体验场所，完善景区的配套设施，为龙门崮景区的发展注入新活力。相较于当代大多数村民活动中心因长期封闭而失去活力的使用状态，公共活动中心的设计希望通过开放而鲜活的空间场景，延续村庄独有的生命力，以多样的空间体系、本土化的材料语言和充满自发性的建造手段，将有形的空间载体和无形的场所精神融为空间本身的建构逻辑。

本次课题研究从两个方面切入，第一，是对于公共空间的思考。首先希望该空间能够成为村民的庇护场所，能够带来心灵上的归属感；其次也能够为村民提供"再就业"的机会，拉动经济发展，创造经济来源；最后，希望能够通过该建筑空间的设计，展示当地特色，为游客展示当地劳作流程，提供参与和体验空间。第二，对于文化与建筑融合度的思考。首先建筑要融入当地的语境下，融于场地，重塑村庄公共性；其次，也需要满足建筑成为乡村文化生活的一部分。

5.3 设计重点

本次课题研究提出乡村文化活动空间的物质空间场所设计策略，使乡村公共空间场所唤醒记忆的同时，符合现今人们在生活、交往上的需求，从而延续地域文脉、寻回失落的乡村归属感、构建起在当下社会具有生命力的乡土记忆。

（1）通过对建筑单体及周边环境的分析与探讨，从空间场所的尺度、材质、色彩等多方面，对乡村公共空间的乡土记忆表达进行研究与实践。

（2）通过对乡土文化的研究，抓住乡村的"乡土"特质，追寻独特的集体记忆。

（3）提高乡村公共空间品质。

（4）对于本土文化独特性的挖掘与传承是非物质文化遗产保护的重要任务，也是乡村公共空间建设的重要内容。

（5）延续地域文脉、唤醒乡土记忆，帮助村民寻回失落的家园感、归属感。

乡村公共活动空间是乡村居民与游客享受公共文化福利和艺术文化生活的主要空间场所，不仅增加城市与乡村居民间的互动与交流，一定程度上提高村民素质水平；也能以开放多元化的姿态，传承延续传统乡土文化，具有指认、认同、聚集、归属、交流和满足等特征。

5.4 项目概况

5.4.1 龙门崮田园综合体

龙门崮田园综合体位于三庄镇西部，规划面积约25.47平方公里，以龙门崮景区为中心，覆盖周边6个行政村，区域内总人口2357户、6582人。该项目全面整合"山、水、林、田、村、景区、民俗、文化"等自然人文资源，规划建设了综合服务区、田园社区、耕读研学体验区、现代农业产业示范区、乡村度假区、高标准杂粮林果产业发展区、田园康养农旅创新区等"七大版块"，全力打造融农业旅游、文化休闲、养生度假、户外运动等多种功能为一体，以康农产业为导向的耕读山水田园综合体。项目采用"政府+公司+合作社+农户"的方式，以新东港控股集团为实施主体，吸引天宁等多家民企参与，2018年被评为省级田园综合体试点。

具体工作中，主要做了"四个融合"：

（1）生态融合。坚持绿水青山就是金山银山，在全力保护当地自然原生态的前提下，实施了管道输水灌溉、沟道整理、土地整理以及水库修建等工程，积极推广高效生态循环的种养模式，在涵养水源、减少面源污染等方面持续用力，确保生态优势更加凸显。

（2）产业融合。一方面，充分挖掘利用区域内林果、杂粮、中草药产业优势，建设现代农业科技园、产业园、创业园，打造农业产业集群，不断做大做强传统特色优势主导产业。另一方面，积极推进农业与旅游、教育、文化等产业融合，做好"旅游+""生态+"文章，将这一区域打造成为重要的旅游目的地。同时，通过打造精品民宿等形式，积极盘活农村房屋等闲置资源，使农民获得房屋租金、打工工资、土地分红收益等多项收入。预计到2020年，区域内农民纯收入达8090.8元，增长指数约为21.6%。

（3）文化融合。结合当地世代形成的风土民情、乡规民约、民俗演艺等资源，挖掘文化内涵，打造体验农耕活动、乡村生活习俗、文化礼仪等各类项目，真正使游客望得见山，看得见水，记得住乡愁。

（4）人才融合。以农村集体组织、农民合作社为主体，积极吸纳区域内劳动力就业，并为返乡技术、知识型青年提供创业平台，确保返乡人才留得下、用得好。

5.4.2 区位分析

1. 行政区位

规划区位于山东省日照市东港区三庄镇北部。

2. 经济区位

规划区位于环渤海经济圈与长三角经济区的交叠地带，同时联结山东半岛城市群和鲁南经济带，处于两圈交会处、两带联结地，这为龙门崮·田园综合体的发展提供了较好的经济发展基础环境及广阔的客源市场条件。

3. 交通区位

（1）公路

国道：G1511、G15两条高速，其中G1511位于规划区南部，为东西走向，入口距离规划区35.5公里，行车时长约38分钟。

省道：S335、S336、S222（含山海路）、S613四条道路，其中山海路是与规划区交通关系最为紧密的道路体系，是进入规划区的必经之路。

（2）高铁

鲁南高速铁路（建设中）东起日照，与青连铁路日照西站接轨，向西经临沂、曲阜、济宁、菏泽，与郑徐客运专线兰考南站接轨。

（3）航空

规划区距离日照山字河机场44公里，行程时间约40分钟，现山字河机场开通的航线包括至北京、上海、沈阳、海口、太原、成都、郑州、重庆、广州、大连、西安、深圳、厦门、天津、杭州、济南、哈尔滨、兰州（夏季)、武汉长沙、昆明等全国多个大中城市航线。

5.4.3　自然资源分析

(1) 地形地貌

规划区以岱崮地貌类型(中国第五大岩石造型地貌)为主的山体成群耸立,雄伟峻拔;林地覆盖率较高,适宜发展康养综合体及特定文化创意产业。

(2) 气象水文

规划区属暖温带湿润季风区大陆性气候,四季分明,旱涝不均。无霜213天,年均日照2428.1小时,年平均降水量878.5毫米。可按季节性景观进行规划打造。地下水补给性差,补给水源主要依靠降水,蓄水能力弱,可依托区内三庄河沿岸打造河道生态系统,以点带面逐步发展。

(3) 土壤生物

划区生态环境较为原始、脆弱,土壤具有多样性特点,主要为棕壤土类和棕壤性土亚类,有机质含量偏低,土质较为瘠薄,需有针对性的开发利用。生物资源丰富。

5.4.4　历史文化资源分析

(1) 刘勰和《文心雕龙》

刘勰,南北朝时期著名的文学理论批评家,著有《文心雕龙》。《文心雕龙》全书共10卷50篇,是中国文学理论批评史上第一部有严密体系的、体大而虑周的文学理论专著,刘勰历经四年呕心沥血著成。

(2) 耕读文化

耕读文化从最初强调的"自立自强"精神,到"勤耕立家,苦读荣身"的耕读文化,再到"耕读传家"的人本精神,其内涵随着时代的更迭在不断变化和丰富。放眼现在都市,"亲近自然以静悟流年,寄情山水而通达义理",这已不仅仅是简单的生存环境的需要,更是对一种生活方式的认同和交融。

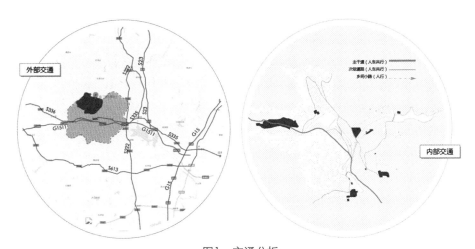

图1　交通分析

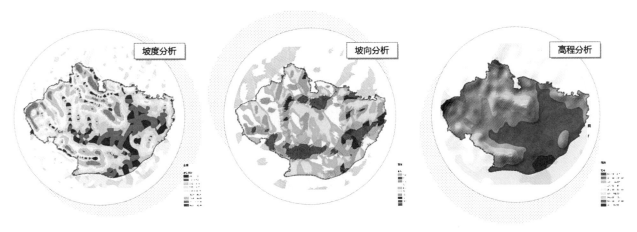

图2　区位分析

（3）崮乡文化

规划区受岱崮地貌影响而产生的各类风土人情，逐渐形成了独具魅力的"崮乡"文化，"一村一风景、村村有特色"的文化格局为田园综合体的打造奠定了基础。

5.5 设计理念与设计手法

（1）语境——中国乡村生活的共同本质

在中国的每一个村子，无论是河南、山西、四川的盆地平原，还是浙江的河谷山村，村与村的空间模型是否都会具有共同的意识形态？风水朝向和自然地景怎么诠释？聚落肌理和组织结构是什么？寺庙祠堂和公共空间的位置在哪里？宗族社会和生产关系怎么理解？差异只是地理与制度层阶上的，对于乡村真正的使用者——"人"，都拥有着共同的生活质地。面对当下如荼展开的乡村建设，作为建筑师的我们，如何能保住中国乡民这种站在田埂或坐在院子前的板凳上，看山看天的那份自在？

在乡土的社会与基地上，小区的肌理与质地不只是空间与地景的，同时也是社会与文化的。同样是宗族社会和看天吃饭的农民，在生产方式、土地产权、土地政策和小区关系的不同语境下，不同地方建筑与文化传统固然有差异，人性内涵与乡土的本质其实往往是接近的。

乡村生活的共同本质即农田菜地和聚落尺度，晒谷晾衫和邻里生活，大树竹林和溪流远山，还有村民坐在屋子前的板凳上，看着天地变化的那份悠闲自在。

（2）态度

美国的地理学者那仲良提出中国的村落是一种叙述教化的空间，也就是一种述说儒家伦理教化故事的社区空间。村落内从祠堂里的木刻雕花到家宅里的对联匾额，讲述的都是忠孝节义与兄友弟恭的儒家伦理。徽州棠越村口13个牌坊沿着道路延伸到田野，每个牌坊都是一个教化的空间叙事，一种集体历史记忆的公共空间。江南村口的亭子常常是很重要的公共空间，"望兄亭"或"望夫亭"这种带叙事意义的公共空间，代表一种儒家意识的宗族关系，同时也是一种赋予空间意义的社会过程。

在龙门崮风景区这样的过程中，是否可以把公共空间的设计同时转化为一种小区意义成型的社会过程？是否可以通过对空间形式与日常生活对场所的理解与掌握，甚至村民和持份者参与的营建过程，让这些村落空间成为叙事的村落空间？龙门崮风景区上崮村的四合院民宿餐厅，周边的茶亭、农产品陈列馆，以及后面的舞台，都是结合民宿与小区公共空间的营造，也是让旅客与村民共享叙事空间的尝试。

本次设计也将长方形会堂背后的立面打开，场地前侧中心区域设计了村民广场，将老街的城市空间一路延展到溪畔。会堂前后打开之后成为一个纵向的公共通道，可以是村民的结婚礼堂或者定期的农产品交易场，也可以是游客的休息点，成为一个村民和游客的叙事空间。

（3）轻柔的创新

乡村建设当然应该尊重村落的传统风貌形式，然而除了古迹纪念物的历史保护之外，乡村建筑也不应该只限于传统的形式延续。在现代建筑文化的语境下，建筑师面对传统与民居建筑的形式语境，应该如何延续整体风格？建筑师面对新的空间需求与材料条件，又应该如何反映当代？

乡村建设应该有几个假设：乡村之所以美，原因其一是建筑与自然环境的高度契合，其二是建筑个体之间的相似，与相似的组合机制而形成的整体。本文认为乡村建造的建筑设计应该是形态学的，因为形态学的设计能充分理解既有的建造肌理与形态逻辑，在特定形式逻辑下产生的创新变化，保证了一定程度的构造逻辑、生活的功能关系与尺度，以及建筑与建筑之间的整体感。

总平面标注图
Total flat marking
绿白打线标注图

01.入口牌坊
02.溪上连桥
03.徽派台阶
04.村口格树
05.徽派门楼
06.村口广场
07.无障碍通道
08.村口杂货店
09.水景
10.徽派片墙
11.过人景墙
12.文化产品陈列馆
13.农产品展示馆
14.农产品展示馆
15.乡村会堂
16.村民之家
17.晒谷场

图3 总平面图

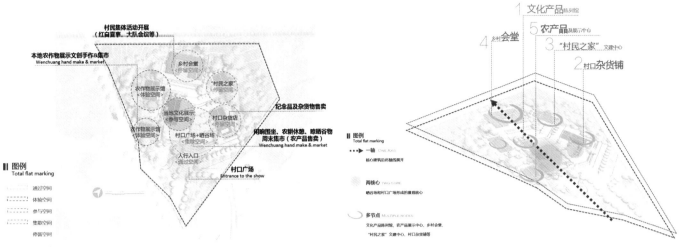

图4 功能分区

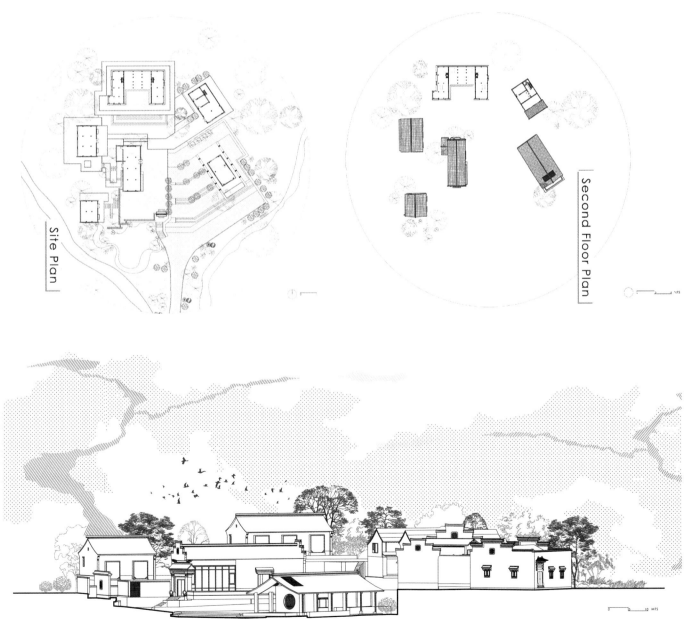

图5 平面图、立面图

因此，这次课题中的徽派建筑与地景环境之间的对话是十分重要的，在深入了解徽派建筑的建筑特点、充分理解既有徽派建筑的建造肌理与形态逻辑的基础上，进行创新变化，保证了一定程度的构造逻辑、生活的功能关系与尺度，以及建筑与建筑之间的整体感。

（4）建构再出发

传统建构体系的优点正是当代体系的问题，然而传统土木建构在当代建筑的语境下也有两个关键性的困境必须克服：现代生活对光线与景观的需求，以及大木材料资源的不可持续。当代乡村通用的建造体系是混凝土框架与楼板加砖墙的填充，也包括了和钢筋加强砖造柱墙体系以及木椽瓦顶屋架体系的混合。本次设计将采取钢木混合的形式，提高建筑的实用性。对于顶部及立面的思考，采取"开顶采光"加"取景开窗"的形式，引入自然光线，并且采用中国古典园林中"框景"的手法，对建筑及景观之间的关系进行探讨。

本次建筑设计部分，将采用6号及12号基础模型，再加以微调修改。以共性加个性并存的形式，结合传统徽派建筑及山东当地的建筑形式进行建构再出发。

在未来更深入和更广泛的研究条件下，应将"主客共生"理念实践于更多乡村案例中进行研究，从而得出更加严谨、完善的评价体系和设计策略。

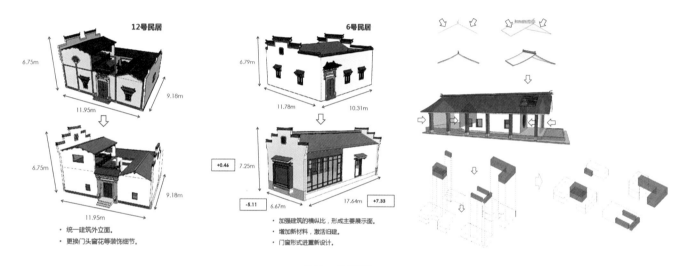

图6　分析图

图7　鸟瞰图

总结与展望

　　土客共生，相互共赢是乡村旅游建设可持续发展的有效途径。旅游带来的商品化经济会逐渐消融文化差异性，但是地域性和多元化的乡土特色是乡村可持续发展的重要条件。总体来说，本文探讨了基于主客关系乡村公共空间在旅游介入的形势下，如何既延续传统村落物质与精神文脉，又适应现代化生活的要求，而进行公共空间的适应性设计。

　　中国乡村是承载中华文明的土地，乡村公共空间记载着村子的历史、回忆与情感。因此，挖掘乡村文化独特性，延续乡村文脉，提高公共空间的人居环境质量，回归和谐淳朴的邻里关系，是美丽乡村建设的重要使命。本次课题研究是针对当下乡村旅游建设中所产生各种弊端与矛盾而提出的可持续性的解决策略，并以乡村公共空间作为研究对象，提出的"主客共生"理论。但是，也存在一些局限问题，例如由于时间限制及团队人手问题，调研的研究案例相对较少，就只青岛日照市东港区龙门崮田园综合体一例，具有一定的特殊性，因此得出的结论还不够完善，研究结果不排除存在一定的偶然性。

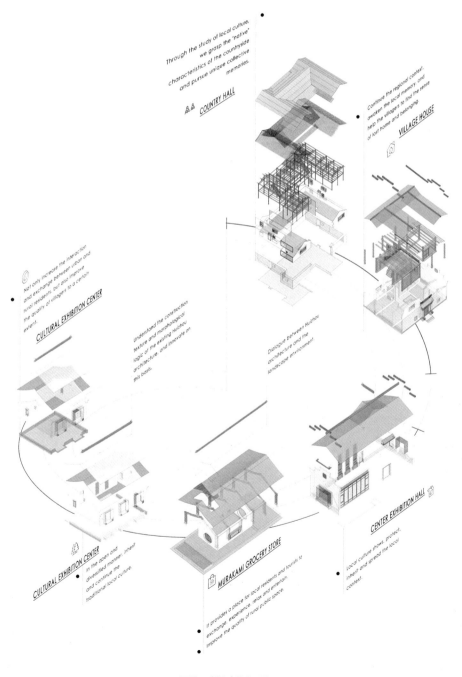

图8　轴测分析图

传统徽派民居与地域空间的整合与共生

The Integration and Symbiosis of Traditional
Hui-style Residence and Regional Space

山东省日照市徽派文化旅游体验区设计

Design of Huizhou Cultural and Tourism Experience Area in
Rizhao City, Shandong Province

吉林艺术学院
朱文婷
Jilin University of Arts
Zhu Wenting

姓　　名：朱文婷　硕士研究生二年级
导　　师：刘　岩　副教授
学　　校：吉林艺术学院
专　　业：环境艺术设计
学　　号：170307123
备　　注：1．论文　2．设计

传统徽派民居与地域空间的整合与共生
Tho Integration and Symbiosis of Traditional Hui-style Residence and Regional Space

摘要：徽派民居是传统民居建筑的代表，但随着经济社会发展与新兴建筑行业的兴起，徽派民居建筑的保护与传承面临人口流失、人们保护意识淡薄、旅游开发生搬硬套等问题。在这个大背景下，在整合传统徽派建筑与地域空间的基础上，将特色传统工艺文化作为独特文化资源，引入体验式旅游概念，以期为当代乡村振兴战略中的特色小镇建设提供参考。

本文从分析、归纳传统徽派建筑空间的特征解析出发，对当地建立了空间基本约束和空间缺陷的新视野。同时对徽派建筑传承与创新产生新的认识和思考。基于"整体空间"的认识，构建了传统徽派民居整体生态空间系统的结构框架；从延续地域文脉、挖掘生态体系经验、注重地域文化与工艺的双重回归等方面建立了应用的策略，并建立了与地域空间整合共生理念、地域性适宜的技术路线，以及徽派民居整体生态空间的设计原则。

最后，以山东省日照市龙门崮建设试点为实践对象，在地域文脉、传统研究的基础上对徽派民居建筑与地域空间及特色传统工艺文化进行了整合与共生，将理论应用到实际案例中，为传统徽派建筑提供新的发展方向。

关键词：徽派民居建筑；地域空间；传统文化；整合与共生

Abstract: Hui-style residence is the representative of traditional residential architecture. However, with the development of economic and social development and the emerging construction industry, the protection and inheritance of Hui-style residential buildings faces problems such as population loss, weak protection awareness, and hard-moving tourism. In this context, on the basis of integrating traditional Hui-style architecture and regional space, the traditional craft culture as a unique cultural resource is introduced into the concept of experiential tourism, in order to provide reference for the construction of characteristic towns in the contemporary rural revitalization strategy.

This paper starts from the analysis and summarization of the characteristics of traditional Hui-style architectural space, and establishes a new vision of space basic constraints and space defects. At the same time, it has a new understanding and thinking on the inheritance and innovation of Hui-style architecture. Based on the understanding of "overall space", the structural framework of the overall ecological space system of traditional Hui-style residential houses was constructed. The application strategy was established from the aspects of continuing the regional context, tapping the experience of the ecosystem, and paying attention to the double regression of regional culture and crafts. The concept of integrating symbiosis with regional space, the technical route suitable for regional and the design principle of the overall ecological space of Hui-style residential buildings have been established.

Finally, taking the pilot project of Longmengu construction in Rizhao City, Shandong Province as the practical object, on the basis of regional culture and traditional research, the integration and symbiosis of Hui-style residential architecture and regional space and characteristic traditional craft culture were carried out, and the theory was applied to the actual case. It provides a new direction for the development of traditional Hui-style architecture.

Keywords: Hui-style residential architecture; Regional space; Traditional culture; Integration and symbiosis

第1章　绪论

1.1　课题研究背景与起源
中国广大农村具有世界上最大量的传统民居，这些普普通通的乡土民居植根于悠久的历史文化，以其特有的空间形式、丰富多彩的文化生活内涵，以及严谨的建筑结构，展示出几千年各民族人民在不同的地域环境、社会文化下所创造的智慧与财富，是我国历史长河中最宝贵的建筑文化遗产，其中徽派民居就是极具代表性的传统民居之一。

徽派建筑是中国古代社会后期成熟的建筑流派，地域文化特征极为鲜明，是古代徽州社会历史文化的见证，有着在中华民族文化下的成熟而完整的建筑体系，在形式上，不同于北京四合院方正、单一的组合形式，也不同于其他中国南方民居的建筑构成。对于徽派民居的研究，不仅是对于传统民居建筑类型的完善，同时也是对徽州文化的传承。

然而，当今建筑师将现代科技的力量施加于城市建筑的时候，较少关注农村普通民居的建筑需求和发展方向，而只是以城市的建筑模式去影响传统民居的建筑模式，这就会出现各种"东施效颦"的现象，只是单纯刻意地复制外在形式，特有的地域和文化特征逐渐消失，经济与历史文化价值的冲突越来越大，经历了千百年才形成的传统民居及其文化正面临着消亡的威胁，集千百年所蕴含的丰富生态体系经验也将随之消失。因此它的自然演进和异变需要引起人们的认真关注与研究，如何在地域空间的限制下将徽派建筑体系及其内在精神融入并传承下来，注入新的活力，是徽派民居未来发展必须面对的问题。

1.2 研究的目的及意义

1.2.1 研究的目的

本文力图结合理论层次和实践项目，运用系统论的观点进行多层面的综合分析研究。面对当前"普世文明"冲击下复杂的社会文化转型，在注重建筑形式发展和建筑环境的各种矛盾的同时还要面临传统文化逐渐淡化消逝的客观现实。本文立足于传统徽派民居的解读与分析，从生态环境和文化传承视角来解读当今现代建筑地域化的营建方式和发展趋势。将现阶段的研究成果加以补充、交流、完善，试图创造可借鉴的经验和策略，这也是该论题的研究目的所在。

（1）经济视角

本文试图通过传统徽派民居与乡村文化旅游的共生模式提出解决办法，引导乡村经济振兴的发展模式研究。

（2）文化视角

借鉴传统、因地制宜，将文脉、传统、习俗等与现代人居环境理念相合，大力发展以地方材料与文化特色为核心的适宜性技术，传承和发扬传统工艺精神。

（3）生态视角

在挖掘传统徽派民居地域空间特质的基础上，协调空间系统的物质能量平衡与生物种群的共生关系，引导民居的绿色再生设计实践。

（4）体验视角

从营造传统徽派建筑的"整体生态空间"出发，研究如何同时满足当地居民和游客的需求，恢复人们内心对传统文化的追求和与大自然的联结。

1.2.2 研究的意义

中国徽派民居在建筑发展史中拥有辉煌的成就，是一笔具有巨大价值的建筑遗产，地域性与时代性相结合成为新时期现代主义建筑的主要创作方式。而现代建筑文化的发展造成了环境污染，人居环境不断恶化，自然资源过度消耗和浪费，地区文化逐渐消失。为缓解自然资源的消耗，建筑设计、建造及其使用都应建立在生态文明的思想核心下。本文将传统徽派民居与地域空间的关系进行分析、归纳及整合，应用于龙门崮特色文化旅游体验区的建筑及景观设计中，在丰富理论研究的同时完成自我完善与突破，促进乡村旅游升级和创新。使民居的现代化"整体生态空间"在自然环境中形成一个良性的自我循环生态系统，并依靠自身沿着可持续发展道路演进下去。创造出符合现代人需求的环境友好型建筑，使建筑富有中国特色并符合生态文明时代的要求。

1.3 国内外研究现状综述

无论是发达国家还是发展中国家在追求高技术形成的个性化建筑产物的同时，都在做着对现代建筑的自我批判，可移植性的现代建筑除了赋予视觉冲击之外，所带来的是大量的"产后"副作用，能源的巨大消耗、地方文化的消逝等。因此西方国家的地域建筑、中东地区的地方性建筑及国内的中国风建筑等的理论及实践应运而生。各地在主张以绿色为理念并能体现地域特色的建筑文化来抵御普世化的冲击，但又不是高筑城墙将之全部拒之门外，而是将进步意义的精华取之运用，与现代建筑文化结合发展。

1.3.1　国内研究现状综述

徽派民居建筑代表徽州建筑在中国的建筑史上占有重要的地位，加卜徽州文化历史悠久，因此对徽派建筑的研究也非常之多，对文物的保护相关研究及立法都相当全面。近年来，中国建筑师及徽派建筑研究学者对徽派建筑的研究取得了一定成果，出版了许多关于徽派建筑测绘及研究的书籍，从历史文献到图片解析，从文字说明到风景画册，资料种类繁多，信息量大，但这些资料大多都立足于宏观角度，不足以对徽派建筑的发展产生一定影响，针对徽派民居群落体系的理论还很薄弱，涉及建筑深层的文化内涵和细部分析等方面，还没有一个系统的、完善的结论，很少以地域性空间的角度对徽派建筑进行调整，因此此次选题显得更有必要和意义。

1.3.2　国外研究现状综述

世界各国都存在着具有本土或民族传统特色的民居，这些乡土建筑自古以来就维持着人类的生存与繁衍。国外对民居的研究大致有三种趋向：

（1）以美国、日本及欧洲一些技术发达国家为主，把现代高技术直接应用于民居的设计建造，取乡土建筑的形态而创造出具有时代特征的新型民居，这类民居是西方国家技术与经济高度发展的产物。如德国的低能耗住宅、著名建筑大师托马的实践活动。

（2）以第三世界为主的发展中国家，从提高原住居民的生活水平或开发旅游经济出发，进行传统民居的研究与改造工作。如对沙特阿拉伯西南地区传统村落的研究、印度建筑师查尔斯柯里亚的实践活动、埃及建筑师哈桑法塞的实践活动。

（3）国外学者，如日本、美国等，对中国传统民居的研究。这类研究往往与中国学者合作，注重考据史料的建立，以及对民居中传统文化意蕴的解析，或者对民居某一特质进行的大量客观数据测试与主观问卷调查的了解。如对陕西党家村的研究、对陕北窑洞的研究等。

然而在国外对传统民居的众多研究中，很少有专门针对中国古代建筑体系研究的专著，而对于中国地域性建筑艺术即徽派建筑艺术的研究就更少了。鉴于此时的国内外研究现状，我们更应该面对徽派建筑体系的研究与发展加以总结，填补其中的不足。

1.4　研究内容与方法

1.4.1　研究内容

本文首先阐述了课题研究背景、研究目的及意义、国内外研究现状、研究内容与方法以及框架进行初步确立。其次对理论进行分析和相关概念阐述。梳理传统民居的概念及内容、地域特质的概念与内容、共生概念阐释以及相关案例的分析。研究传统徽派民居设计，并提出现阶段面临的主要问题。然后对传统徽派建筑的特征进行解析，其中包括徽派建筑的地域性、文化特征、美学特征及民居的空间形态解析。通过上述分析，进行传统徽派民居"整体空间"的思考与研究。对传统民居"整体生态空间"的应用进行对策研究，通过整体生态系统的结构框架，分析传统徽派民居的结构框架表达及实践意义；从发扬传统及文脉、符合当地地貌的整体适形、注重地域文化与工艺的双重回归三个方面分析对地域空间系统的应用策略；建立从地域出发的整合与共生的适宜技术路线及分析整体生态空间的设计原则。最后将理论应用于实践。从项目的背景介绍、基地概况、建筑形态等出发，基于与地域空间整合共生的角度，营造特色文化旅游体验区，对各空间的功能、地势形态的推演进行分析，并加入智能旅游平台。实践验证理论，通过对项目的实践，引发对传统徽派民居整体生态空间的思考与总结。

1.4.2　研究方法

（1）收集资料和文献。一切理论的研究和科技的发展都是渐进式的，在借鉴、学习及吸收前者的成果基础上才能有所突破、提高及不断完善。因此收集资料和文献并对其进行研究学习是第一步骤。本文不可避免地运用同一研究方法，在最初阶段就着手收集国内外各种关于传统文化传承及对具有传统地方特色的地域性建筑、可持续发展的相关资料文献，为传统徽州民居的现代传承和创新进行分析研究做好前期准备。

（2）实地调查。要在原有理论基础上获得突破，实地调查是必不可少的阶段，任何的科学研究都不可避免。通过实地调查才能更深刻地去分析影响研究的各个因素，为结论提供可靠的实体支持。在本文写作之前及过程中就对徽州民居进行了实地调查和研究，对论文的完成提供有力的帮助。

（3）归纳总结。在阅读并分析大量文献资料后，结合实地的调查研究，归纳总结出传统徽州民居的地域环境、类型特征、技术元素、生态理论等。

（4）案例分析。对用现代建筑语汇表述传统徽州民居精神、价值的实例进行分析，进而通过研究总结传统徽派民居的主要创作手法。

1.5 论文研究框架

本文五个部分按照提出问题、分析问题、解决问题、应用实践和总结的顺序对文章的结构进行归纳整理。

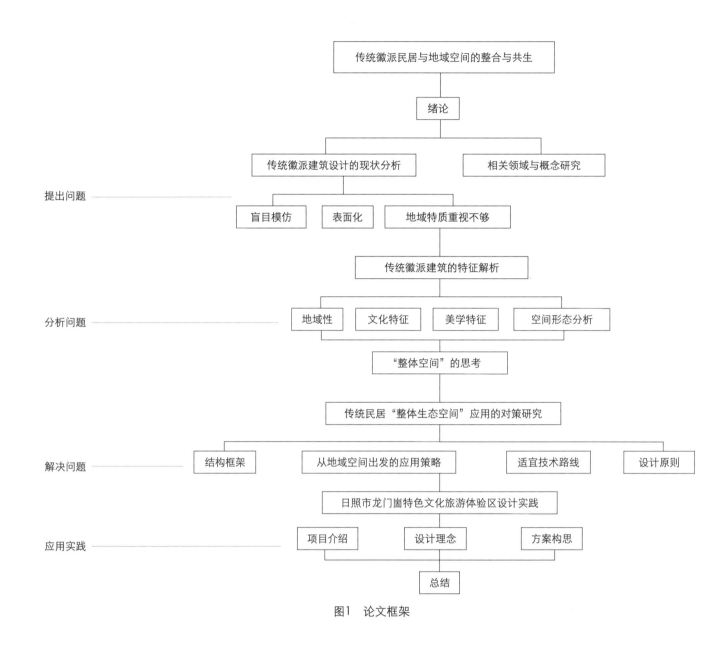

图1　论文框架

第2章　相关领域与概念研究

2.1 传统民居的概念与范围

传统民居是由文化素养、民族习惯、地区自然条件、经济条件、技术等因素形成的独具特色的居住建筑形态。传统是经过历史沉淀的，得以延传流变的社会因素，是由各地文化、宗教、信仰、道德、艺术、风俗、思想、心态、制度等形成的不同文化形态。它形成于过去的经验对现代产生规范性和定向性的影响，具有普遍性、传承性和演进性。民居就大体而言是非官式的，限于日常生活领域的居住环境，其内涵应扩大到村寨聚落和城镇中与生活相关的各类建筑。

中国传统的民居建筑形式可从宏观和微观两方面来看，宏观方面是指古村寨、聚落、街区布局方式、建筑群体组合形式等，微观的则是就建筑单体而言，如建筑空间组合、平面布局、结构及构造形式和表面装饰等。建筑空间组合是指居民按照家庭组合、生活方式、社会制度、信仰观念等社会人文因素形成的民居建筑空间形式，具有鲜明的时代特征和社会特征。平面布局和结构则受地形地貌、气候、经济水平、材料及技术发展等条件影响。而建筑表面装饰则取决于地方传统建筑美学观。

2.2 地域空间的概念与内容

地域是指一定的空间范围，其范围包括两个层面：一是自然地理上的划分，山川、平原、河流等自然地理因素等。二是由一定社会形成的具有同一文化特色的传统习俗等。而地域空间则是包括了文化层面和自然地理层面，是指在一定的地域环境中与文化相融合，打上了地域的烙印的一种独特的文化。

2.3 共生理念的概念界定

共生是不同的个体之间、生命体之间、共同体之间、人与自然生命和宇宙生命之间的和谐共存与共在，是人类社会的基本存在方式之一。本文的共生是指设计在走出模拟形式限制的同时又在地点和时间上表现出谦和的对话。这种"犹豫"在保守与创新、个性与融合、感性与理性之间的设计理念可以使建筑文化的拓展更加趋于有机和必然，从而达到建筑与场地的共生。

2.4 案例研究

2.4.1 建筑形态与内部空间上的借鉴与创新——黄山云谷山庄

这类作品多吸收传统徽派建筑的平面布局形式，天井及内庭院的应用表现了对于传统空间形式的尊重与继承，也使新建筑本身具有传统的人文气息，如黄山云谷山庄。

图2 远景

图3 入口大门

图4 绣楼

黄山云谷山庄位于黄山云谷寺索道附近，自然环境优美宁静。建筑充分结合山区地形，依山就势，错落起伏，与自然环境取得良好的协调。建筑群分为五个区域，围绕着数个庭院展开，其间松竹环抱，溪回九曲，层层跌落。建筑以传统的皖南民居风格为主，借鉴江南园林的一些形式，在周围自然环境的映衬下越发显出清新淡雅、朴素含蓄的地方特色。建筑室内外空间尺度亲切宜人，以二、三层为主，具有民居气氛，内敛而不张扬。在材料及色彩的运用上，延续皖南民居的粉墙青瓦，并运用地方性的竹、石、木与预制装饰构件相结合，对于徽派建筑的材料创新做了一些尝试。

云谷山庄的创作力求使建筑布局、体量、造型与环境融为一体。在建筑布局上，以低、散、小为基本构思，化集中为分散，使建筑水平延伸，充分融入自然环境中，同时，以自身生动灵巧的造型、宜人的尺度去衬托山势之雄奇。汪国瑜先生将"地方的习性色彩、民居建筑的风韵格调、园林空间的含蓄情趣以及山野朴实的自然气息"在这一建筑中融为一体（图2~图4）。

2.4.2 提炼传统徽派建筑符号的创新尝试——徽州文化园

该项目位于安徽省黄山市徽州区。设计发展和完善了一期的设计理念，充分展现出徽州地域建筑的基本精神，力图将建筑、环境与文化融为一体，对传统徽派建筑符号加以提炼和创新。传统民居是中国建筑文化的基本本源之一。它是在特定的自然和人文环境下，经过长期的文化积淀而形成的完整语言符号系统，其内在的秩序和规律所表达的独具特色的"方言"风格全息包容了现代建筑的本质。在传统价值的整合和转换中，认识到应以今天当代人的生活方式、生态意识和哲学观点，寻找传统民居思维方式、理论气质、价值取向、内在意蕴的相似和一致，进而超越传统。

徽州文化园以徽州园林和徽州民居为典型的"基础文本"，探寻其静谧内敛的秩序，感悟其陶然世外的建筑话语，在其原有的建筑语言系统上，用现代人的观点，架构出新的方言体系，模拟数百年前的精神家园，"思接千载，神然方外"（图5、图6）。

图5 徽州文化园取景一

图6 徽州文化园取景二

2.4.3 徽派建筑在类型上的创新——泾县皖南事变烈士陵园

徽派建筑形式在不同类型的建筑中加以应用，突破了传统上认为徽派建筑设计类型受到限制的观念，如泾县皖南事变烈士陵园等。

20世纪90年代初期落成的泾县皖南事变烈士陵园，是运用现代手法，借鉴传统徽派建筑文化，结合地域环境所创作的一个比较成功的设计作品，赋予纪念性建筑以现代地域文化特征，在纪念建筑与地域传统文化的结合上做了可贵的尝试，大胆地突破了徽派传统建筑在人们脑海中婉约、秀丽、质朴的定势思维，从而为地域传统的创作开拓了新的领域。

陵园及纪念碑位于泾县城郊水西山，占地2.5公顷，包括入口、主题广场、神道、神门、纪念廊柱、主碑、碑廊、无名烈士墓等。设计着力于纪念性氛围的营造，通过空间的收放、层层推进和行进视线的组织控制，使人的情感体验逐步升华。圆形的主题广场运用集中式构图手法，纪念廊以柱环绕而成，入口神门吸取了徽州牌坊的形象特征。纪念廊以及碑廊的墙体在徽派墙体的基础上进行了简化，为了配合广场的纪念氛围，一改以往世俗性的喧闹感，在细部及体量的处理上更为厚重、稳健。层层的白色的墙体宛若花环，与周围的青山形成鲜明的对比，更突出了陵园安详、肃穆的氛围（图7、图8）。

2.5 本章小结

面对信息化的时代，地域建筑文化的发展速度越来越快。而作为徽派文化的重要载体，徽派建筑的创作也是一个动态、发展的过程。虽然本章所列举的实例大都是20世纪的作品，但通过对它们的研究，能够揭示出徽派建筑的发展方向，为未来新徽派建筑的创作启发一些新的思路。对建筑地域性和建筑文化的探讨一直是业界热点。当前，面对传统与现代所发生的碰撞，人们在不断积极努力地探索如何创作出"现代的"、地域性的、与环境和谐共生的建筑。从上面所列举的实例中可以看到，建筑师们在探索"新徽派"的过程中历经艰辛，艺无止境，并取得了丰硕的成果。新徽派建筑在经历了20世纪的创作高峰后，必然会引起更大的关注和发展。

图7 主碑广场鸟瞰

图8 纪念廊

第3章 传统徽派民居的特征解析

3.1 徽派民居的地域性

3.1.1 徽派民居的地域性特点与内涵

在徽州地方文化圈中建筑及群落有着强烈的地域性，给人以特殊的地域感和认同感。它与该地域以外乃至附近地区的建筑及群落都有着明显的差别。从民居单体来看，苏州民居同样多天井、庭院，平面布局追求灵活，立面多向外开敞。徽州民居则平面布局讲究规整，立面多内向封闭，整体空间具有安全包覆感的内聚性。从街巷形态来看，江浙一带水乡中的道路同样布局自由，尺度狭小。而与密如蛛网的徽州街巷相较，前者更多的是随水系走向自然生长，高宽比不大，因而显得亲切；后者更多地是由人为规划，高宽比很大，因而显得森严。从村落整体来看，处于浙江东南部的村落同样处于依山傍水的环境之中，也经过了完整严谨的规划。而与徽州村落相较，前者是多蛮石原木却形体独立的朴素房屋，形成整个村落宽畅爽快的风格；后者是多雕梁画栋却个体隐没的深宅大院，形成整个村落封闭防范的特色。通过上述的对应比较，我们可以看出徽派建筑是一个独立的、特色鲜明的建筑文化圈，在我国的地域性建筑中闪烁着特殊的光辉。

徽州建筑的地域性同样包含了自然环境、人文环境和社会环境三个层面，它们共同构成其地域性丰富的内涵：一是徽州传统民居是人类适应自然环境的产物，具有丰富的生态学意义；二是徽州传统民居是千百年历史文化的积淀，具有深厚的文化底蕴；三是徽州传统民居是社会生活的物质载体，具有深刻的社会学内涵。

3.1.2 影响徽派建筑地域性的因素

1. 自然因素

（1）气候条件

徽州气候湿热，属亚热带湿润季风气候，域内四季分明。徽州古越为非常适合山区丘陵地带湿热气候的干栏式建筑，经过后来汉人移民的改造，融合了北方中原的四合院礼制形式，成为新型厅井楼居式民居。因为日照已不是第一需求，北方移植来的院落在此缩小成为采光排水的天井。隔栅地板的铺设则有利于防潮。徽州的湿热气候也是当地街巷狭窄的原因之一，街巷两侧的高墙在巷道中所形成的阴影有利于人们遮阴避阳。徽州村落背山面水的选址同样出于对气候条件的考虑："背山"可以挡住冬日的寒流，"面水"可以满足居民的用水需求，而且水可以调节小气候，创造优美的村落环境。

（2）地理环境

徽州民居地处山区，聚族而居，其外形颇有"取法自然"的意味：跌落的马头墙与起伏的山脉相映衬，平淡的单体汇成气氛强烈的群体效果。村落的选址布局往往依山傍水，因地制宜地考虑山势水体。一方面高山险滩形成的天然屏障有利于抵御外族的侵略，满足了村民安全上的需求；另一方面也限制了其与外界的交流，使徽州民居村落长期处于原生状态。

（3）地方材料

徽州地区多山，山体以花岗岩、花岗闪长岩和石英砂为主，坡度陡，积层薄，容易引发山洪，难以开山种田，但徽州的山地适于种植松、杉、毛竹等。所产杉木木理通直，坚韧耐腐，是上等建筑用材。

徽州出产的石料与木材为徽州建筑风格的形成与发展提供了物质条件。建筑外部是砖石砌筑的高墙，内部则是穿斗与抬梁相结合的木结构。徽州建筑中精美的砖、木、竹、石"四雕"，也是源于本地的材料。

2. 社会人文因素

（1）社会组织结构

徽州是以血缘关系为主的宗族制度来形成其社会组织结构的。同姓同血缘的聚族而居，形成一个以同族血缘亲族集团为核心的封闭社会，具有排外力，对外界的各种观念、行为方式有天然的排斥力，同时内部成员之间有紧密的沟通。

徽州民居是宗法伦理制度的物质载体。宗法伦理在合院上体现为位序的空间观念，具体体现在等级的尊卑和礼仪上，使得住宅形成以血缘亲疏来划分组团和区域的院落。院落的发生与生长是围绕天井进行的，徽州民居大部分对外封闭，因而庭院天井是其不可缺少的部分，再小的住家也有一方天井。

（2）社会经济形态

徽州与中国古代大多数地区相类似，也是以农耕经济为背景，其民居与村落的选址营造都会自觉来满足农业经济生产与生活的需求。但与其他地区单纯的农耕经济相区别的是其商品经济的发展，它改变了徽州地区的社会经济结构。

徽州地狭土脊，田少民稠，从而徽商兴起。他们远涉异乡，从事商业，"富而张儒、仕而护贾"，在明清时期的社会经济中占有举足轻重的地位，形成"无徽不成镇"的局面。徽商经济条件及社会地位的变化，必然影响其生活起居，争相炫耀其阔绰。表现在民居住宅中，自然是外为重楼飞檐，高墙深院，内则雕梁画栋，珠栏绣窗。尽管地处穷乡僻壤，依然高楼成风。

（3）传统文化因素

首先，风水理论是徽州文化中对待自然环境时朴素的生态观，它体现为"蕴藏生气"的空间观念，影响到建筑营造的各个层面。

其次，起源于徽川的"程朱理学"推崇的是循规蹈矩的礼仪，加强了封建宗法伦理下徽州建筑的礼制，形成徽州建筑及群落内敛、封闭的个性。同时理学在艺术中则强调主体精神，重神轻形，视淡泊为雅、为真，视五彩为邪欲。这一点令黑白这对超然理性的无色之色演绎出徽州独特的建筑语言。

最后，徽州受儒、道互补的思想影响，社学林立，文化艺术流派众多。另外，徽州"外向型"经济和"儒贾"特征，使得业已构成的文化圈源源不断地汲取四面八方的文化精华，充实了自己的地区文化。在深厚的文化根底上，产生的徽派四雕、徽派盆景、园林等传统工艺丰富了徽州民居的装饰细节。

3.2 徽派建筑文化

徽州历史上至秦代置黟、歙两县至今已有两千年以上的历史，受山越文化和中原文化的影响，尤其在明、清时期教育发达、徽商兴盛、经济殷实，当时徽州人才辈出，逐步形成了国内外很有影响的"徽文化"，徽州文化具有鲜明的地方特色，但又充分体现了中华传统文化的特质，是中华文化的组成部分。徽派民居雅致，祠堂宏丽，牌坊雄奇，三雕精美，具有鲜明的艺术特性、技术性、布局整体性和历史展示性，文化性的特点是"徽文化"的重要分支。

（1）风水观念

在经济技术条件落后农耕文明时代，人们认为上天是主宰，从自然出发来设定人的存在的古典生态观，并通过想象用现实中的环境去附会自然。这种风水理论外表具有宗教的神秘色彩，实质上是古代人们朴素的自然观与生态观的表现，是一种"天人合一"的观念，即对自然的顺从和适应。

（2）哲学思想

朱熹以及程朱的创始人程顺、程颐兄弟原籍都在徽州。其中朱熹多次回到徽州讲学，弟子众多，影响很大。理学思想在徽州得到了彻底的贯彻和实现。"礼仪之国，有先王遗风焉"，这里推崇的是知书达理、循规蹈矩。程朱理学赋予了徽州建筑内敛的品质与淡泊的色彩。

（3）风俗习惯

风俗习惯反映着当地人们所特有的行为模式，包含了他们对生活朴素的寄托与愿望。徽州由于处于多山地区，较为闭塞，因此在各种传统节日与典礼中形成了自己独特的风俗。正月间的舞龙灯是婺源重要的风俗活动，它不仅烘托了节日欢快的气氛，而且具有其内在的意义。龙灯的长短象征着家族中男丁的多少，而农耕经济中，家族的兴旺是以此来衡量的。因此舞龙灯这一民俗直接关系到家庭、氏族以及生命繁衍的内容，从而世代沿袭。这种行为中所暗含的男尊女卑的思想在徽州民居深闺窄院的布局形式中得到了物质的体现。

（4）徽商的影响

徽商在中国社会产生了深远的影响，是中国传统社会两大商业派系之一，足迹遍及全国。徽商的发展积累了大量的财富，为徽州文化的发展提供了雄厚的物质基础。他们捐置田产，兴办书院，培养了大批的人才。同时，徽商在潜移默化中影响了当地人们的价值观念。中国传统社会对商业是极其蔑视的，"士、农、工、商"中以商为最低阶层。然而经商在徽州已成风气，为人们所接受和推崇。但即使经商，他们也以儒家理论规范交易行为，保持着亦儒亦商的特质，在其经营活动中表现出以诚待人、以信接物、以义为利，徽州的建筑也体现出中庸对称的祥和感。

（5）宗族制度

徽州宗族有其典型的聚族而居制度，由宗族掌管族内的一切事物。康熙《徽州府志》中记载："千年之冢，不动一坏；千丁之族，未尝散处；千载之谱系，丝毫不紊；主仆之严，虽数十世不改，宵小不敢肆焉。"这种现象的产生是由三方面的原因产生。第一，迁入徽州的移民多为躲避战乱的中原大族，凝聚力强。第二，徽州自然条件恶劣，族居可以协作生产，共同抵御灾祸。第三，徽州人大量外出经商，也强固了宗族的力量。牢固的宗族制度一方面促进了当地的经济发展，另一方面也对其有一定的束缚。它使徽州建筑遵循着严谨的礼制，体现出封闭的个性。

3.3 徽派民居的美学特征

3.3.1 建筑形式之美

徽派民居是中国传统民居中具有代表性的一种住宅形式。它的外形大多为四方体，一般分两层，外面白墙高耸，里面的房子沿四周布置，都是两层以上的楼房，屋面向院内倾斜，形成"四水归堂"的形式。外面的白墙上很少有装饰，也很少开窗，即使开窗也都是在二层开些小的窗户，粉墙连片成块，更易形成点、线、面的造型几何，因此增加了建筑的体量感和完整性。整个外墙唯一的装饰集中在主入口的大门处。徽派民居很注重大门的装饰，门头的装饰可以看出这户人家的地位和等级。墙的上端，有层层跌落的马头墙，粉墙与黛瓦形成鲜明的色彩对比，形成线的运动，自由而有节制，活泼而不轻佻，节奏明快，韵律感强。因此，徽派民居独特的外部形象就可以从它独特的外墙、大门和屋顶这三个主要方面来与其他传统民居相区别。

(1) 外墙

外墙在整个建筑中的作用不言而喻，它划分建筑内外的边界，对于居住在里面的人来说，墙外就是外边，墙内就是家。具有这样功能的墙，不仅是空间上的边界，同时也是人们心理对于家这个场所的边界。因此，外墙具有防御和保护的作用。这点在徽州民居建造时体现得尤为突出。徽州人外出经商的比较多，留在家中的都是一些老弱妇孺，他们缺少自我保护的能力，因此，徽州民居的外墙都建造得很高，也很少对外开门开窗。徽派民居的外墙还有一个与众不同的作用，就是防火。因为徽州地少人多，楼与楼之间的距离非常近，然而徽州民居内部多采用木质的结构，这样一旦一户着火，很容易就波及周围的人家，形成一片火海。出于防火的作用，每家每户的外墙都砌筑起高高的砖墙。因此，也就形成徽州民居如此高大封闭的外墙。

然而徽派民居外墙给人的第一印象就是简洁。所有的墙面都是白色的，只有经过岁月的洗礼而留下的斑驳痕迹，如此简洁的外墙，它的变化主要表现在墙体的上部，墙体的上部以小青瓦做成墙檐，墙檐类似于人字形的小屋顶，墙檐上还有屋脊。山墙上部的边缘线不是水平直线的，而是设计了一些台阶状的折线，这就形成了徽州民居的一大特色——马头墙。这些折线变化形式非常多样，也为本来平淡无奇的外墙造型增添了艺术的灵性。那静止、呆板的墙体，因为有了高低起伏的马头墙，从而显出一种动态的美感。

(2) 大门

门作为建筑的门脸，它的地位和意义不言而喻。因此，即便是行事低调的徽商们在大门建造时也是不敢怠慢的。徽派民居的大门，由石库门和门楼两部分组成。石库门是由石头门框和石头门槛围合的大门。早期的门板表面用竹片镶嵌作为装饰和保护层，或用水磨砖蒙面加铁钉；后期的门板一般用铁皮包面，加圆泡钉。门楼则由门楼顶和门罩两部分组成。门楼顶就是从上面墙面出挑出来的一个屋顶，这个屋顶并不能给大门遮阳避雨，主要目的是装饰。门楼顶的下面是门罩，门罩的中心是匾额，匾额的四周是雕刻花板。门楼是一栋房屋砖雕最精美的地方，是一个家庭的"颜面"，因此也格外讲究。

(3) 屋顶

徽派民居的屋顶从外面看往往都被四周高高的外墙所遮挡，因此，单从山墙的外面只能看见层层叠落的马头墙，而很少看见中国传统建筑中的坡屋面。从民居的外侧，只有局部可以看见坡屋顶；而从建筑的内部看，可以很明显地看到坡屋顶的形式，而且四周的坡屋顶都朝向天井倾斜。徽派民居的厅堂屋顶一般都是采用人字形的双坡屋顶，厢房采用的多是单坡屋顶。但是与其他传统民居不同的是徽派民居的屋顶都是向中间的天井倾斜的，即便是单坡的厢房屋顶也是朝向天井倾斜，从而形成"四水归堂"的形式。因为整个建筑四周都被高高的马头墙所围合，所有的采光通风都是通过中间的天井进行的，所以无论是正房还是厢房都朝向天井。明清的徽商认为雨水都流到自家的院子里是一种"聚财"的象征，是俗话说的"肥水不外留"的形象表现。徽派民居的屋顶造型是丰富多样的。从高处往上看，聚族而居的村落中，高低起伏的马头墙，给人视觉产生一种"万马奔腾"的动感。错落有致，黑白辉映的马头墙，也会使人得到一种明朗素雅和层次分明的韵律美的享受。而徽派建筑内部的坡屋顶形成的"四水归堂"的形式，又会给人亲切自然的感受。徽派民居内外两重天的感受，在屋顶的造型中也有体现。

3.3.2 建筑装饰之美

徽派民居的装饰艺术在中国传统民居中也是不容小觑的。众所周知，徽派民居除了它独特的建筑造型和丰富的文化底蕴，它精湛的装饰艺术也深深地打动着人们。在建筑的外立面中，虽然尽可能地减少装饰元素，但是作为一个建筑最主要的入口门头处，徽派民居还是毫不顾忌地进行了装饰，而且在建筑的屋面和马头墙这些细节处也做了装饰。这样的局部装饰使得徽派建筑的外立面虽然简洁，但是并不简单，还是有很多值得欣赏的装饰细节。而徽派民居的内部装饰就更是美轮美奂，令人叹为观止了。独特的"砖雕、木雕、石雕"三雕艺术早已成为徽州民居的一大特色，三雕的雕刻手法多样，有线刻、浅浮雕、高浮雕、透雕、圆雕和镂空雕等。其表现内容和手法因不同的建筑部位而各异。这些木雕均不饰油漆，而是通过高品质的木材色泽和自然纹理，使雕刻的细部更显生动，也使得徽州"三雕"极具美感。除此之外，其美感还来自于对材质、形态、色彩的协调运用以及对立统一美学规律的体现。徽派民居内部的装饰从梁架到门窗、栏板都经过细细地雕琢，更具有它独特的装饰元素。

3.4 传统徽派民居的空间形态解析

3.4.1 聚落空间形态

徽州聚落空间的布局受当地地理环境、风水观念、徽商文化和审美意识的影响，使得古徽州境内散落着无数具有鲜明地域特色的古村落群，形成徽州村落布局的特色。

徽州村落从整体规划入手，选址巧妙，地形地势独特，讲究风水。徽州地区四周群山环抱，中央地势平坦。溪流水塘遍布山冈丘陵，村落选址多因山循水。这种布局规划遵循了传统风水理论"负阴抱阳、背山面水"的理念，于河流的北面、山坡的南面建筑房屋，这样住宅可最大限度地接纳阳光，避免冬日寒风的侵袭，防止洪水的冲击，也有利于开渠灌溉。环境更好的村庄四周还有山丘围护，不仅使村落的防御性增强，还非常有利于合理的风向、温度、湿度，很容易形成温和的小气候。这样的布局在徽州并不少见，被列入世界文化遗产的徽州宏村就是很好的代表，其东、西有东山、石鼓山环抱，北靠雷岗山，南面羊栈河，选址可谓"得天独厚"，平面布局也趋尽善尽美，可谓是风水极佳的宝地。

3.4.2 建筑空间结构

作为中国具有价值性民居之一的徽派民居在建筑空间上具有独特的设计，皖南民居中的"厅井"空间是别具一格的，徽派民居的空间布局符合了古时候"四水归堂"的风水原理。建筑的内部是半敞开式的天井空间，周围的房屋围合成中间的天井，这个空间的存在是将周围的建筑连接在一起。厅堂和天井的连接也颇具创意，厅堂和天井构成了"厅井"空间，这样的空间使得室内和室外的距离减小。厅井空间的设计，是徽派建筑中的一大特色，天井独立的空间在整个建筑中所占的面积并不大，它南向的长度大约只有3.5~4米，在整个的建筑中占的面积为8%~25%。这样的一个小空间周围是高大的围合建筑，形成了特有的庭院式建筑布局，这样的空间，不仅仅使围合的室内空间外延化，拉伸了室内的空间深度，也使得外部的天井通过室内空间的外延得到自身空间的延伸。

作为皖南徽派民居代表的西递的建筑特色值得研究，西递古村落的整体形态类似一条船，民居建筑具有保存完好的明清古村落的风貌，西递的周围被山体所环绕，整个村落由一条主干的街道以及两条靠近水道的道路为主要的轴线，整个村落的道路全部以青石面板铺地，青色的石板经过岁月的冲刷更显其年代久远，充满沧桑感。徽派民居建筑主要以木构架结构为主，中国民居中不仅仅是皖南建筑，大部分的传统民居都是木结构为主的，丰富多姿的砖雕和石雕的大量运用使得整个民居的审美艺术感提升很多。皖南西递的庭院民居的设计都将庭院放于前庭的位置，当然，这种设计布局并不是单一的，有的也会将其置于其他位置，但是都是合理的布置，民居院落的景色设计精巧，在特别有限的空间里将园林的设计创意手法引入，在悠然散步的时候可享受园景。园林中漏窗的运用充分地将有限的空间划分为多个小景观，借用这些不同的园林元素所塑造出的别样空间给人们创造出交错重叠以及隐约的神秘感。其他的比如一些门洞的设计和槅扇等的加入都起到了这种似有层层空间的效果，在引起人们无限遐想的同时也带给我们更多的设计启示。

3.5 传统徽派民居的"整体空间"思考

传统徽派民居在现代科技发展与社会经济水平提高的物质条件下，正处于进化的关键路口，对于新时代的建筑师来说，仅仅关注民居的建筑形式与设计是远远不够的，民居作为一个复合的生态系统，具有其独特的空间特性与生态特质，因此在帮助民居选择进化的道路，为民居进行规划设计时，应从民居的空间要素出发，综合其生态系统的物质能量流及与之相适应的综合科学技术，以此构筑民居的"整体"生态空间，从而创造民居生态系统的可持续进化与发展。民居的整体生态空间应从民居的功能出发，综合考虑地域与环境的共同作用、传统与文化的含义表述，以及生态化适宜技术的合理选择，在为民居创造符合居民心理习俗、地域文化的建筑形象的同时，注重解决空间约束所显示的空间缺陷，在提高适宜舒适水平的同时，协调空间系统的物质能量流的平衡与生物种群的共生关系。使民居的现代化"整体生态空间"在自然环境中形成一个良性的自我循环生态复合系统，并依靠自身的自净能力沿着可持续发展的道路演进下去。

3.6 本章小结

对于现代建筑的历史传承的研究，主要是以当地的历史文脉研究为基础，设计出具有当地地域特色的现代建筑。本章以传统徽派民居的生活模式为基点，重点对徽派建筑的地域性和文化性进行了解析，分析讨论了徽派建筑美学特征和民居空间形态，以探索民居生态系统演进的内在规律与动因。

最后，从现代性观念出发，对科学技术对民居的作用进行了哲学的认识与批判，研究与指导民居的发展，应用生态化技术使民居的"整体生态空间"在自然环境中成为一个自我良性循环的生态系统，并依靠自身的自净能力沿着可持续发展的道路演进下去。

第4章 传统民居"整体生态空间"应用的对策研究

4.1 传统民居整体生态空间系统的结构特点

4.1.1 整体生态空间系统结构表达

民居整体生态空间系统结构具有以下三个特点：

（1）从"整体"性概念出发，综合考虑传统民居的建筑属性与生态属性，将徽派民居与地域空间整合得以共生，以此发现需要最优先解决的设计问题。

（2）民居整体生态空间系统是一种包容了民居建筑体系与生态系统中各要素的集合关系，其各种影响因素的权重与敏感量度具有不均衡变化的复合关系。因此，在民居的发展演化中，每一种因素的量变都可能影响整个民居的质变以及发展方向的改变。因此，对民居发展的引导工作非常重要，建筑设计应以"引导"的方式注入决定民居发展方向的关键要素，促使民居有序地向着绿色再生的可持续发展方向进化。

（3）整体生态空间系统框架最终要通过建筑形式与生态环境的良性平衡来体现。因此，在建筑设计中体现生态学原则与理念，在生态系统调控中体现传统文化与现代人居环境理念都是必不可少的，它们是整体生态空间系统框架的核心概念。

4.1.2 整体生态空间系统结构框架的实践意义

（1）为建筑师提供清晰的理论框架与设计策略

整体生态空间框架从建筑最本质的空间出发，由建筑轴心与健康生态轴心构建了对传统民居的整体认识。在建筑师熟悉的建筑要素中，融合了生态系统的认识与环境因素，为建筑设计提供了清晰的理论框架与指导性原则。同时，对各种因素的解析使得框架中各要素层次分明，易于针对不同的民居、不同的经济能力决定不同的重要设计因素，从而形成可行的设计策略，指导特定民居的绿色再生工作。

（2）为传统民居的绿色再生提供整体视野

整体生态空间框架，包含了对传统民居空间完整的描述。其完整性体现在对建筑系统的全面解析、传统的继承、文脉的延续以及对生态系统的客观认识。复合人工生态系统的能流物流认识、各种生态位与种群关系的认识等，把对传统民居的认识从建筑学的视野提升到生态学与生态工程学的层面，因而对民居的绿色再生扩大了视野、明确了方向。

（3）为传统民居的生态化与科学化确立新的思路

传统民居的可持续发展要避免重蹈现代城市环境危机的覆辙，就要探索生态化和科学化发展的途径。整体生态空间框架是在分析认清民居基本建筑系统与生态系统基础上，构筑民居的绿色再生，因此它是以科学化与生态化技术为基础，为民居可持续发展探索的有效途径之一；是建筑空间内涵在新时代中的外延，亦为建筑师提供了生态化与科学化认识的新思路。

4.2 从地域空间系统出发的应用策略

4.2.1 延续与发扬传统及文脉

传统具有普遍性、继承性、演进性与习惯性的特征，它包含了地域特征和民族特征。传统对于现代建筑创作具有重要的价值，因为历史是经验，是智慧之门，人类社会是在历史的启示与沉淀中前进的。因此继承与发扬传统是民居设计策略的重要方面。民居中的传统具有多种表现形式，可以归纳为以下方面：

（1）环境意识

传统的环境意识表现为"趋利避害"，适应自然，利用自然。如村落选址的"依山傍水，负阴抱阳"，"风水"思想的生态效应，景观效应与心理效应等。

（2）空间理念

传统民居空间表达了"生活天地，人伦秩序"，其特殊的庭院空间，又反映了民居建筑的功能与自然性，以及人工环境与自然环境的互补特征。

（3）审美标准

传统民居中表现的审美标准是中和、平衡、适度，其布局均衡、造型稳定、比例和谐、尺度宜人、细部精致。同时传统民居建筑形式的象征意义表现出"形"与"意"的关联，具有自然象征、礼制象征、民俗象征等。民居中屋顶等细部做法，还具有功能性、装饰性、标志性等象征意义与审美追求。

（4）技术传承

传统民居多以土木结构为主，其土坯墙、夯土墙、墙瓦结构等延续了上千年，具有最悠久与古老的建造技术传承，至今仍有大量的民居依靠这些技术而生存，它们是传统中宝贵的经验积累，对今天的适宜技术具有重要的借鉴意义。文脉包含了传统以及民居与人、环境的关联关系，综合了传统、人、文化、技术等多方面联系。民居具有多彩而丰富的文脉，通过对民居中传统文脉的认识与理解，才能更好地把握和继承民居的精华所在，从而在新的人居环境中发扬创新。因此深入了解特定民居的传统与文脉，是民居绿色再生设计的首要策略之一。

4.2.2　符合当地地貌的整体适形

对民居建筑来说，我们对其所在自然地形的研究主要针对场地的高差分布，根据场地的平整度不同，在此可粗略分为平整地面、缓坡缓台两种。无论是哪种地形，都需要建立建筑与基地的紧密联系，对于不同的情况有不同的应对方式，以下将分别进行讨论。

1．平整地面的简单交接

在村落民居中，常见的平地地形出现在森林、草原、湖泊等地。平地地形环境不复杂，因而景区建筑采取的接地方式也较为简单，一般分为直接落地、悬浮和下沉三种。其中以直接落地类最为典型，应用最广泛，下沉和悬浮的方式一般都出于其他方面的考虑，如景观或气候等。综上，对于平地地形，景区建筑应尽量采用简单直接的坐落方式，充分发挥和利用平地的优势，在需要对其他因素进行特殊处理时，适当考虑下沉和悬浮的方式。

平整地面本身对景区建筑形态塑造提出的限制较少，因而建筑方面有针对性的反馈内容也不多，在此种情况下，不宜从地形本身建立建筑与天然景区环境的共生关系，在面对平整地形时，应充分发挥平地优势，提高建筑的经济合理性，并寻求在其他方向上建立建筑与环境更紧密的联系。

2．缓坡缓台的相互咬合

相对于平整地面，缓坡缓台是天然景区中最为常见的一种地形条件，其表现形式多种多样，有平滑的坡度，也有阶梯式的台地。景区建筑应充分利用地形变化带来的高差以及等高线的走势，顺应地形，与基地建立密不可分的联系。具体来讲，景区建筑呼应缓坡缓台地形的基本方式是咬合，但为了满足更多样化的功能和景观等需求，营造更加立体的建筑体验，进一步又衍生出在咬合基础上的悬挑。咬合关系的建筑对地形进行了削减，并以建筑体量补全被削减的部分，这样的处理能够营造建筑与基地相互穿插交融的整体感，尤其是当凸出地面的建筑体量低矮或至少有一边与地面齐平时，建筑与基地环境浑然一体；而悬挑处理的建筑在此条件下，则更多地表现出与天然景区景观环境的相互渗透，悬挑提供了一个容许自然元素介入的灰空间，加强了景区建筑与环境在空间上的联系。

4.2.3　注重地域文化与工艺的双重回归

文化与技术都是促进传统民居发展的重要动力学因素。建筑体现着文化的存在，文化因素影响着居民的主观心理感受、审美意识、希望与憧憬，因而也制约着民居物质形式的表现与空间形态的变化。技术是建筑的物质表现，技术因素决定着民居构筑的方式、表现形式、空间结构以及生命周期等，因而也引导着民居主流的进化方向。

4.2.4　建筑技术的地域性回归

建筑的根本使命在于，它在为人类的生理需求搭建物质遮蔽的同时，为人类的心灵构建精神空间。在当今这个自然资源面临耗竭的世界中，作为人类活动的建筑还应以不破坏自然生态演进机制为前提。基于此，在传统民居的整体生态空间构筑中，需要强调建筑技术的地域性回归，即在倡导先进技术的同时，强调以地域社会的需求为立足点进行比较和选择，注重技术应用与地域自然生态环境的协调，勿以牺牲地域生态平衡、耗用地域自然资源作为技术应用的代价。注重技术应用与地域文化传统的协调，在建构技术的现代化进程中，努力保护地域文化结构的连续和完整注重技术应用与地域社会经济状况的协调，同时重视对传统技术的改进与完善，挖掘传统地域技术的潜力。在上述策略的基础上，达到在传统民居发展中技术与地域的自然条件、文化传统以及经济发展状态协调一致。

4.3　整体生态空间的设计原则

民居整体生态空间是从传统民居的建筑空间属性与健康生态空间属性出发构建的认识概念，是对民居复合生态系统的"整体"认识框架。用"建筑+健康+生态+适宜技术"可以简单地反映出其存在的基本原则。因此，在从整体生态空间出发进行民居的绿色设计时，应主要坚持下述设计原则。

4.3.1　对自然环境的关心与尊重

对自然环境的关心是民居整体生态空间存在的根本，是一种民居与环境共生意识的体现，它首先要求建筑师或设计者调整自己的心态，正确认识民居与自然的相依共存关系，以一种"轻柔地触碰大地的姿态"处理与环境的关系，给自然环境以更多的关心。这种关心主要体现在：

（1）对民居建筑场地的充分考虑。包括建筑的朝向、定位、布局，对地形地势的合理利用，场地气候的影响，对山川、河流、植被的考虑等。

（2）对节省能源的考虑。建筑能耗是建筑物对自然界造成的主要间接危害之一，因此应以尽可能多地降低能耗、提高效率为设计优化目标。

（3）对可再生能源的利用。在设计中尽量考虑利用可再生能源，如太阳能利用、天然冷源利用以及自然采光、通风、降温等。同时尽可能利用当地技术、材料与现代技术的选择性整合，形成切实可行的地域性适宜技术，以降低建造成本。尽可能使用无污染、易降解、可再生的环境材料。

4.3.2 对使用者的关注

民居由于历史原因及社会经济水平的限制往往处于边远贫困地区，而作为人类每日起居、生活、工作的微观环境，民居环境的品质直接关系到广大人群的生活与生产质量。因此，在构筑民居整体生态空间时，应给使用者足够的关心。

（1）注重传统与文脉的延续与发展，在建筑空间中注入文化、习俗、风情等要素，使传统的精华与含义得到继承，为居民塑造出他们自己熟悉与喜爱的生存空间。

（2）尽可能采用优选的适宜技术，利用自然的方法创造宜人的温度、湿度与通风环境，在尽量减少能耗的同时，保证甚至提高室内环境的舒适性。同时创造良好的光、声环境，为使用者提供安静、宜人的居住环境。

（3）完善信息流沟通与通信系统，使民居生态系统可以方便快捷地与外界系统交流信息。

4.3.3 保持居民与自然环境的沟通

传统民居自古至今始终处于大自然的环抱之中，民居的整体生态空间依然强调这种人、建筑与自然环境的"天人合一"关系，强调人与自然之间的田园共生与"鸟语"、"林音"的沟通作用，以此形成自然、健康、舒适的人居环境。强调保持庭院空间的自然性，在设计中充分关注民居庭院的功能作用、生态调控作用以及与农田生态系统及自然环境的关联关系。在发展庭院生产的同时，维持庭院的生态属性及绿色进化。建立与农田生态系统相适应的多层次自然植物与绿化系统，保障生物质能量流动的良性循环，同时净化小环境，改善小气候。使居民身处自然或接近自然的人居环境中。

4.4 本章小结

本章在讨论整体生态空间系统结构三个特点的基础上，从为建筑师提供理论框架与设计策略、为传统民居提供整体视野等方面讨论了其实践意义。

在整体生态空间框架基础上，从延续文脉、符合当地地貌的整体适形、注重地域文化与技术的双重回归等方面论述了应用的策略。同时建立了多学科整合的理念、地域性适宜技术以及引导民居绿色再生的技术路线。

最后，在上述策略基础上提出了传统民居整体生态空间应用的三项设计原则，以此指导民居绿色再生设计实践。

图9　项目地理区位

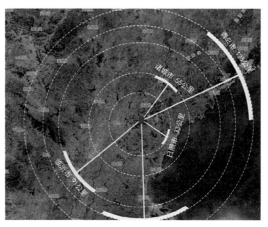

图10　周围城市关系

第5章　日照市龙门崮文化旅游体验区设计试点实践

5.1　项目介绍

本项目属日照市龙门崮田园综合体建设项目之一。在整合传统徽派建筑与地域空间的基础上，将特色传统工艺文化作为独特文化资源，引入体验式旅游概念，其研究建立在调研与分析的基础上，从数据统计到价值体系立体思考，构建设计场域的生态安全识别理念，挖掘可行性实施价值，提供有价值的理论及可实施设计方案。

5.1.1　项目背景

当前，中国农业正处于由传统农业向现代农业转型发展时期，农业与第二、第三产业融合，是国家引导农业转型升级的一个重要方向。田园综合体作为乡村新型产业发展的亮点措施被写进2017年中央1号文件，国家"支持有条件的乡村建设以农民合作社为主要载体，让农民充分参与和受益，集循环农业、创意农业、农事体验于一体的田园综合体"。国家规划田园综合体将成为"依托农村绿水青山、田园风光、乡土文化等资源，大力发展休闲度假、旅游观光、养生养老、创意农业、农耕体验、乡村手工艺等，使之成为繁荣农村、富裕农民的新兴支柱产业"。在当前国家大力推进农业现代化的进程中，田园综合体符合国家的现代农业发展和实现乡村振兴的发展战略，将迎来新的发展机遇。

5.1.2　基地概况

（1）地理区位

本项目选址于三庄镇龙门崮田园综合区内的花朵子水库下游上卜落崮村自然村王家河区域，基地总面积占地为5815平方米，海拔145米，由G1511、G1815两条国道和S335、S336、S222（含山海路）、S613四条省道组成主要的外部交通道路。以花朵子为基点进行延伸，自由村处于日照市、诸城市、临沂市、连云港和青岛市衔接的位置，优良的地理位置给村落的发展带来有利条件，但同时也促成了村内居民的向外流失。

（2）经济区位

规划区位于环渤海经济圈与长三角经济区的交叠地带，同时联结山东半岛城市群和鲁南经济带，处于两圈交会处、两带联结地，这为龙门崮田园综合体的发展提供了较好的经济发展基础环境及广阔的客源市场条件。

5.1.3　自然要素

（1）地形地貌

基地位于岱崮地貌类型（中国第五大岩石造型地貌）为主的山体。四周山体围绕，私密性较好，中部和东南部地势低，设计用地较为平坦。林地覆盖率较高，适宜发展康养综合体及特定文化创意产业。

（2）气候特征

属暖温带湿润季风区大陆性气候，四季分明，旱涝不均。无霜213天，年均日照2428.1小时，年平均降水量878.5毫米。可按季节性景观进行规划打造。地下水补给性差，补给水源主要依靠降水，蓄水能力弱，可依托区内三庄河沿岸打造河道生态系统，以点带面逐步发展。

（3）土壤生物

规划区生态环境较为原始、脆弱，土壤具有多样性特点，主要为棕壤土类和棕壤性土亚类，有机质含量偏低，土质较为瘠薄，需有针对性地开发利用。生物资源丰富。

5.1.4　人文要素

相传刘勰年少时家中贫困，常到龙门崮鸡鸣寺中读书，在文心洞静心炼文，后著成文学批评巨著《文心雕龙》，刘勰曾在三庄待过的这一段时间也成为他著成《文心雕龙》的重要时期。耕读文化最初强调的"自立自强"精神，到"勤耕立家，苦读荣身"，再到"耕读传家"的人本精神，其内涵随着时代的更迭在不断变化和丰富。放眼现在的都市，"亲近自然以静悟流年，寄情山水而通达义理"，这已不仅仅是简单的生存环境的需要，更是对一种生活方式的认同和交融。规划区受岱崮地貌影响而产生各类风土人情，逐渐形成了独具魅力的"崮乡"文化，"一村一风景、村村有特色"的文化格局为田园综合体的打造奠定了基础。历史文化资源主要有刘勰和《文心雕龙》、耕读文化、崮乡文化、龙凤文化及传统手工艺（黑陶、根雕、竹编、剪纸等非物质文化遗产项目），传统文化的元素使其具有独特性，形成具有感性因素的体验空间。

5.1.5　建筑分析

本次项目的主旨是在原有古民居的基础上加入徽派元素进行改造、更新。立足于徽派地域风格，以继承和延

图11 历史文化资源

续为主，并注入现代建筑思想与设计语汇，同时对其中典型性要素进行强化与发扬，在强调共性的同时追求个性，形成具有徽派建筑特征、蕴含徽文化内涵，并具唯一性的建筑风格。建筑单体均以皖南民居为原型，在具体设计时加以演变、异化，形成围合、半围合、开放、半开放等多种形式，注重体验空间。色彩以素雅为主，以黑白灰为主色调，注重协调黑、白、灰三者之间的比例关系。建筑色彩的淡雅较之于环境色调的浓烈形成对比，互为映衬。建筑均采用当地的材料，主体为青砖，外用白粉饰面，基座为乱毛石，屋顶为灰瓦，从材料上与当地民居之间保持顺承与呼应关系。

本项目在设计过程中保留了部分原始徽派建筑，与新建筑形成对比，将其布置在适当的地方，加上最典型的语言符号加以运用，以唤醒记忆、强化认识，使参观者及使用者产生不同的体验感和认同感。

5.2 设计理念

经过调研期间对历史文化和环境资源的梳理，了解到项目基地存在着非物质文化遗产手工艺等丰富的文化资源和原始风貌保存较完整的地貌特征，而现状却是没有将它们很好地保护及利用起来，这是对资源的浪费，也是传统手工艺者的无奈。所以如何将特色传统手工艺文化作为独特的文化资源，并在整合传统徽派建筑与地域空间的基础上，引入体验式旅游概念，营造出经济、文化、生态一体的文化旅游体验区是设计的出发点。试图将游客和村民的共同需求作为切入点，衍生出一系列配套设施，结合生态理念，使整个文化旅游体验区能推动当地经济发展的同时在自然环境中形成一个良性的自我循环生态系统，也为传统徽派建筑提供新的可能发展方向。

5.3 方案构思

通过对传统徽派民居优劣势的分析，总结出应该遵循因地制宜、共生共享、资源内生的原则和以特色传统文化手工艺为核心，创建有灵魂的特色文化体验区两大策略。围绕一个中心点，营造出具有内聚性的整体空间。

5.3.1 空间功能分析

整个区域根据北高南低的原始地势将地块呈阶梯状细分为六部分，分别是入口景观区、手工体验区、展示区、生活休闲区、艺术活动体验区和水景区。首先在入口和接待区前通过景观打造两个记忆点，是主要的景观展示区域；然后在进入入口后是三个手工艺体验馆，分别是根雕手工坊、黑陶手工坊及剪纸手工坊；在原有场地的基础上，增加了三个公共活动空间为人们休憩交流提供场地，分别为入口景观广场、文化广场和活动广场；以中间的传习馆为核心，代表着传统文化精神，为整个围合空间提供一个中心点，是重要场所；最后，生活休闲区和艺术活动体验区为游客提供生活、休憩和文化体验的场所。

5.3.2 平面布局

场地原始布局采用的是传统流线，空间紧凑，缺乏体验感，所以设计对此进行了调整，营造多重院落，增强围合感，注重体验空间。

在平面的布置上，充分考虑了建筑的各个功能之间的联系，采用了简洁的平面形式、合理的平面布局和优化的流线。整个平面布局是按照一个中心点、两个记忆点、三个公共活动空间加上一个主轴线、两个次轴线形成一个整体的围合空间。主要道路是以一个环形步道将各空间节点串联起来，简化空间组织和游览路线，突出整体感。次要道路是沿着外部道路的一条林间栈道，为人们提供健康运动的场所。游憩小道沿着河流贯穿整个体验区，给人带来直面的景观感受。场地节点以三个主要景观节点和一个主要景观轴线以及两个次轴线为主。并且在原有绿化的基础上，增加植物配比，使绿化率增加到百分之五十，保留自然与人之间的亲和力。入口节点与传习馆保留了原始徽派建筑，与其他徽派建筑形成新旧对比，让人们增强场地记忆感和体验感，注重人文情怀。

5.3.3　生态设计

在整合徽派建筑和地域空间关系的同时，在生态系统调控中体现传统文化与现代人居环境理念都是必不可少的。

（1）透水铺装

在铺装设计上采用透水水泥混凝土铺装和碎石铺装，并在透水铺装的透水基层内设置排水管，使得雨水能够通过铺装结构就地下渗，从而控制地表径流，进行雨水利用等。

（2）生物滞留设施

通过草坪地被和微生物的过滤，将地表水排至区内水体系统。与景观相结合，分布区域广，建设费用及维护费用较低。

（3）生态调节沟

地表水排至植物组团内，在植物组团内部发生雨水蒸腾、滞留与入渗，没有雨水时是枯山水状态，不影响整体效果。

5.4　本章小结

本章节主要是对龙门崴设计试点——文化旅游体验区进行了整体的布局规划设计，其中主要从项目介绍、设计理念与方案构思、功能分区以及节点设计、生态配置等方面展开描述，设计本着对徽派文化和传统手工艺的发扬为基本点展开，同时秉持整体性、文化性以及生态可持续性的原则，在尽量保持场地现原始生态格局的基础上合理利用山地资源。以特色传统文化手工艺为核心，创建有灵魂的特色文化体验区为发展模式，从营造传统徽派建筑的"整体生态空间"出发，研究如何同时满足当地居民和游客的需求，恢复人们内心对传统文化的追求和与大自然的联结。

结语

徽州传统的地域建筑文化是在其特殊的地理环境与人文环境背景中发生、发展的，因而表现出对于地域内自然因素与社会文化诸因素的良好适应性。事实上，它体现了一种不同文化意识与价值观念在建筑这一物质形态上的外在表达。在现代建筑发展的十字路口反观徽派建筑传统为代表的地域建筑文化，我们会得到许多有益的启示，这远非对考古学的热衷所能够涵盖的。因为，当人们走得越远的时候，他由之出发的那个坐标原点就变得尤为重要。这个原点使人们在不断远离自然、远离自我的路途中可以停下来，稍事休息，做一些深入的思考与取舍，而这一点对于任何文明的发展都是极为珍贵的。现代建筑的历程也清晰地揭示了这些思考的必要性，人们试图从地域传统中找回个性化、人性化的标尺，从而获得一种精神的归属感。然而，伴随着地域性的更新，传统地域的消失是无法挽留的现实。弗兰姆普敦曾指出的那种伤感的怀旧情结丝毫无济于事。地域在向着更为深远而广阔的方向漫延，"原风景"逐渐退却，融化在地域社会群体的深层意识中，成为更加模糊隐秘的"心象风景"。因而，地域传统延续过程中的那种表面化倾向只能让地域的记忆变得肤浅、僵化。新徽派建筑应当从对地域性的关注中找到支撑，而这正是它得以坚实构筑的重要出发点。

地域文化视角下的乡村旅游度假区设计研究

Study on the Design of Rural Tourism Resort from the Perspective of Regional Culture

山东省日照市龙门崮休闲度假区设计

Design of Longmengu Leisure Resort in Rizhao, Shandong Province

吉林艺术学院
梁怡
Jilin University of Arts
Liang Yi

姓　名：梁　怡 硕士研究生二年级
导　师：刘　岩 教授
　　　　于冬波 教授
学　校：吉林艺术学院
专　业：设计学
学　号：170306106
备　注：1. 论文　2. 设计

地域文化视角下的乡村旅游度假区设计研究
——以山东省日照市龙门崮休闲度假区设计为例

Study on the Design of Rural Tourism Resort from the Perspective of Regional Culture——Taking the Design of Longmengu Leisure Resort in Rizhao, Shandong Province as an Example

摘要：在人类长期生活的地域中，经过时间的更替、历史的变迁，逐渐形成独特的、具有代表性的特色文化，这种文化便是地域文化。地域文化作为地域历史、传统、民俗、精神的体现，其重要性是不言而喻的。近年来，国家对于乡村的重视不断提高，建设美丽乡村的热潮，导致城市千城一面的现象逐渐向乡村蔓延，乡村的地域文化逐渐被抛弃，乡村特色渐渐消失。随着我国的经济发展，国民生活水平不断地提高，人们对于生活的追求不断提升，乡村旅游受到消费者的喜爱。因此，地域文化的保护是乡村建设中不可忽略的重点。本文主要以地域文化的视角探索乡村休闲度假区的设计方法，挖掘乡村建设的地域化特色，保护乡村自然生态景观的完整性的同时加强特色设计探索，使整体乡村度假区设计具有完整性、体验多样性、独特性等多种体验感受。

文章主要运用了文献研究、调查分析等研究方法，结合实地考察，以山东省日照市龙门崮田园综合体为研究对象，对其自然环境和地域文化进行深入分析，应用理论联系实际的方法，对龙门崮田园综合体旅游度假区进行设计研究。首先，基本界定传统地域文化、乡村景观定义及其所包含的要素，并就其营造手法做了深入分析，明确了传统地域文化的保护意义。其次，对龙门崮的自然景观要素与传统地域文化要素进行提取分析，主要运用文献研究的方法，对地方传统文化进行挖掘与梳理，对龙门崮的地域人文历史、地域要素进行深入研究分析。最后，通过对地域资源的分类评价提取出地域特色的景观要素。对历史文化与特色民间手工艺进行保护，总结出融入地域文化思想的乡村休闲度假区设计新模式。强调对地域环境、历史文化、地域资源的挖掘与保护，并对其加以利用发展。研究目的在于从地域性文化的角度出发，探讨将地域性特色应用于乡村旅游度假区的设计方法。

关键词：乡村；地域文化；休闲度假

Abstract: In the region where human beings have lived for a long time, through the replacement of time and the change of history, a unique and representative culture is gradually formed, which is the regional culture. As the embodiment of regional history, tradition, folk custom and spirit, the importance of regional culture is self-evident. In recent years, China attaches increasing importance to rural areas, and the construction of beautiful rural areas has led to the phenomenon that a thousand cities is gradually spreading to rural areas, the regional culture of rural areas has gradually been abandoned, and the rural characteristics have gradually disappeared. China's economic development, with the continuous improvement of national living standards, people's pursuit of life is constantly improving, rural tourism is favored by consumers. Therefore, the protection of regional culture is an important point in rural construction. So this article mainly is from the perspective of regional culture to explore the design method of rural leisure resort area, excavate the regional feature of rural construction, protect the integrity of the country natural ecological landscape at the same time strengthening characteristic design, make the whole village resort design with integrity, diversity of experience and unique experience. This paper mainly uses the methods of literature study, investigation and analysis, combined with the field survey, in Shandong Province Rizhao City Longmen multifunction rural complex as the research object, in-depth analysis is made to the natural environment and regional culture, uses the method of theory with practice, design was studied for the Longmen multifunction rural complex tourist resort. Firstly, the definition of traditional regional culture, rural landscape and its elements are basically defined, and the construction methods are deeply analyzed to clarify the significance of the protection of traditional regional culture. Secondly, on the natural landscape elements of Longmen multifunction and traditional regional culture element extraction analysis, mainly uses the method of literature research to study the local traditional culture, research and analyze Longmen multifunction of regional cultural history and geographical factors in-depth. Finally, through the classification evaluation of regional resources, the landscape elements of regional features are extracted. Protect the historical culture and characteristic folk handicraft, and sum up the new pattern of rural leisure resort design integrating regional culture thought. It emphasizes the exploitation and protection of regional environment, historical culture and regional resources, and the utilization and development of them. The purpose of this study is to explore the design method of applying regional characteristics to rural tourism resort from the perspective of regional culture.

Keywords: Rural areas; Regional culture; Leisure resort

第1章　绪论

1.1　研究的背景
1.1.1　国内旅游业的发展
近年来我国经济迅速发展，随着人均收入的不断提高，生活质量随之迅速提升，人们的消费模式由原本的物质型消费逐渐转向精神型消费。人们在空闲时选择远离城市的喧嚣，寻找空气清新、景色宜人的乡村来度过自己的假期。乡村发展较慢，相较于城市来说自然生态保持良好，森林植被覆盖率较高，能够满足人们对于度假休闲的环境需求。同时在我国旅游产业的发展政策支持下，乡村旅游的重要性逐渐被人们所认识到。国家政策的支持下，国家旅游局等多个部门开始启动关于发展乡村旅游的项目工程，其中2014年国务院发布的《关于加快发展旅游业的意见》中提出了乡村旅游发展的基本目标以及指导办法。

1.1.2　乡村建设的指导
我国对于乡村的发展极为重视，十九大会议上，明确提出了发展乡村经济的意见，党和国家高度重视乡村建设发展，自2006年起，在全国大范围发展乡村旅游业，习近平分别在中央农村工作会议、国际工程科技大会上提出乡村建设的重要性。2012年党的十八届三中全会时提出的"美丽中国、美丽乡村"的建设目标，2016年中央一号文件中，习近平要求进一步推进生态文明与美丽中国的建设要求。2017年，国务院发布建设美丽乡村的文件，并提出大力实施乡村振兴战略计划，以及多产业相互融合发展的指导办法。指出农业与旅游业多产业协同发展，推进乡村建设的现代化以及建设产业兴旺、生态宜居的社会主义现代化美丽乡村。在一系列的国家政策支持与推动下，乡村旅游度假区的建设发展逐渐受到重视。

1.1.3　地域文化的缺失
乡村建设发展得如火如荼的同时，也带来了一些问题，由于快速的建设与发展，大部分乡村建设中出现和城市建设相同的问题，相似的建筑、景观形式，削弱了地域文化特征，相同元素的批量复制，导致自身价值的丢失，同时没有针对乡村居民的生活结构进行考虑，从而忽略了乡村建设的人情化。原本独特的地域特色消失，使乡村度假变得枯燥乏味，无法满足人们对于乡村旅游度假的需求。因此以地域文化的视角进行乡村旅游度假区的设计研究既能保护当地的特色文化，又能为游客提供独一无二的体验，满足人们身体和精神上的双重需求。

1.2　研究的意义和目的
1.2.1　研究意义
（1）理论价值
当下我国有关于乡村旅游度假区设计的学术研究属于初级阶段，以地域文化视角进行探索研究的相关资料也比较少，乡村旅游度假区设计的地域文化特色不被重视，影响乡村旅游度假区相关研究的深度。国外对于乡村性规划设计的研究比较早，并由许多具有代表性的设计师提出地域特色的重要性。因此本文以地域文化的视角对乡村旅游度假区的设计进行探索，在更进一步地研究有关乡村旅游度假区设计的同时提出新的乡村旅游度假区设计理念，可为今后的乡村旅游度假区提供较为完善的理论框架。

（2）实践意义

研究探索可为之后的乡村旅游度假区设计提供新思路，满足消费群体的休闲度假需求的同时传承地域文化，建设独有的乡村景观、民俗活动，为打造独特感受的乡村旅游度假区提供经验，同时促进旅游业的发展。

1.2.2 研究目的

此次研究的目的主要以地域文化的视角进行乡村旅游度假区设计的探索。通过实践与理论相结合的方法，以山东省日照市龙门崮休闲度假区为例，对其地理区位、社会经济区位、地域文化特色、自然生态现状进行深入调查分析，从而探索出具有地域文化特色的乡村旅游度假区的设计策略，对实际的建设提出较为完善的指导，使当地的地域文化得以传承发展。希望本次研究能够为山东省日照市龙门崮旅游度假区设计提供新思路，也为今后的乡村旅游度假规划提供理论支撑。

1.3 国内外研究现状

1.3.1 国外研究现状

国外关于地域文化与乡村景观设计的研究相对较早，詹姆斯·科内曾在《注解景观》中提出文化景观与场地景观相结合的方法。诺伯格·舒尔茨在《场所精神——迈向建筑现象学》中强调"场所精神的"概念，指出：具有场所精神的空间是拥有记忆的场所并且场所中的要素是历史与当下的融合，强调历史文化与地域特色的重要性。"一个区域的改造与设计应该尊重本地区的原生态和自然的环境风貌，而不是忽略其原有的自然属性加以随意改造"，西尔万·佛里波教授的观点道出了地域文化特色的重要性。欧美设计师MarAntrop与Kclly都强调了乡村景观的可识别性、历史与文化的地方性等观点。这对于欧洲的乡村度假区设计规划产生重大的意义及推动力。日本对于历史传统一直极为重视，20世纪60年代便开始修订和增补环境保护条例，并在原有的《文化财产保护法》中增加"传统建造物群"这一文化类财产保护法案，设置"传统建造物群保护地区"相关制度法规。

1.3.2 国内研究现状

国内关于地域文化方面的乡村景观设计规划研究起步相对较晚。刘滨谊、王云才教授在乡村旅游景观设计的基础上，提出对乡村地域资源的合理利用与规划。刘黎明教授在《乡村景观规划》中提出乡村景观规划中对于土地资源与物质空间的安排应符合景观生态学原理，为人们设计出舒适、生态、健康的乡村环境。俞孔坚也同样强调地域特色的重要性，重视人与人、人与土地、人与社会的关系。2006年南京林业大学张川的《基于地域文化的场所设计》提出了要避免全球化带来的对地域文化的同化危险就必须注重场所的特殊性，强调园林场所设计必须要基于地域文化。

1.4 研究的方法与内容

1.4.1 研究方法

文章采用实地调研法、文献研究法、归纳分析法等多种方法，并将理论与实践相结合进行整理研究。

文献研究法：通过对相关地域文化与乡村旅游度假设计的文献进行收集、筛选、整理，对地域文化的概念深入理解，并熟悉乡村旅游度假区的相关设计法规，以保留地域文化特色为出发点，总结具有地域文化特色的乡村旅游度假区的设计原则。

归纳分析法：通过分析以往的基于地域文化的乡村景观设计以及乡村规划设计，总结具有地域文化特色的乡村旅游度假区设计的原则，提出不同地域文化下的设计手法。

实地调研法：通过对山东省日照市龙门崮的实地调研，分析场地环境、民俗文化等多方面的现状，以便更好地了解当地的地域文化特色，再结合理论研究的基础，完善相关理论，做到正确、严谨地实践论证。

1.4.2 研究内容

本文以地域文化的视角对乡村旅游度假区设计进行研究探索，以山东省日照市龙门崮旅游度假区为研究对象。绪论部分阐述课题研究的前期准备，关于此次研究内容的背景引出研究的理论价值与实际意义，以及阐述地域文化与乡村旅游度假的相关概念，为后续的实践提供理论基础。再对地域文化与乡村旅游度假区相关概念进行研究分析，探讨地域文化的保护与利用、地域文化应用原则、地域文化应用策略以及地域文化应用类型。强调对地域环境、历史文化、地域资源的挖掘与应用。将理论与实践相结合，通过对龙门崮休闲度假区建设基地的现状进行调研分析，对其区位、环境、气候、植被、生物等建设基地的情况进行分析总结。探讨出具有指导性的规划理念与目标，制定整体规划原则，确定设计布局与设计策略。

1.5 研究框架

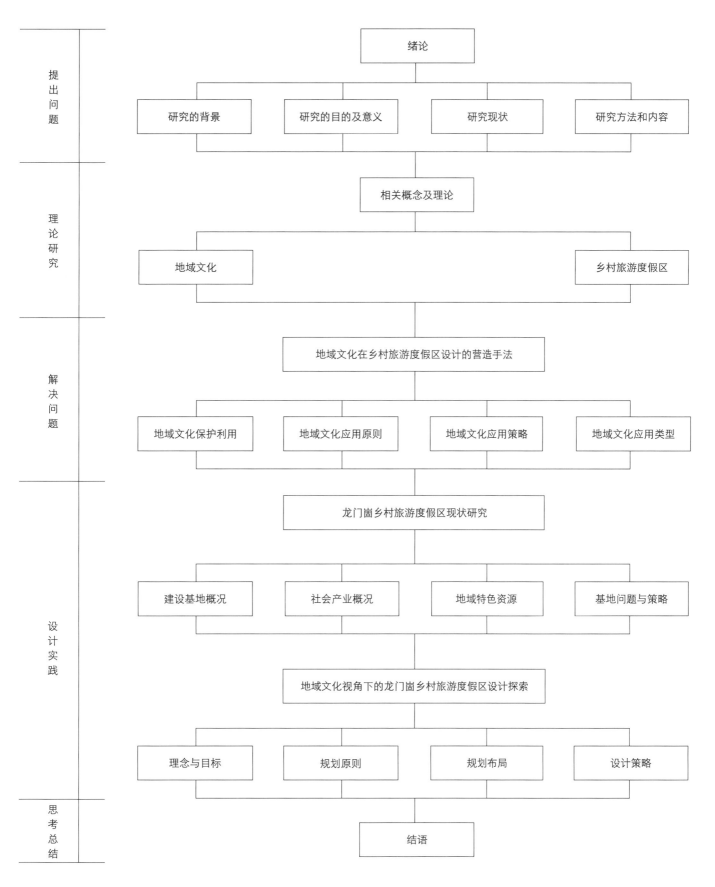

图1 研究框架

第2章　相关概念及理论

2.1　地域文化相关概念解析

2.1.1　地域文化的概念

地域文化可以分解成"地域"与"文化"。文化作为一个抽象的名词，是一个不容易定义的概念，文化是动态的，它因人的不同而不同，因地域差异而变化，并随时间的变化而改变。英国学者泰勒对于文化定义为复合体："它是知识、信仰、习俗、艺术、道德、法律，以及人类在社会中生活所需要的能力和习惯等共同构成的综合体"。"地域"是指一定地域的空间，是自然要素与人文因素作用形成的综合体，并具有区域性、人文性与系统性的特征。文化是受地域气候、地域环境、地域经济、地域政治等多种地域性所影响的。

综合来说地域文化是指人们在固定的区域中通过体力与脑力活动长时期地创造与发展，从而累积下来的物质与精神的成果。在具有差异的自然环境中，人与自然之间的适应自然、改造自然的过程中产生独特的人文活动，它包括人类的生活轨迹以及历史发展过程中逐渐形成的生活习俗、社会制度、文化形态、宗教信仰、饮食文化、地方语言等多种地域文化。透过地域文化可以了解当地的自然环境、人文特色、社会环境的发展，同时通过不同的人文活动也能了解不同的地域特色。它们是一个相互作用与逐渐累积并不断发展的过程，因此，地域文化是具有独特性、地域性与历史性的。

2.1.2　地域文化形成因素

地域文化形成的原因主要是由于自然地理环境的不同，地理位置差异影响地域的物质形态，导致人们生活习惯不同。移民也会对地域文化的形成产生影响，人口迁移会将部分原始的文化带入新的地域并与之融合，从而丰富当地的文化类型。在人口迁移过程中，不同民族文化也会随之迁移，少数民族文化与汉民族文化相互吸收影响。同时政治权利与行政区划也对地域文化的形成产生影响。由此可见，影响地域文化形成的因素主要是本土的地域环境与当地的民风习俗。本土地域环境主要包括自然资源、温度气候、地形地貌等。民风习俗主要为历史遗迹、人文习俗、生产生活方式、民间手工艺等。

2.2　乡村旅游度假区的概念

2.2.1　相关概念界定

乡村旅游度假区是依托于乡村独有的自然风光进行开发的旅游产业，乡村旅游度假区主要功能为休息放松、娱乐交友、居住观光、旅游康养等。有关度假区的基本要求是具有优越的自然环境资源、丰富的旅游资源、完善的基础设施来为人们提供安静舒适、修养身心、精神放松以及高质量的服务功能。对于乡村旅游度假的概念基本可以概括为以下三方面。一是强调相关的旅游活动的地点是发生在乡村，二是利用乡村自有的环境资源进行开发设计，满足游客的需求，三是要求其功能不仅满足于原本的观看风景的观光模式，还应增加乡村体验模式的旅游形式，近距离地感受乡村生活，体验乡村生活。

2.2.2　基本特点

当下由于乡村旅游的发展迅速，部分乡村旅游度假区整体规划已经较为完善，不仅有着风景宜人的乡村自然风光，保留乡村的独特性的同时还具有完善的交通、娱乐、服务等相关设施。乡村旅游度假区由于区域的不同而各具特色，但同时也拥有相同的特点，总结以下四个基本特点：

（1）乡村整体自然资源丰富、具备较为完整的生态风貌，风景秀丽，环境优美。

（2）旅游度假区距离城市较近，交通便捷，方便城市人们过来度过周末休闲时光。

（3）文化特色资源独特，保留具有历史性的景观或建筑或特色地方风味美食。

（4）具有符合自身地域特色的主题，并具备完善的运营管理制度。

2.2.3　乡村旅游度假区规划要素

乡村旅游度假区的整体规划对于乡村旅游度假区来说是十分重要且必不可少的，根据乡村的实际情况分析规划设计目标，确定设计方案，通过对现场进行调研分析、信息采集以及相关运营方面的研究预测来最终实现设计目标。乡村旅游度假区的设计不仅仅是单纯地从景观营造方面进行设计，还应在此基础上挖掘乡村的特色价值，打造具有地域文化特色的乡村旅游度假区。在乡村旅游度假区的规划上主要有两个相关要素，其一是规划理念，其二是规划原则。规划理念是指在设计规划的过程中，确定符合乡村风貌与资源开发的整体设计理念，要求注重地域文化特色的同时保证资源的可持续利用以及经济效益。规划原则要求对于乡村旅游度假区设计中的环境保护问题极为重视，避免开发导致的污染，要将环境保护放在首要位置，设计规划要满足可持续发展原则。

第3章 地域文化在乡村旅游度假区设计中的营造手法

3.1 地域文化的保护与利用

3.1.1 自然环境的保护

自然环境是受不同的地理区位所影响的，同时自然环境也是地域文化形成的重要因素。自然环境的差异直接导致地域物质基础的不同，继而影响当地人们的文化与生活方式。我国国土面积辽阔，南北地形地貌差异较大，因此形成不同的自然环境，进而产生各具特色的地域文化。自然环境的不同影响人们的生产生活、衣食住行等多个方面。以南北方差异举例：北方气候寒冷，但是地域开阔，较为平整，所以北方的建筑采用群居整齐的布局方式，建筑材料以土木为主。南方由于气候湿热，建筑采用木结构。由此可见自然环境的重要性，所以在乡村旅游度假区设计中要对自然环境加以保护。保护地方的自然环境等同于保护地方的自然景观，乡村旅游度假区要区别于城市景观就要发挥其自身原有的生态优势，保护原有的自然山水格局，并对历史上的景观进行恢复与保护，最终完善地域特色景观才能充分保证地域文化的完整性。

3.1.2 历史文化的保护

历史文化遗产是历史的残留物，承载着人们对于过去的崇敬与怀念。历史文化作为历史的见证，我们应对其进行保护。历史文化的保护内容包括历史建筑、历史手工艺等相关具有历史纪念性的历史遗产文化。历史建筑对于人们的历史回忆的影响也是尤为重要的，例如徽派建筑就会让人回忆起江南水乡山清水秀的自然环境，而四合院则会让人联想到老北京的生活。历史手工艺同样引起人们的回忆与共鸣，例如剪纸、绣花、编织、制陶等都代表着不同地域的人文历史活动。由此可见历史文化的重要性，因此在乡村旅游度假区的设计规划中要对历史文化进行保护，同时国家应设立相关的法律法规进一步保护历史文化，为我国的传统历史文化的流传保驾护航。

3.1.3 地域文化元素的提取

由于我国幅员辽阔，历史久远，物质文化与精神文化绚丽多彩，不同的区域具有独特的地域特色。地域文化源远流长，值得人们纪念并传承下去。在以往的规划设计中我们会通过广场、景观小品、历史遗留建筑来了解当地的历史文化，并对此加深印象。所以在乡村旅游度假区的设计规划中，地域文化元素的运用是尤为重要的。地域文化不仅仅包括民俗、传统、精神等非物质文化，同时包括历史遗迹、历史建筑、遗址等物质文化。体现地域文化的地域文化元素可以采用浓缩当地文化的符号来进行延续。提取当地地域文化元素符号，如历史建筑符号、景观符号、民俗手工艺符号等具有地域性特征的符号对其进行提取应用。例如徽派建筑的黑、白、灰与原木色的建筑配色、青砖瓦黛的意境质感，都可以将其提取运用到设计中，从而体现地域风貌。

3.2 地域文化的应用原则

3.2.1 再现与保留原则

"金山银山不如绿水青山"，习近平总书记的话言简意赅地阐明了自然生态的重要性。地域文化的保留应尊重历史文化，保留原则应遵循可持续发展的原则，保留乡村标志性的自然环境和历史文化景观，通过保留与再现相结合的方法展现地域的传统风貌特色。再现原则可以采用当下的科学技术手段来呈现当时的场景，5G时代的来临为技术及呈现效果提供了更多的可能性，通过再现的方式可以让人们在未来体验过去的情景，呈现地域文化与情景再现，为人们提供追忆过去的同时为后人提供更加直观的感受。

3.2.2 提炼与重构原则

在乡村旅游度假区的设计中对于地域文化的运用可以采用提炼与重构的设计原则。在设计中通过活动广场、历史建筑、景观小品、配套装置与设施来着手进行设计。在进行乡村旅游规划加强地域文化的设计时，我们应提取地域文化元素，将其重构之后符号化，体现地域特色文化的同时具有设计美感。在进行提炼与重构时，首先应该传承地域的特色文化内涵，并选择性地融入外来文化，文化相互融合，取其精华，去其糟粕，扬长避短，促进文化的多样性。在整个乡村旅游度假区的设计规划中，始终站在地域文化的视角，将提炼与重构的设计手法贯穿于整个设计中，融入当下的先进理念与科学技术手段进行精神意境的营造。

3.2.3 时空延续原则

随着历史的变迁与发展，地域文化也随之不断地变化与发展。时代的进步，影响文化的传承，因此在利用乡村地域文化时，应结合时空延续的原则，进行地域形象的构建。时空延续原则指导我们在设计中要认识到历史原有的不足之处，并加以调整与修改，同时应用发展的眼光站在宏观的角度进行创新，以便于更好地满足人们对于乡村旅游度假区的现实需求，并保证设计的美学需求。由于当下人们对于生活的多样化与个性化的现实需求，人们对于旅游度假的功能体验与服务模式的要求更加全面，在这种时代的需求之下，对于设计的发展起到促进作用。地域文化的延续离不开保护，在未来需求是时空延续的根本所在，从本质上实现地域文化的时空延续，应该坚持地域特色文化的同时紧随时代的步伐。

3.3　地域文化的应用策略

3.3.1　尊重自然环境

乡村区别于城市的原因在于乡村的自然环境优美，拥有独具特色的地域自然景观。乡村历史文化的形成离不开自然环境的孕育，自然界的山川、树木、花草等都对乡村的发展发挥其应有的作用。地域的自然景观来源于整体的生态景观基础，在时间的积淀下而逐渐形成。地域景观可以说是属于大自然的设计作品。自然景观是地域特色景观的基础，是地区历史发展的见证。在地域文化视角下的乡村旅游度假区设计中地域自然环境脉络是尤为重要的。它不仅是打造乡村旅游度假区地域特色文化的决定性要素，同时是呈现地域特色优势的关键点。因此，在乡村旅游度假区的设计中应有效地保护与利用自然环境资源，在尊重地域自然环境资源的同时，坚持以人为本的设计理念，充分考虑人的需求与自然环境的可持续，发挥地域自然环境的主要价值。

3.3.2　延续民俗特色

民俗又称民间文化，是指一个民族或社会群体在长时间的生产实践和社会生活中逐渐形成并世代相传、较为稳定的文化事项，简单概括为民间流行的风尚、习俗。民俗以民俗事项所归属的生活形态为依据来进行划分，可将其分为物质生活民俗、社会生活民俗、精神生活民俗这三大类。其中最具代表性的民俗活动有艺术文学、民风习俗与宗教信仰这几种。艺术文学主要包括散文、诗歌、戏曲、舞蹈、书法、绘画等多种活动形式。民风习俗是指在人们的日常生活中产生的文化形式和文化习俗并传承下来，包括饮食习惯、节日庆典、服饰风格等多种形式，其内容种类丰富并且都是源于人们日常的生活习惯与娱乐方式。在人们长期的生活习惯与思想意识的作用下，久而久之会产生精神信仰以及宗教信仰。宗教信仰在乡村旅游度假区地域文化特色设计中的影响力是巨大的。这些民俗特色真实直观地反映地域文化特点，对于乡村旅游度假区的设计是必不可少的重要因素。延续民风习俗并发扬传承，不仅可以加强乡村旅游度假区的特色，推动旅游度假区的发展，同时有利于各民族的文化交流与民族和谐。这也要求我们，在延续民风习俗的基础上进行严谨地分析与选择，从而将民风习俗的独特功效发挥到极致。

3.3.3　整合地域文化

地域文化是指文化在一定的地域环境中与环境相融，打上地域烙印的一种独特的文化，具有独特性。地域文化中的"地域"是文化形成的地理背景，范围不固定，可大可小。地域文化中的"文化"，可以是单要素的，也可以是多要素的。地域自然环境与地域人文习俗是地域特色的决定性因素，区域的传统生产生活方式与地域民风习俗逐渐形成特色意识形态，是地域文化的重要组成部分。但由于单一地区的人类发展过程中，不可避免地产生惰性，从而影响自身的发展。这时候文化的整合为此带来解决的方法，继承优秀的文化，并带来新鲜的文化，将落后的传统文化更新，从而带动地域文化的积极发展。因此，在乡村旅游度假区设计中，以地域文化视角出发，全面客观地分析地域文化特色传统及核心精神，并结合文化的视角，运用人、社会、环境等相关因素来整合地域文化发展的应用与传承。

3.4　地域文化应用类型

通过前文对于地域文化重要性的阐述与论证，可见，地域文化在乡村旅游度假区中的重要性。因此，在不同类型的地域中，如何应用地域文化，结合不同类型区域的经济现状与地形地貌，并分析不同类型区域的特点与不足，为每个具有地域特色的乡村探究出适宜自身发展的设计规划策略。所以本文根据地域文化的形成因素与构成基础，将地域文化的应用类型分为自然环境类型、历史文化类型及其他类型三种。

3.4.1　自然环境类型

自然环境类型是指乡村拥有完整的原始生态景观、独特的地域景观肌理。它控制乡村景观的重要命脉，对乡村景观的设计规划起到决定性的作用。往往拥有良好的自然环境的乡村在规划设计中具有更大的优势，针对原有的自然环境资源进行合理地运用与表达，打造地域特色景观，把握自然环境特征，充分利用自然生态肌理。设计上与周边的山水相互融合，顺应原有的乡村自然景观肌理，展现乡村自然环境的美学价值。自然环境类型的乡村景观设计，在认识到地域自然环境肌理的基础之上，结合地域的历史发展过程，把握其中的演变规律，并对设计要素进行提炼，从本质上运用自然环境的地域特征。整体地把握地域自然环境的完整性，利于地域景观的统一，为设计本身更加贴近自然生态、凸显地域特征起到了关键作用。

3.4.2　历史文化类型

在中国，人们在漫长的时间长河中，受到地域、环境等多方面的社会人文因素的影响，逐渐形成各具地域特色的风土人情、人文景观、特色建筑形式。因为每个区域都有其独特的历史文化，所以各地域之间呈现不同的地域特色。历史文化类型的保护与利用策略从三个方面着手。首先，要保留乡村原有的历史文化和乡村风俗习惯，维护历史景观，从本质上实现对地域文化的保护与传承，塑造区别于其他乡村的旅游度假体验。其次，对于地域历史建筑进行保护，有效地利用再生发展的手法，对原有建筑进行保护与修复。在保持与原始建筑基地形态相同的建筑布局形式的基础上，采用本土特色材料，延续原有的历史感与乡土性，塑造场所本身的场所精神。最后，对于原始建筑的应用，采用元素提取的手法，将历史建筑元素符号化，并通过现代的艺术设计手法，对其进行艺术处理，塑造地域文化并赋予其特殊意义。

3.4.3　其他类型

除自然环境与历史文化之外，地域特色的感知也源自于乡村的建筑形式、村落的空间布局及乡村整体的风貌。随着时间的推移，乡村的空间布局会受到多重因素的影响而不断地变化发展，乡村的原始空间布局与乡村的原始文化、历史、风俗会随之改变，在此过程中不可避免地会导致其原始的历史文化、经济功能价值的丧失。所以，在针对其他类型的乡村旅游度假区的地域文化特色营造时，应对乡村肌理与乡村脉络进行保护并有效利用，不仅保护了地域特色与地域景观，同时为乡村带来经济效益。乡村地区居民的行为方式、衣食住行等特有的乡村生活方式，逐渐产生不同的精神层面的乡村风情。物质与精神层面上的地域特征形成了独具特色的乡村意识形态。在地域文化层面上来说，它是由自然环境与人文特征所构成的。由于这种构成因素是地域文化的重要组成部分，这就要求我们应以宏观的角度对乡村进行规划设计。从本质上注重"人"与"环境"的互动关系，协调发展，有效地结合。并对乡村地区其他现状特征进行调查研究，分析比对，通过全面综合的调查，做到真正地了解乡村的地域特色以及成因，并取之精华发展传承。

第4章　龙门崮乡村旅游度假区设计实践

4.1　龙门崮建设基地概况

4.1.1　区位分析

龙门崮乡村旅游度假区位于山东省日照市东港区三庄镇北部。规划区位于鲁东丘陵区，属鲁东隆起山地丘陵带，濒临黄海，位于中国大陆海岸线的中部，山东半岛南翼，规划区内的三庄河属于滨海水系，其内的山地属于桥子—平垛山。规划区位于环渤海经济圈与长三角经济区的交叠地带，同时联结山东半岛城市群和鲁南经济带，处于两圈交会处、两带联结地，这为龙门崮乡村旅游度假区的发展提供了较好的经济发展基础环境及广阔的客源市场条件。交通便利，有G1511、G15两条国道，其中G1511位于规划区南部，为东西走向，入口距离规划区35.5公里，行车时长约38分钟。S335、S336、S222（含山海路）、S613四条省道，其中山海路是与规划区交通关系最为紧密的道路体系，是进入规划区的必经之路。鲁南高速铁路（建设中）东起日照，与青连铁路日照西站接轨，向西经临沂、曲阜、济宁、菏泽，与郑徐客运专线兰考南站接轨。规划区距离日照山字河机场44公里，行程时间约40分钟，现山字河机场开通的航线包括至北京、上海、沈阳、海口、太原、成都、郑州、重庆、广州、大连、西安、深圳、厦门、天津、杭州、济南、哈尔滨、兰州（夏季）、武汉、长沙、昆明等全国多个大中城市航线。规划区位于华北平原，属北方旱作农业区，农业生产条件较好，土壤深厚肥沃，雨热同期，光热充足，可以两年三熟到一年两熟，同时，山东半岛的丘陵地貌为规划区发展以丘陵地形种植为特色的旱作农业产业提供条件。

4.1.2　自然环境

自然环境中的地形地貌作为地理环境的重要因素，是影响地域文化景观形态形成的重要原因，是地域资源在空间上分布的基底，为自然景观提供基本的框架。自然环境作为空间基地，为自然景观的形成提供了基础框架，随之影响微气候环境的形成，呈现出不同的景观效果，产生视觉上的变化。地形地貌的不同所形成的自然景观特

图2 岱崮地貌（来自网络）

图3 规划地块现状

征不同，地势对于植被树木的种植与养护相当重要。差异性的地貌则产生多样的生存环境，在地域文化的生成与演变的进程中，地域自然生态环境对于差异性景观的塑造产生重要的影响。龙门崮规划区地处风光秀丽的日照市东港区三庄镇，规划区以岱崮地貌为主（图2），山体成群耸立，雄伟峻拔，林地覆盖率较高。岱崮地貌是指以临沂市岱崮为代表的山峰，顶部平展开阔如平原，峰巅周围峭壁如刀削，峭壁以下是逐渐平缓山坡的地貌景观，在地貌学上属于地貌形态中的桌形山或方形山，因而也被称为"方山地貌"。岱崮地貌以独特的地貌特征、丰富的文化资源博得了联合国教科文组织的目光。岱崮地貌是继"丹霞地貌"、"张家界地貌"、"嶂石岩地貌"之后我国科学家最新发现的新的世界岩石地貌类型。规划区生态环境较为原始、脆弱，土壤具有多样性特点，主要为棕壤土类和棕壤性土亚类，有机质含量偏低，土质较为瘠薄，需有针对性地开发利用。地下水补给性差，补给水源主要依靠降水，同时规划地块河流的蓄水能力较弱，河道水量季节性差异较大。同时规划地块的植物种类较为单一，景观绿化现状较差（图3）。

4.1.3 气候条件

气候因素会决定人们的生存环境，并对人们的行为特征产生影响，导致地域性人文习俗的差异。气候的影响不单体现在人的行为特征上，同时对于地域的气候、地质、动物、植物、降水、温度等多方面产生系列性的影响。同时对于人类的聚落分布、农业生产、生物种类等多方面的生态类型产生直接的影响。规划区属暖温带湿润季风区大陆性气候，四季分明，旱涝不均。无霜213天，年均日照2428.1小时，年平均降水量878毫米（图4）。可按季节性景观进行规划打造。地下水补给性差，补给水源主要依靠降水，蓄水能力弱，可依托区内三庄河沿岸打造河道生态系统，以点带面逐步发展。

4.1.4 生物分析

日照市共有野生动物207种，其中两栖纲7种，爬行纲15种，哺乳纲14种，鸟纲171种。属于国家重点保护的有24种，日照有"候鸟旅站"之称。其中国家一级保护鸟类有4种（丹顶鹤、大鸨、金雕、白鹳），国家二级保护鸟类有20种（黄嘴白鹭、大天鹅、白额雁、鸳鸯、灰鹤等）。野生兽类中，以内蒙古草兔、刺猬分布较广。

4.1.5 设计用地现状分析

龙门崮旅游度假区设计用地范围内现有建筑16

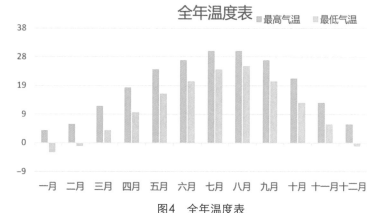

图4 全年温度表

栋，地块内部道路宽度不一，3~7米不等，部分道路正在施工，设计区域内的河流以三庄河为主要水系，自西北向东南流向。设计区域内地形整体北高南低、西高北低。整体高程在143~150米之间，高差相对较大。设计地块的坡向分布类型较多，平面很小，主要以东坡和东南坡为主。整体的坡度由西北向东南减缓，整体坡度为0~45度之间，大部分区域内坡度相差5度。设计用地范围内除农作物之外，植物种类单一，景观效果较差。规划地块内河道季节性差异较大，河道植物散乱，河道形态原始不具美感。区域内的民居组团被拆除，特色建筑没有得到保护，导致区域建筑文化元素的缺失。

4.2　龙门崮建设基地社会产业概况

4.2.1　人口条件

规划区内共有7个村庄，其中上卜落崮村与下卜落崮村人口最多；上崮后村与下崮后村人口最少。下崮后村户籍数量为60户，户籍人口为138人，劳动力资源总数为115人，常住人口数量为105人。下崮后村户籍数量为53户，户籍人口为118人，劳动力资源总数为55人，常住人口数量为95人。窝瞳村户籍数量为282户，户籍人口为786人，劳动力资源总数为418人，常住人口数量为700人。上卜落崮村户籍数量为799户，户籍人口为2386人，劳动力资源总数为956人，常住人口数量为1590人。吉洼村户籍数量为330户，户籍人口为893人，劳动力资源总数为535人，常住人口数量为773人。山东头村户籍数量为248户，户籍人口为618人，劳动力资源总数为435人，常住人口数量为468人。下卜落崮村户籍数量为585户，户籍人口为1643人，劳动力资源总数为980人，常住人口数量为1232人。整体人口基数少，劳动力较为匮乏。

4.2.2　产业条件

设计规划区内部农业资源种类较多，基础资源良好。果蔬种类丰富多样，占所有资源的20%，所占比重最大。三庄镇果品特色产业已初具规模，且具有较强的竞争优势，现已有"日照核桃"、"日照金银花"、"日照烤烟"、"日照蚕茧"等地理标志证明商标。目前全区拥有"日照绿茶"、"日照蓝莓"、"日照黑木耳"等7个"农产品区域公用品牌"，全区"三品一标"认证品种达到54个，认证面积达到8.6万亩。旅游产业资源丰富，生态环境良好，融合地貌景观、水文景观、花木景观、人文景观等多种类型。总体上规划区自然资源种类丰富多样，人文资源突出。经过评判规划区旅游资源集"山、水、林、田、湖、花、村、景区、温泉、民俗、文化"等自然资源和人文资源于一体，自然资源和人文资源组合良好。优良级资源共11项，五级旅游资源2项，四级旅游资源9项。规划区内的龙门崮风景区为国家AAAA级景区，为打造乡村地域化特色景观提供基础。浅山丘陵地带，拥有山地、平原、河流等多种地貌类型，有利于层次化景观的打造。资源单体禀赋不高，但整体组合优势良好，有利于功能互补空间格局的构造。

4.3　龙门崮建设基地地域特色资源

4.3.1　特色自然景观

规划区内乡村原始风貌保存较为完整，乡土气息浓厚，且闲置房屋较多，房屋主要为特色石头民居，为乡村度假旅游的开展提供了场地支撑。龙门崮景区为省级森林公园、市级森林公园，整个龙门崮植被茂盛，苍松叠翠，郁郁葱葱，生态环境良好，构成优良的生态环境本底。自然环境可利用率较高，对旅游度假区的发展提供优良的自然景观。

4.3.2　特色建筑形式

以地域文化视角下，对龙门崮乡村旅游度假区进行设计规划，应对其现有的建筑形式进行有效的利用。龙门崮现有的建筑主要以乡村特色石头民居为主（图5），房屋材质多以石头为主，材质则选用当地开采的石块或石条，门窗与梁椽采用木材，房屋的高度一般在2~5米之间。由于材质的选用是石头，民居具有冬暖夏凉、防火防潮、风雨不透的优点。但由于房屋低矮，门窗较小，则导致室内的采光效果较差。同时规划区内现有部分徽派建筑，新建徽派建筑组团若干，可应用的历史徽派建筑16栋，保存完整。徽派建筑的材质主要以砖、石、木为原料。徽派建筑由马头墙、粉墙、画窗、天井构成，屋顶是徽派建筑不可缺少的要素，具有地域文化的代表性，彰显徽州人民对自然和谐美的追求。徽派建筑中大量采用灰白的色彩基调，具有浓重的地域特性，整个徽派建筑呈色彩素雅、墙线错落有致的艺术风韵。马头墙是山墙的一种，用于隔断木梁引发火势，防止火灾蔓延。马头墙名字的由来是由于墙头做了艺术处理，远处望去形似驰骋天际的骏马。徽派建筑门显大，窗极小。宅院之内房屋与房屋或山墙围合的露天空间称之为天井，在徽州一方天井一片天，有厅堂皆有天井，主要作用是加强室内采光和收集雨水。徽派建筑具有形态美、色彩美、装饰美的美学特征。其对称分割轴线与严格的礼制布局构成建筑的形态美

图5　石头民居

图6　徽派建筑

感。整体采用黑白灰的色彩基调搭配内部原木色，给人呈现出江南水乡的意境之美。建筑的石雕、木雕、砖雕则完美地体现了装饰美（图6）。

4.3.3　历史人物与遗迹

历史文化底蕴深厚，类型呈现多样化，具有代表性的历史人物是刘勰，祖籍山东莒县，永嘉之乱后，迁往江苏，刘勰少年时期，曾在山东日照三庄镇生活过一段时间，是南北朝时期著名的文学理论批评家，著有《文心雕龙》。《文心雕龙》全书共10卷50篇，是中国文学理论批评史上第一部有严密体系的、体大而虑周的文学理论专著，刘勰历经四年呕心沥血著成。三庄镇名字是因刘勰（刘三公）曾在此待过一段时间而得名三公庄镇，后简称为"三庄"，有出土碑文为证。相传刘勰年少时家中贫困，常到龙门崮鸡鸣寺中读书，在文心洞静心炼文，后著成文学批评巨著《文心雕龙》，刘勰曾在三庄待过的这一段时间也成为他著成《文心雕龙》的重要时期。由于刘勰刻苦勤学的精神代代流传，逐渐形成了耕读文化，其精神内涵随着时代的更替不断地变化与发展，由最初强调的"自立自强"精神，到"勤耕立家，苦读荣身"，再到"耕读传家"的人本精神。

4.3.4　民间艺术传统

规划区受岱崮地貌影响而产生各类民间艺术文化，逐渐形成了独居特色的"崮乡"文化。其传统民间手工艺受到政府的重视与保护。2012年，"东港剪纸"被日照市人民政府公布为第三批市级非物质文化遗产。2012年，"小莲村竹编"被日照市人民政府公布为第三批市级非遗。2013年，"日照黑陶"被山东省人民政府公布为第三批省级非物质文化遗产。2015年，"听风枕手工制作工艺"被东港区人民政府公布为第四批区级非物质文化遗产。2015年，"传统根雕的制作工艺"被东港区人民政府公布为第四批区级非物质文化遗产。除上述的民间手工艺之外，当地龙文化和凤文化也极具特色，龙门崮景区及周围以"不落崮"命名的村庄，均源自"凤凰落垛不落崮"的民间传说。"二月二，龙抬头"这一传统节日起源于此处，同时还有关于秦始皇东巡求仙药的"龙门来历"，以及孙悟空与龙王敖广的故事传说等。此外，规划区所在的日照市作为世界五大太阳文化起源地之一，历来有太阳崇拜的习俗。《山海经》中记载的羲和祭祀太阳的汤谷和十日国就在日照地区，当地有很多村庄还保留了众多太阳崇拜的习俗与传说。

4.4　龙门崮建设基地问题与策略

根据对龙门崮规划区的整体调研与分析，总结其具有自然风貌保存完好、拥有中国第五大岩石地貌的岱崮地貌、森林覆盖率高、野生动物种类丰富、历史文化资源丰富、建筑特色风格等突出的优势。但同时具有降水季节性差异大、旱涝不均、基础设施不完善、用地范围高差较大、地势不均等劣势。发展乡村旅游，建设龙门崮旅游度假区遇到的机遇是国民经济的快速发展以及人们消费模式的转型，同时国家对于乡村振兴发展与田园综合体建设的政策鼓励，进一步推动了乡村旅游的发展。与此同时周边的旅游度假区相对较多，存在竞争，规划区设计范围内生态环境原始，土地瘠薄，较为脆弱，是建设龙门崮旅游度假区所要面对的威胁。通过对优势、劣势、机遇、威胁的分析总结，当下面对的主要问题是周边旅游度假区较多，竞争压力较大，如何发展才能吸引游客。同时，生态环境较为脆弱，应注意怎样在设计开发过程中避免对生态的破坏并改善生态环境。本文对此提出的解决策略是：首先，结合当地自然与历史文化资源优势，打造具有地域化特色的度假休闲体验；其次，采用生态设计的方法，在增强景观性的同时改善生态环境。

第5章　地域文化视角下的龙门崮乡村旅游度假区设计探索

5.1　规划理念与目标

龙门崮蕴藏着多样的乡村文化与历史风俗，并拥有良好的自然生态环境，以及特色的建筑形式，营造了良好的传统地域文化精神。在当下乡村旅游发展的热潮中，打造具有特色的乡村旅游度假区，对其文化的保护与塑造是不可缺少的。以地域文化的视角思考龙门崮乡村旅游度假区的设计理念与规划目标，为乡村旅游度假区赋予全新的活力与意义，在保护地域文化与自然生态的基础上，紧紧依托村庄内的特色资源条件，传承当地文化特色。深度挖掘龙门崮的地域文化，例如：特色景观、特色建筑、历史人物、民风习俗等。通过对本土文化的再现保留、时空延续等手法保护与利用地域文化，并将徽派建筑文化融入设计中，为场地提供多样性的文化体验。创造出舒适、宜居、文化多样体验的休闲度假区。同时注重规划区内的生态设计，打造生态宜居的体验环境，从而使龙门崮乡村旅游区的建设满足可持续发展的原则。在保护文化资源的基础上，对文化资源进行整合分类，重构与发展，改善乡村文化的发展脉络，使乡村文化的特色突出，打造出凸显地域特色的乡村旅游度假区。

5.2　整体规划原则

5.2.1　保护历史文化

龙门崮现状的历史文化资源，并没有得到合理的利用，其根本原因是对历史文化资源的价值认知不足。保护历史文化主要包括物质文化遗产和非物质文化遗产两部分，自然环境属于物质文化遗产；民风习俗属于非物质文化遗产。设计规划区的"东港剪纸"、"小莲竹编"、"日照黑陶"、"听风枕手工制作工艺"、"传统根雕的制作工艺"这些历史文化资源都属于非物质文化遗产。因此在设计中选取竹编、黑陶与根雕这三种历史文化遗产，设置特色体验区，供游客亲自体验传统手工艺的工艺流程，提供特色体验的同时有助于历史文化的传承。

5.2.2　发展人文景观

人文景观的发展要求我们在建设新的景观时应深入挖掘地域文化特色，通过对度假区入口、小品装置、休闲广场等区域设置景观节点，彰显龙门崮地域文化特色，烘托地域的文化内涵。将地域文化中的本土景观元素符号进行提取应用，在旅游度假区的空间景观中加强人文风俗的体验。人文景观部分主要选用具有代表性的耕读文化，设置耕读文化景观节点与农耕体验区域，为以家庭为单位的团体亲子活动提供体验田园农耕生活的特色项目，同时传承"耕读传家"的人本精神。

5.2.3　展现地域特色

展现地域特色需要弘扬本土的优秀文化，龙门崮规划区最具代表性的有崮乡文化、龙文化、凤文化与太阳文化。崮乡文化展现出规划区内原有的人文习俗包括当地特色手工艺。龙文化中中国传统"二月二，龙抬头"节日起源于此处，同时还有秦始皇东巡求仙药的"龙门来历"，以及孙悟空与龙王敖广的故事传说等。太阳文化则是因为日照市作为世界五大太阳文化起源地之一，历来有太阳崇拜的习俗。设计中将这几种文化分别以景观小品的形式应用到功能规划分区中，设置景观感知节点，弘扬地域历史文化。

5.3　规划布局

5.3.1　总体规划布局

龙门崮规划区拥有丰富的历史文化资源与独特的自然生态环境，在乡村旅游度假区的设计规划过程中，以地域文化的视角出发，注重对地域文化的保护与重构，同时加强生态设计，通过透水铺装、生态停车场、隐形消防车道、生态护岸等多种生态设计方法，改善规划区内的自然生态环境，增强美观性，加强景观观赏性。总体布局上首先确定主入口，然后进行功能分区的布局规划，根据功能的需求对其公共空间与私密空间进行划分，其次确定流线组织，保证人流动线的便捷性、合理性的同时加强游园的趣味性。在此基础上分析各功能布局的互动关系，依据其互动关系网来确定景观节点。

5.3.2　功能分区

整体规划分区分别为入口接待区、艺术体验区、农耕体验区、室外品茶区、餐饮住宿区、亲水体验区。其中建筑功能则分为接待服务建筑、餐饮住宿建筑、田园体验建筑、艺术体验建筑。接待服务建筑设置在度假区入口区域中，方便为游客提供服务的同时远离静区，避免影响游客休息。艺术体验建筑位于接待服务的西侧，路线便捷，在这里游客可以观看展览，体验当地的手工艺制作过程。艺术家可以进行艺术创作和举办展览。田园体验建筑位于靠近农田的区域，适合以家庭为单位的团体亲子活动体验农耕生活，毗邻艺术体验建筑，方便进行艺术体验与参观展览。餐饮住宿建筑位于内部滨水区域，主要为游客提供餐饮、住宿、交流等功能。环境安静，风景美丽。

5.3.3 特色区域打造

规划区的特色区域为农耕体验、艺术体验区、滨水体验区。农田体验区主要面对人群有家庭团体以及向往田园生活的游客，选择原始8号特色徽派建筑，经过修缮翻新为家庭休闲提供活动场所。艺术体验区内建筑保留原始14号徽派民居与保留屋顶结构的新建2号建筑。保留的原始民居主要为人们提供参观展览，由于保留原始的徽派建筑具有时代的历史感与美感，可以打造不同的文化感受。新建2号建筑则满足艺术体验与艺术创作的功能需求。滨水体验区形态设计灵感来源于当地太阳文化的太阳符号，经过对元素提取，应用到滨水平台与观景凉亭上，为人们提供独特的滨水体验感受的同时延续地域文化。景观节点作为景观感知的载体，在地域文化的体现上是不可缺少的。在度假区的入口处设计枯山水景观，与整个度假区的徽派建筑风格相互融合，打造度假区的整体意境。在文化景观中体现了当地特有的民俗文化，设置耕读文化、陶艺、竹编、龙文化与凤文化的景观节点，增加度假区景观多样性的同时，体现地域文化特色。

5.3.4 生态设计

生态设计主要对度假区的生态自然环境起到修复与重生的功能，由于规划地块的土壤质地与规划区域内河流的季节性差异，以及水量不均等多种自然情况，本次设计中采用生态设计的手法来修复河道景观，对脆弱的自然生态环境进行保护。度假区内部道路全部采用透水铺装，大孔隙结构层面铺设路面，使雨水透过铺装下渗，控制地表径流，达到雨水利用的目的。度假区的停车场采用生态停车场的做法，地面采用透水性铺装材料并结合乔木、灌木、地被等植物进行空间绿化，满足功能性的同时发挥生态绿化作用。消防道路为隐形消防车道，道路的面层栽植草坪、低矮的灌木，铺设卵石，满足消防需求的同时增强美观性与生态性。河道则采用生态护岸的解决手法，在河道表面铺卵石、细沙，种植草皮，对河道进行保护。尽可能地还原自然状态，与周边环境和谐，同时加强枯水期景观的观赏性。

5.4 设计策略

5.4.1 表达方式

（1）文化适宜

地域的生活方式、历史人文、饮食习惯、民风习俗等文化传统，是地域的标指，并具有独特性。在乡村旅游度假区文化元素的选取上应挑选可展现地域人文精神、可传承历史文化内涵优秀传统文化。对于文化元素的选用要取其精华，去其糟粕，体现乡村文化意蕴。

（2）文化融合

文化融合是指民族文化在文化交流过程中以其传统文化为基础，根据需要吸收、消化外来文化，促进自身发展的过程。文化具有时代性和民族性。民族文化既不能全盘外化，也不能排斥外来文化。文化融合是以接触为前提，通过碰撞与筛选，经过调试整合融为一体从而形成一种新的文化体系。地域文化同样需要融合外来文化，将龙门崮本土特色文化与外来的徽派建筑文化融合，打造多样文化体验的乡村旅游度假区。

5.4.2 设计手法

（1）保留延续

乡村旅游度假区的设计中对于优秀的地域文化应优先保留，但是保留不是指单一地保持原始状态，而是有选择地保留当地历史感，保留建筑的原始特性，后续改造与新建筑的设计上延续原有建筑的材质、颜色、造型、空间布局。保留乡村的地域性，运用本土特色元素，延续原汁原味的乡村风貌。

（2）融合创新

融合创新是将各种创新要素通过创造性的融合，使各创新要素之间互补匹配，从而使创新系统的整体功能发生质的的飞跃，形成独特的不可复制、不可超越的创新能力和核心竞争力。对于地域文化的塑造也采用融合创新的设计手法，地域文化的创新不仅仅体现在对地域传统文化的继承，同时对外来文化的融入应积极。对于外来文化应采用积极融合的态度，面对外来文化，在保留本土文化的基础上，取其精髓之处，融合创新。

结论

在我国大力发展乡村旅游的背景下，乡村旅游迅速发展的同时，模式化设计导致地域文化逐渐被遗忘，文化缺失现象日趋严重。地域文化的保护和发展对于乡村旅游度假区建设地域特色的景观有着非常重要的意义，可以减少城市化对乡村景观环境的同化，保留乡村原有的乡土风貌和文化资源，使乡村特有的文化、历史得以延续。

本文以地域文化为视角对龙门崗乡村旅游度假区进行设计规划，对现状遗存情况进行调查等研究实践的基础上，通过研究、探讨与分析，总结得出龙门崗旅游规划区的地域文化特征，搜集整理其传统文化景观资源，发掘到其中所蕴含的自然环境、民风习俗等优良资源。本次的规划主要营造出具有旅游休闲功能的、生态的、全面的美丽乡村。希望本文的研究和分析，能够对龙门崗乡村旅游度假区的规划建设提供一些理论指导，同时能够为其他区域的乡村旅游度假区设计提供思路。随着相关学者对地域文化重要性研究的逐渐深入，希望该领域的相关理论能够更加的完善和充足，以此为建设乡村旅游度假区的地域文化景观内容提供更为细致和深化的指导与意见。由于本文的研究内容是建立在相关的实际调查与一定理论研究的基础上，受研究实践经验和自身理论水平的限制，在文中出现的理论方法和总结论述难免会出现偏颇与疏漏，还需要进一步的检验实践。

参考文献

[1] 王君. 地域文化在景观设计中的应用研究[D]. 山东建筑大学，2013.

[2] 党美丽. 乡村旅游发展问题研究[D]. 吉林大学，2011.

[3] 诺伯格·舒尔茨. 场所精神——迈向建筑现象学[M]. 台北：田园城市文化事业有限公司，1995.

[4] 俞孔坚. 景观的含义[J]. 时代建筑，2002（1）：7.

[5] 西尔万·佛里波. 园林设计与利用自然环境[J]. 风景园林，2005，(3)：21-40.

[6] 王云才，刘滨谊. 论中国乡村景观及乡村景观规划[J]. 中国园林，2003，(1)：55-58.

[7] 王云才，石忆邵，陈田. 传统地域文化景观研究进展与展望[J]. 同济大学学报，2009，20（1）：18-24.

[8] 吴良铺. 建筑文化与地区建筑学[J]. 华中建筑，1997.

[9] 雷瑜. 以文化为脉络的伍家台乡村景观规划设计研究[D]. 华中农业大学，2013.

[10] 潘颖. 基于文化景观保护理念的乡村景观规划研究[D]. 北京建筑大学，2016.

[11] 罗杰·特兰西克. 寻找失落空间：城市设计的理论[M]. 北京：中国建筑工业出版社，2008.

[12] 张宪荣. 设计符号学[M]. 北京：化学工业出版社，2004.

[13] 王丽洁，聂蕊，王舒扬. 基于地域性的乡村景观保护与发展策略研究[J]. 中国园林，2016，32（10）：65-67.

[14] 宿鑫. 基于地域文化重塑的乡村景观规划设计研究——以河北涞源插箭岭为例[D]. 河北工程大学，2017.

[15] 支怡恬. 基于地域文化保护与传承的乡村景观规划设计研究——以兴平市马嵬镇景观规划设计为例[D]. 西安建筑科技大学，2016.

徽派建筑活化再利用研究
Research on the Activation and Reuse of Hui-style Architecture
龙门崮风景区徽派主题民宿设计
Design of Hui-Style Theme Residence in Longmengu Scenic Area

海南大学
陶渊如
Hainan University
Tao Yuanru

姓　名：陶渊如　硕士研究生二年级
导　师：谭晓东　教授
学　校：海南大学
　　　　美术与设计学院
专　业：艺术设计
学　号：17135108210012
备　注：1. 论文　2. 设计

徽派建筑活化再利用研究
Research on the Activation and Reuse of Hui-style Architecture

摘要：随着中国经济的迅速发展，全域旅游建设的全面实施，乡村旅游的转型升级提上日程，而民宿产业又是乡村旅游转型的核心要素之一，所以民宿成为乡村旅游转型的重要因素。如今中国乡村首要问题是发展经济，全域旅游建设的全面实施便是带动经济的最好路径。当前城镇化建设造成了文化多样性的缺失和历史建筑的破坏，导致了大量的文化元素和建筑特征逐渐瓦解和消逝。传统乡村聚落有着重要的自然、历史、社会、人文及经济价值，需要大力保护。笔者希望通过徽派古民居易地重建、功能转化的手法来恢复传统乡村古建筑特有的风格，延续历史文化风貌。近年建筑界通过不懈努力，形成了古建筑活化的模式，这不仅有效地保护了历史建筑，还重新赋予建筑新的生命，缓解了历史建筑在城镇化进程中的尴尬局面。

通过对龙门崮村落的调研勘测、与村民交流，充分了解当地实际情况，从规划布局、建筑、景观三个层面进行影像和图解的分层剖析，在山东日照龙门崮引入徽派建筑，满足旅游开发和保护徽派民居的要求。这些问题引发了我们的思考。

本文以龙门崮风景区徽派主题民宿设计为例进行文化建筑深入研究和设计实践，吸取徽派民居精华，将传统与现代结合。根据龙门崮风景区的客观条件，在生态发展理念和相关政策、规范的指导下进行龙门崮徽派主题民宿设计，丰富龙门崮风景区的旅游业态，有助于发展壮大龙门崮风景区旅游产业，提升龙门崮风景区的经济效益。

关键词：徽派；古建筑；龙门崮；主题民宿；活化再利用

Abstract: With the rapid development of China's economy, the development of global tourism, the integration of agriculture and tourism, and the transformation and upgrading of rural tourism are also imminent, and residential accommodation is becoming one of the core elements of rural tourism development in China. China's rural primary problem is to develop the economy, and the combination of agriculture and tourism industry is the best way to promote the economy. The construction of urbanization has resulted in the loss of cultural diversity and the destruction of historical buildings, resulting in the gradual disintegration and disappearance of a large number of cultural elements and architectural features. Traditional rural settlements have important natural, historical, social, cultural and economic values which need to be protected. The author hopes to restore the unique soul of ancient architecture and continue the historical and cultural style by means of remotely reconstructing and transforming the functions of Hui-style ancient dwellings. In recent years, through unremitting efforts of the design community, the industry has formed a mode of activation of ancient buildings, which not only effectively protects the language of historical buildings, but also gives new life to architecture, alleviating the embarrassing situation of historical buildings in the process of urbanization.

Through the investigation of Longmengu village and full communication with villagers, we can fully understand the actual situation of the local area, analyze the images and graphics from three levels of planning, layout, architecture and landscape, and introduce Hui-style buildings into the original eco-region of Rizhao Longmengu in Shandong Province, which has beautiful scenery and abundant resources, to meet the needs of tourism opening and the requirements for the development and protection of Hui-style ancient dwellings. These problems have aroused our thinking.

This article takes the design of Hui-style theme residence in Longmengu Scenic Area as an example to carry out in-depth research and design practice of cultural architecture, and absorb the essence of Hui-style ancient residence, and combine traditional and modern. According to the objective conditions of Longmengu Scenic Spot, under the guidance of the concept of ecological development and relevant policies and norms, this paper puts forward the design scheme of Longmengu Hui-style theme residence, which will help to improve the social and economic benefits of Longmengu Scenic Spot.

Keywords: Hui-style; Ancient architecture; Longmengu; Theme residence; Activation and reuse

第1章 绪论

1.1 课题研究背景

1.1.1 社会背景

随着社会和科技的不断进步，经济得到迅速的发展，民宿等新型旅游业也持续发展起来，农村旅游的转型升级迫在眉睫，民宿正成为中国乡村旅游发展的核心要素之一。如何发展中国乡村，关键问题是发展经济，而农旅结合是带动产业最好的路径之一。

1.1.2 文化背景

传统乡镇村落有着较高的社会、自然、历史、人文及经济价值。随着现代文明、经济发展、全域旅游开发等活动的开展，传统地方特色的聚落风貌正在面临着消失的风险。如何在城镇化建设的背景下，对传统文化和地方特色村落进行保护成为我们不可推卸的责任。近年，随着文化产业成为发展热点，各地对古建筑的再利用探索也更加深入，期望能让古建筑的活力重新展现在大众视野，延续其历史文化风貌。

本文以徽派建筑为文化契入点，通过将徽派建筑易地重建的手法迁移至山东日照龙门崮风景区，进行文化建筑的展现，呼吁人们对传统文化建筑进行保护和再利用。在共享经济时代和新型城镇化的背景下，对徽派古建筑进行活化再利用已经成为新一轮城镇和建筑保护的重要研究课题。同时将徽派建筑改建升级为民宿系列产品，让更多的消费者及旅客进行体验，传承和延续徽派建筑的内涵特色。

城市酒店长期以来一直是国内旅店行业的主流。但是近年民宿快速发展，民宿式的住宿逐渐兴起，民宿也成为网络住宿预订的热点。

在国内，云南丽江以及江浙地区的民宿发展较好。数据显示，目前丽江已经有1500多家各类民宿，江浙地区各具特色的民宿也是遍地开花。民宿被越来越多的人群所接受，到了旅游旺季，民宿在总体上有供不应求的情况。民宿的消费种类也趋于多样化，价格上从几十元到几千元，类型从简约型到精品型等。

民宿具有气氛佳、个性化、地理位置好等优势。民宿多建于当地的旅游区域，民宿特点为：环境突出地域文化特色、服务热情周到；缺点：规模较小，一般以个体经营、散客入住为主。由于具有较大的市场发展潜力，可以对优质的民宿资源进行大规模的整合。如携程旅游网在丽江、厦门、阳朔等多个区域，推出了许多种类多样的民宿产品，吸引了大量年轻群体游客前来体验。民宿已经成为增长最快、关注度最高的旅游产品之一，将逐渐成为一种出行住宿的主流选择方式。许多业内人士纷纷表示，民宿的快速发展代表了国内休闲度假旅游以及旅游散客化的一种新的趋势。如到云南丽江古城，住民宿不仅解决住宿问题，还可以体验古镇独有的纳西人文风情，把自己融入整个古城之中，这是与当地文化交流的一种方式。

许多民宿都是依托原有民居改建。随着民宿行业不断发展，现代民宿开始融入更多的特色元素，若想让传统民居获得新生就必须赋予其新的功能。民宿产业必须要与中国传统民居的精髓更好地融合，使民宿同时拥有新、旧文化性格。一方面能够给游客带来新鲜感，但更重要的是能够给予消费者一个独特的体验环境。

1.2 课题研究目的及意义

以龙门崮风景区徽派主题民宿为起点，对龙门崮风景区文化进行深入研究和分析，并结合徽派主题民居特点，将传统建筑与现代建筑相结合，并保护和发扬传统建筑文化。在同等投资条件下，让富有深厚文化底蕴的主题民宿竞争过缺乏文化内涵的旅店，让徽派建筑在异地重新绽放光彩，使龙门崮风景区独树一帜。

1.2.1 社会意义

龙门崮风景区具有深厚的文化底蕴和历史特色，为了保持易地重建后徽派建筑依然具有原始风貌，论文中分析和总结了徽派建筑的特点和符号，并结合设计理念，充分满足龙门崮风景区的发展需要，逐步形成浓郁的地方氛围。

1.2.2 文化意义

从文化角度着手，充分展现徽派建筑的文化底蕴，采用理论研究和设计相结合的方法，对徽派建筑进行深入分析，为风景区文化建筑的理论研究提供相应的参考。

1.2.3 经济意义

龙门崮所处的东港西北部山区，社会经济发展水平整体相对较为落后，通过对龙门崮制定整体规划的方式，系统解决经济发展、精准扶贫等问题，是日照市针对区域发展不平衡、不充分的战略性举措。

1.3 课题研究方法

1.3.1 文献查阅法

课题研究是通过阅读现有材料，并对其进行整理分析，在这过程中发现问题，下一步就是实地调研考察，总结问题并加以研究。

在研究本课题过程中，利用文献查阅法对徽派建筑进行了深入的了解分析，并制作表格以之说明。表1为徽派建筑的构成元素、风格特征。

徽派建筑的构成元素、风格特征 表1

元素	特征
屋顶	屋顶青瓦整个呈向内微曲
三雕	木雕、砖雕、石雕
粉墙	灰白的色彩基调，色彩淡雅，墙线错落有致，与自然融合和谐
马头墙	又称"风火墙、封火墙、防火墙"等
色彩	徽州民居粉墙黛瓦，色质简单，仅存白与黑
门头	八字门楼、牌楼式、门罩式

1.3.2 实地调研法

本课题项目选地位于日照市东港区三庄镇龙门崮乡村区域。距离日照市区28公里，自然风光秀丽。徽文化当中最具代表性的文化为徽派建筑，又名徽州建筑，也是国内外建筑大师所关注的风格之一。流行于徽州（今黄山市、绩溪县、婺源县）及金华、浙西严州等浙西地区。通过实地考察与当地居民进行交流，获知民间习俗及文化特色。

1.3.3 图表分析法

图表分析法是将所要分析的现象或者问题进行归纳总结制作成图表的形式，以最简洁的形式显示事物，可以使统计分析工作更加明晰。

1.3.4 归纳对比法

归纳对比法，也叫对比分析法或者比较分析法，在课题中将山东日照龙门崮的文化特色与徽派建筑的特色进行对比、归纳、总结，取其精华，去其糟粕，将两地方文化相融合形成此课题的最终成果。

1.4 研究内容及研究框架

如图1。

第2章 相关概念阐述

2.1 民宿

2.1.1 民宿的概念

民宿是指住宅主人给外出旅游或远行的客人提供特色化的居住场地，实际上就是指一些特色家庭旅馆。国外的民宿起源于"二战"之后的英国。有两种形式：一种是提供住宿和早餐的民宿；一种是家庭旅馆的民宿。在国内，民宿主要是伴随着经济水平的提高、旅游的兴起，人们所追求的生活品位越来越高，逐渐形成的具有特色旅游的住宿产品，包括个体旅馆、民居旅馆、农家旅馆以及青年旅馆等不同形式，其形式都是使用当地特色民居来招待游客来解决住宿问题。

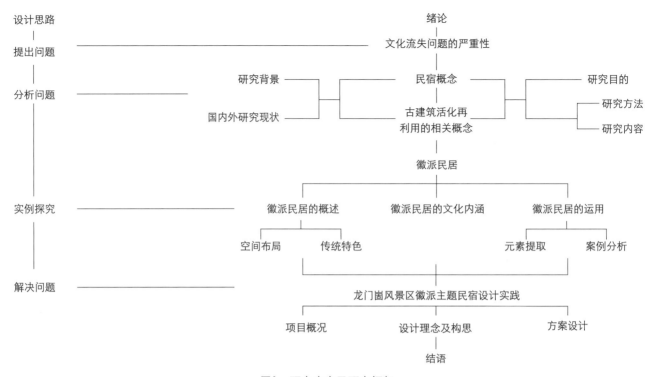

图1　研究内容及研究框架

2.1.2 民宿的起源及发展

1.国内民宿发展状况

大多数的民宿仅仅是将当地民居住房进行情调化改造装修，并在表面添加一些地方元素和文化符号，其本质还是原来的客栈模式。通过一家成功的民宿，可充分体现一个地区所特有的文化内涵和底蕴，让游客感受到独特的文化体验。国内民宿发展的最初阶段，主要在丽江等地区。2008年以后，随着丽江旅游业渐入佳境，其民宿的发展规模逐渐壮大，并产生大量的知名民宿品牌。国内民宿发展历程研究现状如表2。

国内民宿发展历程（来源：杨春宇《特色酒店设计、经营与管理》）　　表2

发展阶段	起步期20世纪90年代启蒙阶段	21世纪初期发展阶段	2010年以后拓展升级阶段
关键词	低端、不集中、农家乐	多元化、情怀化	精致化、中高端、小而美
自身规模	当地农家乐、招待所	品牌化发展、区域拓展	美丽乡村改造、集群式发展，形成民宿度假区域
主要功能	住宿、饮食	注重景区的选址，依托景区发展，如人文古镇、自然山水景区等	成为景区的核心吸引之一，体现多元化，旅游微目的地逐渐形成
民宿档次	价位低廉、档次比较低、基础设施不完善	档次有所提高，基础设计较为完善	精品化，中高端，设施完善
民宿主题	基本无主题 村民："热情好客"	多元化的特色逐渐凸显出来，主题风格与服务理念开始衔接	定制化活动体验；但同质化问题也不断出现
投资主体	当地居民自主经营	村民个体、村镇集体、投资商三者	政府、酒店集团、跨界、社会资本、众筹等方式

2.全球民宿发展状况

民宿最早可以追溯到20世纪60年代的英国，由于当时英国的西南部与中部地区人口相对稀疏，农家为了能得到更好的收入水平，开始为客人提供住宿及食物，这也就有了民宿最早的类型——家庭式的招待。

随着民宿大范围的发展，20世纪80年代传入了中国的台湾地区和日本等地。游客人数增加，当地的住房设施已无法再满足需求了，本地居民便将自己所拥有的空闲房屋出租给游客体验和使用，解决了住房这一主要问题。20世纪90年代台湾农业在中国加入世界经贸组织的背景下以及休闲观念的流行，热情好客的居民提供吃、住、游、玩的模式也逐渐流行起来。而日本的民宿发展是以租借民宿歇脚、暂住等方式。

由于区域特色、民风民俗的差异，在世界各个地区造就了多元化的民宿风貌。如英国的B&B（Bed and Breakfast）、法国的城堡、日本的民宿、北欧的农庄、美国的Home Stay等，都深受世界旅游者的喜爱。

全球民宿发展历程（来源：杨春宇《特色酒店设计、经营与管理》）　　　　　　表3

美洲地区	欧洲地区	亚洲地区
发展特色：美洲民宿发展相对成熟，以居家式为主	发展特色：以英国、法国最为突出，是民宿发展的起源地	发展特色：以中国台湾、日本为经典，是全球民宿发展精品的代表
开发形式：以青年旅舍、家庭旅馆的形式呈现，价格相对便宜	开发方式：优先保护农舍，结合开发，采用副业形式经营	发展趋势：不同主题风格的民宿成为旅游核心吸引物之一，并呈现高端化

2.1.3　民宿在乡村旅游中的应用

在乡村振兴的大背景下，乡村民宿无疑成为乡村旅游发展的抓手。做民宿要保留原汁原味，每一个民宿都展现着民宿主人的思维。如隐庐·同里别院精品酒店，改造之前常年被风吹日晒，外墙已经发黑，墙皮已脱落，但依然有它的特色，极具江南明清民居风格和特点；改造后的白墙黑瓦，极简的设计，没有多余的点缀，在改造中没有直接照搬传统中式风格的符号，也没有完全脱离中国元素做出西式的设计，而是中西结合，取其精华，去其糟粕，创造出属于自己文化属性的新中式风格；其设计理念：（1）保留原有建筑的风格。（2）承载着当代人的精神追求。（3）符合现代人对于审美的要求，打造出诗情画意的空间，充分体现匠心和执着的精神。这里的每一扇门、每一面墙都相互交融，同时化繁为简，虚虚实实，如图2、图3。

图2　改造前（来源：网络）

图3　改造后（来源：网络）

2.1.4　民宿在乡村旅游中的优势

对于民宿来说，其特征就是个性化、特色化。而一个地域最具原始的特色便是淳朴的乡村，充分利用当地优美的自然环境和底蕴深厚的人文乡土内涵，将乡村旅游的内容展现得更具多元化和丰富性。一些具有地域特点的民宿也将乡村在旅游行业中的劣势地位转变为优势，使得这些民宿成为本地区旅游的亮点，整体带动当地相关旅游产业的迅速发展。同时也拉动了当地的消费产业链，为当地的居民提供就业机会。

2.1.5　民宿在乡村旅游中存在的问题

由于民宿在乡村旅游中发展时间不长，存在以下几个方面的问题：缺乏地方政府落地的政策支持，导致基础设施建设不健全；相关的法律法规建设无法跟得上民宿产业发展的需求；有些在民宿开发过程中，违背绿色环保的理念；游客数量与日俱增，导致生态环境超过承载限度；民宿产品定位"雷同"；市场营销推广缺乏。

特色民宿的成功让许多乡村把劣势资源转变为优势旅游资源，同时在民宿产业发展中也存在着或多或少的问题。主要有以下几个方面：

（1）民宿行业管理不完善

一是管理民宿的相关部门不够清晰，对民宿安保、卫生等多方面的问题缺乏有关部门管理和监督，会出现一些推卸责任、监管不力等问题；二是相关的法律法规不够健全。目前没有完善的民宿管理法规，问题出现后游客的权利就无法得到保障。这些问题的存在，严重影响到了乡村旅游民宿健康有序的发展，民宿经营者对成功经营失去信心，市场获利较难。

（2）民宿行业发展不完善

一是民宿同质化程度高，民宿业发展受到影响。虽然旅游的市场发展起来了，民宿的数量也在快速上升，但是出现了同质化经营的问题。经营者文化水平不高，思维、眼界、经营能力有限，不能将当地原有的特色通过创新、个性化的手法积极融入民宿中，"千店一面"成为民宿普遍存在的一个问题。二是民宿服务设施不完善。由于经营者存在专业化不高、财力匮乏等诸多因素，导致民宿设施不完备。

2.2 古建筑活化

2.2.1 古建筑活化再利用背景及发展过程

1. 古建筑活化再利用进程

当前我国城镇发展面临严峻的问题之一是保存古建筑。如何能在城镇发展的过程中保护和利用古建筑的优势，重新活化再利用古建筑，充分挖掘古建筑蕴含的历史文化价值，激发古建筑的生命力，同时融入现代的生活中。

活化再利用最早是美国景观大师Lawence·Harplin提出来的"建筑再循环理论"，即对于旧古建筑的原有空间进行调整重组来适应新的功能需求，而不是单纯的建筑外观的修整和更新。"建筑再循环"理论是将建筑原本的生命周期延长，做到古建筑再利用，让古建筑能够进一步适应新时代的潮流。直到21世纪人们才关注古建筑活化再利用这个话题，并进行了一系列的探索和实践。首先是在香港，提倡保存场景完整，并加以修缮，给建筑场景赋予"第二生命"。2012年，台北文化局组织的"老房子文化运动"，就是将古建筑在保留历史风貌和建筑肌理的背景下，使之重新焕发出新的活力。

2. 古建筑活化再利用

古建筑活化再利用为历史文化保护延续提供可借鉴的实践机制。古建筑再利用不仅将古建筑活化，还将古建筑带入一个具有实用性的时代，将冻结的建筑转为具有功能的新型建筑，提高了古建筑利用率，将新旧建筑有机地结合在一起，缓解了新旧建筑出现的矛盾和差异。这样的成功案例很多，具体如下：

（1）居住建筑

云夕深澳里书局位于杭州桐庐江南镇深澳古村，始于申屠家族的建造，有着1900多年的悠久历史。古村毗邻桐庐县城，村中拥有独特的地下引泉及排水暗渠（俗称"澳"，深奥因以为名）和40多幢目前仍保存完好的明、清楼堂古建筑。

云夕深奥里书局是以创建乡村开放的场所为设计初衷，在满足现代人新的使用需要和审美需求的基础上，尽量将古建筑的历史风貌完好保存下来，进而延续当地的文脉与乡土情感。书局包括对村民开放的社区图书馆、人文与民俗展示空间、地域文创产品商店等业态，既是旅游度假、村民交流的理想场所，也是富有故乡记忆体验性和社区人文归宿感的修心驿站。

建筑与人、地域之间的文脉是村民联结情感的根源，而延续文脉首先要学会的就是"尊重"建筑、文化等，这一点也成为项目改造要遵循的原则。

项目以村中清末古宅景松堂为主体，结合周边民居改造更新，在彰显建筑外表面历史肌理感的基础上，保留了传统建筑的基本格局和精美木构雕饰，造就了室内空间的舒适性和现代性。项目设计的初心就是想让这里成为全村有归宿感的公共场所。因此，既要保留当地人对建筑的熟稔感又让室内空间更符合现代的生活需求。

（2）商业文化建筑

日照东夷小镇是一个将古雅渔家民俗院落和旅游观光相结合的小镇。东夷小镇是新兴的仿古建筑小镇。整个小镇由四个岛屿组成，分别是渔文化主题岛、民俗文化体验岛、异域文化风情岛和休闲娱乐观光岛。

2.2.2 古建筑活化再利用模式分析

根据不同地区对于古建筑的活化再利用手法，大致可以分为三种模式：功能置换、易地挪动、原址修复。

1. 功能转换

以前人们对于古建筑一直都是简单地拆迁重建、抛弃荒废，随着人类物质和精神水平的提高，以及大众文化意识的上升，人们对于功能转换的手法更加关注了。由于古建筑的历史比较悠久，古建筑的功能可能已不再符合现代人的生活需求和审美需求，借助功能转换的手法将古建筑的功能转换成现代人所需的功能，这样古建筑的合理利用才能达到更好的保护目的。

功能转换的手法是主动将古建筑融入现代城镇发展的进程中，但是在这个过程中也出现了一些问题：对于古建筑如何充分考虑社会需求，如何在满足生活需求的基础上，发挥其社会价值和文化价值；如何使用新技术和新材料，将功能融入旧建筑中去，有待我们去研究解决。

2．易地挪动

经济效益导向和城镇风貌格局的改变往往是旧建筑易地重建的两大因素，首先，传统的布局结构早已不再适应现代城镇所需要的功能需要，因此进行改造和更新，结果往往却是街区风貌和城镇历史格局的改变。其次，在城镇的现代化建设中，社会发展利益、土地开发等经济效益与旧建筑保护面临着明显的冲突，这两者严重压缩了旧建筑的生存空间。比如：很多古建筑在城镇需要发展扩大的背景下，古建筑所占的地块阻碍了城市的发展，于是就有了易地挪用的手法，将古建筑易地挪动到空旷的地方，将古建筑很好地保存下来。如上海的杜月笙宅邸在经历半个多世纪的风吹雨打之后，最终的归宿日渐明朗。这座公馆装饰精美、极具传奇色彩，地点也从上海整体迁入苏州吴江同里镇。杜月笙公馆作为一座民国建筑物，留存到今日，相当难得，而且这座建筑物本身也具备了一定的艺术性和历史价值，正是基于这方面的考量，同里古镇才决定迁入杜公馆。

3．原址修复

对于一些古建筑原址的修缮利用，尤其是从设计到历史建筑的修缮，项目业主往往都曾因为不了解修缮程序或者修建报批程序太复杂而望而却步。古建筑的修复手法复杂，需要进行日常性维护和非日常性维护等，如防渗防潮、防火及消防设施配备都是日常维护的事项；涉及建筑结构、价值要素、外立面修缮或者改动，属于非日常维护。大部分古建筑多年未维修，没有办法满足现代人日常的生活需求，如漏水、外墙破旧和楼梯老化等。因此，原址修复也成为保护古建筑和古建筑活化再利用的手段之一。

2.2.3 古建筑活化再利用存在的问题

古建筑不断减少，认真分析其原因有技艺失传、维修材料缺乏和风雨侵蚀等。这些问题也致使古建筑活化再利用进程受到了阻滞。

1．技艺失传

在科技发展的当代，传统技艺失传，导致了古人留下的物质文化一点点地消失，这样下去，传统的建筑文化将不复存在。古建筑修复过程中存在很多技术问题，如对结构的不理解，无法将古建筑复原，对于一些已破败的古建筑，设计师和建筑师无法将建筑分析透彻，对此无从下手。

2．维修材料缺乏

虽然如今材料各式各类，还有新型材料、高分子材料等，但是一些古建筑使用的特殊材料，现代则缺乏，无法复原古建筑，加上目前我们对古建筑的保护研究还不深入，对于传统材料的研究也存在问题，这也是古建筑很难活化存在的一个重要因素。

3．风雨侵蚀

在风雨侵袭下，很多徽派古建筑已然残破不堪。这些徽派古建筑所兼具的历史意义是举足轻重的，它们代表着一个时期、一个地区的文化现象，见证了一个地区文化的演变，是历史最好的考证实物。条件如果达不到修缮要求，就必须对这些建筑群展开重建工作。在实际工作中要考量各方面的情况，在专家的指导下进行方案的制订。方案设计的完成必须深入实际、合理考究。重建古建筑群有可能会使其无法保留原先的文化特色，消耗庞大的资源，更有可能破坏具有考古价值的遗址。所以在大部分情况下，笔者认为保护遗址重建更为重要。

第3章 徽派民居

3.1 徽派民居的概述

徽派民居是中国传统民居建筑的一个重要流派。中国传统民居最讲究坐北朝南的方位，讲究内采光；以木结构居多，以砖、石、土砌护墙；以堂屋为中心点，以雕梁画栋和装饰屋顶、檐口见长。徽派建筑群是赣派建筑派生出来的建筑群，又名徽州建筑群，徽派建筑作为徽文化的重要组成部分，为中外建筑大师所推崇。徽派建筑主要流行于徽州以及衢州、严州、金华等浙西地区。徽州建筑在形成过程中，受到当地气候环境和人文观念的影响，展现出了鲜明的区域特色，在建筑外形、布局功能、装饰造型及材料、建筑结构等诸多方面自成一体。

3.1.1 徽派民居传统特色

1．小青瓦

小青瓦在不同的区域有不同的叫法，北方习惯称为阴阳瓦，南方习惯称为蝴蝶瓦；是一种半圆弧形的瓦。用手工成型，在烧熟以后还有一道工序就是泅窑，泅窑以后起化学反应才呈青灰色。标准尺寸主要有30厘米×24厘米、24厘米×20厘米、20厘米×18厘米等规格。小青瓦是修建楼台、宫殿榭枋、亭廊以及各种园林建筑的高档古建材料。小青瓦由勾头、滴水、筒瓦、板瓦、罗锅、折腰、花边、瓦脸等组成。

2. 马头墙

马头墙，徽派建筑三大主要特点之一。在传统聚族而居的村落中，民居建筑比较密集，防火措施很难解决，而马头墙的出现，解决了相邻民居之间的防火问题。高高的马头墙，在发生火灾的情况下可以起到阻隔火源的作用，故而马头墙又称作封火墙。

马头墙墙头高出于屋顶，轮廓的线条为阶梯状，脊檐长短随着房屋的进深而变动，这种多檐变化的马头墙在江南民居中得到广泛应用，有一阶、二阶、三阶、四阶之分，也可称为一叠式、两叠式、三叠式、四叠式，通常三阶、四阶更常见，较大的民居，因有前后厅，砖墙墙面以白灰粉刷装修，墙头覆以青瓦两坡墙檐，白墙青瓦，明朗而素雅。徽派民居墙体高大封闭，加上马头墙的设计使得徽州民居更加错落有致。从高处往下看，整个村落因为有马头墙的存在，视觉效果上给人产生一种"万马奔腾"动感。

马头墙的造型特点是随着屋顶面的坡度层层跌落，在徽州民居中的马头墙以屋面斜坡的长度定位若干档，墙顶挑三线排檐砖，上覆以小青瓦，并在每只垛头顶端安装博风板（金花板）。其上安各种苏样"座头"（"马头"），有"鹊尾式"、"印斗式"、"坐吻式"等数种。

3. 天井

所谓天井，即为汉族对宅院中房与房之间，或者房与围墙之间所围成的露天空地的称呼。天井两边为厢房包围，面积相对较小，同时光线略显阴暗，且状如深井，因此而得名（图4）。

3.1.2 徽派民居的结构及装饰

徽派建筑的独特之处体现在特色民居、祠堂庙宇、牌坊和园林等建筑实体中。民居外观有较强的整体性和美感，高墙封闭，马头翘角，墙线错落有致，黑瓦白墙，色泽典雅大方。清砖门罩、石雕漏窗、木雕楹柱与建筑物融为一体，使房屋精美如画，堪为徽式宅最具代表性的特点。徽州民居沿天井四周回廊选用木格窗间隔内部空间，其有采光、通风、防尘、保温、分割室内外空间等功能。格窗由外框料、条环板、裙板、格芯条组成，主要形式有方形（方格、方胜、斜方块、席纹等），圆形（圆镜、月牙、古钱、扇面等），字形（十字、亚字、田字、工字等），什锦（花草、动物、器物、图腾等）。格窗图案大多选用隐喻和谐音的方式体现吉祥的喻义，如"平安如意"用花瓶与如意图案组成；"福寿双全"用寿桃与佛手图案表示；"四季平安"是花瓶上插四季花；"五谷丰登"用谷穗、蜜蜂、灯笼组合；"福禄寿"用蝙蝠、鹿、桃表示等。格窗还采用蒙纱绸绢、糊彩纸、编竹帘等方法，增加室内透光。

3.2 徽派民居的区域特色

天井式的四合院民居建筑是徽派民居的基本建筑形式，这种建筑形成和发展，受到特有的地理位置和人文观念的影响，具有独特的区域代表性。古代徽州地处皖南，与浙赣毗邻，原为山越人聚居地区，文化相对落后。

3.3 徽派民居的运用

3.3.1 徽派民居元素提取

龙门崮风景区徽派主题民宿运用徽派民居的元素有：天井、马头墙、小青瓦。

天井的提取可将天井运用到半围合式的院落中，将自然与人文景观融为一体，更符合中国古人要表达的"心中有山水"、"聚财"的意境。同时，天井可以很好地平衡建筑之间的关系，有"抑扬顿挫"的效果。同时与水景结合，浸入这四方空间一股轻盈的流动感和鲜活的生命力，回应区域内临湖的环境特征，如图5。

3.3.2 案例分析

1. 江南壹号院生活体验馆

体验馆建筑坐落于杭州萧山科技城，场地内临湖的自然景观有着江南水乡的灵动。"人"字形斜坡屋顶与极简白墙、黛瓦都给人以鲜明独特的视觉印象，呈现出连续而极富韵律的整体界面。入口处选用仿木杆元素，构成半透的帘幕视觉效果。建筑立面与景观小品相结合，描绘出了一幅江南山水的绝妙画卷作品，如图6、图7。

"人"字形斜坡屋顶带来空间上的多样化，也可以看出设计者对连绵起伏山峦的偏爱。同时，将外立面的一些建筑元素沿用至室内设计上，使室内外风格相呼应。

图4 天井（来源：网络）

图5 （来源：网络）

图6 （来源：网络）

图7 （来源：网络）

2．院落

传统院落中的天井，强调精神性与归属感。建筑在空间设计回应了这一观念，如围合的院落，其内部功能围绕着天井式中庭构成。

江南传统村落中每家都有院落，村内有景观小品，村民集会的井边、河边洗衣的台阶、宗族祠堂等。这种从私密到半公共再到公共的一系列空间序列，都体现了人们劳动生活的场景和饮食起居，大树下井边的公共场所也成为村落集会和人们相互交流的空间纽带。千年古镇南翔自古以来经济富庶、文人辈出，但最近几年来新增建的城区逐渐失去了江南的古韵。以东社区邻里中心的建设为切入点，对江南的院落文化做出现代的解读。

通过变形，将江南民居中的院落抬高到空中，再修建从抬高的院落到地面的台阶。这些延伸出来的小院落在空中又形成一个大院落，中间是一个广场。这个广场有着传统村落中树下井边的空间大小，主要功能是供人们聚集和交流。由大台阶抬级而上，中央还布置了带有绿化的休憩平台。

小图书室、老年人和青少年活动中心、茶室等社区活动空间位于空中院落。将社区医疗卫生中心、健身房、妇女之家、社区组织等机构安排在一、二层大空间中，由回廊连接整个空间和功能。

南翔邻里中心形成了一个由大院落到小院落、由地面大广场到空中小广场、由公共到半公共再到私密的多层次过渡的空间序列。虽然这是一座四层的现代建筑，但其空间的组成和布局与传统的江南村落是一致的，只是从平面变成立体，其内在设计概念是"三维空间院落"。

第4章　龙门崮风景区徽派主题民宿设计实践

4.1　龙门崮风景区位置

设计项目地处日照市东港区三庄镇龙门崮山，距离日照市区28公里，自然风光怡人。在政策资源方面，龙门崮区域能获得各级政策的支持；在区位方面，前面临水后面靠山，有极其优越的地理位置。

4.2　龙门崮风景区基地概况

4.2.1　场地概况

景区周边有多处风景区，如：大青山风景区、九仙山风景区、五莲山旅游风景区、花仙子风景区、日照河山风景区、日照万宝滨海风景区、御海湾生态观光茶园、日照阳光海岸等。项目选址周边有河流穿过，并且从CAD地形图上看出此项目选址前临湖后靠山，是一块绝佳的建设民宿的地块。

4.2.2　自然环境

1．地形地貌分析

龙门崮规划区域为岱崮地貌类型。山体成群耸立，雄伟峻拔，绿地覆盖率较高。通过地理信息系统GIS得出龙门崮风景区的高程，其中最高点416米，整个地块相对落差较大，呈现东北向西南逐渐降低，设计范围内相对高差为5～8米，地形相对平缓。其周边风貌线起伏适宜，视线良好。

2．气候与水文分析

龙门崮规划区域主要属于暖温带湿润季风区大陆性气候，四季分明，旱涝不均。

3．降雨量与水资源分析

从图8中可以明显地看出山东日照的降水量在山东省是较多的，与常年同期比较：潍坊、东营、淄博三市偏多

28%～38%，烟台、临沂、泰安、枣庄、济宁、菏泽6市偏少17%～50%，日照的降水量达到将近300mm。

当前，全省大中型水库、南四湖东平湖总蓄水量为44.22亿立方米，较汛初减少7.28亿立方米，较历年同期多蓄7.60亿立方米，较去年同期少蓄5.65亿立方米，如图9。

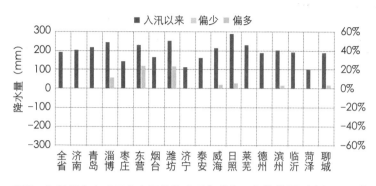 

图8 入汛以来全省及各市平均降水量与常年同期比较图（来源：网络） 图9 各市大型水库蓄水量与历史同期比较图（来源：网络）

其中，全省大中型水库蓄水量33.46亿立方米，较汛初增加1.79亿立方米，较历年同期多蓄8.43亿立方米，较去年同期多蓄4.09亿立方米。日照水库2018年较往年增加了29.3%，降水量逐年增加。

4．风向分析

受气候的地理性质差异影响，日照的西北方向是亚欧大陆的蒙古高压，属高压冷气团，而日照的东南面是广阔的黄海东海，受海洋上温热气流控制，属于低压暖气团，从而形成大陆与海洋之间的气压差，产生对流，就产生了西北风向。

4.2.3 自然人文环境

山东日照龙门崮有丰富的自然、人文资源有待开发。自然资源有各种果蔬、地热温泉、山川水体；人文资源有耕读文化、传统村落、遗址遗迹、传统节庆、太阳文化等。

龙门崮植被茂盛，品种繁多，苹果、山楂、大枣、柿子、李子、梨等经济果园遍野，苍松叠翠，郁郁葱葱；芙蓉、国槐、柞树等生态林遍布于山峦沟壑，春华秋实，林茂果香；山下湖光潋滟，流水潺潺，更增添了龙门崮的秀美与灵气。但是在龙门崮地区经济发展水平整体落后，规划区内的村落中上卜落崮、下卜落崮人口最多，上崮后村、下崮后村人口最少。多个村庄空心率达到三分之一，外出务工人员较多；贫困村及贫困人口数占比较大，脱贫工作需进一步开展。

龙门崮地区的基础设施较为落后，医疗、教育、养老等公共服务水平不能满足需求。

4.3 龙门崮风景区SWOT分析

4.3.1 优势（STRENGTH）

（1）龙门崮具有悠久的历史，神话传说和民间典故颇多。

（2）龙门崮风景区，东距日照市区28公里，西面距离莒县30公里，南面距离镇驻地5公里；交通便利，同时该地块前临水后靠山。

（3）龙门崮植被茂盛，品种繁多。

（4）生态环境较为原始，土壤具有多样性特点。

（5）绿地覆盖率较高，属暖温带湿润季风区大陆性气候，四季分明。

4.3.2 劣势（WEAKNESS）

（1）处于郯庐地震带，可能会出现地震等自然灾害。

（2）土质较为瘠薄，由于缺少植物生长所需的养分、水分，导致土地不肥沃，需有针对性地开发利用。

（3）整个规划区域的设施不够完善，受到环境、经济、市场等多方面因素的影响，风景区的配套设计无法满足游客的需要。

（4）开发的深度不够，只停留在表面的自然景观上；产业链短，没有形成完整的旅游业态，以至于经济效益相对较差。

4.3.3　机遇（OPPORTUNITY）

（1）对龙门崮进行整体规划，是系统解决经济发展、环境保护、精准扶贫等问题的方法。对自然环境进行适当的规规划及利用，使得龙门崮风景区的特色能够更好地让当地及外地的游客了解，从而帮助解决本地区的经济发展问题，同时通过产业的规划，更好地解决当地就业问题。

（2）龙门崮地区生态环境良好，是一块未经开发的净土。龙门崮项目必须坚持人与自然和谐共生，这种发展理念与国家提出的生态理念相一致，龙门崮需抓住时机建设更好的生态环境。

4.3.4　挑战（THREAT）

（1）同质化问题：项目出于商业运作的目的，追求方便、高效，以至于出现"雷同"的现象。

（2）民宿发展到今天已经出现了一种趋势，就是现在投资民宿和运营民宿的主人所关注的重点是民宿所带来的视觉效果，而不是民宿消费者的住宿体验。

（3）由于经济发展，越来越多的人更加注重情怀的释放，但是目前仍然没有一个成熟的民宿经营模式，以至于很多民宿到现在还是处于不盈利的状态。一些民宿经营者把城市酒店的经营模式运用到了农村民宿当中去，结果发现压根就不合适，而且运营的成本费用也是非常的高昂。

（4）在农村经营民宿和城市经营的酒店是有很大区别的，在安全方面需要注意的问题以及环保的问题，甚至还有一些民宿的开发需要和当地的文物保护中心进行协调和沟通，并承担文物保护的责任，但是现在有的民宿商家对于基本的社会责任还认识不够，对于需要承担的相应责任也概念模糊。这些方面也使得民宿发展出现缓慢、偏差等问题。

4.4　龙门崮风景区主题民宿区设计分析

4.4.1　龙门崮主题民宿定位

通过对龙门崮2小时经济圈辐射范围的区域经济圈人均GDP进行了解分析与归纳总结，将使用人群定位为三类：艺术家、家庭亲友、商务人士。建筑设计主要针对以上三类人群的需求，优化组合，满足各层次的审美、精神需求，提高旅游度假的文化精神品位。同时结合徽派民居的建筑风格，将龙门崮主题民宿打造成为一个具有徽派特色多功能的主题民宿区。

本设计集自然及人文景观为一体，创造理想景观氛围，可远眺湖水，视野开阔，北面靠山，东面有湖景，南面临路；近可俯视整个风景区。

4.4.2　龙门崮主题民宿功能布局

龙门崮主题民宿分为三个功能区域：公共空间、民宿区、共享区，如图10。

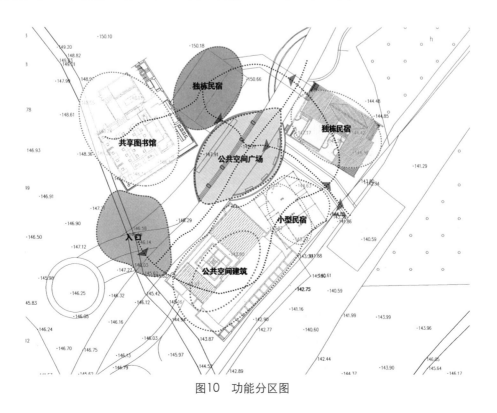

图10　功能分区图

公共空间包括公共空间建筑区域、公共空间广场、亲水平台等。在公共空间建筑中包括了游客服务中心、展览馆等。对于一个旅游度假区来说，游客服务中心是非常关键的。在游客中心的建筑及内部空间都使用了徽派的建筑元素，加上当地的人文，使得两者很好地结合起来。游客中心设有贵宾接待大厅、公共接待大厅、等候区、卫生间等。周边进行植物与水体相结合的手法，使得自然与建筑群落整体相融合，如图11。

民宿室内设计：

民宿三运用一室一厅带小院的格局，营造出一种园林式的氛围。此民宿只适用于一对情侣或者夫妻两人入住。如图12。分为开放式客厅、客房两大分区。通过精心布局，具有客厅、卧室区、卫生间、冲凉房、洗脸台、电视等完善舒适的使用功能。

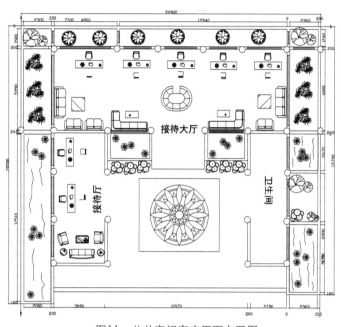

图11　公共空间室内平面布置图

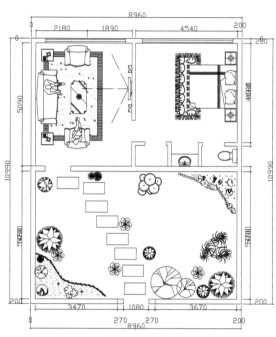

图12　民宿三室内平面布置图

客房地面采用木纹砖，客厅采用青石板、鹅卵石、门槛石等材质。墙面采用米色乳胶漆，天花保留建筑木梁和灰瓦结构，加装艺术照明灯具。卫生间墙面采用仿古砖，地面采用防滑地砖，灰色地砖拉槽、门槛石等材质。

4.4.3　龙门崀主题民宿交通流线

设计区域的主入口设在西南方向，东北方向是出口，整体呈现一个曲线的交通流线，主干道上设有多条小路通往不同功能的区域，车辆禁止进入民宿区域。道路系统分级明确，交通道路方便快捷，可以穿行到任何一处角落、任何一处风景中，较好地处理了规划区域内交通动静分区的问题，如图13。

图13　透视图

4.4.4 龙门崮主题民宿建筑设计

总平面规划采用了半围合式组团结构，规划区域的室外空间分为规划区公共空间组团、半围合式的空间和庭院空间三个层次，各级空间彼此区分又相互联系，呈现出不同的景观特色。

设计区域内新旧建筑结合，根据所提供的13栋徽派民居建筑进行筛选，最后选用两栋建筑进行修缮、加固、完善；通过对徽派建筑元素的提取，从而设计新的现代建筑。

1．古建筑的保护

（1）修缮建筑外观

保留徽派传统民居的外观和建筑构件，对屋顶瓦片和木梁进行整体更换和修缮，更换修缮损坏的大门、窗户。外墙整体修补，以涂料重新粉刷，再按建筑原有效果做旧。在设计当中，对三栋特色民宿使用修缮的手法，修旧如旧，体现徽派建筑群特有的艺术风格和人文内涵。

（2）加固建筑结构

原房屋没有地基，先对结构进行检查和加固，排除潜在的安全隐患。根据设计要求将公共空间进行改造，可设置一个书局，将一个相对封闭的空间的墙体进行拆除，并通过特色书架造型分割空间，这样既可以让光线投射到整个空间中，又可以区分出不同的功能空间。

（3）完善建筑功能

徽派建筑功能为村民居住，使用空间狭窄、设备简陋，通过设计增加空间的变化，完善多种设施设备，改造升级为特色民宿客房。

2．新建筑

设计新建筑提取了当地古建筑的建筑肌理以及当地建筑的朝向，如图14。

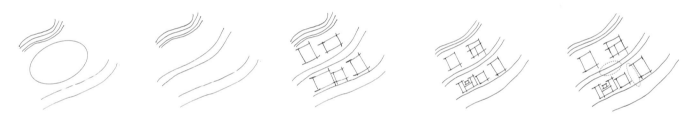

图14　前期草图、方案概念衍生图

先将整个区域的地形进行深入分析，简化为曲线，然后根据规划区域的面积将其分为两个大块，并将地形的走向渗入到区域中作为整个规划区域的主要交通干道，然后将徽派建筑整齐排放，朝向与地形相一致；在建筑整合过程中，进行适当的建筑空间的演变，最后留出公共广场和亲水平台等公共空间的位置。

建筑空间的演变如图15。

整体空间采用了中国传统民居徽派院落的建筑空间并进行变形，将红色墙体进行向内挤压，形成如图15（3）所示的空间构造；将徽派院落建筑空间变形，将红色的门头所在的墙面删除，形成如图15（6）所示的U形半围合式空间构造；将徽派院落建筑空间变形，将红色的墙面向内挤压，形成如图15（9）所示的空间构造。

将以上三种建筑演变后的建筑空间相加最后形成如图16所示的建筑空间结构。本设计大量使用这种建筑空间结构，其优点为：

所有的建筑都是沿着规划区域的建筑用地红线建造的，并把建筑用地围合起来，利用不同建筑之间的高低落差形成楼间距，打造高档园林景象。

游客中心采用了半围合式的院落式布局，设计将中国人对于传统院落的情感寄托延续下去，以求营造出低密度的建筑群落。院落表现出中国人性格中的一个特点，就是内敛含蓄，希望得到一个属于自己的私密的小空间。建筑群落给人归属感、安全感以及私密性的感受，并让人在公共空间中可以悠闲地纳凉，很自在地生活。通过街坊、街巷、大院、内院的空间层次上的过渡，提供了充分交流的场所。院落是半封闭的，不是完全封闭的内部空间，是有领域界线的，是立体的，能带来不同的心理变化和感受，是外聚内合的（图17）。

3．建筑朝向提取

如图18所示，将龙门崮传统建筑的整体区域走向进行提取并利用到所规划区域。由于山东日照的风向是东南

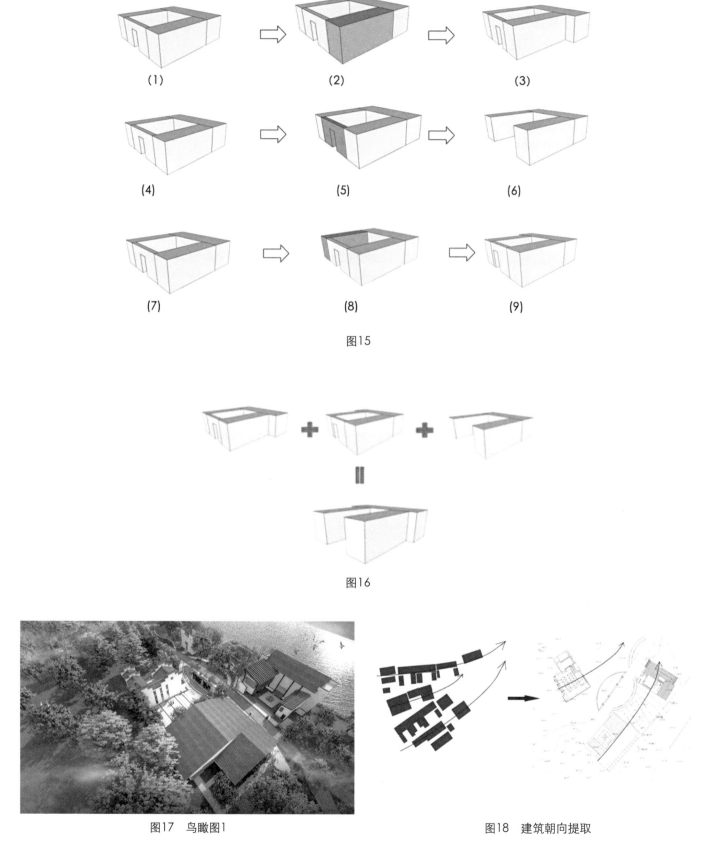

(1)　　　　　　　(2)　　　　　　　(3)

(4)　　　　　　　(5)　　　　　　　(6)

(7)　　　　　　　(8)　　　　　　　(9)

图15

图16

图17　鸟瞰图1　　　　　　　　　　　图18　建筑朝向提取

风向，传统村落的朝向为坐北朝南，设计区域的朝向提取了传统古村落的朝向。

　　4．整体建筑形式

　　将本地块背靠山体的走向进行提取，然后将设计地块地中所建成地建筑进行比较，避免山体对设计地块的遮挡或者其他不良的因素，如图19、图20。

整体建筑形式依照地势高低和山体高差而建。整个地形的高低落差在5~8米，西北高，东南低。高差问题可以通过增加梯步解决。

由于地形的高差，将此处的坡地进行改造，增加梯步，使得建筑和坡体连接密切。在安全性方面，将梯步分为上行和下行，岔开人流，保证人身安全。梯步的增加也缓冲了坡地的高差，使得建筑和坡地山体之间更为融合和谐。

同时此处增加了亲水平台，从陆地延伸到水面，为居住在此街区的人提供一个休闲的空间，发挥了观赏风景和连接风景的作用。亲水平台的运用打破建筑给人的坚硬感，提升景观的观赏性和趣味性，如图21。

整个规划区域内的材质都使用了与传统的徽州古建筑类似的材料，如亲水平台使用了防腐木材质，外墙使用了白乳胶漆，墙围裙使用了仿古灰砖，房顶依然使用了青瓦，如图22。

整个规划区的地面都使用古文化砖，古文化砖其表面凹凸不平，但又不影响正常生活。古文化砖最大的特点就是给人一种古朴的感觉，而我们所设计的无论是修缮建筑外观、加固建筑结构还是完善建筑功能，都是为了让这个规划区具有古色古香的氛围，让中国传统的文化得以传承和发扬，如图23~图25。

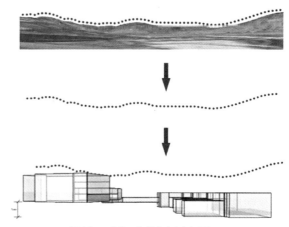

图19　建筑形式演变过程图

图20　彩色立面图

图21　亲水平台设计

图23　鸟瞰图2

图24　透视图1

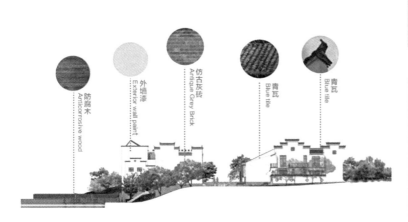

图22　建筑外观装饰材料

图25　透视图2

在新型建筑游客中心和共享书局的屋顶制作上依然使用传统的青瓦，但是由于传统徽派建筑的青瓦密封性、防雨防风性能相对较差，通过改良后，运用现代的手法先进行钢筋水泥灌注，然后将青瓦贴在水泥上，不仅可加固处理，还有装饰效果。

4.4.5 龙门崮主题民宿景观设计

规划区域内每个组团分别选用当地特有的植物配置，如芙蓉、国槐、柞树，每个组团的景观具有独特性、可识别性，进一步营造出家的归属感、亲切感。设计以沿主干道纵向的主景观轴线以及沿湖的步行道、绿地为主要骨架，将全区分为若干组团，利用东南部原有的鲜活湖面，进行有机地改造和疏导。

1. 整体景观带

整个景观使用了曲线的造型，将5栋不同功能的建筑通过不同的小景观相联系起来，可将整个区域连接起来。曲线变化灵动的特征，使得景观变得更加富有节奏性，同时在景观中也起到了画龙点睛、活跃整个空间结构的作用。

这种曲线式的线性景观丰富了整个景观的空间，使整个景观具有变化性和整体性，同时不同的曲线节奏也可以进行不同功能的体验。

任何路都具有导向性的特点，但是曲线式的道路更是给人一种期待和向往的感觉，具有深邃幽静的特点，如图26。

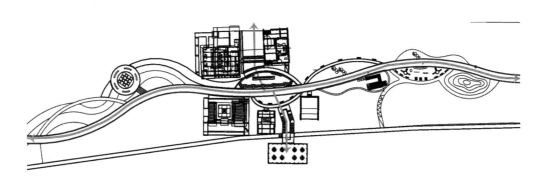

图26

2. 主题景观

（1）公共广场

公共广场整体风格属于新中式风格，通过一大一小的半圆形将整个公共广场分为两个部分，一部分地势相对较高，通过增加梯步将其设为公共广场的主场，并设计出一个特有的公共雕塑和座椅，让游人在这里休闲娱乐；另一部分靠近主题民宿，需要休闲娱乐，宁静、舒坦。

（2）亲水平台

根据地形优势将沿湖的区域设计为亲水平台，让游人能够在亲水平台上放松自己，其材质使用了防腐木的材质；亲水平台上设有多张桌椅供游人进行休憩和观景。

（3）寓意景观

整个规划空间中有一处公共的大型广场，广场内有一处公共雕塑"树根"，其寓意就是无论社会发展到何种情况都不能忘掉我们的根，我们是有根的人，无论走在哪里都要记住要继承和弘扬我们的传统文化。雕塑使用钢材料进行制作，在日照这个地方，多雨水，木质材料很容易腐烂，钢材料保存时间更久。

结语

民宿设计最核心的元素是文化。我国有着上下五千年的历史文明，独特的民族特色和民族风情，具有先天的优势条件，这也是我国发展具有内涵和品位的民宿的关键所在。这就要求笔者在设计民宿时，要深度地挖掘文化中所蕴藏的内涵，把最能代表当地文化的东西表达出来，而不是一味地去模仿，或者为了迎合顾客趣味设计出一些不洋不土的民宿。我们应该传承和发扬我国博大的传统文化，并将其与现代社会文化需求结合起来，重新演绎出属于当下时代背景的民宿风情。本文正是基于这一目的而写作的。

　　本文本着以人为本、继承弘扬传统文化和现代社会文化相结合的态度，以延续、演绎和重现的方式重新进行民宿设计，并且融入本土的文化气息，进而提升日照龙门崮风景区内的自身价值，使景区文化全面化，增强地方文化自豪感，提升文化品位。

　　本设计除融入了现代元素和能够满足人们需求的个性服务之外，还体现了中国特色、民族特色和地域特征，能够体现出当代特色。这就需要我们挖掘、提炼我国深厚的民族文化，把它作为主题民宿的关键元素来打造和雕琢，从而大幅度提升主题民宿的文化内涵与品位。本课题中国园林景观与传统建筑宜居大宅设计研究，主要是研究其文化内涵和设计方法。通过精心策划和深入调研，笔者完成建筑、景观等设计。优美的环境和极具特色的徽派主题民宿将吸引大批游客，也会带动当地特色旅游业发展。

参考文献

[1] 曾静，姜猛．莫干山民宿群的文化旅游开发[J]．巢湖学院学报，2018，20（02）：76-81.

[2] 孙剑仪．旅游民宿体验空间的营造与表达[J]．设计，2018（17）：23-25.

[3] 王小林．浅析民宿设计中的人文情怀[J]．学周刊，2017（03）：5-6.

[4] 田钧伊．传统民居的民宿改造与设计研究[J]．设计，2017，30（19）：152-153.

[5] 杨春宇．特色酒店设计、经营与管理[J]．中国旅游，2018，30（19）：152-153.

[6] 周坚斌．民宿视角下的旧建筑活化再利用研究[D]．广东工业大学，2018.

[7] 张培梅．古建筑维修与保护措施[J]．文物鉴定与鉴赏，2019（08）.

[8] 陈鹏宇．吴佳玲．基于传统文化的居住空间设计研究[J]．建材与装饰，2018（11）.

[9] 余学伟．传统文化在现代建筑设计中的应用[J]．美术大观，2012（06）.

[10] 厉一璇，王春娟．浅谈传统文化的继承与文化礼堂的设计[J]．设计，2018（01）.

[11] 王伟．传统文化和地域文化及现代设计[J]．山西建筑，2007（10）.

[12] 单奇，张延龙．传统优秀文化在新疆高职院校景观育人中的实践应用[J]．农业与技术，2019（01）.

[13] 闫杰，曾子卿．光·传统·建筑[J]．华中建筑，2007（02）.

[14] 周余来．从传统文化中汲取精华，营造新时代建筑"风"[J]．中外建筑，2019（05）.

[15] 余冰．现代建筑设计中的传统元素[J]．山西建筑，2005（11）.

[16] 郭芷妍．传统文化构思在现代环境艺术中的应用[J]．艺术科技，2016（11）.

[17] 罗薇丽，谢劲松．传统文化在景观设计中的运用[J]．现代园艺，2011（21）.

乡村旅游文化建筑研究
Rural Tourism Culture and Architecture Research
龙门崮徽派民俗街设计
Taking the Design of the Hui-style Folk Art Street in Longmengu as an Example

海南大学
吴霞飞

Hainan University
Wu Xiafei

姓　名：吴霞飞 硕士研究生二年级
导　师：谭晓东 教授
学　校：海南大学
　　　　美术与设计学院
专　业：环境艺术设计
学　号：17135108210016
备　注：1．论文　2．设计

乡村旅游文化建筑研究
——以龙门崮徽派民俗街设计为例
Rural Tourism Culture and Architecture Research—Taking the Design of
the Hui-style Folk Art Street in Longmengu as an Example

摘要：随着国家乡村振兴战略实施，旅游产业不断升级，美丽乡村建设、特色民俗文旅项目进入了快速发展阶段。本文以龙门崮徽派民俗街设计为例，通过对现场的考察和文献阅读等方法，分析了龙门崮的地域特色、区位交通、民俗文化、产业布局等。旨在设计有别于传统的民俗街区，在其整体风格上趋向于现代。笔者对项目地的背景、区域位置、自然资源、气候环境、SWOT等方面进行分析，进而从布局、建筑形态、景观设计、徽派文化等方面进行综合研究和设计，打造一个具有生态文化气质的民俗街，创造一处融合产业发展、文化传承、生态观光、休闲娱乐体验的文化旅游休闲乐土，以达到保护和发展乡村的目的。

关键词：乡村旅游文化建筑；龙门崮；徽派民俗街；设计

Abstract: With the implementation of the national rural revitalization strategy, China's tourism industry has been continuously upgraded, and beautiful rural construction and characteristic folk customs have entered a stage of rapid development. Taking the design of Hui-style the folk art street in Longmengu as an example, the paper analyzes the regional characteristics, location traffic, folk culture and industrial layout of Longmengu through on-site inspection and literature reading. The aim is to design folk art street that are different from traditional ones and tend to be modern in their style. The design analyzes the background, regional location, natural resources, climate environment, SWOT and other aspects of the project site, and then comprehensively designs from the aspects of layout, architectural form, landscape design and Hui-style culture to create a folk culture street with ecological and cultural temperament. Create a cultural tourism and leisure land that integrates industrial development, cultural heritage, ecological tourism, and leisure and entertainment experiences, to achieve the purpose of protecting and developing the country.

Keywords: Rural tourism culture and architecture; Longmengu; Hui-style folk street; Design

第1章　绪论

1.1　研究背景

我国的城镇化建设已经进入了快速发展时期，现在农村也日益城镇化。如何保护我国的乡村传统建筑、民俗文化已经成为一个亟待解决的问题。为此，笔者认为要理智对待和继承传统建筑，弘扬民俗文化，并探索适合龙门崮徽派民俗街建设的规划方法和手段，创建具有地方特色的民俗街。

本次研究项目地处于坡地地带，背山面水，是风景秀丽的龙门崮旅游风景区。原有的建筑景观构造无法满足现阶段旅游发展的需求。因此，本设计着重对项目地的地理环境、建筑形态、观景视角及路网布局进行研究。旅游业的发展要依托多个产业，才能向旅游者提供包括行、住、食、游、购、娱等服务。生态旅游已是我国经济发展中最具潜力的战略性产业，是提高经济效益、助力产业发展的举措。如今，旅游日益与其他行业相互融合，同时也推动乡村旅游、康养产业等领域的发展。

1.2　研究对象及意义

1. 文化

民俗是民间文化的表现形式之一。在人类的历史长河中，不同地域的人们由于地理环境的差异，产生了独具特色的饮食习惯、风俗习惯、民族信仰等民间文化。这些不同的民间文化形成了当地独特的风土人情、建筑风格、民俗工艺等。这些流传下来的民间文化是"活"的史书和文化宝库。当今，部分人群追求精神需求已高过物质需要，所以文化旅游已成为一种时尚。民俗街因享有风俗、民族、历史文化等特色旅游资源，早已成为新型经济载体。本文通过对乡村文化建筑的研究，探析龙门崀徽派民俗文化，传承乡土民俗，营造徽派民俗氛围，弘扬龙门崀徽派民俗文化。

2. 内涵

本文通过对项目地的实地考察和背景研究，针对其地区乡村景观建筑现状问题，着重探究乡村景观建筑的文化，挖掘其内涵，以及在秉承传统的基础上运用现代化手法来提高建筑形态的灵动性，扩展路网，通过对地理位置、乡村建筑形态的研究将景观科学化、生态化、低碳化。它将是未来乡村发展规划的重要选择。

3. 经济

当前我们对民俗街的设计不只是展现其旅游的基本功能，更是进一步与乡村旅游结合，并成为景区新的旅游资源。徽派民俗街的设计既体现地方文化特色，还要塑造景区整体形象，可以为龙门崀景区及周边地区带来较大的经济效益。因此，各个景区都在极力突出自己的特色文化并探寻民俗文化作为依托。民俗街建设在美化乡村旅游的同时，也可给当地居民带来相应的经济收益。

4. 美学

传统建筑已无法满足现在社会的审美要求。因此，建筑必须要创新，以适应当前社会大众的审美需求。在原有的自然环境上加以规划与改造，体现龙门崀徽派民俗街生态化、科学化、低碳化，提升乡村原有的形象，美化乡村建设，使乡村景观更具有艺术性。通过对徽派建筑、龙门崀自然环境、项目地现状进行研究和预测，确认其建设目标，提高价值，增强徽派民俗街的景观持续性。

1.3 国内外研究现状

1.3.1 国外研究现状

国外的民俗旅游对目的地产生影响，它可以有效地吸引游客。所以在各国都可以见到多样的民俗旅游活动。它既可以不断深入挖掘旅游资源，还可以传播当地的特色文化，让旅游者既观看到自然风景，又体验了风土人情。如今很多外国地区，通常以自己独有的民间艺术文化来吸纳观光者，让外地的游客通过零距离接触民俗文化，达到领略民俗文化的目标。

在国外相关文献资料与学术研究中，美国学者罗伯特·麦金托什最先提出文化旅游的概念，他从广义角度认为"文化旅游包括旅游的各个层面，旅游者可以从中学到他人的历史和文化遗产，以及他们的当代生活和思想。"从狭义角度看，文化旅游是一种对"异质"事物的瞬间消费，在他们看来，文化旅游者是一些有浓厚怀旧情绪的人，对于异常的"那一个"有很强的好奇心。从某种意义上来说，这种观点近乎把"文化旅游"视为"好事者"的一种"猎奇"行为。是本质上出于文化的动机而产生的人的运动，是基于寻求和分享在审美、智慧、情感或心理本性方面的全新的有深度的一种文化体验。

1.3.2 国内研究现状

现阶段民俗街文化引起业内及众多研究者的重视。其学术研究的具体内容是：传统文化街区中的老房子如何维护、民俗街区的重构和改造是否延续当地传统特色空间、历史文化街区怎样"再生"等难题。在笔者看来，在塑造民俗街传统肌理的工作中，其思路不仅是对历史街区的保护和重构，还要有新的对传统街区的文化本质进行补充的模式。因此，民俗文化街的塑造方式可分作显性的空间景点形式和隐性的空间表达形式，二者之间相互配合，融为一体。前者，是对民俗文化街原来旧建筑物的维护和旧街区空间维度的重构；后者，是对民俗文化街区特有的精神体验，可以通过味觉、嗅觉、听觉、视觉等感悟。目前为止，民俗文化街在隐性空间内涵的营造模式上的研究正处于初期状态，人们通常忽视了对传统民俗文化建筑、自然景观在民俗街区空间立意上的作用。本文即以龙门崀徽派民俗街为例，研究其建筑景观设计。

1.4 研究内容和方法

1.4.1 研究内容

首先研究民俗文化的背景、现状、表现形式。其次研究徽派建筑、徽派民居、布局景观等，进行归纳与总结。从民俗文化和徽派建筑中提取可用的元素并进行转化，然后在本研究工作中合理塑造，并将其设计付诸实施。

1.4.2 研究方法

1．文献查阅法

通过查阅大量的相关文献，力图掌握民俗、建筑、徽派、乡村文化、艺术的文献资料，为本次课题研究提供丰富的理论依据。

2．实地调研法

在研究课题的过程中，不仅要查看大量的相关文献，还要进行实地调研，通过对现场的勘测调查，了解当地居民的风土人情、自然环境、已有的民居形式等，为本次论文的写作提供事例依据。

3．案例分析法

在研究过程中，除了查阅大量文献资料、实地考察之外，还尽可能多地收集国内外相关民俗案例，分析其各自的优缺点，总结出适合龙门崮徽派民俗街设计的思路和方法。

4．归纳总结法

本文旨在探讨如何在当今社会背景下规划和设计乡村旅游文化建筑——以龙门崮徽派民俗街为例，希望总结出可以借鉴的思路和方法。在论文的研究过程中，笔者得到一些结论，然后通过项目的实施，获得阶段性的成果。

1.5 论文框架

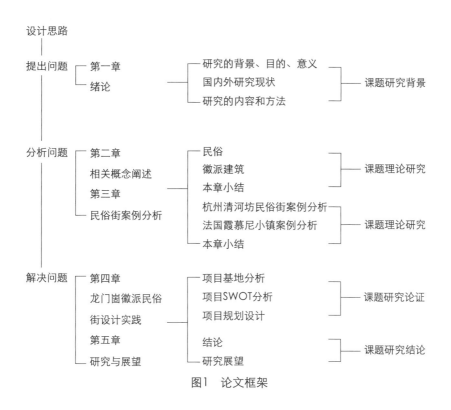

图1 论文框架

第2章 相关概念阐述

2.1 民俗

2.1.1 民俗的产生

所谓民俗也叫民间文化，是在社会关系中各群体或民族在长时间的社会变迁和发展中日渐产生的文化，并代代传承、相对稳定，可直接归纳为社会上时下盛行的风俗和潮流。这种民间习俗的起源可追溯到人类进化过程中社会群体的日常生活需求，在不同时代、不同区域、不同民族中不断扩展成形，为民族的日常生活服务。民俗就是这样一种来自于民族，传承于民族，规范民族，又潜藏在民族的行为语言和思想意识中。它是社会群体在社会演变过程中共同创造和接纳的，是历史遗留的遗产。这种传统文化也被称作民间艺术和民俗文化，是民间人们风俗习惯、生活文化的统称。也泛指一个国家、民族、地区中的人民群众所创造、继承、相传的生活风俗习惯。是在普通人民群众的生产生活过程中所形成的一系列非物质的社会意识形态之一，又是一种历史悠久的文化遗产。

2.1.2 民俗的发展

针对民俗文化，我国已实行许多保护措施，但在民俗文化的产业开发和主体产业结构的转化系统方面相对来说略显不足。如很多老一辈的民间艺术大师人衰艺绝、旧的手工作坊荒废、传统技艺失传等现象，像织锦、皮影戏、刺绣、雕刻等一些民间艺术，也日渐衰落，难以传承。

当前，我国整合开发的文化产业主要是围绕人文历史、自然遗产、古迹名胜展开的。传统的民间艺术文化并未得到推崇。与此形成反差的是，民俗文化产业在全国各地已初步显现出一定的规模化发展，呈上升趋势。不过整体上没有制定清晰的战略目标和产业布局，产业创新力度不够。

2.1.3 民俗表现形式

民俗是我国传统文化中不可缺少的一部分，它承载着中国上千年历史文化的独特记忆，民俗不是一成不变的。原生态民俗、仿民俗、伪民俗和新民俗是四种不同的民俗形态。针对其不同的民俗文化应实行不同的保护措施，要传承和延续，只有让它存活之于民众中，才能满足民众生存和心灵情感需要。随着人类社会生产的发展形成一系列文化现象，民俗就是其中之一。在民俗归类上，物质民俗包括居住、服饰、饮食、生产、交通、交易等；非物质的社会民俗包括家庭、家族、村落、民间、人生仪礼、信仰、禁忌、口语、民间游艺、竞技等。民俗形式种类繁多、形式多样。

2.2 "徽派"建筑

2.2.1 徽派建筑的文化内涵

徽州建筑在我国传统文化中占有重要位置，是中国传统建筑的重要流派之一，也被叫作徽派建筑。在徽文化中，徽派建筑有着举足轻重的历史文化意义。迄今为止，被很多中外建筑界的翘楚所重视和推崇。徽派建筑也并不是专指安徽的建筑，其主要在徽州六县以及周边徽语区地带盛行。徽派建筑的主要原料多以砖、木、石为主，其中以木结构居多。采用粗壮结实的梁架，讲究其装饰性，三雕技术也广泛应用其中，展现出精湛的装饰性艺术水准。聚族而居、坐北朝南的建筑形式是徽州建筑的一大特色，且内部侧重于采光，木梁为其承重，砖、石、土砌做护墙，以堂屋为中心，以雕梁画栋和装饰屋顶、檐口见长。徽派建筑是皖南古建筑的代表，也是我国八大建筑流派之一。它集合古朴、含蓄、简约、典雅为一体，艺术风格鲜明新颖，涌现出其独有的文化内涵。建造徽派村落中，偏重于自然生态环境的和谐统一，逐渐形成"天人合一"的哲学思想体系。除此之外，徽州还有精妙绝伦的三雕技艺，工艺精细巧妙、刚劲有力，从中可解读到独有的民俗文化内涵，内容丰富，韵味独特。徽派建筑在色彩运用上，注重冷暖结合，在总体上给建筑营造了一种幽深雅致、淳朴柔和的美学艺术气息。徽州建筑有其特有的传统文化特色，在布局结构、用料取材、美学韵味上都融汇兼备了南北方的建筑特点，呈现出其独有的文化风情。

2.2.2 徽派民居建筑的美学特征

明朝中期徽商兴盛且蓬勃发展，徽州商人积累了大量财富，有了巨额财富的支撑，徽州人在居住的房屋上有了更高的需求。徽州人贾而好儒，一部分受过优良教育，有文化素养的富商不仅要满足其居住需求，还要进一步满足其精神需要。在居住空间的内部装饰上和总体布局上都有独特追求。这也使得徽派建筑在兼具实用性和牢固性的同时，有了更高雅的审美情趣和独特的建筑韵律。在中国传统民居中，素有"北山西南皖南"之说。徽派民居作为皖南民居的代表，一直遵守当地特有的模式，在民居建筑艺术之中，渗入传统"天人合一"的东方哲学思想，展现人与大自然相互包容、相互依存、和谐统一的理念。其设计不仅自然朴实而且经济实用，彰显了朴素古雅的美感，有深厚丰富的艺术文化内涵。以宏村为代表的徽州传统村落，蕴涵的美学内涵通过整合营造手法去多维地研究徽州传统村落，空间布局上展现崇儒遵道、功利审美的观念。归纳出徽州村落的传统空间布局、内部层次。再从儒道思想、堪舆视角进行研究。从整体而言，其蕴涵着风水生态美、聚族情态美和形态意象美。建筑空间层面的民居富蕴美、线条韵律美、天井含蓄美、色彩素雅美。其空间布局的艺术美学特点对当代的空间规划和设计也有借鉴作用。

2.2.3 徽派宅院的景观特点

徽派的宅院景观是徽州园林的反映。徽派园林始于南宋。当时我国的政治经济文化中心已南迁到临安（今杭州），徽州已是南宋的大后方。徽派园林在开始时有着较为明显的杭州园林的痕迹。徽派园林是江南园林的一个派生体系。涵盖范围较广，包括徽州的园林和徽州地域之外以徽州文化理念为指导的园林，用来供客居他乡的徽州人聚会或赏玩之用。徽派宅院景观也引入了徽州园林的理念。主要体现在以下方面：

首先，将宅外溪流或雨水引入院内。如宏村有进山水口与宅院外水圳相通，水圳常年清泉长流，加强了与外环境的联系。徽派宅院的景观在宅院的空间环境上，天井与外部空间环境相通，宅外街道空间通过天井渗透到宅内，也可通过花窗和漏窗与外部相连，天井与天空相接应，将日光、星光、月光引入庭院，使得宅院更加灵动活泼。在宅院内部天井下设假山石笋，计植物与室外空间环境交相呼应，将两者空间紧密联合起来。

其次，盆栽是徽派宅院的一大特色，将有生命力的花木怪石移置盆中，经天井给予植物雨露的滋养，体现内外因借。徽派盆景声名远播，徽州宅院内盆栽花卉处处可见，丰富多样的花草层次交错，这些植物花草将宅院点缀得异常精致，置身其中有种宁静温馨的亲切之感，使庭院空间在感觉上扩大了。

然后，花园是徽派宅院空间内外过渡的场所，其善用取水入院，将外部的自然风光引进院内，更好地显现出宅院内外景观相互融合。宅院中的花园空间要比天井开放。

最后，要善用漏窗借景，从外部引景至内，空间上要彼此融合相互渗透，相互依存。徽派宅院擅长于运用漏窗、门洞、槅扇等进行划定和组合空间，创造通透明朗的美，层次分明地发挥了门窗的"借景"作用，塑造扑朔迷离的朦胧意境，引发人们的想象和联想。门窗在宅院中也起到"框景"的作用，借用院外强烈的光线对比，一明一暗相互呼应，使窗框中的美景显得更加引人注目。在空间层次上门洞之间遥相呼应，产生更加立体的视觉效果，即为门外有门，画中有画。漏窗不仅有借景的作用，还有隔景的效用，增加内外部空间联系，提升其层次，加强了景观对视觉的深远影响，漏窗隔景最大的特点是加强了景色的朦胧感，展现雾里看花的意趣。

2.2.4 徽派建筑中的室内特征

徽州民居的庭院布局与内部装饰都有其鲜明的文化意涵，兼具实用性和审美性，有其与众不同的艺术风格和技术造诣。走近徽州民居，可以借此体味自成一格的徽派艺术底蕴。室内隔断类型多样、形态各异，融合了传统文化中的实用与美感。隔断作为徽州室内装饰的符号，起到一定的装饰作用，它凝结了传统艺术内涵和文化思想，可以通过对徽州传统的室内隔断进行空间点缀，在空间装饰的类型和外观上进行设计，再加入当代室内艺术设计的创新理念，融入一些中式风格的家具座椅，独具徽派特色，空间氛围典雅、恬静、质朴、别致，处处凸显徽派格调，充满活力。

2.3 本章小结

民俗文化是老百姓的日常生活文化，人们身处的地域差异，有其特定的自然环境和人文环境，逐步形成了特有民俗文化。我国民俗文化多种多样，不仅在各民族的不同习俗上体现，还在不同阶段的民俗共存上体现。不光有繁荣的都市民俗，也有古朴的乡村民俗，还有部分地区原始的民俗生活形态。在我国统一的地域空间内共存着不同性质的民俗文化，体现了中国民俗的多元性，还有其阶层性和地方性。徽派建筑承载着民俗文化。在建筑装饰上，徽派民俗的砖雕、石雕、木雕在建筑艺术上也表现得淋漓尽致。

第3章 阐释特色民俗街

3.1 杭州清河坊民俗街

3.1.1 清河坊简介

杭州最繁盛区域自古以来就属清河坊。河坊街新宫桥的东端，为南宋时期宋高宗寝宫遗址，为南宋时清河郡王张俊住宅，在当时称为御街的太平巷，故这一带被命名为清河坊。从南宋开始，清河坊内不仅沿街商铺云集、酒楼茶肆更是鳞次栉比，这里也是南宋杭州的政治文化中心。因此，杭州的商贾大都云集在此地。之后，又历经元、明、清及民国时期直至中华人民共和国成立初期，这一带仍是杭州商业繁荣区。杭州有许多百年老店，如王星记、张小泉、万隆火腿栈、胡庆余堂和保和堂等均集中在此。

3.1.2 清河坊民俗街阐释

清河坊民俗街位于杭州的繁华地带，有浓厚的历史文化韵味，在杭州属于唯一一个保存完好的文化旧址街区。其不仅有丰富的历史文化价值，还有深厚的商业价值；不仅有特色美食、商铺、小吃街，还有许多著名的中药馆和名人艺术博物馆（图2）。具体如下：

1. 建筑恢复。清河坊民俗街的古建筑大多都保留了明末清初的时代印记，也遗存了清河坊的历史文化。在古建筑的恢复中，人们多采用做旧的手法，在保证建筑安全的前提下，恢复了建筑的原貌特征，如回春堂、保和堂、万隆火腿庄等。

2. 新增业态。在原有的业态基础上，民俗街又新增了世界钱币博物馆、观复古典艺术博物馆、太和茶艺、无极茶坊等。

图2　清河坊民俗街（图片来源：网络）

3．氛围营造。民俗街的入口大门设计气派宏伟，体现了当时民间工艺艺术和经济水平。走进清河坊，在青石板铺就的行道上漫游，两侧是徽派风格的建筑、飞翘的屋檐、镂空的窗格、穿戴古老服装的店员……沿街漫步，游客会觉得突然间仿佛置身于那个时代的岁月中。迄今为止，杭州遗留最原始清晰的老街区就是清河坊街，它折射出杭州悠久的历史文化，是杭州历史的一个缩影。据传，清河坊的名字由来还有一段故事情节。年轻时的太师张俊在明州击破了金军，赢得高桥大胜，晚年被封为清河郡王，倍受宠遇。他在今河坊街太平巷建有清河郡王府，故而这一地区就被称作"清河坊"。起初清河坊地区店铺云集、行商繁盛，曾是杭州最繁华的商业区。而今是最有文化烙印的地方，很适合发掘旅游文化。

3.2　法国霞慕尼小镇阐释

霞慕尼小镇是法国乃至欧洲所处海拔高度最高的小镇之一，位于阿尔卑斯山主峰勃朗峰下，是户外旅行运动的最佳选择。　小镇民俗特色鲜明，是欧洲滑雪圣地，内有一条商业街，街区两旁集超市、面包店、药店、咖啡店等，一应俱全，物品齐全。小镇当地商品价格较高，并不适宜消费，还有全法国最贵的超级市场，具备一定的发展潜力和商业价值，可以带动小镇旅游业的发展。

运动业态。可以进行滑雪运动。如果是滑雪的爱好者，霞慕尼一定会是你旅行的不二选择。这里有专业的滑雪设备，是由其独特的气候条件和地理位置决定的。而且霞慕尼滑雪用品商店比比皆是。当地的特色产品IP雪板、雪鞋的价格比国内便宜，而且多为世界知名品牌。在这里滑雪是一种生活娱乐的体验，也是人生的体验。

景趣体验。霞慕尼的街上，经常有位老者，身着传统的民族服饰，驾驶装点雅致的四轮马车，载着游客畅游于浪漫的霞慕尼小镇中。这位老者早已成为霞慕尼小镇的旅游标志，成为必游景点。大多来到霞慕尼小镇的人都会亲赴现场观看老者驾马的英姿，乘坐浪漫的马车之旅。中国的小镇流露出的都是古雅质朴的人文气质，而霞慕尼小镇流露出的是浓郁的法式浪漫气息。

建筑特色。极其安静整洁的霞慕尼小镇经常看到的是砖木结构的欧式住宅。游客在街上随便找一座建筑，都是绝佳的拍照地点。拍出来的效果绝对具有法式文艺。沿着河川往前走，可以看到一座白色的高层建筑。说是高层建筑，也就六七层，然而这座建筑在小镇里已经算是"高楼大厦"了。因为小镇的人口少，所以房子根本就没有必要盖太高。在街上会有各种各样的餐吧。有的餐吧很"简陋"，外地人一看竟然也分辨不出是餐吧。餐吧里人淡定地坐在凳子上细嚼慢咽。让人感受到这座小镇的慢节奏生活，如此惬意。

3.3　本章小结

上述两个典型的民俗小镇是自然与传统元素的和谐融汇，充分借助地理环境和历史文化作为其存在的必要条件，让游客在这样的特色风情民俗街里可以尽情地享受大自然，欣赏历史文化遗留下来的瑰宝。这样的设计无疑是十分成功的。两个小镇都是特色浓郁的民俗街和小镇。在建筑上，我们可以吸收和借鉴其成功的做法与经验。

第4章　龙门崮徽派民俗街的设计

4.1　项目基地分析

4.1.1　项目的区域位置

日照市坐落于东经118°25′～119°39′，北纬35°04′～36°04′之间，位于我国内陆沿海地区中部、山东半岛东南部。东临黄海，西接临沂市，南与江苏省连云港市毗邻，北与青岛市、潍坊市接壤，隔海与日本、韩国相望。南北长约82公里，东西宽约90公里，总面积5359平方公里。

项目位于山东省日照市东港区龙门崮景区内，港区位于山东半岛南翼，东临黄海，北邻青岛、南接日照市岚山区，西通莒县，隔海与日本、韩国相望。区境地跨东经119°04′～119°39′，北纬35°04′～35°36′。依山傍海，水资源较为丰富，年天然储藏量为8亿多立方米，水质优良。矿产资源，花岗岩质好量多。是广大游客的旅游打卡的圣地。

4.1.2 项目的地域特征

1. 地形地貌特征

日照市地处丘陵地带，背靠山面朝海，四周低中间高，东南方向倾斜，其间平原、山地、丘陵相间分布。地块中相对高差小，呈现北高南低的趋势。东南方向有河流，西北方向地势偏高，呈阶梯状形式。

2. 气候特征

山东省日照市处在我国南北方地理分界线附近，属于温带季风气候，气候宜人，四季分明，雨热同季；冬无严寒，夏无酷暑。东港区属暖温带湿润季风气候，年均气温12.7℃，年均湿度72%，无霜期223天，年平均日照2533小时，年均降水量870毫米。空气质量为国家一级。夏季高温多雨，冬季寒冷少雨，濒临沿海，受海洋影响比较显著，因此，相对于同纬度的其他地区，该地块的四季温差较小，夏季和冬季都是比较舒适的气候。

3. 土地资源

日照市土地总面积为535008.51公顷。农用地428884.76公顷，建设用地71040.95公顷，未利用地35082.8公顷。其中：耕地230764.54公顷，占日照市土地总面积的43.13%；园地49316.8公顷，占日照市土地总面积的9.22%；居民点及独立工矿用地57797.78公顷，占日照市土地总面积的10.80%；交通运输用地4329公顷，占日照市土地总面积的0.81%；水利设施用地8914.11公顷，占日照市土地总面积的1.67%；未利用土地为19227.61公顷，占日照市土地总面积的3.60%；其他土地为15855.19公顷，占日照市土地总面积的2.96%。

4. 水文环境

日照境内河流分属沭河水系、潍河水系和东南沿海水系，较大河流有沭河、傅疃河、潮白河、绣针河、潍河、巨峰河等。其中：沭河是日照市境内最大的河流，由沂水进入莒县境内，纵贯莒县南北，境内干流长83.29公里；傅疃河是日照市最大独流入海河道，境内干流长60.72公里；潍河经莒县、五莲县入墙夼水库，境内干流长47.5公里；绣针河是省际边界河道，境内干流长度24.42公里；潮白河是日照市与青岛市边界河道，境内干流长41.83公里。

4.1.3 设计定位

充分考虑到山东日照龙门崮的地域特征和自然环境特点，以及徽派民俗文化的特点，深入挖掘徽派的民俗文化元素，设计定位为龙门崮徽派民俗街。设计建设徽派民俗街的目的是为了重塑龙门崮的美丽乡村，加大龙门崮旅游资源的开发和建设，向人们展示徽派文化和鲁风文化的历史印记，将生态设计原则与徽派文化的内涵理念贯穿在整个项目设计中，通过对地形的利用与营造，利用项目地呈现的阶梯状、高低错落的空间形态，为龙门崮营造一处徽风浓郁的民俗街。

民俗街设计在总体上要突出徽派特色，在民俗街的空间设计中要运用虚实相生的设计手法，提升其艺术美感和经济价值，尤其要重视艺术小品和景观氛围的设计，提高物质审美和精神审美的高度，营造人与自然环境的和谐空间。景观设计上要突出徽派民俗风情，形成淳朴的徽风生态风貌，满足人们渴望回归自然，休闲、度假的需求。同时实现景观的可持续利用。因此，民俗街设计就应该处理好人、景观和自然三者之间的关系，它既要为人创造一个安静闲适的空间小环境，同时又要保护好周围的大环境。

4.2 项目区SWOT分析

4.2.1 优势（STRENGTH）

1. 地理位置的优越

龙门崮地理位置优越，项目地处于山东日照龙门崮旅游区之内，这对其经济的发展非常有利。沿海地区是中国经济增长较快的重要区域，邻接的周边地区又是我国经济繁荣发展地带。周边经济的发展也会带动龙门崮旅游经济的发展。此外，它还拥有得天独厚的气候环境，日照地区气候湿润，夏季不热，冬季不冷，气候宜人，特别适合旅游开发。

2．丰富的自然及人文资源

山东自古就是文化名省，有着悠久的历史底蕴和丰富的文化内涵，曲阜、青岛、济南是中国第一批被批准的历史文化名城。日照地区历史悠久，还有非常多的非物质文化遗产，而且旅游资源丰富多样，其中民俗文化尤具特色，其人文景观等旅游资源别具一格。自然资源丰富，林木葱郁，比邻黄海，地形参差错落，具备天然地理优势，且历史文化丰富多样，日照市东港区有"中国黑陶之都"的美称，已形成产品种类齐全，较为完整成熟的黑陶产业体系，黑陶产业已成为东港区富民强区的重要产业。东港区龙门崮拥有"齐鲁东南第一崮"的美称。

4.2.2 劣势（WEAKNESS）

1．旅游资源类型单一

山东日照的旅游资源种类相对简单，不具多样性，多以人文景观为主，整体不如青岛，有的景观和自然生态景观缺乏协调性，而且覆盖范围较窄，有局限性。此外，山东日照市的旅游，缺乏一些体验性的参与活动。其文化载体模糊从而造成自然资源的可视性差，游客到日照文化旅游只能看看几处石雕、几座庙宇而已，旅游资源类型单一，故而很难给观光客激发心理上的震撼力和精神上的吸引力。

2．旅游特色优势不明显

山东省作为热门的旅游中心区，旅游功能逐步完善，服务体系日渐完善，而在日照却没有一个龙头旅游产品，每个旅游景点都比较小，而且景点都非常分散，景区之间的联系也不紧密。许多游客只是走马观花一趟，并不把日照当作最终的旅游目的地。

4.2.3 机遇（OPPORTUNITY）

日照市经济工作会议指出，要积极培育"旅游+"新业态。2017年，山东省日照市大力实施"旅游富市"战略，深入挖掘城市文化，加快旅游大项目建设，做活旅游产业集聚文章，增强旅游核心竞争力，给游客一个"非来日照不可"的强磁力，并满足游客观赏、休闲、体验、科普需求，打造滨海旅游新业态。数据显示，近年来全市在建旅游项目118个，完成投资121.8亿元；新招引投资3000万元以上的旅游项目27个，完成全年任务目标的123%。下一步，日照市将继续加大综合旅游产业招引力度，做好"旅游+"融合文章，打造滨海度假和山岳休闲度假品牌；提升配套建设与服务水平，营造良好的旅游城市环境，打造"海山联动、城乡互动、多业融合、全域发展"的旅游新格局。这是日照发展的新机遇。

4.2.4 挑战（THREAT）

日照市旅游景点的相对分散，且彼此之间交通不便，这对旅游者造成了极大不便，各个旅游景区的基础建设和配套设施也参差不齐。由此可以看出，日照的旅游建设是不到位的，这也在一定程度上阻碍了日照文化旅游业健康持续地发展。客源市场窄小，日照的文化旅游资源独具特色，但每年来日照旅游的外国旅客相对青岛、威海两地都少很多。因此，下一步就要全方位地展开市场的旅游调查和对现状进行分析，以促进未来日照旅游市场的发展。

4.3 项目设计分析

4.3.1 设计理念

本设计的理念主张突出生态、人文、传承与交流四大特性，使其相互渗透，相互融合，相互发展。设计坚持以人为本，为广大游客提供一个集观、休息、活动于一体的场所，满足旅游的吃、住、行、游、购、娱的功能要求。民俗街民宿区布局规整，与自然环境相融合，在山水之间为游人提供极佳的人文游憩生态环境。民俗街的建筑周围绿化，突出安静、洁净的特点，形成具有良好环境的民宿区。在展示区体现出徽派文化的格调。景观上再加以点缀，使其整体的布局形式与建筑相协调，增添游人步行线路的趣味性。

4.3.2 设计原则

1．生态持续发展

从龙门崮风景区的社会经济与城镇发展规律和趋势，分析徽派民俗街在风景区中的功能、地位和效用以及其利弊趋势；从项目地区总体角度分析建筑、道路交通、环境绿化、风景旅游等问题。遵循环境保护利用与资源的可持续发展原则，加强龙门崮风景区生态环境保护，提高乡村综合质量，加强保护意识，推动经济稳步发展，促进该地区生态良性循环。

2．突出地域特色

结合自然环境，继承历史文化遗产，利用周边自然资源特色，创建龙门崮风貌特色。研究建筑形象和整体空间形态，将龙门崴徽派民俗街建造成以休闲、博览、艺术为特色的旅游文化景观。对民俗街区的规划，要沿袭其别具特色的道路肌理，再加以生态绿色的理念进行改造，使老建筑在进行保护性改造的过程中被赋予新的历史生命力和活力，使传统民俗与徽派建筑、自然景观相融合，结合旅游文化活动，实现人们不断增长的精神文化需求。

3. 保护民俗文化

将项目地传统的民俗形式巧妙地融入现在场地的肌理之中。不仅要保护本项目地徽派民俗街的空间环境，还要保护传统民俗文化遗产。民俗街在一定程度上反映了景区发展的内在规律。随着社会经济的发展，民俗街的功能也随之升级，在发展过程中，要改善民俗街基础设施和环境条件，注重景区内在活力，推动徽派民俗街的可持续发展。

4.3.3 设计分析

1. 功能分区

龙门崴徽派民俗街设计主要是以民俗景观、徽派建筑和特色文化产品为休闲吸引对象，开发不同特色的主题观光活动。利用当地资源环境开发特色民俗景观，让游客观看绿色景观，亲近自然。核心景观片区的布局设计要突出徽派主题、主体性景观及特殊的游览方式（线路、节点），项目包括观赏型滨水景观带、特色民俗博物馆、徽派民俗展馆、特色民宿、艺术家工作室、中心景观区等功能分区。

特色民俗博物馆。从西南方向的主入口进来之后，其入口两侧为花海树池，给人一种芬芳沁心的感觉，尤其在秋天来临之际，秋风送爽，怡然自得。左转进入特色民俗区，首先映入眼帘的是特色民俗博物馆，白墙灰瓦，灰砖铺贴的地面铺设。民俗博物馆的室内装饰风格，要运用徽派的水墨写意风格，再结合极具现代美感的设计思路，使得在室内装饰上给人一种悠然自得、自由洒脱的感觉。在装饰设计上体现特色民俗博物馆的庄重、典雅和个性，以及徽派水墨的精髓。

徽派民俗展馆。徽派民俗展馆大门入口的铺装中间是青石板铺设，两边是卵石铺装，整体石板的铺设采取对称式布局，两边的卵石与中间的青石板铺装对比鲜明。整个民俗展馆的街道铺装彰显庄重、整洁的格调。进入民俗展馆之后，正门中间摆放绿色植物水景，主要为了烘托空间氛围，以及符合主题生态低碳的设计理念，同时也满足了室内审美功能和风水文化的考究。空间布局要简洁大方，陈设庄重典雅，两边均为展柜和展台，中间为阶梯式展台，以供展览徽派的一些民俗文化瑰宝。如徽派的徽墨、徽砚、雕刻艺术、楹联文化、徽剧、篆刻、版画、徽商文化等。地面铺装，可采用木地板铺设而成。总之，空间的布局装饰既庄重又略显活泼。

艺术家工作室。位于项目地的正东位置，地理环境位置优越，身居艺术家工作室内，不仅可以观看到本项目的中心景观带，还可以观看滨水景观，是观景的最佳场所，很符合艺术家的审美要求，也有利于激发艺术家艺术创作的灵感。虽然是艺术家工作室，可以进行天马行空、跳跃式的创作，但也要考虑室内空间装饰上色调的选择，既要保留徽文化淡雅朴素的氛围，还要融入新鲜的现代思维及色彩，创造出具有时代特色的室内设计。

民宿区。北入口大门正对口有一处景观造景墙，右转进入民宿区，民宿前面有树池花坛、花架廊亭等景观小品、在民宿区的拐角处一间别具徽派特色的咖啡厅，可供游人在休闲午后或者游玩疲惫时小憩放松。咖啡馆门口处有灰色仿古砖的铺装，加配一些绿植和凉亭，整体看上去既休闲又有浓郁的徽派格调。徽派民宿的室内空间，要体现"徽文化"的内涵，从它的空间布局到铺装、家具的选择和摆设都要进行合理的设计。

中心景观区。位于民俗街的正中央位置，圆形广场交通十分便利，四通八达，通向每个入口都非常便捷。中心景观区的正中间位置是徽派的隐蔽墙设计，外延是草坪。圆形的中心景观区有四条主要的干道，不同于区域内其他地方的地面铺设，圆形景观内有环抱型的水景景观，整体风格活泼且庄重。这里不只是满足游客集聚的功能，还能满足居住于民宿的游客晨练、晚宴的实用功能需要。使游人身临其境地感受民俗街的风光和体会徽派民俗文化的魅力。

滨水景观区。位于项目的东南方向，风景优美，滨水处有一木栈道，可供游客亲水游览，木栈道上多处设置可供游客休息的亭子、椅子，满足游客休憩娱乐的需要。滨水处种植遮阴的高大树木，在满足遮阴的同时，也满足了滨水区域的审美功能，使人们来这里之后，不仅有极具特色的民俗文化体验，还有绝佳的观景拍摄场所。

2. 道路规划

徽派民俗街的街道尺度有别于商业街景，有步行空间，步行交通线路是民俗街最具特色的区域。在设计徽派民俗街的过程中，要避免对街区的肌理产生破坏。在街区改造的空间设计中，应合理设计民俗街区的交通布局，延续和修复原有的街巷空间系统，创造舒适的步行环境，给行人优先权，使游人采用步行方式进行游览。

在本设计中，主干道的设计注重沿途远眺的景观效果，次干道的设计主要是曲线形设计，加以小部分的汀步设计，增加道路趣味性。沿途布置景观小品，如回廊、亭台、桌椅等，在满足审美的同时也满足参观者们游览和休憩功能。道路绿化以遮阴为主，行道树主要选用银杏、槐树等。

3. 建筑设计

从建筑的原始肌理图上可以看到如下问题（图3）：原始建筑的布局散乱、高差大、路网不明确、空间形态缺乏灵动性、建筑无特色等。

针对以上对原始建筑肌理的分析，提出了建筑策略：首先以徽派韵味为主要原则，营造出一种安静闲适的民俗氛围。然后提取自然材质，结合现代的设计手法，再结合当地地理优势，打造通透的建筑形式，实现观景的最大化，满足其功能需求。通过地势差异，整合打造一个独具特色的文化建筑。同时依托当地文化、徽派建筑文化和旅游资源，有别于传统建筑的融旅游、休闲、度假、餐饮为一体的"徽派民俗街"。

徽派建筑设计外墙采用白墙灰瓦，极具历史感，体现了徽派的乡村文化和人们生活的痕迹。在此基础上，在保留传统徽派建筑的韵味的基础上，结合现代美感的设计手法改造一些老建筑，并建造一些富有现代生命力的新建筑。具体设计手法如下：

保留古建筑，修缮建筑外观。保留徽派传统民居外观和建筑构件，更换和修缮屋顶瓦片和木梁，排除安全隐患，门窗保留其原有的样貌，整体不变。天井处进行合理化、人性化设计。注重采光通风，在庭院内要加强绿化，符合低碳生态的生活理念，体现徽派乡土风情庭院。

改造原有建筑的难点：①因为房屋紧密包围，进口狭窄，景观效果极差，不利于游客通行；②室内房间面积很小，不利于民宿改造；③没有卫生间，不具备民宿客房功能。

改造方案：①打破原有建筑紧密相连的弊端，利用屋前空地兴建景观小品，适合休憩。客人从民宿出来，就可以看到开阔的景观，观赏周边的山川河流。②精心设计后院景观，有高品质特色民宿产品效果。③房间加建卫浴间，使之具备民宿客房使用功能。④设计为大窗户，增加其采光，整个建筑形态保留其徽派的风貌，形成特色徽派建筑空间。

民宿区的建筑以徽派风格为主，它是中国知名的建筑流派，在徽派民居、祠堂、牌坊中都有体现，尤其是其传统民居最具代表性。本设计方案中的民宿区建筑主要是在徽派传统民居的建筑特色上融入了新的元素，增加了现代设计手法。将原有的小窗户进行改造，扩大窗户的面积，增加它的采光率，不再是主要依靠天井的采光形式。在房子的建筑外观上，依然采用白墙灰瓦的建筑造型，但不再是天井庭院式的封闭式布局，整体建筑是开敞式的，采光效果极佳。

民俗文化展示区的建筑也多采用开敞式的建筑形式，避免封闭式的布局，屋顶采用小青瓦、马头墙为主要特色，使整个空间结构造型丰富多样，极具韵律美。外观建筑的雕刻艺术，融石雕、木雕、砖雕为一体，显得更加大气庄重。

西南入口区域右侧为游客中心（图4），采用现代的设计手法建造，符合当下大众的审美，整体建筑造型是现代的，但是在建筑的色彩运用上却是典型的灰白色调，极具徽派特色，使整体呈现和谐、统一，不突兀。其中植入的现代时尚元素，在光和影的衬托下，不仅赋予建筑新的生命与内涵，还延伸了建筑的文化脉络，别有一番情调。

图3 建筑原始肌理　　　　　　　　　　　　图4 游客中心

艺术家工作室是一栋原有的老房子。其采光主要靠天井来满足，利用天井和庭院的组合来达到封闭的建筑环境，以堂屋为中心，主要以雕梁画栋为主，檐口见长。院子里的天井是回字形，下雨时，雨水从天而降，"四水归堂"，汇入庭院内。因为徽派非常注重水景的运用，这种天然的取水方式，不仅满足审美的功能，还满足风水文化的需要。

4．景观设计

景观主要由徽派建筑、游客中心、徽派民俗展馆、徽派民俗博物馆、鲁菜文化展馆，中心景观区、滨水景观带及周边景观小品组成。设计在满足功能的前提下，要充分考虑环境要素，促进乡村建筑与周边环境的协调性。其中要着重考虑观景视线，拥有良好的观景视线是徽派民俗街设计要考虑的重要因素之一。游客处在不同的位置，其观景的视野和感受也是不一样的。于是，设计要充分考虑游客的心理，使游客无论身处何地都能有愉悦的观赏心情。

中心水景景观区也是徽派建筑文化的要素（图5）。圆形的中心广场设计体现了中国人传统的设计理念，即"天圆地方，施法自然，天人合一"，也体现了中国哲学的内涵特点。徽派建筑在布局上和周围环境融合，参考山形地脉、水域植被，依山傍水，以求建筑和景观相得益彰、融为一体。民宿环境宁静典雅，如诗如画，始终保持人与自然和谐统一。水系设计是徽派民俗街的重中之重。

入口景观区域（图6）。无论是主入口还是次入口，都采取大量的绿植作为环境衬托，在植物搭配上，多采用竹子、槐树为主，景观凉亭作为搭配。地面铺装，多采用灰色仿古砖作为地面铺装，入口主干道的中心位置有绿化带，起到防尘、绿化的作用，同时符合生态的设计理念。

徽派建筑景观设计呈现一种清丽高雅的艺术格调。每一建筑构件都可以用雕刻来装饰。徽派的"三雕"艺术对于整体建筑的细节处加以点缀，堪称精美绝伦、典雅飘逸。徽派建筑的门罩是大门之上用砖木叠涩出檐的防雨罩，其建筑结构和砖雕装饰是实用与审美的统一体，既可遮风挡雨，又是大门标志。徽派建筑景观有返璞归真的装饰理念，也是笔者所倡导的设计理念，利用现代科技的手段，在建筑细部做足功夫，既尽显审美情趣又不过分张扬个性，满足审美需要的同时也满足生活趣味。

自古以来人们对水的依赖性极高，因为人们的生活与水息息相关。水景对一个人的视觉和心理都有很大的触动。因此，在民俗街滨水景观的设计中，滨水景观带的设计就显得尤为重要。滨水景观区具有开放性，沿河道设计一处休闲木栈道，木栈道上有可供休憩的亭子、座椅，还有可供欣赏的花坛树木，游客身临其中，十分赏心悦目。这里也为游客提供了绝佳的拍摄场地，游客参观完民俗文化风情之后可以沿河休息，观赏愉悦身心的滨水风景。

景观小品布局要体现文化性、休闲性、交流性。本设计通过对景观小品的布局和设计，使其整体上起到锦上添花的作用。因此，要充分依托亭、台、楼、栈、椅、路灯等，塑造各种意味深长的景观造型，还在徽派民俗街的入口位置设计典雅大气的景观大门，通过公共景观区域的深化设计来补救缺失的细节，继承与弘扬徽派建筑文化遗产。

4.4 徽风意蕴的营造

4.4.1 意境营造

设计要将项目地的环境、特色、建筑与景观巧妙地结合在一起，从而凸显徽派民俗街浓厚的徽派建筑风格及文化氛围，从外观到色彩都要彰显其文化韵味，并根据建筑形式，结合建筑的使用功能，将带有徽派符号的构件

图5　中心水景区　　　　　　　　　　　　　　　　图6　入口景观区

符号穿插于建筑外墙、窗格中。以这种手法处理，其间某些符号戏剧性地出现，色彩可形成鲜明的对比，还可将传统建筑与地方文化特色相融合，让人在回味历史的同时，领略徽派文化的精神。

项目所在地的原始建筑多为20世纪五六十年代的平顶屋，为了在整体上体现徽派的建筑风貌，笔者在徽派民居的原始形式上进行改造，删除繁杂的部分，突出当代的徽派韵味。但根据徽派建筑特点，设计会依旧保留马头墙的设计以及黑白灰的建筑色彩，另外会创建一些景观小品来增加街区休闲舒适的韵味。

4.4.2 文化体验

文化不应该只附着在旅游产品或项目上，应该沁入人的灵魂。游客需要感受文化的趣味性。这种文化的乐趣只能从潜意识的知觉和心灵中进行摄取，再提炼转化成故事情节，通过新技术等手段，传输给游客进行感官、思维和情感体验。这种体验，才是徽派民俗街的核心。身处民俗街的任一角，都能给观者带来不同的心灵感受。也加强人们对本地文化的体验，激发游人的审美情趣，这也是旅游观光的要求。徽派民俗街有很好的文化体验，如四水归堂、牌坊等。对于文化景区来说，还要融入新意识、新技术。可对历史场景和文化古迹进行复原再现，让参观者得到更加立体化的互动乐趣，同时增添观光者对历史文化的浓厚兴趣。在此过程中，要加强文化创新，将文旅产品与文化活动结合起来。在全域旅游的理念下，龙门崮徽派民俗街景区内外要实行服务一体化，让龙门崮徽派民俗街既"宜游"又"宜居"。在食、住、行、游、购、娱的每一个环节都与当地特色文化对接，强化旅游地的文化特性，营造出能看、能玩、能参与的体验式文化项目，将无形文化景观化、具象化，为旅行者提供系统化、健全化的文旅经历。

4.5 民俗的保留与营造

4.5.1 吸纳民俗元素

目前，乡村旅游发展是朝着旅游创意化、精致化、特色化发展的新模式进行。本设计主要弘扬徽派传统文化，传统文化里的徽派民居就是宏村的样子，徽派建筑以黛瓦、粉壁、马头墙为表现特征；以砖雕、木雕、石雕为装饰特色，以高宅、深井、大厅为居家特点。徽州的民居，四周均用高墙围起，谓之"封火墙"（粉墙、黛瓦、马头墙）。徽派建筑无论是村镇建筑构思，还是平面及空间处理、建筑雕刻艺术的综合运用都充分彰显了鲜明的特色，尤以民居、祠堂和牌坊最为典型，被誉为"徽州古建三绝"。安徽的宏村、西递一带的民居，以及散布着的不少祠堂、徽派的古牌坊群等，各种美轮美奂的建筑都有徽派的韵味。

4.5.2 开发民俗产品

日照的黑陶制作历史悠久，做工精湛，陶文化源远流长。众所周知，龙山文化最知名典型的陶器就是其黑陶文化，被众多历史学家称作"原始文化中的瑰宝"。从此，得了"中国黑陶城"的美誉。日照地区又是世界太阳文化的发源地之一。据说，山东的大煎饼就是由太阳文化发展而来的。日照的抹画以其新颖、质朴的内容得到发展，多以生活画面为基础，称之为"农民的画"。农民画也是中国第一批国家非物质文化遗产。除此之外，日照的传统刺绣和石刻也是其当地独具特色的民俗特色。为了发展龙门崮的旅游业，应着重开发其民俗文化产品。

4.5.3 展现徽派民俗

入口的牌坊及节点、沿街开敞空间创设各种文化廊、纪念青石碑、雕塑等人性化的小品。具有徽韵特色的凳座和街道灯具等沿街有序设立，并以徽派的特色图案进行装饰，很好地体现了以徽派风格为特色的民俗街文化。

4.6 本章小结

民俗文化与现代生活需求的结合是民俗文化再生的重要途径。通过民俗文化与现代文明有机融合，才能促进社会经济和生态环境的发展。本次设计是对徽派民俗街创新模式的一次探索，期望探索能对民俗街在理论与实践上提供借鉴与参考。深入挖掘乡土文化有利于节约经济，提高资源利用率；有利于生态旅游，提高生态效益；有利于保护地域特色，增强可识别性；有利于发掘、保护恢复和弘扬传统民俗文化。

结论与研究展望

1. 结论

我国民俗文化在历史上曾有过辉煌历史、灿烂文明。如国内的杭州清河坊民俗街、国外的法国霞慕尼小镇。随着时间的流逝和历史的变迁，这些曾经在历史上兴盛过的古建筑、文化、民俗得以幸存，为我们了解、探析民俗文化提供了极好的实例依据。从全国范围看，那些发展起来的民俗街保留了当年的历史文脉，每一个传统村落都承载着民族的记忆，是珍贵的不可再生的文化遗产。著名作家冯骥才先生曾在《人民日报》撰文中特别指出，传统村落既不是物质文化遗产又不完全是非物质文化遗产，它是两种遗产的结合，是中国非物质文化遗产最后的堡垒，是中国民族根性的文化。但冯老先生还说，这种"打造文化"本质便是一种市场文化改造，即对历史文化大动商业手术。因此，在今后的乡村建筑景观设计中，应该注重乡村文化与民俗特色的传承和保护。不要轻易将民俗文化商品化、简单化，要尊重其完整性、真实性、延续性。

现阶段从国内外旅游产业的发展局势来看，民俗旅游已经成为未来旅游产业发展的大趋势。在民俗街旅游产业发展的初级阶段，发展要着重建设文化IP品牌，这是一种适应民俗文化发展的新模式。民俗旅游业发展到现在，如何让民俗文化得到传承与发展，这就要依赖于国家的支持、社会之助和有识之士的参与。笔者将龙门崮民俗街作为旅游文化产品研究设计的对象，从单一民俗产品向特色产品转变、从小品牌向大品牌转变，最终实现特色民俗资源、全面布局、全民参与的一种发展模式。本方案就是在传承历史文化的理念下进行设计打造的，通过一系列徽派民俗文化创意产品作为配套产业，设计出独具龙门崮文化魅力的民俗风情街，并带动周边产业发展和乡村经济效益。

2. 研究展望

本设计注重打造文化IP品牌，用特色文化产品带动文化旅游。文创产品设计开发应注重消费体验和文化熏陶。因此，本设计文化产品的核心在于创意，在研发时就要注重实用性，要更加体现生活气息，使消费者在购买后获得持续的消费体验和文化熏陶。所以，我们的开发人员要认真研究历史，找到文物与现代生活的结合点，用创意思维和工匠精神生产出既有文化内涵又美观实用的文创产品。同时，要弘扬"工匠精神"，从创意设计到产品制作，再到包装营销，都要精益求精，追求卓越。目前，国内的旅游纪念品市场上，印有景区图案、标志或景观造型的纪念品比比皆是，而产品的文化属性、创意价值却往往被忽视。将文化资源创意设计与旅游纪念品开发相结合，着重征集、推出一批富有地域特色、生动文化符号、满足游客需求的旅游纪念品，统一在旅游景区、游客集散地等开设专卖店或代售点，改善各地景区缺乏有品质、有创意的旅游纪念品的局面，提升市场的整体水平与形象。

参考文献

[1] 蒋伯诺，严力蛟. 民俗文化街声景设计初探——以杭州清河坊民俗文化街为例[J]. 农业科技与信息（现代园林），2012（Z1）：22-27.
[2] 吴忠军，胡林波，梁莉清. 基于景观三元论的民俗文化街区景观规划设计[J]. 安徽农业科学，2010，38（32）：18403.
[3] 袁瑾. 民俗场所精神的重建——记杭州清河坊历史文化街区保护[J]. 民间文化论坛，2005（04）：91-97.
[4] 陶立璠. 民俗学[M]. 北京：学苑出版社，2003.
[5] 李德雄. 植物风水[M]. 广州：广东旅游出版社，2010.
[6] 张宜时，王海鹰. 传统商业街发展中的问题及对策研究——以沈阳中街为例[J]. 商业经济，2009，（10）.
[7] 廖一联，方舟，屈晓勤. 对传统街区场所精神营造的思考[J]. 四川建筑科学研究，2010，36（6）.
[8] 朱凯丽，梁晶，朱依琳. 南京民俗文化与主题民宿设计[J]. 大众文艺，2019（17）：94-95.
[9] 张路南，丁山. 几何形态在室内空间中的运用研究[J]. 家具与室内装饰，2018（08）：110-111.
[10] 徐悦，张磊. 城市景观的文化价值与城市形象塑造[J]. 美术教育研究，2018，（12上）：52-53.
[11] 由玉坤. 乡村民俗文化在休闲农业中的运用探索[J]. 农业经济，2019（09）：56-58.
[12] 周忠良. 民俗文化与乡村休闲旅游的和谐共生[J]. 文化学刊，2018（05）：121-126.
[13] 郝采宁. 基于民俗文化视角的乡村旅游文化研究[J]. 旅游管理研究，2015（16）：12.
[14] 刘永生. 论文化旅游及其开发模式[J]. 学术论坛，2009，32（03）：108-112.

后 记
Postscript

写4×4实验教学课题后记既是对课题团队取得成果的肯定，也是鼓励自己。本书的内核是公益教学师生第十一年课题的成果传递着课题组贯穿始终的信心，以及坚持、坚持、再坚持的爱心。课题由公益驱动开始，过程中不忘初心伴随始终，激励着毫无倦意的探索者在苦与乐之中心甘情愿地工作，证明了设定中国建筑装饰卓越人才计划的时代价值和协会的桥梁作用。4×4实践教学课题的正能量不仅仅体现在坚守者的师德上，更重要的是开启迈出国门与"一带一路"沿线国家高等院校的合作交流，看过11年来中国建筑工业出版社出版的课题成果，没有人不点赞，无不为之而感动。

设计实践教学课题探索与发展离不开所处的时代背景，4×4实验教学课题自诞生到成为可鉴案例，高质量成果证明了所取得的成绩是与团队师生共同努力是分不开的，更脱离不开中外高等院校背景的实力，为此综合评价课题的成果必须站在公益实验教学角度，课题不是孤立存在的，行业协会和基金会的投入和支持，以及为课题立项极大地鼓舞了中外教师的积极性，鼓舞了11年里参加的每一位导师在各自学校出色地完成教学工作的同时、在不影响教学工作的前提下，不分时间段地指导参加课题的17所中外院校学生，工作中用心体会，对实验教学课题如何提升进行研究，写出论文，极大地丰富了实验教学课题的内容，这是当今知识分子的价值观，展现出自信包容的内涵。

用什么词汇形容都不为过的公益教学团队，以使命感和挑战者的气魄迎接困难，感动着受众群体，服务于高等教育大业，心中始终装着职业道德底线，用实际行动带动青年教师努力学习，向高维度探索，迎接科技时代新设计教育。

在本书即将出版之际，要再一次感谢11年来为实验教学课题付出公益支持的中国建筑装饰协会，感谢深圳市创想公益基金会的鼎力支持和捐助，感谢始终坚持实践教学的导师，相信受益学生一生不会忘记实践教学课题，相信共同的价值观是通往未来目标的动力源。

王铁教授 课题组长
2020年03月28日北京